普通高等教育教材

生物质能转化与发电技术

陈春香　主　编
黄豪中　卢　苇　副主编

SHENGWUZHINENG ZHUANHUA
YU FADIAN JISHU

化学工业出版社
·北京·

内容简介

本书系统地介绍了生物质能转化与发电技术，内容架构清晰，分为三个主要部分：生物质能及其燃料、生物质转化技术、生物质发电技术。第一部分重点阐述了生物质能的来源、特点及发展现状，帮助读者全面了解这一领域的基础知识；第二部分深入解析了生物质转化技术，按照不同的转化方式进行分类，涵盖了生物质燃烧、气化、热解、液化及厌氧发酵等多种技术路径；第三部分专注于生物质发电技术的应用与进展，按照技术类型进行划分，具体包括生物质燃烧发电、气化发电、柴油发电、沼气发电以及生物质氢能发电等几大类，最后对未来的生物质发电技术进行了展望。

本书既详尽介绍了生物质能的转化技术原理，也展现了当前技术发展的趋势与挑战，使得读者能够清晰把握生物质能转化与发电技术的全貌。本书既可作为高等院校能源、环境及电力等相关学科学生的教材，也可供从事能源、环境以及农林资源转化与利用等领域的科研人员与工程技术人员参考使用。

图书在版编目（CIP）数据

生物质能转化与发电技术 / 陈春香主编；黄豪中，卢苇副主编．— 北京：化学工业出版社，2024.12.
（普通高等教育教材）．— ISBN 978-7-122-47081-2

Ⅰ．TM619

中国国家版本馆 CIP 数据核字第 2024KM2348 号

责任编辑：廉　静　　　　文字编辑：丁海蓉
责任校对：刘　一　　　　装帧设计：王晓宇

出版发行：化学工业出版社
（北京市东城区青年湖南街 13 号　邮政编码 100011）
印　　装：涿州市般润文化传播有限公司
787mm×1092mm　1/16　印张 15¾　彩插 1　字数 388 千字
2024 年 12 月北京第 1 版第 1 次印刷

购书咨询：010-64518888　　售后服务：010-64518899
网　　址：http://www.cip.com.cn
凡购买本书，如有缺损质量问题，本社销售中心负责调换。

定　　价：68.00 元

前言

随着全球对可再生能源的需求不断增长，生物质能作为一种潜在的清洁能源备受关注。生物质能资源丰富，种类繁多，其转化利用可以减少化石燃料温室气体的排放，并产生良好的社会效益和经济效益，因此发展潜力巨大。然而，将生物质能有效地转化为电力或其他能源形式，需要深入了解其特性、转化技术及应用前景。目前，尽管有一些关于生物质能的书籍和论文，但大多数都集中在概念性的介绍或单一技术的研究上，缺乏全面系统的介绍。

本书旨在全面系统地介绍生物质能转化与发电技术，深入探讨生物质能的转化与发电过程中的技术原理、使用设备、各种发电技术的特点以及适用性等内容，使读者较为全面地了解生物质能转化与发电技术的基本概念、技术原理和工程应用知识，可作为相关领域的工程技术人员、研究人员、学生以及对生物质能感兴趣的读者的一本参考书籍。

生物质能来源广泛，包括木材、农作物秸秆、生活污水、工业有机废水、城市固体废弃物等。合理利用这些生物质资源，可以实现能源的可持续利用，减少对环境的污染和破坏。然而，生物质能变成我们方便使用的能源需要经过进一步的转化。因此，在生物质转化与发电技术领域，各种先进的技术正在不断涌现，包括生物质燃烧技术、生物质气化技术、生物质热解技术、生物质液化技术、生物质厌氧发酵技术等。这些技术各有特点，应用广泛，是当前生物质利用领域的热点和发展方向。利用这些技术可以将生物质能高效地转化为电力、燃气、液体燃料等，为清洁能源的发展提供了有效的途径。

本书首先介绍了生物质能的来源和分类，包括各种生物质能的发展现状、特点、在能源领域的应用及发展前景。其次，对生物质能的转化技术进行了概述，包括燃烧、气化、热解、液化和厌氧发酵等多种技术。每一章都详尽地阐述了各技术的原理、特点、相关设备、工艺流程以及影响因素，为读者提供了深入了解和应用这些技术的知识。最后，针对不同类型的生物质资源和能源需求，本书进一步探讨了各种生物质发电技术，包括生物质燃烧发电、生物质气化发电、生物柴油发电技术、沼气发电技术及生物质氢能发电技术等。系统地阐述了各种生物质发电技术的原理、特点以及在实际应用中的情况。同时，还对生物质发电技术的局限性进行了探讨，并分析了发展前景和发展措施。

在探讨生物质能转化与发电技术的同时，本书还特别关注了相关的环境影响和可持续性问题，包括生物质资源的可持续供应、生物质转化过程中的排放物处理和循环利用。本书通过深入分析这些问题，旨在为生物质能的可持续发展和环境保护提供科学依据及技术支持。

本书不仅关注理论知识的传授，而且侧重于工程应用技术的分享和实践经验的总结，通过分析一些工程实例，帮助读者更好地理解生物质能转化与发电技术的发展现状以及未来发展方向。我们相信，通过本书的阅读，读者将能够深入了解生物质能转化与发电技术的前沿进展和应用案例，为推动生物质能产业的发展和应用提供有力支持。

在编写这本书的过程中，我们深刻意识到，尽管生物质能转化与发电技术在理论和实践方面都取得了显著进步，但仍面临着技术成熟度不足、经济效益有待提高等挑战。因此，我们在书中也提出了一系列的发展建议，包括加强基础研究、推动技术创新等，以期推动生物质能转化与发电技术的持续发展和广泛应用。

在此，我们要向所有为本书提供支持与帮助的专家学者、出版机构以及读者朋友们表示衷心的感谢。正是由于你们的支持与合作，本书才得以顺利完成。

由于编者水平有限，时间仓促，疏漏之处在所难免，恳请广大读者批评指正。

编者

2024 年 7 月

目录

第三篇　生物质发电技术

第一篇　生物质能及其燃料

第一章
生物质能

第一节　生物质能的来源与分类

生物质能，是植物直接或间接地通过光合作用将太阳能转化为化学能并贮存在生物质中的能量。从广义上讲，生物质能是太阳能的一种表现形式，属于可再生能源。《中华人民共和国可再生能源法》第三十二条将生物质能定义为：生物质能，是指利用自然界的植物、粪便以及城乡有机废物转化成的能源。在“碳达峰”“碳中和”的双碳背景下，生物质能是未来可持续能源系统的重要组成之一，其研究和开发受到了广大科研工作者的关注与重视。

有机物中除矿物燃料以外的所有来源于动植物的能源物质均属于生物质能，总体上讲，依据来源的不同，生物质能分为林业资源、农业资源、生活污水、工业有机废水、城市固体废物、畜禽粪便、能源作物七大类。

一、林业资源

树木是绿色生物质的重要来源。林业生物质资源按其利用方向不同可分为：以制备木质燃料为主的木质原料资源，以制备生物柴油为主的木本油料资源以及以制备燃料乙醇为主的高淀粉植物资源。森林抚育修枝、采伐薪炭林以及林业生长剩余物和加工剩余物是主要的木质原料来源。

2022 年中国森林面积为 2.31 亿 hm^2，约占全球森林面积的 5.6%，森林覆盖率为 24.02%，森林蓄积量为 194.93 亿 m^3，占全球森林蓄积量的 8.4%。同时，我国已建成生物质能源林基地约 300 万 hm^2，林木生物质资源总量突破 1.95 亿 t，若全部利用可转化 9754 万 t 标准煤。2021 年以来，我国森林和林地面积逐年增加，森林覆盖率超过 20%。总体而言，我国林业生物质能源资源总体发展潜力巨大，对替代化石能源供热和发电、推进碳减排具有重要贡献。

树木采伐加工过程中，往往会产生大量的边角料与剩余物，如树木的桩、枝、根、叶以及木屑、碎木等林业加工废弃物资源，这类生物质存量丰富、潜力巨大，可以作为主要生物质燃料。近年来，我国发展的适合作为生物质能的树种有银合欢、柴穗槐、沙枣、旱柳、杞柳、泡桐树等，见图 1-1。

(a) 银合欢 (b) 沙枣

(c) 旱柳 (d) 泡桐树

图 1-1 我国的生物质能树种

二、农业资源

常见的农业生物质资源主要包括农作物秸秆、农产品加工剩余物两大类。其中，农作物秸秆是最常见的农业生物质资源。在农业生产过程中，收获了小麦、玉米、稻谷等农作物以后，残留的不能食用的茎、叶等废弃物统称为秸秆。农业农村部发布的数据显示，我国秸秆产量由 2016 年的 8.13 亿吨增加到 2021 年的 8.29 亿吨，可收集资源量也从 6.81 亿吨增加到 2021 年的 6.94 亿吨，见图 1-2。玉米、水稻和小麦三大粮食作物的秸秆产量分别达到 3.21 亿吨、2.22 亿吨和 1.79 亿吨，合计占比 83.5%。我国秸秆资源主要分布在辽宁、吉林、黑龙江、河南、四川等产粮大省，资源总量排名前五的分别是黑龙江、河南、吉林、四川、湖南，占全国总量的 59.9%。近年来，我国粮食产量增长的同时提供了大量秸秆资源，随着粮食产量的增加，预计未来秸秆资源总量也将保持稳定上升。但由于秸秆本身存在的缺点，例如密度小、分布离散，相对于其他生物质能源，其直接经济价值较低。此外，人们虽然在禁止秸秆焚烧的宣传及严厉的处罚措施下不再进行露天燃烧，但是把秸秆当作废物弃之荒野或回田的现象仍然十分常见。这样不仅造成有价资源的极大浪费，而且使土壤的肥力逐年下降，造成了巨大的经济损失。因此，合理利用秸秆，对发展经济和保护生态环境具有重要意义。

目前上述农业废弃物的利用主要是采用热转化、生物转化等方法，将其转化为生物柴油、燃料乙醇等含氧燃料以替代化石燃料，还可以通过直接气化，将其转变为电能进行利用。因此，农业废弃物再利用不仅具有可行性，而且具有必要性。大力提倡农业废弃物的再利用，不仅能推动农业废弃物资源化综合利用，助力我国美丽乡村建设，而且有助于提升资源利用效率，弥补部分能源短缺问题。

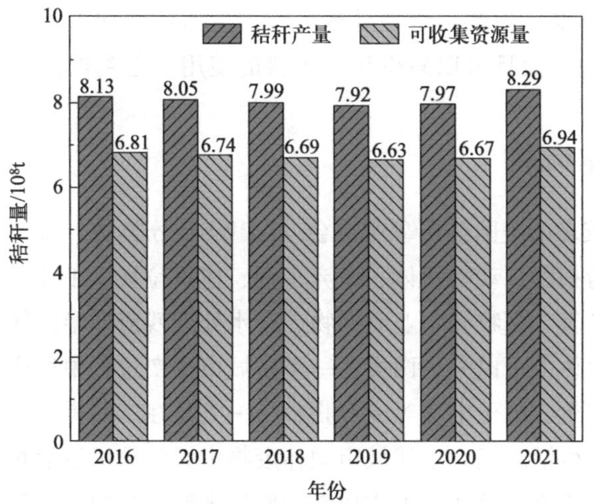

图 1-2　2016～2021 年中国农作物秸秆产量及可收集资源量规模

三、生活污水和工业有机废水

随着工业技术的发展，生产活动中产生的污水和废水越来越多。随着“绿水青山就是金山银山”号召的提出，人们的环境意识越来越强，生产活动中所产生的污水、废水的处理问题已经无法回避。城市污水是唯一属于非固体型的生物质能原料，通过发酵技术可在治理废水的同时获得以液体或气体为载体的二次能源。生活污水中含有淀粉、纤维素等有机物，这些有机物在处理过程中可能带来一定的挑战。此外，生活污水中通常还含有较高浓度的氮、磷、硫等污染物，这使得其处理过程变得更加困难。工业废水中，某些类型的废水（如化肥厂排放的废水）可能含有大量的氮、磷、钾等植物营养物质。若这些废水未经适当处理就大量排放，会导致水体富营养化，进而引发大规模的水体污染。相反，如果这部分污水、废水得到及时的处理或利用，例如，可以运用沼气技术也就是厌氧消化技术，处理人畜粪便和其他有机废水，用来生产沼气，那么其影响将是有利的。经过发酵，城镇居民生活污水产生沼气和脱水后，剩余物质就是沼渣，见图 1-3。沼渣中残余的有机质和腐殖酸可以改良土壤，氮、磷和钾等

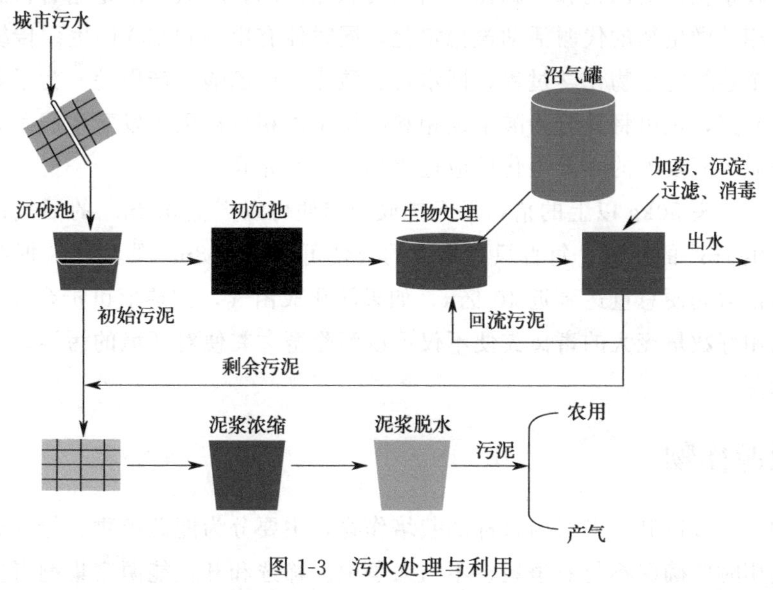

图 1-3　污水处理与利用

可以满足植物生长的需要。因此，合理处理与利用生活污水和工业有机废水，不仅能解决我国部分城镇的用气问题，而且可以减少化石燃料的使用，起到保护环境的作用。

四、城市固体废物

按照国际上引用较多的美国公用事业协会（APWS）分类法，城市固体废物大致可分为垃圾、燃烧灰烬、街道清扫物、动物尸体、废弃车辆、建筑垃圾、工业废弃物、特殊废弃物（包括医疗废弃物、大件垃圾、畜牧和农业废弃物、废水处理残渣即半固体的污泥）等。按照来源分类，城市固体废物总体上可以分为两类：一类是城市生产过程中所产生的废弃物，称为生产废弃物，包括工业、建筑、电子电器等废弃物；另一类是在产品进入城市市场流动或使用过程中产生的废弃物，称为生活垃圾。上述城市固体废物中城镇居民生活垃圾，商业、服务业垃圾和少量建筑垃圾等固体废弃物可作为生物质能的原料来源。其中，城镇居民生活垃圾在城市垃圾中所占比例大，分布范围广，分类回收和处理的难度较大。一般来说，城镇居民生活垃圾分为有机垃圾和无机垃圾。其中有机垃圾包括纸品、塑料、橡胶、纤维、竹木。

五、畜禽粪便

随着经济的发展和人民生活水平的提高，我国的禽畜饲养业向着规模化、集约化方向发展。养殖过程中所产生的畜禽粪便资源的实物量相当巨大。畜禽粪便综合处理技术不断改进和成熟，粪便资源化和能源化发展正在不断地向前推进。畜禽粪便作为一种重要的生物质能源，在内蒙古、新疆、西藏等牧区，被牧民们直接燃烧以获取热量。

除了直接燃烧这种最古老、简单的手段之外，厌氧发酵产沼气也是近年来实现能源化的重要方式。畜禽粪便中有机质含量为10%～70%，是具有巨大应用潜力的碳源，可通过厌氧发酵将它转化为甲烷、氢气等清洁能源。同时，消化产物沼液和沼渣富含多种有益微生物及氮、磷等营养元素，可用作土壤有机肥。因此，畜禽粪便的厌氧发酵处理是一种可同时实现畜禽废弃物减量化、资源化和能源化的高效资源化技术。厌氧发酵是指有机废弃物在厌氧条件下，通过相关微生物的代谢活动被稳定化，同时伴有甲烷和CO产生。传统意义上，厌氧发酵分为几个连续的生物化学过程，即水解、酸化、产乙酸、产甲烷。为了更好地对厌氧发酵过程进行研究，也可将其分为酸生成相和甲烷生成相，即厌氧发酵生成甲烷的两相四阶段学说，生物质厌氧发酵的主要生化反应过程如图1-4所示。

研究表明，一头50kg以上的猪，每天排放的粪便可以产生$0.2m^3$的沼气；一头牛每天的粪便可以产生$1m^3$的沼气；每百只鸡每天的粪便可产生$0.8m^3$的沼气。据统计，目前中国每年产生的畜禽粪便总量达到近40亿t，如果转化成沼气，按热值可折合3.989亿t标准煤。因此，利用好数量庞大的畜禽粪便不仅可以消除畜禽粪便对环境的污染，而且能得到可利用的清洁能源。

六、能源作物

能源作物是直接以制取燃料为目标的栽培作物，主要分为能源植物、能源微生物和能源藻类。开发利用时要确保不与农争地、不与人争粮。筛选和开发能源富集型野生植物和半野

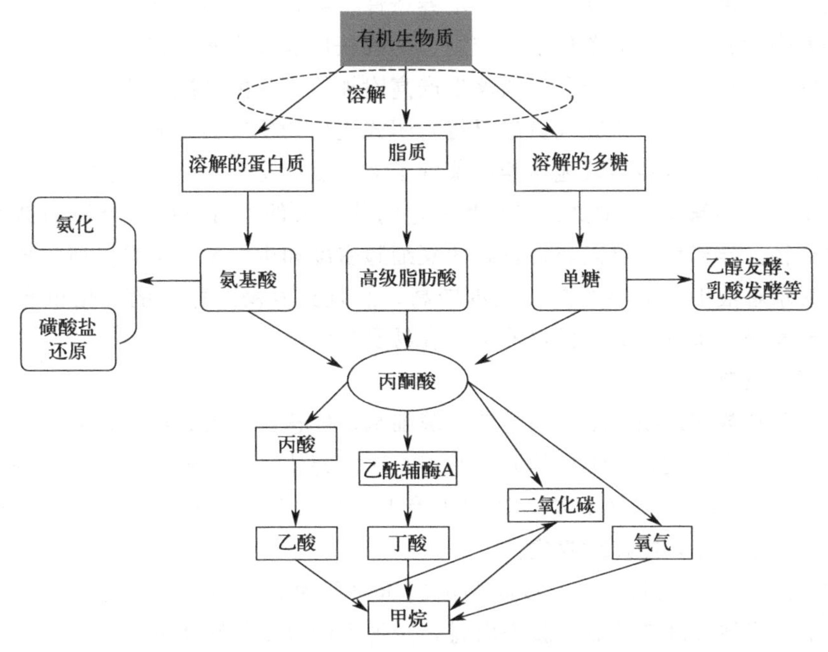

图 1-4 生物质厌氧发酵过程主要生化反应过程

生植物是能源作物来源的关键。

藻类是生产生物燃料的可靠来源，可以累积并储存油脂，在一定条件下，油脂含量可达细胞干重的 10%～50%。许多藻类都能产生油脂，其中微藻具有光合作用效率高、生长速度快、生产周期短、占地面积小、能连续大规模生产等优点。目前，已经发现了几百种富油微藻，直接提取得到的油脂组分与植物油类似，可以作为植物油的替代品，更是优良的生物柴油生产原料。

另外，微藻还可以吸收工业废水和废气中的某些元素和营养物质，在降低工厂污染物处理成本的同时，还能生产能源或成为畜禽饲料。未来随着能源结构逐步向新能源方向发展，生物柴油这一新能源受到了越来越多的重视，如何高效、低成本地合成生物柴油成为开发生物柴油的关键。

(1) 产油微藻的种类

产油微藻是指在一定条件下，油脂占细胞干重的比例超过 20%的微藻。始于 20 世纪 70 年代末期的美国能源部水生物种项目（Aquatic Species Program，ASP）为了发展可持续的微藻能源，对微藻进行了大规模的收集、筛选和鉴定工作，最终获得了 300 多种产油微藻，这些产油微藻大部分属于绿藻纲（Chlorophyceae）和硅藻纲（Bacillariophyceae）。目前，研究过的产油微藻包括硅藻纲、红藻纲（Rhodophyceae）、金藻纲（Chrysophyceae）、褐藻纲（Pha-eophyceae）、绿藻纲、甲藻纲（Dinophyceae）、隐藻纲（Cryptophyceae）和黄藻纲（Xantho-phyceae）。不同种类的微藻其油脂含量一般不同，同一种微藻在不同生长条件下的油脂含量也不相同，同一物种的不同藻株其油脂含量往往也存在很大差别。

(2) 微藻的培养

在光能自养培养中，微藻通过光合作用来维持生长以及积累代谢产物。目前，封闭式光生物反应器的制造成本远远高于开放塘。开放塘已广泛用于微藻的大规模培养，其具有投资少、成本低、技术要求简单等优点，但开放塘易引入杂藻或杂菌，培养密度较低，更容易受到季节、光照、温度和湿度变化的影响，培养条件不够稳定。封闭式光生物反应器具有不易受污染、培养密度较高、培养条件易于控制、易收获以及减少水分蒸发等优点，但是其制造成本仍然比较高，目前仅适用于利用微藻生产高附加值产品的情况，用于生产微藻生物燃料尚存在成本过高的问题。有研究人员建议将封闭式光生物反应器与开放塘结合起来应用，首先利用封闭式光生物反应器高效地培养微藻种子液，然后将种子液接种到开放塘中，大规模生产少数微藻（如小球藻）。微藻在黑暗和一定的营养条件下可以同化外源的糖类进行生长并积累代谢产物。异养培养可以获得较高的藻细胞密度和生物量，但是其所需要的适宜原料如木质纤维素水解液中的糖类的制备成本较高，而且异养藻对糖类的利用也有一定的局限性。此外，异养培养系统在大规模培养中更容易受到污染。

（3）微藻的收获

藻类生长到指数期末期或稳定期早期，藻细胞密度达到最大，此时，应当根据微藻的特性，选用不同方法进行收集。常见的方法有离心法、超滤法、气浮法、絮凝法等。

① 离心是一种常用的分离方法，适用于绝大多数微藻。目前应用较为广泛的是碟式离心机，该离心机易操作，能连续收集。

② 超滤是一种膜分离技术，它以膜两侧的压力差为驱动力，以超滤膜为过滤介质，在一定的压力下，当被处理料液流过膜表面时，实现不同分子量物质的分离。

③ 气浮法的原理是人为向水体中导入微气泡，以形成水、气及拟去除物质的三相混合体，在界面张力、气泡上升浮力和静水压力差等多种力的共同作用下，促进微气泡黏附在絮粒上，迫使其上浮，从而使水中絮粒被分离。

④ 絮凝是使液体中悬浮微粒形成絮团，从而加快微粒沉降，达到固液分离目的的一种技术。其原理是通过添加化学物质来破坏微粒间静电斥力或者由线型高分子化合物在微粒间“架桥”来破坏体系的稳定性，实现微粒的聚结。

（4）油脂的提取

收获微藻后需要进一步提取其中的油脂用于制备生物柴油。目前，油脂提取的方法有机械压榨法、有机溶剂法、加速溶剂提取法、超临界流体萃取法和酶提取法等。

① 机械压榨法　是借助机械外力，将油脂从植物中压榨出来的一种方法。该方法也可用于微藻的油脂提取，但是仅适用于干藻粉。该方法工艺简单，适应性强，但是因为需要干燥藻粉，增加了提取过程的能耗和成本。

② 有机溶剂法　是提取油脂最经典的方法，其理论基础是相似相溶原理。目前常用于微藻油脂提取的有机溶剂包括：氯仿/甲醇、正己烷/乙醇、正己烷/异丙醇。有机溶剂法需要用到有机试剂，对环境的影响较大。同时，该方法不适用于处理湿藻。

③ 加速溶剂提取法　是指在高温、高压下利用有机溶剂提取油脂。该方法可用于微藻油脂的提取。该方法能提高产率、缩短提取时间、去除杂质。但是，加速溶剂提取法存在如下问题：处理大量微藻比较困难，以及提取过程能耗较高。另外，该方法需要使用干藻粉，这也增加了能耗和成本。

④ 超临界流体萃取法　在超临界状态下，流体的溶解性显著提高，而且这种溶解性随着温度和压力的改变而改变，利用这一原理可以从固体和液体物质中提取化学物质。

⑤ 酶提取法　又称水酶法，是近年来兴起的一种油脂提取方法，它是以机械和酶解为手段降解细胞壁，促进油脂的释放。水酶法提取油脂是在机械破碎的基础上，采用纤维素酶、半纤维素酶、果胶酶、淀粉酶、蛋白酶等处理微藻。该法提取油脂时，可以处理湿藻，

经过酶解和离心，可获得清油。

第二节 生物质能的特点

生物质能是世界第四大能源，仅次于煤炭、石油和天然气。生物质能作为唯一的含碳可再生能源，具有来源广、储存量大、碳中和的特点，在实现“负碳排放”方面具有很大潜力，是清洁的可持续利用的能源。

生物质能的主要特点如下。

（1）分布广泛

生物质的形成是植物通过光合作用将太阳能固定在植物的根、茎、枝、叶中，因此地球上凡是有阳光的地方就有生物质的存在，每年的生产量相当于世界上现有人口食物能量的160倍，是一种十分有前景的替代能源。我国是一个农业大国，秸秆是重要的生物质能源的来源，开发利用生物质能，对维护我国能源安全、促进经济可持续发展具有十分重要的意义。

（2）种类丰富

生物质能的种类丰富。例如，可以利用农作物或其他植物中所含糖、淀粉和纤维素制造燃料乙醇；利用含油种子和废食用油制造生物柴油作为汽车燃油；可以利用人畜粪便发酵生产沼气；可以直接把薪柴林以及木业的采伐加工残物作为燃料或加工为其他燃料；还能把农作物秸秆和加工残物直接作为燃料，或经发酵生产沼气。部分生活垃圾也可以加以利用，如用生活垃圾中的有机物制造固体成型燃料，或经发酵生产沼气。还可以直接用工业“三废”中的纸浆黑液、废轮胎等可燃物作燃料，用食品工业糟粕、污泥等发酵生产沼气。

（3）可再生性

生物质能可以再生，与风能、太阳能等都属于可再生能源。据统计，全球可再生能源资源可转换为约185.55亿吨标准煤的二次能源，相当于全球油、气和煤等化石燃料年消费量的2倍，其中生物质能占35%，位居首位。

（4）低污染性

同化石能源相比，生物质能在能源化利用过程中由于硫、氮含量低，因此燃烧过程中生成的污染物较少。生物质能的二氧化碳净排放量近似为零，可有效地降低温室效应。农林废弃物、畜禽粪便、生活垃圾等废弃物和环境污染物等若实现废弃物无害化和能源化，不仅为人类生产提供清洁高效的能源，而且对自然环境的影响降低到最低，真正实现可持续发展。

（5）可储存性好

与太阳能、风能相比，生物质能突出的优点是可储存。生物质压缩成型是生物质利用的主要形式。它是将生物质粉碎至一定粒度，在高压条件下，挤压成一定形状。生物质压缩成型解决了生物质形状各异、堆积密度小且松散、运输和储存不方便的问题，提高了生物质的储存性。生物质压缩成型工艺流程如图1-5所示。

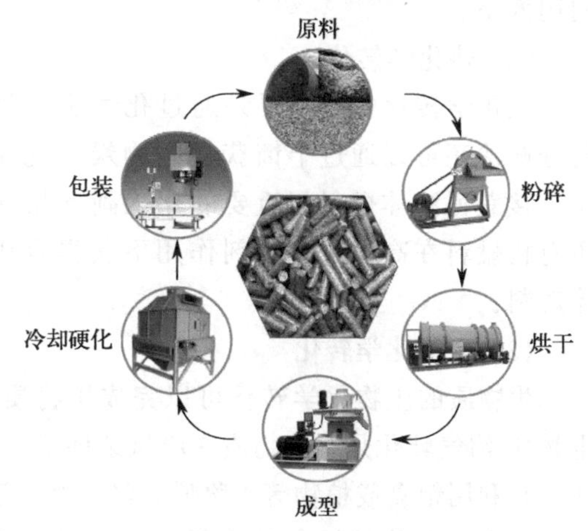

图1-5 生物质压缩成型工艺流程

(6) 利用技术成熟

生物质能利用技术成熟，应用广泛，主要用在建筑供暖、热水供应、工业生产和发电等领域。在过去很长一段时间，我国农村的炊事用燃料很大程度上是以生物质为主。同时，生物质能也是一种很好的发电方式，可以解决农村和偏远地区供电问题，并可替代部分燃煤发电，为“碳达峰”、“碳中和”目标做贡献。

第三节　生物质能的转化技术

通常来讲，生物质能的转化技术主要有直接氧化、热化学转化和生物化学转化三种形式，见图1-6。

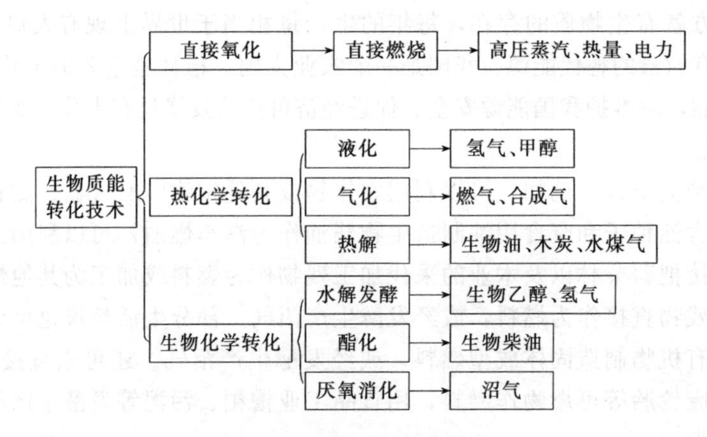

图1-6　生物质能转化技术

(1) 直接氧化

直接氧化（即燃烧）是生物质能最简单、应用最广的利用方式，也是最古老的利用方式。生物质直接燃烧，不仅利用率低，而且燃烧不充分，会对环境造成污染。普通炉灶直接燃烧生物质的热效率一般不超过20%。在农村推广节能灶，能大大提高能源利用效率，可达30%以上。而在城市推广废弃物直接燃烧的垃圾电站，也可提高生物质能的利用效率。

(2) 热化学转化

热化学转化方法主要是通过化学手段将生物质能转化成气体或者液体燃料。其中高温分解法还可以通过干馏获得生物炭等优质固体燃料，也可以通过生物质的快速热解液化直接获得液体燃料与重要的化工副产品（图1-7）。生物质的热化学气化则是利用生物质有机燃料在高温与气化剂作用下获得合成气，再由合成气获得其他优质的气体或者液体燃料。

(3) 生物化学转化

生物质的生物化学转化可以完成生物质-沼气转化、生物质-乙醇转化、堆肥等。其中，生物质-沼气转化是有机物质在厌氧条件下，由微生物发酵，从而产生可燃气；生物质-乙醇转化是利用粮食或植物等生物质，经发酵、蒸馏、脱水等工艺，形成乙醇燃料。生物质能利用过程中存在能量转化效率低、应用不广泛等问题，因此必须研发高效的生物质能转化技术。

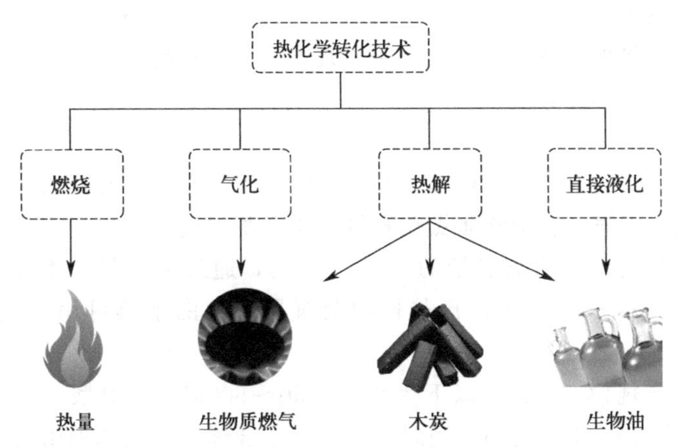

图 1-7　热化学转化技术与产物的相互关系

目前国内外应用广泛、技术成熟、发展前景广阔的技术是生物质气化和生物质液化技术。表 1-1 罗列了生物质气化与液化技术的优缺点。

表 1-1　生物质气化与液化技术的优缺点

生物质能转化技术	概述	优点	缺点
生物质气化技术	生物质气化技术是指在一定的热力学条件下，将碳氢化合物转化成可燃的气体，如氢气和一氧化碳等	将生物质转化成气体燃料，利用率高并且无污染，用途广泛	技术要求的工艺比较复杂，生成的气体燃料不方便存储和运输，需要专门的用户和配套设施
生物质液化技术	生物质液化是使生物质在缺氧条件下热解，将其降解为液态燃油、可燃气体和固态生物炭的过程	将生物质制成燃油，可替代石油产品，发展前景广阔	技术比较复杂，成本高，某些关键技术仍处于实验室研究阶段，距实际推广利用还有较长距离

第四节　生物质能的发电技术

生物质发电主要以农业、林业和工业废弃物为原料，也可以以城市垃圾为原料，采取直接燃烧或者气化的发电方式。近年来，我国一直把秸秆资源的资源化利用作为重点工作，积极寻求生物质的高效利用方式。生物质发电这一简洁高效的发电方式直接推动了生物质产业化的快速发展。生物质的发电方式主要包括：生物质直接燃烧发电、沼气发电、垃圾发电和生物质燃气发电。

（1）生物质直接燃烧发电

生物质直接燃烧发电是出现较早的生物质能发电方式。生物质直接燃烧发电，就是直接以经过处理的生物质为燃料，而不需转换为其他形式的燃料，用生物质燃烧所释放的热量在锅炉中生产高压过热蒸汽，通过推动汽轮机的涡轮做功，驱动发电机发电。生物质直接燃烧发电的原理和发电过程与常规的火力发电是一样的，所用的设备也没有本质区别。

生物质直接燃烧发电是最简单、最直接的生物质能发电方法。最常见的生物质原料是农作物的秸秆、薪炭木材和一些农林作物的其他废弃物。由于生物质质地松散、能量密度较低，其燃烧效率和发热量都不如化石燃料，而且原料需要做特殊处理，因此设备投资较高，效率较低，即便是在将来，情况也很难有明显改善。为了提高热效率，可以考虑采取各种回热、再热措施和联合循环方式。

(2) 沼气发电

沼气发电就是以沼气为燃料实现的热动力发电。沼气发动机与普通柴油发动机一样，工作循环也包括进气、压缩、燃烧膨胀做功和排气 4 个基本过程。

发动机排出的余热约占燃烧热量的 65%～75%，通过废气热交换器等装置回收利用，机组的能量利用率可达 65%以上。废热回收装置所回收的余热可用于消化池料液升温或采暖。

沼气发电的生产规模，50kW 以下为小型，50～500kW 为中型，500kW 以上为大型。沼气发电始于 20 世纪 70 年代初期。当时，国外为了合理、高效地利用在治理有机废弃污染物中产生的沼气，普遍使用往复式沼气发电机组进行沼气发电，大多采用电火花点火式气体燃料发动机。

(3) 垃圾发电

垃圾发电主要是从有机废弃物中获取热量用于发电。从垃圾中获取热量主要有两种方式：一是垃圾经过分类处理后，直接在特制的焚烧炉内燃烧；二是填埋垃圾在密闭的环境中发酵产生沼气，再将沼气燃烧。垃圾沼气发电的效率非常低，但发电成本低廉，仍然很有开发价值。

垃圾焚烧，可以使其体积大幅度减小，并转换为无害物质。被焚烧废物的体积和质量可减少 90%以上。垃圾焚烧发电，既可以有效解决垃圾污染问题，又可以实现能源再生，作为处理垃圾最为快捷和最有效的技术方法，近年来在国内外得到了广泛应用。

焚烧垃圾需要利用特殊的垃圾焚烧设备，有垃圾层燃焚烧系统、流化床式焚烧系统、旋转筒式焚烧炉和熔融焚烧炉等。

当然，焚烧也可以与发酵并用。一般是把各种垃圾收集后，进行分类处理。对燃烧值较高的进行高温焚烧（高温焚烧彻底消灭了病原性生物和腐蚀性有机物）；对不能燃烧的有机物进行发酵、厌氧处理，最后干燥脱硫，产生沼气后再燃烧。燃烧产生的热量用于发电。

(4) 生物质燃气发电

生物质燃气发电，就是将生物质先转换为可燃气体，再利用这些可燃气体燃烧所释放的热量发电。生物质燃气发电的关键设备是气化炉（或热裂解装置)，一旦产生了生物质燃气，后续的发电过程和常规的火力发电、沼气发电就没有本质区别了。

生物质燃气发电系统主要由煤气发生炉、煤气冷却过滤装置、煤气发动机、发电机这 4 大主机构成。

生物质燃气发电机组主要有三种类型：一是内燃机/发电机机组；二是汽轮机/发电机机组；三是燃气轮机/发电机机组。三种方式可以联合使用，汽轮机和燃气轮机发电机组联合运行的前景较为广阔，尤其适用于大规模生产。

第五节　生物质能开发与利用现状

鉴于生物质能源的重要性，对其相关技术的研究与开发已受到世界各国政府和科技工作者的关注，成为全球热门课题之一，许多国家纷纷制订计划，加大研发力度，如美国的能源农场、日本的阳光计划、巴西的酒精能源计划、印度的绿色能源工程等。经过多年的努力，我国科学家也在生物质能源的研究领域占据国际领先或者齐平的地位。生物质能的开发与利用包括两方面内容：一是增加生物质的产量；二是生物质能的高效转换及有效利用。其中，后者是研究的重点。美国、欧盟各国、巴西等是生物质能应用较领先的国家。国际能源署（IEA）发布的《2023年世界能源展望》报告指出，到2030年，世界能源系统将发生重大变化，全球电动汽车的数量将是现在的近10倍，可再生能源在全球电力结构中的份额将接近50%。

2017年，全球生物基材料与生物质能源产业规模超过1万亿美元，美国达到4000亿美元。美国主要开发利用的是燃料乙醇和生物柴油。美国计划以生物质能为未来能源的主要输出点，至2050年，使其占到总能耗的50%。欧盟是生物柴油最大的生产地区。根据英国能源研究所（Energy Institute）及美国农业部有机认证机构（USDA）数据，2023年全球生物柴油生产量约为5600万吨，其中欧盟生产1422万吨，占比25.39%。欧盟计划到2030年将可再生能源在总能源消费中的占比提高到至少45%，并努力实现50%的目标。欧盟致力于实现2030年气候目标，计划使温室气体排放量较1990年减少至少55%。2021年，欧盟委员会提出到2050年实现碳中和的目标。2020年10月26日，日本首相菅义伟宣布，日本计划到2030年在电力供应中使用36%至38%的可再生能源，2030年温室气体排放量比2013年的水平减少46%，目标是到2050年将温室气体排放量减少到零，使日本成为碳中和、脱碳社会。美国规划到2030年生物质能源占运输燃料的30%，瑞典、芬兰等国规划到2040年前后生物质燃料完全替代石油基车用燃料。

我国生物质能资源十分丰富，每年产生的各种农业废弃物的资源量就相当于3.08亿吨标准煤，柴薪资源量相当于1.3亿吨标准煤，加上城市生物垃圾、禽畜粪便、工业有机废水等，资源总量接近8亿吨标准煤。我国的农村户用沼气工程起步早，范围广，收效大。截至2022年底，全国农村沼气池的建设已显著发展。根据相关统计，全国农村沼气池累计建设达到了近3000万户，其中包括大量的小型和中型沼气池。尤其是在四川、陕西、河南等省份，农村沼气池的建设和应用得到了较为广泛的推广。国家能源局2024年6月进一步批准22家单位进行生物柴油推广应用试点，其中包含舟山自贸区、中国船舶燃料有限责任公司、中国石化燃料油销售有限公司三家单位的试点项目，将带动72万吨～96万吨/年的船舶燃料生物柴油掺混需求。

在国家相关经费尤其是中国科学院战略性先导科技专项的支持下，中国科学院以具有颠覆性特色的木质纤维素原料制备生物航油联产化学品技术、支撑国家燃料乙醇和生物质燃料产业发展的农业废弃物醇烷联产技术为核心，突破关键技术并进行工业示范。针对低值生物质资源的高值利用难题，已建立了国际首套百吨级秸秆原料水相催化制备生物航油示范系统（图1-8，书后附彩图），产品质量达到ASTM-D-7566（A2）标准，并拟于近年建成国际首套千吨级示范系统、千吨级呋喃类产品/异山梨醇的中试与工业示范、30万吨秸秆乙醇及配套热电联产工业示范、年千万立方米生物燃气综合利用与分布式供能工业化示范工程等一批体现技术特色、区域特色和产品特色的示范工程，进一步强化保持我国生物质能技术创新的国际领先地位。

图 1-8 国际首套百吨级秸秆原料水相催化制备生物航油示范系统

第六节 生物质能转化技术的发展现状

生物质能转化技术主要包括生物质发电技术、生物液体燃料技术、生物燃（沼）气技术、固体成型燃料技术、生物基材料及化学品技术等，以下将针对各个具体技术的发展现状分别进行分析。

（1）生物质发电技术

生物质发电技术是最成熟、发展规模最大的现代生物质能利用技术。生物质发电技术在欧美发展得最为完善。丹麦的农林废弃物直接燃烧发电技术，挪威、瑞典、芬兰和美国的生物质混燃发电技术均处于世界领先水平。日本的垃圾焚烧发电技术发展迅速，处理量占生活垃圾无害化清运量的 70%以上。2017～2022 年，中国生物质能发电累计装机规模持续增长，2022 年突破 4000 万千瓦，达到 4132 万千瓦，较 2021 年底增长 8.8%。到 2028 年，预计中国生物质能发电累计装机规模将超过 6400 万千瓦。

（2）生物液体燃料技术

生物液体燃料已成为最具发展潜力的替代燃料，其中生物柴油和燃料乙醇技术已经实现了规模化发展。2017 年全球生物柴油的产量达到 3223.2 万吨，美国、巴西、印度尼西亚、阿根廷和欧盟是生物柴油生产的主要国家和地区，其中欧盟的生物柴油产量占全球产量的 37%，美国占 8%，巴西占 2%。我国生物柴油生产技术处于国际领先地位，国家标准已与国际接轨。美国可再生燃料协会（PEA）的统计数据显示，2016 年以来，全球燃料乙醇产量稳定增长，直至 2019 年达到 293 亿加仑（约合 1113 亿升），2021 年全球乙醇产量达到 8830 万吨。由于自然条件、基本国情、技术投入、资金支持等多重因素的影响，燃料乙醇在全球范围内的开发和利用呈现出明显的不对称性，美国、巴西是燃料乙醇产业规模最大的国家，占全球燃料乙醇产量的 80%以上，除此之外，推广应用燃料乙醇的主要国家和地区还包括欧盟、中国、印度、加拿大等。2020 年，美国燃料乙醇总产量达 139.26 亿加仑（约合 529 亿升），占全球产量的 53%，超过其他国家产量的总和；巴西燃料乙醇总产量为 79.3 亿加仑（约合 301 亿升），占全球产量的 30%；欧盟燃料乙醇产量为 12.5 亿加仑（约合 48 亿升），占全球产量的 5%；截至 2020 年底，我国燃料乙醇产量为 8.8 亿加仑（约合 33 亿升），位列美国、巴西和欧盟之后，占全球产量的3%。

(3) 生物燃（沼）气技术

生物燃（沼）气技术已经成熟，并实现产业化。欧洲是沼气技术最成熟的地区，德国、瑞典、丹麦、荷兰等发达国家的生物燃气工程装备已实现设计标准化、产品系列化、组装模块化、生产工业化和操作规范化。德国是目前世界上农村沼气工程数量最多的国家；瑞典是沼气提纯用作车用燃气应用最好的国家；丹麦是集中型沼气工程发展最有特色的国家，其中集中型联合发酵沼气工程已经非常成熟，并用于集中处理畜禽粪便、作物秸秆和工业废弃物，大部分采用热电联产模式。我国沼气的使用有较长历史，在发展中国家中处于领先地位。

(4) 固体成型燃料技术

欧美的固体成型燃料技术属于领跑水平，其相关标准体系较为完善，形成了从原料收集、储藏、预处理到成型燃料生产、配送和应用的整条产业链。目前，德国、瑞典、芬兰、丹麦、加拿大、美国等国家的固体成型燃料生产量均可达到 2×10^7 t/a 以上。我国的生物质固化技术开始于“七五”期间，已达到工业化生产规模。

(5) 生物基材料及化学品技术

生物基材料及化学品是未来发展的一大重点，目前，世界各国都在通过多种手段积极推动和促进生物基合成材料的发展。随着生物炼制技术和生物催化技术的不断进步，高能耗、高污染的有机合成逐渐被绿色可持续的生物合成所取代，由糖、淀粉、纤维素生产的生物基材料及化学品的产能迅猛增长，其中中间体平台化合物、聚合物占据主导地位。我国生物基材料已经具备一定产业规模，部分技术接近国际先进水平。当前，我国生物基材料行业以每年20%～30%的速度增长，逐步走向工业规模化实际应用和产业化阶段。

第七节 生物质能的发展前景

“双碳”目标下，如何平衡能源的开发、利用与社会经济的可持续发展已成为不可回避的难题。化石能源储量有限，而且其开采、运输和使用会加重生态环境的污染，减少化石能源消耗，从源头、过程上减少碳排放，用清洁可再生能源替代化石能源是实现碳中和的有效途径之一。生物质能作为一种重要的可再生能源，直接或间接来自植物的光合作用，可以转化为固态、液态和气态燃料，具有环境友好、成本低廉和碳中性等特点，是国际公认的零碳可再生能源。

然而，生物质能的开发必须解决两个关键性问题：一是降低生物质能的成本。只有生物质能产品的价格低于市场同类型的化石能源的价格，它才会被消费者选择和接受。二是利用生物质能，特别是发展能源作物，不能对生态环境产生不利的影响，更不能对粮食安全构成威胁。因此，我国在“不与人争粮，不与农民争地”的原则下，充分利用农林等有机废弃物和低质土地种植抗逆性强的能源植物（如在沙漠地区种植沙棘等），我国生物质能的发展前景较为广阔。目前，生物质能以生物质发电、生物液体燃料、生物燃（沼）气、固体成型燃料、生物基材料及化学品等方式，广泛应用于工业、农业、交通、生活等多个领域。综上所述，生物质能未来发展前景广阔，主要表现在以下几个方面。

(1) 生物质发电在未来电力结构中仍占有一定份额

生物质发电具有稳定性高、能够参与调峰的优势，如果与其他发电类型相结合，更能参与深度调峰，以及提供清洁热电。此外，生物质与煤混合燃烧发电技术并不十分复杂，具有很大的发展潜力，并且可以迅速减少 CO_2 等温室气体的排放量，预计包括我国在内的许多国家将会有更多的发电厂采用这项技术。截至 2023 年底，我国已投产生物质发电并网装机容量 4414 万千瓦，年提供的清洁电力超过 1980 亿千瓦时。预计到 2030 年，生物质发电总装机容量将达到 5200 万千瓦，提供的清洁电力将超过 3300 亿千瓦时，碳减排量将超过 2.3 亿吨；到 2060 年，生物质发电总装机容量将达到 10000 万千瓦，提供的清洁电力将超过 6600 亿千瓦时，碳减排量将超过 4.6 亿吨。

(2) 生物质清洁供热，替代燃煤，减少碳排放

生物质清洁供热主要用于工业园区、工业企业、商业设施、公共服务设施、农村居民采暖等供热领域。主要供热方式有生物质热电联产供热、生物质锅炉集中供热、户用炉具供暖等。同电力供热、天然气供热相比，生物质清洁供热是目前成本最接近燃煤且居民可承受的供热方式。在未来 10 年间，应大力发展生物质清洁供热，在县域替代燃煤小锅炉。预计未来生物质清洁取暖面积将超过 10 亿平方米，年供热量将超过 24 亿焦耳，温室气体减排量将超过 2.4 亿吨。

(3) 生物质液体燃料助力公路运输和航空领域的碳中和

生物质液体燃料是将生物质原料（农林废弃物、能源作物和微藻等多种生物质资源）通过物理、化学或生物方法转化为液态的可再生能源，主要包括生物柴油、生物乙醇、生物甲醇、生物油和生物航空燃油等。它可以替代或混合使用传统的汽油、柴油、航空煤油等化石燃料，降低对石油的依赖，减少温室气体的排放，实现碳循环，改善环境质量，并促进农业和林业的发展，增加农民收入，创造就业机会。此外，生物质液体燃料是难以用电气替代的领域的重要减排方式之一。预计到 2030 年，生物液体燃料总使用量将达到 7000 万吨，为交通领域减排约 4 亿吨；到 2060 年，生物航空燃油将占航空领域燃油使用总量的 30%。

(4) 为生活领域提供清洁、可再生的能源和材料

生物质能在生活领域的应用主要包括生物质燃气、生物基材料等。生物质燃气可以利用农村和城市的有机废弃物，如畜禽粪便、农作物秸秆、厨余垃圾等转化而来，主要成分为甲烷和二氧化碳，可供居民日常生活中烹饪、热水、照明等用。此外，利用农林废弃物、能源作物、微生物等多种生物质资源合成具有一定功能的生物基材料，主要包括生物塑料、生物纤维、生物涂料、生物胶黏剂等，可用于包装、纺织、建筑、医药、化妆品、食品等中，可替代化石能源和传统材料，减少碳排放和环境污染。预计到 2030 年，生物质燃气年产量将达到 200 亿立方米，生物基材料年产量将达到 5000 万吨。

未来中国生物质能发展的重点是生物质发电、生物质供暖、液体燃料以及生物质气化发电。促进生物质能发展的政策环境将会不断完善，技术水平稳步提高，未来将有更多的高校、科研机构和企业参与，生物质能必将成为未来经济的新增长点。

本章小结

本章主要介绍了生物质能的来源与分类、生物质能的特点、生物质能的转化技术、生物质能的发电技术、生物质能的开发与利用现状、生物质能转化技术的发展现状以及生物质能的发展前景。

① 总体上讲，依据来源的不同，生物质能可分为林业资源、农业资源、生活污水、工业有机废水、城市固体废物、畜禽粪便、能源作物七大类。

② 生物质能的主要特点包括分布广泛、种类丰富、可再生性、低污染性、可储存性好和利用技术成熟。

③ 通常来讲，生物质能的转化技术主要有直接氧化、热化学转化和生物化学转化三种形式。

④ 生物质的发电方式主要包括生物质直接燃烧发电、沼气发电、垃圾发电和生物质燃气发电。

⑤ 鉴于生物质能源的重要性，对其相关技术的研究与开发已受到世界各国政府和科技工作者的关注，成为全球热门课题之一，许多国家纷纷制订计划，加大研发力度，如美国的能源农场、日本的阳光计划、巴西的酒精能源计划、印度的绿色能源工程等。

⑥ 生物质能转化技术主要包括生物质发电技术、生物液体燃料技术、生物燃（沼）气技术、固体成型燃料技术、生物基材料及化学品技术等。

⑦ 生物质能未来发展前景广阔，主要表现在：生物质发电在未来电力结构中仍占有一定份额；生物质清洁供热，替代燃煤，减少碳排放；生物质液体燃料助力公路运输和航空领域的碳中和；为生活领域提供清洁、可再生的能源和材料。

思考题

1. 生物质能的来源有哪些？如何分类？
2. 生物质能的特点有哪些？
3. 生物质能的转化技术有哪些？
4. 生物质能的发电技术有哪些？
5. 生物质能转化技术的发展现状如何？
6. 生物质能的发展前景如何？

第二章
生物燃料

近年来，全球人口和经济的快速增长推动了能源需求的增加，特别是对石油和其他液体燃料的需求。但是原油储量的枯竭以及地区对能源安全的担忧，促使全球政策从化石储备转向寻找可再生的替代能源。生物燃料因其可持续且容易获得等优势越来越受到人们的重视。

第一节　生物燃料的概念

生物燃料通常指从生物原料，诸如作物、作物废弃物、木材、木材产品、植物油及类似原料中提取的燃料，包括生物气体燃料（如生物氢）、生物液体燃料（如生物柴油）和生物固体燃料（如薪柴）等，其中，目前应用最普遍的生物燃料为生物柴油和生物乙醇。乙醇是由谷物、秸秆或者甜菜中的糖分发酵而成的酒精。生物柴油是一种与石化柴油类似的可燃油，但其可由各种各样的植物油或动物油制成。

生物燃料是一种可再生能源，其原材料可通过种植或养殖获取，这与石油等不可再生能源的来源是截然不同。相较于化石燃料，生物燃料在使用过程中产生的污染物更少，更加清洁和环保。

第二节　生物燃料的来源

生物燃料是指利用植物、动物等生物质原料制造的燃料，这种燃料与传统化石燃料相比，不仅可以减少碳排放，降低空气污染，而且能有效地利用废弃物，缓解资源短缺的问题。因此，生物燃料被视为未来的能源发展方向之一。

生物燃料的来源主要包括以下几种：

① 植物：如玉米、甘蔗、大豆、向日葵、油菜籽等，这些植物通常被加工成生物柴油或生物气体如沼气。

② 动物：动物脂肪和粪便也可以转化为生物燃料，如生物柴油和生物气体。

③ 微生物：某些微生物可以分解有机物质，产生甲烷等生物气体，这些气体可用作燃料。

④ 废弃物：各种废弃物，如农作物残渣、动物粪便、生活垃圾等，通过处理可转化为生物燃料。

现在市场上使用的多数生物燃料均产自植物，如柳枝、大豆和玉米等，它们通常被用作运输燃料。其他加工成生物燃料的农产品有中国的木薯和高粱，东南亚的芒草和棕榈油以及印度的麻风树等。

生物燃料的种类包括：生物乙醇、生物柴油、生物液态气体等。其中生物乙醇是指利用玉米、甘蔗、木质纤维素等植物原料制造的酒精燃料；生物柴油则是指利用菜籽油、大豆油、甲醇、微藻等生物质制造的柴油燃料；生物液态气体则是指利用废弃物、有机垃圾等生物质通过生物反应器等设备制造出的液态燃料。

不同的生物燃料，其生产、应用等方面都存在一定的差别，例如：生物乙醇需要发酵设备进行酵母发酵，而生物柴油需要脱酸、脱水等处理步骤。但总的来说，生物燃料的生产成本与传统化石燃料相比，更低廉和环保。

第三节　生物燃料的分类

生物燃料从形态的角度可分为生物质气体燃料、生物质液体燃料和生物质固体燃料。

(1) 生物质气体燃料——沼气

沼气是一种可燃的混合气体，是有机物（碳水化合物、脂肪、蛋白质等）在一定的温度、湿度、pH 值和厌氧条件下经沼气菌群分解发酵生成的。正常的沼气发酵过程对原料的碳氮比（C∶N）有一定的要求。研究表明，发酵原料的碳氮比以（13～30）∶1 为宜。表 2-1 为农村沼气常用原料的碳氮比。沼气因最初在沼泽内被发现而得名。沼气的主要成分为甲烷（CH_4）和二氧化碳（CO_2），还有少量氢气（H_2）、氮气（N_2）、一氧化碳（CO）、硫化氢（H_2S）和氨气（NH_3）等。

表 2-1　农村沼气常用原料碳氮比

原料	碳氮比(C∶N)	原料	碳氮比(C∶N)
干麦秆	87∶1	鲜牛粪	25∶1
干稻草	67∶1	鲜马粪	24∶1
玉米秸	53∶1	鲜猪粪	13∶1
落叶	41∶1	鲜羊粪	29∶1
大豆茎	32∶1	鲜人粪	2.9∶1
野草	26∶1	鲜鸡粪	9.65∶1
花生茎叶	19∶1	鲜人尿	0.43∶1

沼气是一种清洁的可再生能源，可用于炊事和照明，还可以加热锅炉、驱动内燃机和发电。随着科学技术的发展，沼气的新用途不断被开发，从沼气中将其主要可燃气体甲烷分离出来，经过纯化后，甲烷可作为新型燃料用于航空、交通、航天等领域。

表 2-2 是我国 2000～2016 年农村户用沼气池情况，可以看出，其数量增长了约 5.5 倍，并且具有新增量、报废量、户用沼气利用量和总产气量均较大，而年户均产气量较低的特点。

表 2-2　我国农村户用沼气池情况（2000～2016 年）

时间	年末累计数 /10^4 户	本年新增数 /户	本年报废数 /户	本年利用数 /10^4 户	总产气量 /$10^4 m^3$	年户均产气量 /m^3
2000 年	764	1039698	193358	763.7	258854.21	338.9
2001 年	957	1274034	198759	857.4	298172.49	340.6
2002 年	1110	1785338	255697	1023.7	369878.1	361.3
2003 年	1289	2100684	310710	1207.9	457975.2	379.1

续表

时间	年末累计数/10^4户	本年新增数/户	本年报废数/户	本年利用数/10^4户	总产气量/10^4m^3	年户均产气量/m^3
2004年	1541	2808721	288370	1446.3	556818.8	385
2005年	1807	3151872	492854	1715.9	705893.4	411.4
2006年	2175	4022912	344957	2068.8	818733.2	395.8
2007年	2623	4823510	336078	2487	8358.9	397.4
2008年	3049	4785252	530899	2858.9	91138832.2	398.4
2009年	3507	5193012	640733	3230	40869.9	384.1
2010年	3865	3618524	793256	3405	1307998.6	385.4
2011年	3998	2417515	950963	3583.4	41384409.7	386.3
2012年	4083	1738011	882655	3652.3	31377787.3	377.2
2013年	4123	1092490	697397	3653.8	81367399.6	374.2
2014年	4183	659694	332117	3553.3	1324632.9	372.8
2015年	4193	390149	288432	3381.2	1234057.5	365
2016年	4161	—	—	3202.1	1178696.5	368.1

(2) 生物质液体燃料

生物质通过直接和间接的方法生成液体燃料，如燃料乙醇、生物柴油、甲醇、二甲醚等，可以作为清洁燃料直接替代汽油、柴油等化石燃料，因此受到人们的高度关注。

① 燃料乙醇　乙醇，俗称酒精，分子式为CH_3CH_2OH，是一种无色透明且具有特殊芳香气味和强烈刺激性的物质，在常温、常压下呈液态。乙醇的沸点和燃点较低，属于易挥发和易燃物质。当乙醇蒸气与空气混合时，极易引起爆炸或火灾。乙醇除了用作燃料外，还是重要的化工原料和食品。表2-3所列为乙醇的主要燃料特性。

表2-3　乙醇的主要燃料特性

项目	数值	项目	数值
密度(20℃)/(kg/L)	0.7893	馏程/℃	78
辛烷值	100～112	热值/(kJ/L)	21.26
闪点/℃	13	汽化潜热/(kJ/kg)	854

乙醇的某些理化性质与汽油非常接近，可直接作为液体燃料或与汽油混合使用，减少对石油的消耗。乙醇的辛烷值高，抗爆性好。通常车用汽油的辛烷值为90或93，而乙醇的辛烷值可达到100～112，与汽油混合后，可提高油品的辛烷值。乙醇的氧含量高达34.7%，如添加10%乙醇，油品的氧含量可以达到3.5%，有助于汽油完全燃烧，从而减少对大气的污染。使用燃料乙醇取代四乙基铅作为汽油添加剂，可消除空气中的铅污染；取代MTBE(甲基叔丁基醚)，可避免对地下水和空气的污染。当汽油中乙醇的添加量不超过15%时，对车辆的行驶性能没有明显影响，但尾气中碳氢化合物、NO_x和CO的含量明显降低。

乙醇可采用淀粉类、糖类和纤维素生物质发酵生产，其生产及燃烧过程所排放的CO_2和作为原料的生物质生长所吸收的CO_2在数量上基本持平，需要环境供给的仅仅是阳光，这对减少大气污染及抑制温室效应有重大的意义。图2-1为燃料乙醇全生命周期物质循环示意图。

② 生物柴油　生物柴油是一种以动物油脂、植物油为原料通过化学方法制得的液体燃料，主要成分为脂肪酸甲酯，主要由C、H、O三种元素组成。因其原料来源于生物质，化学性质与柴油十分接近，既可单独使用以代替柴油，又可以一定比例（2%～3%）与柴油混

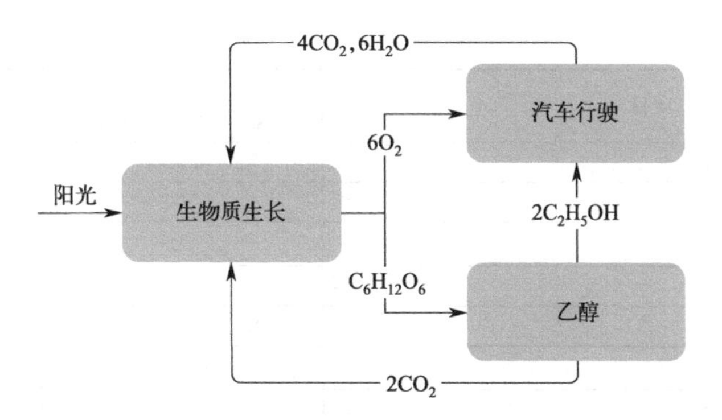

图 2-1　燃料乙醇全生命周期物质循环示意图

合使用而得名。作为柴油的替代品，生物柴油只有满足柴油的使用要求，才能保证其正常使用。表 2-4 比较了生物柴油和柴油的燃料特性。

表 2-4　生物柴油与柴油的燃料特性的比较

主要燃料特性		生物柴油	柴油	主要燃料特性	生物柴油	柴油
冷滤点/℃	夏季产品	−10	0	十六烷值	≥56	≥49
	冬季产品	−20	−20	热值/(MJ/L)	32	35
相对密度		0.88	0.83	燃烧功效(柴油为 100%)/%	104	100
动力黏度(40℃)/(mm^2/s)		4～6	2～4	S(质量分数)/%	<0.001	<0.2
闭口闪点/℃		>100	60	O(体积分数)/%	10	0

与石化柴油相比，生物柴油具有可再生、环保，机械性能好、安全性高、使用方便等优点。然而，生物柴油也存在一些缺点，如其腐蚀性较强，能腐蚀橡胶和塑料，因此与其接触的部件需要进行适当的防护设计；生物柴油具有吸水性，可能导致喷射设备腐蚀，且长期停用会导致机件损坏，因此使用生物柴油的发动机需要定期维护和保养；此外，生物柴油的运动黏度较高、雾化性能差、低温启动性差，使用时会使发动机功率降低约 8%。虽然这些问题不妨碍生物柴油的使用，但在实际使用中需要特别注意。

生物柴油在拥有较多柴油客车的欧洲已经得到广泛使用，其中 B20（20%生物柴油和 80%化石柴油）不需要对现有柴油发动机做任何改造就可以使用，而 B100（纯生物柴油）则需要对发动机做一些微小的改动。

表 2-5 是我国柴油机燃料调合用生物柴油（BD100）技术要求和试验方法。我国《生物柴油调合燃料（B5）》标准的颁布、实施为生物柴油的推广应用以及相关产业的发展打下重要的基础，为国内生物柴油进入市场打开了大门。我国生物柴油调合燃料标准目前只实施的一种标准是加入 1%～5%（体积分数）生物柴油的 B5 柴油国家标准。

表 2-5　中华人民共和国柴油机燃料调合用生物柴油（BD100）技术要求和试验方法

项目		质量指标		试验方法
		S50	S10	
密度(20℃)/(kg/m^3)		820～900		GB/T 13377①
运动黏度(40℃)/(mm^2/s)		1.9～6.0		GB/T 265
闪点(闭口)/℃	≥	130		GB/T 261
冷滤点/℃		报告		SH/T 0248
硫含量/(mg/kg)	≤	50	10	SH/T 0689②
残炭质量分数/%	≤	0.050		GB/T 17144③

续表

项目		质量指标		试验方法
		S50	S10	
硫酸盐灰分(质量分数)/%	≤	0.020		GB/T 2433
水含量/(mg/kg)	≤	500		SH/T 0246
机械杂质		无		GB/T 511[④]
铜片腐蚀(50℃,3h)/级	≤	1		GB/T 5096
十六烷值	≥	49	51	GB/T 386
氧化安定性(110℃)/h	≥	6.0[⑤]		NB/SH/T 0825[⑥]
酸值(以 KOH 计)/(mg/g)	≤	0.50		GB/T 7304[⑦]
游离甘油含量(质量分数)/%	≤	0.020		SH/T 0796
单甘脂含量(质量分数)/%	≤	0.80		SH/T 0796
总甘油含量(质量分数)/%	≤	0.240		SH/T 0796
一价金属(Na+K)含量/(mg/kg)	≤	5		EN 14538[⑧]
二价金属(Ca+Mg)含量/(mg/kg)	≤	5		EN 14568[⑧]
脂肪酸甲酯含量(质量分数)/%	≥	96.5		NB/SH/T 0831
磷含量/(mg/kg)	≤	10.0		EN 14107[⑨]

① 可用 GB/T 5526、SH/T 0604、GB/T 1884、GB/T 1885 方法测定，以 GB/T 13377 仲裁。

② 可用 GB/T 11140、GB/T 12700 和 NB/SH/T 0842 方法测定，结果有争议时，以 SH/T 0689 为准。

③ 可用 GB/T 268 方法测定，结果有争议时，以 GB/T 17144 仲裁。

④ 可用目测法，即将试样注入 100mL 玻璃量筒中，在室温（20℃±5℃）下观察，应当透明，没有悬浮和沉降的机械杂质。结果有争议时，按 GB/T 511 测定。

⑤ 可加抗氧剂。

⑥ 可用 NB/SH/T 0873 方法测定，结果有争议时，以 NB/SH/T 0825 仲裁。

⑦ 可用 GB/T 5530、GB/T 264 方法测定，结果有争议时，以 GB/T 7304 仲裁。

⑧ 可用 GB/T 17476、ASTM D7111 方法测定，结果有争议时，以 EN 14538 仲裁。

⑨ 可用 ASTM D4951、GB/T 17476、SH/T 0749 方法测定，结果有争议时，以 EN 14107 仲裁。

（3）生物质固体燃料

生物质压缩成型技术是将农林废弃物破碎并送入成型机械，在外力作用下，将其压缩成一定形状的高密度颗粒，常见的形状有棒状、块状和颗粒状等。这些颗粒密度可达 1.1～1.4t/m^3，体积缩小为原来的 1/8～1/6，能源密度相当于中等质量的烟煤，使用生物质成型燃料可提高能源利用率、减少污染。例如直接燃烧生物质的热效率仅为 10%～30%，而将生物质压缩成型后经燃烧器（包括炉、灶等）燃烧，其热效率为 87%～89%，提高了 57～59 个百分点，节约了大量能源。燃烧过程中，炉膛温度高、火力持久，燃烧特性得到明显改善。生物质压缩成型工艺流程如图 2-2 所示。

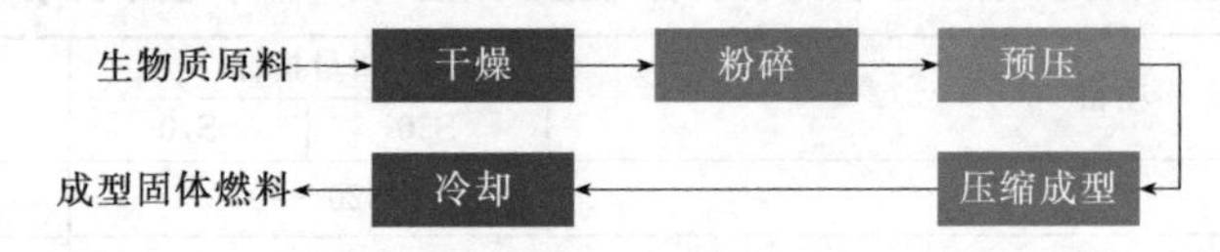

图 2-2　生物质压缩成型工艺流程

此外，城市固体废弃物俗称垃圾。随着全球城市化进程的加快和人类生活水平的提高，城市数量不断增加，规模不断扩大，城市生活垃圾大量产生，已成为一个污染环境、危害市民身体健康以及妨碍城市发展的严重的社会问题。以我国为例，全国城市年产生活垃圾已达

1.5 亿吨，并以每年 8%～10%的幅度增长。目前，城市生活垃圾的处理方法主要有填埋、堆肥、焚烧产能等。垃圾焚烧是通过高温燃烧将可燃垃圾转化成惰性残渣并获得热能的过程。实践证明，该方法简单、有效且可行，可使城市的垃圾处理基本达到无害化、减量化和资源化的目的。垃圾焚烧处理的资源化效益主要来自其热能回收。焚烧过程产生的热量用于发电，可以实现垃圾的能源化利用。城市生活垃圾焚烧发电技术中，焚烧炉是关键设备。目前垃圾焚烧炉主要有炉排式焚烧炉、流化床焚烧炉和旋转窑焚烧炉等。

与常规能源相比，垃圾的热值低、水分含量高、可燃物的质量和数量不稳定，导致发电量波动大，稳定性差。在垃圾焚烧过程中会产生二噁英、NO_x 等有害物质，加上垃圾本身的臭气、垃圾渗滤液、飞灰等，都会对环境造成影响。对于上述存在的问题，必须通过技术手段加以改进。

第四节 生物燃料的发展现状

(1) 生物柴油的发展现状

目前，全球许多国家都在积极推动生物柴油产业的发展，其中美国、欧洲和巴西等国是全球最大的生物柴油生产地。

(2) 生物乙醇的发展现状

生物乙醇作为一种可再生能源和燃料，具有广阔的发展前景。目前，巴西和美国是全球最大的生物乙醇生产国。随着技术的不断进步和政策的支持，生物乙醇的生产和应用将会更加广泛和成熟。同时，发展生物乙醇还有利于推动环保和可持续发展，减少对传统化石燃料的依赖。

(3) 生物甲烷的发展现状

生物甲烷是另一种重要的生物燃料，它是由生物质资源经过厌氧发酵和提纯等工艺转化而来的。生物甲烷作为一种清洁、可再生的能源，被广泛应用于各个领域。

① 能源领域 在能源领域，生物甲烷被用作燃料，可以替代传统的化石燃料如天然气和石油。由于生物甲烷具有可再生性，因此使用生物甲烷作为燃料可以有效降低碳排放，对环境保护具有重要意义。

② 工业领域 在工业领域，生物甲烷也被用作燃料，用于热力发电、工业锅炉和工业窑炉等领域。由于生物甲烷的燃烧产物只有二氧化碳和水，因此使用生物甲烷作为燃料可以有效降低污染物的排放，对环境保护具有重要意义。

③ 农业领域 在农业领域，生物甲烷也被用作燃料，用于农业机械和农村能源等领域。使用生物甲烷作为燃料可以有效降低农业废弃物的污染，同时促进农村经济发展和能源结构调整。

随着人类环保意识的不断提高和可再生能源的推广，生物甲烷作为一种清洁、可再生的能源，具有广阔的发展前景。未来，随着技术的不断进步和政策的不断支持，生物甲烷的生产和应用将会更加广泛和成熟。同时，随着人们对环保和可持续发展的认识不断提高，对生物甲烷的需求也会不断增加。因此，生物甲烷产业的发展前景十分广阔。

(4) 生物氢气的发展现状

生物氢气是一种由生物质资源经过发酵等工艺转化而来的清洁能源。目前，生物氢气的生产仍处于研究和开发阶段，但是已经有一些成功的应用案例。未来，随着技术的不断进步，生物氢气有望成为一种重要的清洁能源。

(5) 生物航空燃料的发展现状

随着航空业的快速发展，航空燃料的需求不断增加。目前，一些航空公司已经开始使用生物航空燃料，如美国联合航空公司和荷兰皇家航空公司等。这些生物航空燃料是由植物油或动物脂肪等生物质资源转化而来的，具有环保和可持续性等特点。

(6) 基因工程在生物燃料生产中的应用现状

基因工程技术在生物燃料生产中发挥着重要作用。通过基因工程技术，可以培育出具有高产量、高抗逆性等特点的作物或微生物，从而提高生物燃料的生产效率和品质。例如，通过基因工程技术培育出的转基因作物可以具有更高的脂肪含量或更快的生长速度，从而增加生物柴油或生物乙醇的产量。

第五节　生物燃料发展前景

在传统化石能源（煤、石油等）日益枯竭、人类面临的环境污染日益加重的情况下，世界各国都在积极寻求发展可再生能源。生物能源，特别是生物燃料，因其可以利用广阔的农产品下脚料作为生产原料，而且可以直接替代车用燃油，因而引起汽车消费大国以及农业大国的广泛兴趣。巴西、美国、欧盟等，在发展生物能源领域走在了世界前列，提供了许多有价值的经验。下面主要介绍生物乙醇和生物柴油的发展前景。

(1) 生物乙醇发展前景

① 国外生物乙醇发展前景　从国际看，美国发展燃料乙醇源于美国的能源危机，美国刚开始使用燃料乙醇就明确了其在大气环境保护方面具有优势；之后美国开始在 19 个州推广使用燃料乙醇，明确了其对农业发展也有很好的促进作用。燃料乙醇具有很好的发展前景，直接受益的有能源、环境和农业三方。在美国十年的燃料乙醇推广中，燃料乙醇年产量从 1000 万吨增长到 4500 万吨，玉米产量增加了 1.7 亿吨，燃料乙醇成为农业产品的“出口”，自然就形成了农业发展的驱动力，带动农业增效和农村经济发展。美国农业部也以其海外市场服务局为支点，大力推广燃料乙醇及关联产品，燃料乙醇既是农业的深加工产品，也是能源产品，因此中美贸易谈判中，燃料乙醇也是其中的一部分。目前全球有 50 多个国家以法律形式规定添加生物能源，而液体燃料中燃料乙醇是最廉价、易得、可持续的生物能源，再加上它对油品的输送体系、物流以及发动机等基础设施影响小，以及对环保、农业都有显著的促进作用，因此，国际上对燃料乙醇的前景非常看好。

② 国内生物乙醇发展前景　2016 年 12 月，国家发展改革委、国家能源局正式公布了《能源生产和消费革命战略（2016—2030）》，明确提出了必须大幅提高新能源和可再生能源比重，使清洁能源基本满足未来新增能源需求，实现单位国内生产总值碳排放量不断下降的发展方向。其中，在增强战略储备和应急能力的内容中进一步提出了要积极研发生物柴油、燃料乙醇、生物纤维合成汽油等生物液体燃料替代技术。

2021 年 10 月，国家发展改革委、国家能源局等 9 部门联合印发《“十四五”可再生能源发展规划》明确提出大力发展非粮生物质液体燃料。积极发展纤维素等非粮燃料乙醇，鼓励开展醇、电、气、肥等多联产示范。

2022年3月，国家能源局印发的《2022年能源工作指导意见》提出要积极发展能源新产业新模式，加快推进纤维素等非粮生物燃料乙醇产业示范。稳步推进生物质能多元化开发利用。大力发展综合能源服务，推动节能提效、降本降碳。

从当前形势判断，我国生物燃料乙醇可能会迎来另一次发展的机遇期。未来几年，无论产业发展规模还是技术水平将实现重大的跨越。

（2）生物柴油发展前景

① 国外生物柴油发展前景　自《京都议定书》后，欧盟加紧落实碳减排问题，2003年，欧洲开始批准发展和使用生物燃料。欧盟先后出台《可再生能源指令》及修改版，要求到2020年及2030年可再生能源消费比例分别达到27%和32%，其中可再生燃料在运输部门的占比需达到10%和14%，生物柴油作为可再生能源逐步推广使用。

随着欧盟整体生物柴油添加比例的进一步提升，欧洲生物柴油产能将难以满足燃料添加需求，生物柴油缺口有望进一步放大，带动欧洲各国将持续进口生物柴油以满足碳减排要求。2019年欧洲净进口生物柴油约30亿升，进口量明显提升，预期伴随着生物柴油缺口的放大，欧洲进口生物柴油需求还将进一步提升。

棕榈油是全球三大植物油之一，印度尼西亚（简称印尼）、马来西亚是其主要生产地，棕榈油产业链已经成为两国的主要支柱产业之一，而受到经济性的驱使，很多地区都存着砍伐热带雨林种植棕榈树的现象，因而追溯源头，并未实现碳减排的作用，因而很多国家及地区并不提倡使用以破坏植被种植生产的棕榈油为原料的生物柴油，因生态破坏和生物柴油添加结构调整，在欧洲等地区以棕榈油为原料生产生物柴油或将受到使用限制。而为了保证国内相关产业的发展，印尼等国家不断出台相关生物柴油添加政策，至2019年，印尼已经将交通运输领域的生物柴油添加比例提升至30%，并给予大量补贴，成为目前全球添加生物柴油比例最高的国家之一，随着本国添加比例的进一步提升，印尼、马来西亚成为以棕榈油为原料生产的生物柴油的主要应用市场。2023年1月开始，印尼执行B35生物柴油政策，该生物柴油掺混35%以棕榈油为基础的燃料。2023年，该国以棕榈油为基础的燃料配给量估计在130亿升，高于2022年的110.3亿升。

② 国内生物柴油发展前景　我国拥有丰富的生物质能源，全国可利用的农作物秸秆及加工剩余物、林业剩余物、生活垃圾及有机废弃物资源总量巨大。截至2015年，我国生物液体燃料产业已形成一定规模，并呈现良好发展势头。根据国家能源局发布的《生物质能发展“十三五”规划》：“我国生物柴油仍处于产业发展初期，而且还存在认识不够、商业化经验不足、标准体系不健全、政策不完善等问题。”虽然面临诸多的难题，但是从节约资源、推广替代和绿色环保能源方面来看，生物柴油具有巨大的发展潜力。为此，中国政府曾制定了一系列的政策、法规与措施，推进生物柴油规模化、专业化、产业化和多元化发展。

近年来，为满足大气污染防治需要，陆续修订发布第六阶段《车用柴油》和《B5柴油》国家强制性质量标准，其中《车用柴油》标准允许添加不超过1%的BD100生物柴油，《B5柴油》标准要求添加1%～5%的BD100生物柴油。目前，我国生物柴油尚未进入国有成品油体系，在车用交通燃料油领域的应用也近乎空白，因而具有极大的开发潜力。倘若生物柴油能够在国内得以有效推广，特别是在车用燃油领域，如果能够顺利展开，预计到2027年，我国生物柴油的表观消费量将攀升至205万吨。

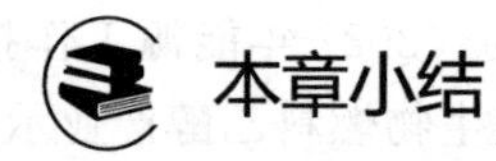

本章小结

本章主要介绍了生物燃料的概念、生物燃料的来源、生物燃料的分类、生物燃料的发展现状以及生物燃料的发展前景。

① 生物燃料通常指从生物原料，诸如作物、作物废弃物、木材、木材产品、植物油及类似原料中提取的燃料，包括生物气体燃料（如生物氢）、生物液体燃料（如生物柴油）和生物固体燃料（如薪柴）等。

② 生物燃料的来源主要包括植物、动物、微生物和废弃物，生物燃料的种类包括生物乙醇、生物柴油、生物液态气体等。

③ 生物燃料从形态的角度可分为气体生物燃料、液体生物燃料和固体生物燃料。

④ 生物燃料的发展现状主要介绍了生物柴油、生物乙醇和生物甲烷的发展现状。

⑤ 生物燃料的发展前景主要介绍了生物乙醇和生物柴油的发展前景。

思考题

1. 生物燃料的来源有哪些？
2. 生物燃料的种类有哪些？
3. 生物燃料的应用领域有哪些？
4. 生物乙醇的发展现状和发展前景如何？
5. 生物柴油的发展现状和发展前景如何？
6. 哪种生物燃料的发展前景好？

第二篇　生物质转化技术

第三章
生物质燃烧技术

第一节　生物质燃烧原理

生物质的燃烧过程是燃料和空气间的传热、传质过程。燃烧过程必须供给燃料足够的热量和氧气。图 3-1 为生物质燃料燃烧过程图。燃烧过程分为预热、干燥（水分蒸发）、挥发分析出和焦炭（固定碳）燃烧过程。生物质中可燃部分主要是纤维素、半纤维素、木质素。燃烧时纤维素和半纤维素首先释放出挥发分物质，木质素最后转变为碳。生物质直接燃烧是一个复杂的物理、化学过程，是发生在碳化表面和氧化剂（氧气）之间的气固两相反应。

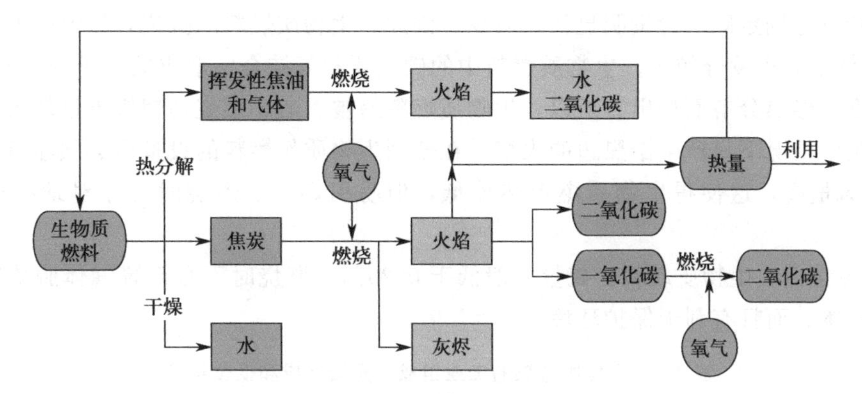

图 3-1　生物质燃料的燃烧过程

生物质燃烧机理属于静态渗透式扩散燃烧。

第一，生物质燃料表面可燃挥发物燃烧，进行可燃气体和氧气的放热化学反应，形成火焰。

第二，除了生物质燃料表面部分可燃挥发物燃烧外，成型燃料表层部分的碳处于过渡燃烧区，形成较长火焰。

第三，生物质燃料表面仍有较少的挥发分燃烧，更主要的是燃烧向成型燃料更深层渗透，燃烧产物 CO_2、CO 及其他气体向外扩散，燃烧过程中 CO 不断与 O_2 结合成 CO_2，成型燃料表层生成薄灰壳，外层包围着火焰。

第四，生物质燃料进一步向更深层发展，在层内主要进行碳燃烧（即 $2C+O_2 \longrightarrow$

2CO），在其表面进行一氧化碳的燃烧（即 $2CO+O_2 \longrightarrow 2CO_2$），形成比较厚的灰壳，由于生物质的燃尽和热膨胀，灰层中呈现微孔组织或空隙通道甚至裂缝，较少的短火焰包围着成型块。

第五，燃尽壳不断加厚，可燃物基本燃尽，在没有强烈干扰的情况下，形成灰球，灰球表面几乎看不出火焰，整体呈暗红色，至此完成了生物质燃料的整个燃烧过程。

第二节　生物质燃烧的特点

生物质的直接燃烧是最简单的热化学转化工艺。生物质在空气中燃烧是利用不同的过程设备（例如窑炉、锅炉、蒸汽透平、涡轮发电机等）将贮存在生物质中的化学能转化为热能、机械能或电能。生物质直接燃烧产生的热气体温度大约在 800～1000℃。而生物质燃烧过程中生物质能的净转化效率在 20%～40%之间，容量为 100MW 以上的燃烧系统或者生物质与煤的混烧才能得到较高的转化效率。因此，大型的生物质工业燃烧装置的容量在 100～300MW 之间。此外，由于生物质中含有较高的碱金属，在高温燃烧过程中将会给燃烧装置的正常运行带来结渣、腐蚀等问题。

为了掌握生物质的燃烧特性，并进一步科学、合理地开发利用生物质能，需要研究生物质燃料的组成成分。表 3-1 为典型生物质燃料和典型的烟煤、无烟煤的工业组成、元素组成与低位热值。通过对生物质燃料组成成分的分析可以发现，生物质燃料与化石燃料之间存在明显的差异，主要体现在以下几个方面：

① 含碳量较少，固定碳含量少。生物质燃料中含碳量最高仅 50%左右，相当于褐煤的含碳量，特别是固定碳的含量明显比煤炭少。因此，生物质燃料不抗烧，热值较低。

② 含氢量和挥发分较多。生物质燃料中的碳主要和氢结合，形成低分子的碳氢化合物，在一定温度下经热分解而析出。所以，生物质燃料易被引燃，燃烧初期析出量较大，在空气和温度不足的情况下易产生镶黑边的火焰，在使用生物质作燃料的设备中必须注意这一点。

③ 含氧量高，这使得生物质燃料热值低，但易引燃，在燃烧时可相对地减少空气供给量。

④ 含硫量低。生物质燃料含硫量一般低于 0.20%，燃烧时不必设置气体脱硫装置，不仅降低了成本，而且有利于保护环境。

表 3-1　生物质与煤的工业组成、元素组成和低位热值

燃料种类	工业组成/%				元素组成/%					低位热值
	W^{ar}	A^{ar}	V^{ar}	C_{gd}^{ar}	H^{ar}	C^{ar}	S^{ar}	N^{ar}	K_2O^{ar}	Q_{dw}^{d}/(kJ/kg)
豆秸	5.10	3.13	74.65	17.12	5.81	44.79	0.11	5.85	16.33	1616
稻草	4.97	13.86	65.11	16.06	5.06	38.32	0.11	0.63	11.28	1398
玉米秸	4.87	5.93	71.45	17.75	5.45	42.17	0.12	0.74	13.80	1555
麦秸	4.39	8.90	67.36	19.35	5.31	41.28	0.18	0.65	20.40	1537
牛粪	6.46	32.40	48.72	12.52	5.46	32.07	0.22	1.41	3.84	1163
烟煤	8.85	21.37	38.48	31.30	3.81	57.42	0.46	0.93	—	2430
无烟煤	8.00	19.02	7.85	65.13	2.64	65.65	0.51	0.99	—	2443

注：上角 ar 表示收到基；上角 d 表示干燥基；W^{ar} 表示收到基水分；A^{ar} 表示收到基灰分；V^{ar} 表示收到基挥发分；C_{gd}^{ar} 表示收到基固定碳；Q_{dw}^{d} 表示干燥基低位热值。

由于生物质燃料的特性与化石燃料不同，所以生物质燃料在燃烧过程中的燃烧机理、反应速度以及燃烧产物的成分与化石燃料相比存在较大差别。生物质燃料的燃烧过程主要分为挥发分的析出、燃烧和残余焦炭的燃烧、燃尽两个独立的阶段，其燃烧过程的特点是：

① 生物质水分含量较高，燃烧需要较高的干燥温度和较长的干燥时间，产生的烟气体积较大，排烟热损失较高；

② 生物质燃料的密度小，结构比较松散，迎风面积大，容易被吹起，悬浮燃烧的比例较大；

③ 由于生物质发热量低，炉内温度偏低，组织稳定的燃烧比较困难；

④ 由于生物质挥发分含量高，燃料着火温度较低，一般在250～350℃温度下挥发分就大量析出并开始剧烈燃烧，此时若空气供应量不足，将会增大燃料的化学不完全燃烧损失；

⑤ 挥发分析出燃尽后，受灰烬包裹和空气渗透困难的影响，焦炭颗粒燃烧速度缓慢、燃尽困难，如不采取适当的措施，将会导致灰烬中残留较多的余炭，增大机械不完全燃烧损失。

在生物质燃烧过程中，一个很重要的问题就是积灰结渣。积灰是指温度低于灰熔点的灰粒在受热面上的沉积，多发生在锅炉对流受热面上。结渣主要是由烟气中夹带的熔化或半熔化的灰粒接触到受热面凝结下来，并在受热面上不断生长、积聚而成，多发生在炉内辐射受热面上。积灰结渣是一个复杂的物理化学过程，也是一个非常复杂的气固多相湍流输运问题。

第三节　生物质直接燃烧

生物质直接燃烧是将生物质如木材直接送入燃烧室内燃烧，燃烧产生的能量主要用于发电或集中供热。生物质直接燃烧，只需对原料进行简单的处理，可减少项目投资，同时，燃烧产生的灰可用作肥料等。英国Fibrowatt电站的三台额定负荷为12.7MW、13.5MW和38.5MW的锅炉，每年直接燃用750000t的家禽粪便，发电量足够10万户家庭使用，禽粪经燃烧后重量减轻10%，便于运输，作为一种肥料在英国及中东、远东地区销售。但直接燃烧生物质特别是木材，产生的颗粒排放物对环境有一定的影响。此外，由于生物质中含有大量的水分（有时高达60%～70%），在燃烧过程中大量的热量以汽化潜热的形式被烟气带走排入大气，浪费了能量，能源利用效率低。

生物质直接燃烧主要分为炉灶燃烧和锅炉燃烧。炉灶燃烧操作简便、投资较省，但燃烧效率普遍偏低，从而造成生物质资源的严重浪费；而锅炉燃烧采用先进的燃烧技术，把生物质作为锅炉的燃料燃烧，以提高生物质的利用效率，适用于相对集中、大规模地利用生物质资源。生物质燃料锅炉的种类很多，按照锅炉燃用生物质品种的不同可分为木材炉、薪柴炉、秸秆炉、垃圾焚烧炉等；按照锅炉燃烧方式的不同又可分为流化床锅炉、层燃炉等。

我国自20世纪80年代末开始，为了提高锅炉燃烧效率，研究人员采用细砂等颗粒作为媒体床料，以保证形成稳定的密相区料层，为生物质燃料提供充分的预热和干燥热源；采用稀相区强旋转切向二次风形成强烈旋转的上升气流，加强高温烟气、空气与生物质颗粒的混合，促进可燃气体和固体颗粒进一步充分燃烧。根据以上研究成果，哈尔滨工业大学分别与国内四家锅炉厂合作开发了一系列燃用甘蔗渣、稻壳、果穗、木屑等生物废料的流化床锅炉，投入生产后运行效果良好，深受用户的好评。

第四节　生物质与煤混合燃烧

（1）混合燃烧技术

混合燃烧技术可分为直接混合燃烧、间接混合燃烧和并联燃烧 3 种，各具优缺点，而且都已在示范或商业化项目中得到实施。

直接混合燃烧是指经前期处理的生物质直接输入燃煤锅炉中使用，可分为以下 4 种基本形式（图 3-2，书后附彩图）：

① 制粉处混合　生物质燃料与煤在给煤机的上游混合，然后被送入磨煤机，按混合燃烧要求的速度分配至所有的煤粉燃烧器。原则上这是最简单的方案，投资成本最低，但是这种方式有降低燃煤锅炉出力的风险，仅适用于有限类型的生物质和非常低的混合燃烧比例。

② 给料混合　将生物质搬运、计量和粉碎设备独立配置，生物质粉碎后被输送至管路或燃烧器。这需要在锅炉正面安装生物质燃料输送管道，使锅炉正面更加拥挤。

③ 燃烧器内混合　将生物质的搬运和粉碎设备独立配置，并使用专用燃烧器燃烧，其投资成本最高，但对锅炉正常运行的影响最小。

④ 炉内混合　将生物质作为再燃燃料，控制 NO_x 的生成。生物质在位于燃烧室上部为特定目的而设计的燃烧器中燃烧。目前仅进行了小规模的试验工作，是未来的发展方向。

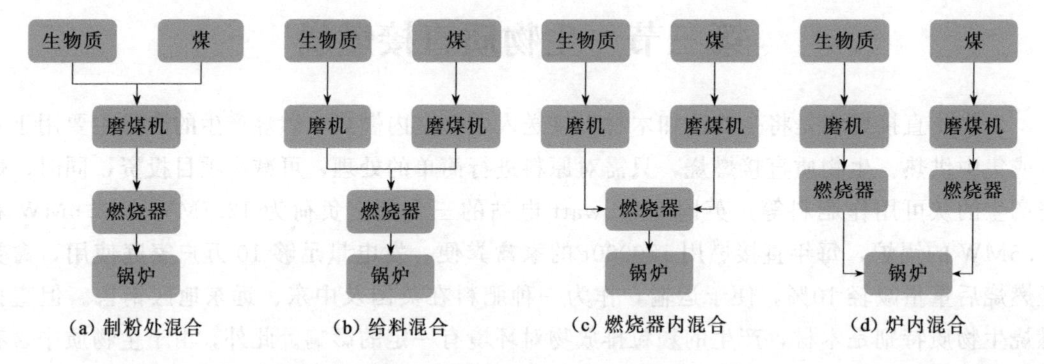

图 3-2　生物质和煤直接混合燃烧的 4 种基本形式

间接混合燃烧是指生物质气化之后，将产生的生物质燃气输送至锅炉燃烧。这相当于用气化器替代粉碎设备，即将气化作为生物质燃料的一种前期处理形式。大多数混合燃烧锅炉机组以空气为气化剂，选用常压循环流化床木屑气化炉技术。间接燃烧无需气体净化和冷却，其投资成本较低，气化产物在 800～900℃时通过热烟气管道进入燃烧室，锅炉运行时存在一些风险。替代方案是在生物质燃气进入锅炉燃烧室前先冷却和净化。

并联燃烧是指生物质在独立的锅炉中燃烧，将生产的蒸汽供给发电机组。并联燃烧使用了完全分离的生物质燃烧系统，产生的蒸汽用于主燃煤锅炉系统，提高工质参数，转化效率高。

间接混合燃烧和并联燃烧装置的投资高于直接混合燃烧装置，但可利用难以使用的燃料（高碱金属和氯元素含量的生物质），而且分离了生物质灰和煤灰，利于后期处理。

混合燃烧技术还可分为固定床燃烧、流化床燃烧和悬浮燃烧。固定床燃烧技术通常适用于含水量高、灰分含量高和燃烧尺寸变化大的生物质。由于过量空气系数高，热效率低，限制了该燃烧技术的使用。目前，固定床燃烧大多用于间接混合燃烧和并联混合燃烧。流化床燃烧技术可分为鼓泡流化床和循环流化床。由于混合良好，流化床能灵活处理不同的混合燃料，实现了燃料多样化，增大了现有发电厂的燃料范围，但对燃料颗粒的尺寸有一定要求。悬浮燃烧技术对燃料要求较高。因为颗粒尺寸小，燃料气化和固定碳燃烧同时发生，因此，可以实现负载快速变化和高效控制。通过适当地分阶段配风可以实现低过量空气系数和低 NO_x 排放量。同时，与固定床和流化床相比，煤粉锅炉受结渣、结垢和腐蚀的影响较小。以上三种燃烧技术的优缺点见表 3-2。

表 3-2　固定床燃烧、流化床燃烧和悬浮燃烧技术的优缺点

燃烧技术	优点	缺点
固定床燃烧	(1)投资和运行成本低； (2)适用于高水分、高灰分的生物质燃料； (3)烟气含尘浓度低，对灰分结渣的敏感性低	(1)无法使用燃烧性能和灰分熔点不同的燃料混合物； (2)燃烧效率低； (3)需要特殊技术减排 NO_x
流化床燃烧	(1)燃料的含水量和种类灵活性高； (2)底层温度低，NO_x 排放低； (3)燃料状态均匀	(1)投资和运行成本高； (2)燃料颗粒尺寸的灵活性低； (3)烟气除尘量高，燃料为碱性时易结渣
悬浮燃烧	(1)燃烧效率高； (2)分阶段配风，可降低 NO_x 排放	(1)燃料尺寸要求高； (2)燃料的水分含量高时，燃烧效率低

(2) 生物质与煤混合燃烧的特点

生物质和煤混合燃烧过程主要包括水分蒸发、前期生物质和挥发分的燃烧以及后期煤的燃烧等。单一生物质燃烧主要集中于燃烧前期，而单一煤燃烧主要集中于燃烧后期。生物质与煤混合燃烧的过程明显分为两个燃烧阶段，随着煤的混合比重的加大，燃烧过程逐渐集中于燃烧后期。生物质的挥发分初析温度远低于煤的挥发分初析温度，这使得着火燃烧提前。在煤中掺入生物质后，可以改善煤的着火性能。在煤和生物质混合燃烧时，最大燃烧速率有前移的趋势，同时可获得更好的燃尽特性。生物质的发热量低，在燃烧的过程中放热比较均匀，单一煤燃烧放热几乎全部集中于燃烧后期。在煤中加入生物质后，可改善燃烧放热的分布状况，对燃烧前期的放热有促进作用，可以提高生物质的利用率。

煤与生物质混合燃烧时，其着火温度降低，对着火燃烧有利。由于生物质的挥发分含量大，而且释放温度低，从而有利于煤的着火。生物质的着火点低于煤的着火点，对煤有预先加热从而促进煤中挥发分释放的作用，这也有利于煤的着火。

不同的生物质与不同种类的煤混合燃烧时，燃烧特性各有不同，研究人员对此也做了大量的研究工作。采用 TG/DTG/DTA 技术研究了不同变质程度煤（褐煤、烟煤和无烟煤）燃烧、生物质（小麦秸秆和玉米芯）燃烧以及煤和不同比例生物质混合燃烧的特性。结果表明褐煤和烟煤与两种生物质混合燃烧时其最大燃烧速率对应的温度都有所降低，无烟煤与 20％和 30％比例的小麦秸秆混合燃烧时其最大燃烧速率对应的温度也有所降低，与玉米芯混合燃烧时对应温度升高。这是因为生物质含有大量的挥发分，其着火温度低，生物质先着火后有利于褐煤和烟煤中挥发分的释放和燃烧，对后期固定碳的燃烧也产生预先加热的作用，从而导致褐煤和烟煤的最大燃烧速率前移，缩短了燃烧时间，改善了其燃烧性能。

生物质与不同变质程度的煤混合燃烧时最大燃烧速率低于生物质单独燃烧时的最大燃烧速率，但随着生物质比例的增加，其最大燃烧速率增大，这是由于随着生物质比例的增加，在相同的时间内有更多的可燃物参与了燃烧。当生物质与不同变质程度的煤混合燃烧时，不同变质程度的煤的最大燃烧速率的变化规律是不一致的，对于褐煤来说，当小麦秸秆与其混合时，最大燃烧速率减小，而且随着小麦秸秆比例的增加而减小。当褐煤与玉米芯混合燃烧时，添加10%和30%比例的玉米芯与其混合时最大燃烧速率增大。对于烟煤而言，最大燃烧速率明显提高，特别是玉米芯与烟煤混合燃烧时，说明生物质与烟煤混合燃烧对提高烟煤的燃烧速率是有利的。

生物质与煤混合燃烧时，煤的燃尽温度有所降低，这说明生物质的加入有利于煤的完全燃烧，提高煤的利用率。这主要是由于生物质的加入使得煤的着火点提前，燃烧温度区间拉长，从而使得煤的燃尽特性变好。

(3) 混燃技术面临的挑战

生物质中灰分的形成过程与煤粉燃烧相似，在生物质颗粒燃烧和焦炭颗粒形成的过程中，首先会析出挥发性有机金属化合物，再进行脱挥发分，最后部分碱金属和碱土金属以及挥发性微量元素扩散出来。随着气体温度的降低，挥发性组分成核并冷凝形成亚微米颗粒。高浓度K和Na通过成核、冷凝和反应会导致各种严重的灰沉积问题，如碱诱导结渣、硅酸盐熔体诱导结渣和团聚。其中，KCl被认为是燃烧过程中最稳定的气相含碱金属物质，也是影响生物质结渣的主要物质。

在燃烧过程中，烟气中的Cl_2、HCl、NaCl、KCl等物质在高温下会破坏金属的氧化层，加速金属的氧化或形成熔融状碱盐，腐蚀设备。而在低温下受热面的壁温低于酸的露点时，会凝结成酸性溶液，腐蚀金属设备。

此外，燃料中灰分的存在还会导致烟尘的排放，虽然很多生物质中灰分含量较低，混燃生物质可以有效降低烟尘的排放，但生物质中高含量的挥发分和碱金属使烟气中存在大量亚微米级悬浮颗粒。采用静电除尘器难以将其完全去除，需加装袋式除尘器，也需避免微细气溶胶堵塞除尘器的布袋。此外，生物质的热值较低，也会导致混燃生物质产生的烟气量变大。

对于生物质和煤混燃过程中的结渣、灰分和腐蚀等问题，通常采用添加添加剂和浸出等方法予以避免。常见的添加剂包括石灰、方解石、高岭土和长石等矿物，这些添加剂主要通过以下方式改善燃烧过程中结渣、灰分沉积的情况：a. 通过改变或稀释灰中的耐火元素来提高灰的熔化温度；b. 与低熔点化合物结合并将其转化为高熔点化合物；c. 通过物理吸附降低燃料系统中有问题的灰种浓度。浸出是一种预处理手段，浸出包括水浸出和酸浸出，可以有效去除生物质中的无机物，如碱金属、硫和氯等，达到缓解结渣、灰分沉积及腐蚀的目的。

第五节 生物质燃烧计算

生物质燃料燃烧的基本计算与煤等常规燃料燃烧的计算并没有显著差异，只是生物质燃料的高挥发分含量和低热值是需要特别考虑的问题。

(1) 空气量和烟气量

生物质主要由碳、氢、氧、氮、硫等元素以及矿物质灰分、表面水分等组成，在燃烧过程中主要生成二氧化碳和水，同时释放出热量。燃烧计算时可基于下式：

$$C+H+O+N+S+A+W=100\% \tag{3-1}$$

式中，C、H、O、N、S、A、W 分别为燃料中碳、氢、氧、氮、硫、灰分、水分的质量分数（%），基准为应用基。

计算理论空气量，即能够满足单位质量燃料完全燃烧所需的干空气量。根据 $C+O_2 \longrightarrow CO_2$、$2H_2+O_2 \longrightarrow 2H_2O$、$S+O_2 \longrightarrow SO_2$ 获得燃料中碳、氢、硫元素完全燃烧需要的氧气量。燃料中本身含有的氧将参与燃烧过程，因此需将这部分氧去除。空气中氧气体积占 21%。则单位质量生物质燃料燃烧需要的干空气体积，即理论空气量（标）为：

$$\begin{aligned} V^0 &=(1.886C+5.55H+0.7S-0.7O)/21 \\ &=0.0889C+0.265H+0.0333S-0.0333O(\mathrm{m^3/kg}) \end{aligned} \tag{3-2}$$

经计算，常见的农林废弃物生物质燃烧的理论空气量（标）约为 $4\sim5\mathrm{m^3/kg}$。

在实际燃烧装置中，为使燃料尽可能充分燃烧，需要考虑过量空气系数 α，即实际空气量（V）与理论空气量的比值：

$$\alpha=\frac{V}{V^0} \tag{3-3}$$

过量空气系数的选择对于燃烧过程的稳定、燃烧效率、传热效率、污染物排放以及燃料利用经济性来说都是非常重要的指标。过量空气系数选取过小，炉膛内混合和燃烧过程可能受到抑制，导致不完全燃烧损失或者燃烧负荷较低。过量空气系数过大，虽可使燃烧完全，但会降低炉膛温度，影响燃烧和传热，增大烟气量并进而增大排烟热损失。目前，对于生物质燃烧设备，尚缺乏较为系统的经验数据可供参考，燃烧设计时可以参考工业锅炉相关过量空气系数推荐值，并应根据燃料的组成情况、燃料形式（散料、打捆、粉末、燃料块）、炉膛形式（固定床、流化床、移动床）等具体分析。同时，针对所采用的生物质燃料进行一定的基础性燃烧试验，也可为燃烧设计提供可参考的依据。分级送风燃烧方式下，还需要在确定总体过量空气系数后再确定每个分级送风阶段各自的过量空气系数。对于负压运行的燃烧设备，系统漏风也会对过量空气系数产生影响，需要考虑。

燃烧后烟气成分主要包括 CO_2、SO_2、水蒸气以及由空气带入的氮气和过剩的氧气等，不完全燃烧还可能产生 CO 等产物。在计算完全燃烧理论烟气量时，1mol 碳元素转化为 1mol CO_2，1mol 硫元素转化为 1mol SO_2，1mol 氢元素转化为 0.5mol 水蒸气。同时，燃料中原有水分经受热蒸发产生 $1.24W$（$22.4/18W$）$\mathrm{m^3}$ 水蒸气（按标态计）。由理论空气量带入的水也将蒸发产生水蒸气，一般情况下可取干空气中含水量 10g/kg，干空气密度（标）$1.293\mathrm{kg/m^3}$，则理论空气量 V^0 带入的水蒸气体积（标）为 $\frac{1.293\times10/1000}{18/22.4}V^0\mathrm{m^3}$。这样烟气中的水蒸气体积（标）为：

$$V_{H_2O}^0=0.111H+0.0124W+0.0161V^0(\mathrm{m^3}) \tag{3-4}$$

烟气中氮气来源于燃料中的氮（N）和空气中携带的氮，因此单位质量燃料燃烧产生的烟气中氮气体积（标）为：

$$V_{N_2}^0=22.4/28N+0.79V^0=0.008N+0.79V^0(\mathrm{m^3}) \tag{3-5}$$

因此，理论烟气量（标，V_y^0）表达式为：

$$\begin{aligned} V_y^0 &=V_{CO_2}^0+V_{SO_2}^0+V_{N_2}^0+V_{H_2O}^0 \\ &=0.01866C+0.007S+0.008N+0.0079V^0+0.111H+0.0124W+0.0161V^0 \end{aligned} \tag{3-6}$$

式中，各项单位为 m^3，前三项之和通常称为理论干烟气量。

在过量空气系数存在的条件下，因空气过量而引入了额外的氮气、氧气以及水蒸气，其体积分别为 $0.79(\alpha-1)V^0$、$0.21(\alpha-1)V^0$、$0.0161(\alpha-1)V^0$。烟气总体积（V_y）增加为：

$$V_y=V_y^0+1.0161(\alpha-1)V^0 \tag{3-7}$$

(2) 烟气分析与完全燃烧方程式

在设备实际运行中，燃料的完全燃烧是难以达到的，因此烟气中除完全燃烧产物之外，还有一些不完全燃烧产物，如一氧化碳、氢气、烃类等。不完全燃烧无法从理论上进行确定，需要借助烟气成分分析。同时，烟气成分分析还可用以验证和判断燃烧设备的实际运行工况，通过计算求出烟气量和过量空气系数，借以判别燃烧工况的好坏和漏风情况，并以此为依据进行燃烧调整。

燃烧设备运行中，烟气中氢和烃类的含量一般都很小，可忽略不计。实际烟气量可表示为：

$$V_y=V_{CO_2}+V_{SO_2}+V_{N_2}+V_{H_2O}+V_{O_2}+V_{CO} \tag{3-8}$$

其中，各个分式分别为实际烟气中的三原子气体 RO_2（CO_2、SO_2）、N_2、O_2、水蒸气和 CO 的体积，这些烟气成分和含量可通过烟气成分分析求得。

烟气成分分析还可以确定过量空气系数，运行过程中操作人员必须根据仪表指示对过量空气系数值进行适当调整。同时，对于电厂中常用的负压炉膛锅炉，锅炉炉墙及烟道墙部都不十分严密，运行中有空气向炉膛内部泄漏，可以通过烟气成分分析对炉膛内和烟道内烟气进行分析，并确定不同部位的漏风系数。

根据烟气成分分析所得的结果和燃料元素分析的结果，可以计算烟气量、烟气中的一氧化碳含量和过量空气系数。

① 烟气量的计算　设计锅炉时，其烟气容积只能根据设计燃料计算。在锅炉运行时，可通过烟气成分分析测得烟气中 RO_2、O_2、CO 的体积分数，然后计算出干烟气量（标，V_{gy}）：

$$V_{gy}=\frac{V_{CO_2}+V_{SO_2}+V_{CO}}{RO_2+CO}\times 100(m^3/kg) \tag{3-9}$$

公式中 RO_2：三原子气体，RO_2 的体积＝SO_2 的体积＋CO_2 的体积。燃料中碳不完全燃烧时生成一氧化碳的化学反应方程式为 $2C+O_2 \longrightarrow 2CO$，这样 1kg 碳在不完全燃烧时，将生成 $1.866m^3$CO，这与 1kg 碳在完全燃烧时生成 CO_2 的体积相同，即燃料中的碳不管是完全燃烧还是不完全燃烧，生成 CO_2 和 CO 的体积（标）是相同的，即

$$V_{CO_2}+V_{CO}=\frac{2\times 22.4}{2\times 12}\times\frac{C}{100}\times 100=0.01866C(m^3/kg) \tag{3-10}$$

则干烟气体积（标）为：

$$V_{gy}=\frac{0.01866C+0.007S}{RO_2+CO}\times 100=\frac{1.866(C+0.375S)}{RO_2+CO}(m^3/kg) \tag{3-11}$$

由于水蒸气体积 V_{H_2O} 与燃烧完全与否无关，这样，燃料不完全燃烧时的实际烟气量就可由下式计算求出：

$$V_{gy}+V_{H_2O}=\frac{1.866(C+0.375S)}{RO_2+CO}+0.111H+0.0124W+0.0161\alpha V^0(m^3/kg) \tag{3-12}$$

② 一氧化碳含量计算和完全燃烧方程式　在锅炉运行测定时，精确测得 RO_2 和 O_2 含量后，如再能分析测定或计算出 N_2 含量，则 CO 含量即可求得。

烟气中的氮气来源有两个：一是燃料自身含有的氮；二是燃烧所需空气带来的氮。前者因量甚微通常可忽略不计，后者体积可由下式计算：

$$V_{N_2}=0.79V \tag{3-13}$$

在实际空气量 V 中含有的氧气体积为$V_{O_2}^{k}=0.21V$。

$$V_{N_2}=79V_{O_2}^{k}/21 \tag{3-14}$$

燃料燃烧所需的实际空气量中的氧除了分别消耗于碳、氢、硫的燃烧外，剩余的部分即为烟气中的过量氧（V_{O_2}），如果分别以 $V_{O_2}^{RO_2}$、$V_{O_2}^{CO}$、$V_{O_2}^{H_2O}$ 来表示不完全燃烧时生成 RO_2、CO、水蒸气所耗用的空气中的氧气体积（标），则有：

$$V_{O_2}^{k}=V_{O_2}+V_{O_2}^{RO_2}+V_{O_2}^{CO}+V_{O_2}^{H_2O}(m^3/kg) \tag{3-15}$$

由碳、硫完全燃烧反应方程式可知，所消耗的氧气与燃烧产物具有相同的体积：

$$V_{O_2}^{RO_2}=RO_2 \tag{3-16}$$

当碳不完全燃烧生成 CO 时，所消耗的氧气比完全燃烧时减少 1/2，其值等于生成物 CO 体积的 1/2，即：

$$V_{O_2}^{CO}=0.5V_{CO} \tag{3-17}$$

由于烟气中的水蒸气包括燃料的水分、燃烧所需空气中带入的水分和燃料中的氢燃烧生成的水分几个部分，因此消耗于氢燃烧的氧气体积 $V_{O_2}^{H_2O}$ 应根据燃料中的氢含量计算求得。由氢的燃烧反应方程式可知，1kg 燃料中有$\frac{0.126O}{100}$kg 的氢已被氧化，需要外界供给氧气而燃烧的氢仅剩$\frac{H_y-0.126O_y}{100}$kg，这部分氢称为自由氢。已知 1kg 氢完全燃烧需消耗 5.55m³ 的氧气，所以燃料中自由氢燃烧所需耗用的氧气体积（标）可由下式算出：

$$V_{O_2}^{H_2O}=0.0555(H-0.126O)(m^3/kg) \tag{3-18}$$

$$V_{O_2}^{k}=V_{RO_2}+0.5V_{CO}+0.0555(H-0.126O)+V_{O_2}(m^3/kg) \tag{3-19}$$

将各式代入氮气的计算式中，可得烟气中所含氮气体积的计算式：

$$V_{N_2}=7921V_{RO_2}+0.5V_{CO}+0.0555(H-0.126O)+V_{O_2}(m^3/kg) \tag{3-20}$$

氮气在干烟气中的体积分数为：

$$N_2=\frac{79}{21}\left[RO_2+0.5CO+0.605CO+\frac{0.0555(H-0.126O)}{1.866(C+0.375S)}(RO_2+CO)+O_2\right] \tag{3-21}$$

而在烟气中，$N_2=100-(RO_2+O_2+CO)$，因此：

$$21=RO_2+O_2+0.605CO+2.35\,\frac{H-0.126O}{C+0.375S}(RO_2+CO) \tag{3-22}$$

令 $\beta=2.35\,\frac{H-0.126O}{C+0.375S}$，则：

$$21=RO_2+O_2+0.605CO+\beta(RO_2+CO) \tag{3-23}$$

在不完全燃烧时，如烟气中的可燃气体仅有一氧化碳，则烟气中各组成气体之间关系将满足式(3-23)，故式(3-23) 被称为不完全燃烧方程式。

β 是一个无量纲数，在物理意义上是正比于理论空气量和理论干烟气量的相对差值的一个量，只与燃料的可燃成分有关，而与燃料的水分、灰分无关，也不随应用基、分析基、干燥基及可燃基等的变化而变化，故称为燃料的特性系数。燃料中自由氢含量越高，其值越大，各种燃料的 β 值基本上变化不大。

由不完全燃烧方程式可得到烟气中一氧化碳体积分数的计算式为：

$$CO(\%)=\frac{(21-\beta RO_2)-(RO_2+O_2)}{0.605+\beta} \tag{3-24}$$

由 CO 表达式可得出不完全燃烧时 RO_2 的体积分数为：

$$RO_2(\%)=\frac{21-[O_2+(0.605+\beta)CO]}{1+\beta} \tag{3-25}$$

在完全燃烧时，CO=0，则上式变为：

$$RO_2(\%)=\frac{21-O_2}{1+\beta}\beta \tag{3-26}$$

或者 $(1+\beta)RO_2+O_2=21$。

该式称为燃料完全燃烧方程式，即当燃料完全燃烧时，其烟气组成应满足此方程式指出的关系。

在理论空气量下达到完全燃烧时，$O_2=0$，CO=0，则烟气中三原子气体体积达到最大值：

$$RO_2^{max}(\%)=\frac{21}{1+\beta} \tag{3-27}$$

(3) 过量空气系数

过量空气系数直接影响炉内燃烧质量及燃烧设备热损失，是一个重要的运行指标。当炉膛出口过量空气系数（通常认为从炉膛漏入的空气量可以参加燃烧反应）增大时，燃料燃烧工况可以得到改善，不完全燃烧热损失会有所下降，但随着炉膛出口过量空气系数的增大，烟气量增加，排烟热损失随之增加。因此，确定过量空气系数时，应尽量使锅炉热效率达到高值，需根据烟气分析结果求出过量空气系数，以便及时进行监测和调节。此外，对炉膛和尾部烟道等逐段计算其进出口的过量空气系数，可得到每一段烟道的漏风系数，这对判断锅炉漏风情况、分析原因并及时采取措施非常有利。

过量空气系数的计算可以采用氧公式，因为烟气中氧含量容易准确测量。完全燃烧时，干烟气产物中只有 RO_2 和过量空气带入的 O_2、N_2，因此过量空气系数的表达式为：

$$\alpha=\frac{1}{1-3.76\dfrac{O_2}{100-RO_2-O_2}} \tag{3-28}$$

在燃料不完全燃烧时，烟气成分分析得到的氧量中包括过量空气带入的氧和不完全燃烧所未耗用的氧两部分，并生成了部分 CO，因此不完全燃烧情况下的过量空气系数表达式为：

$$\alpha=\frac{1}{1-3.76\dfrac{O_2-0.5CO}{100-RO_2-O_2-CO}} \tag{3-29}$$

锅炉实际运行中，CO 含量一般都较低，可视为完全燃烧，而干空气中氮气含量接近79%，所以可以采用如下近似式：

$$\alpha=\frac{21}{21-O_2} \tag{3-30}$$

式中　O_2——烟气中氧体积分数，%。

而对于不完全燃烧，只考虑 CO 存在，过量空气系数计算近似式为：

$$\alpha=\frac{21}{21-(O_2-0.5CO)} \tag{3-31}$$

因此，过量空气系数的计算取决于燃烧产物的成分，而与燃料是否完全燃尽无关。可通过烟气成分分析，测定出排烟中氧气含量，获知锅炉的漏风情况，并作为燃烧工况判断和通风调整的依据。

(4) 空气和烟气焓的计算

在热力学上，焓是流体的压力能与内能的总和，流体的压力与温度增加，其焓也升高。在锅炉热工计算中焓是一个非常重要的参数，关系到锅炉热平衡计算分析以及热力过程经济性的评价。燃料完全燃烧所需理论空气量的焓值（h_o^k，单位为 kJ/kg）或实际空气量的焓值（h_k，单位为 kJ/kg）的计算式为：

$$h_o^k=V_0(ct)_k \tag{3-32}$$

$$h_k=\alpha h_o^k=\alpha V_0(ct)_k \tag{3-33}$$

式中　$(ct)_k$——每立方米干空气连同相应的水蒸气在温度 t 下的焓值，kJ/kg；

α——过量空气系数，湿空气焓计算需要将干空气中带入的水蒸气的焓值计算在内。

烟气的焓值应为其所包含的各组分气体（按体积分数计算）的焓值之和。在锅炉运行时，过量空气系数均大于 1。在计算烟气焓时，应考虑过量空气的焓，而且其温度与烟气温度相同；在实际烟气中含有飞灰，因此烟气焓还应包括飞灰的焓。因此，实际燃烧烟气的焓应由理论烟气量的焓、过量空气焓与飞灰焓三部分组成，即 $h_y=h_y^0+(\alpha-1)h_o^k+h_{fh}$。其中，$h_y$ 为实际燃烧烟气的焓，kJ/kg 或 kJ/m³；h_y^0 为理论烟气量的焓，kJ/kg 或 kJ/m³；h_o^k 为理论空气量的焓，kJ/kg 或 kJ/m³；h_{fh} 为每千克燃料产生的烟气中所含飞灰的焓，kJ/kg。

$$h_y^0=h_{RO_2}+h_{N_2}^0+h_{H_2O}^0+h_{fh}=V_{RO_2}(ct)_{RO_2}+V_{N_2}^0(ct)_{N_2}+V_{H_2O}^0(ct)_{H_2O}+(ct)_{fh}\alpha_{fh} \tag{3-34}$$

式中　h_{RO_2}，$h_{N_2}^0$，$h_{H_2O}^0$——烟气中各种组成气体的理论容积焓，kJ/kg；

$(ct)_{RO_2}$，$(ct)_{N_2}$，$(ct)_{H_2O}$——烟气中各组成气体的比焓（标），kJ/m³；

$(ct)_{fh}$——飞灰的比焓，kJ/kg；

α_{fh}——烟气中所含飞灰占燃料飞灰的份额。

各种温度下空气的焓值 $(ct)_k$、烟气中各组成气体与飞灰的比焓均可参考有关锅炉计算手册查表求得。

锅炉运行时，其烟气的焓值是通过对烟道各部位烟气容积和温度的测量而确定的，这时根据下式计算出来的是烟气实际容积的焓 h_y。

$$h_y=(V_{gy}C_{gy}+V_{H_2O}C_{H_2O})t+h_{fh} \tag{3-35}$$

式中　V_{gy}，V_{H_2O}，C_{gy}，C_{H_2O}——干烟气和水蒸气的体积和比热容；

t——温度。

其中，干烟气的比热容 C_{gy} 可以用混合气体比热容的计算公式求出。

$$C_{gy}=(R_{O_2}C_{RO_2}+N_2C_{N_2}+O_2C_{O_2}+COC_{CO}+H_2CH_2+\cdots\cdots)/100 \tag{3-36}$$

式中　C_{RO_2}，C_{N_2}，C_{O_2}——烟气中各组成气体的平均定压比热容，kJ/(m^3·℃)。

在过量空气系数 $\alpha>1$ 时，如已算出理论容积的烟气和空气焓，则实际烟气焓可以通过下式计算：

$$h_y = h_y^0 + (\alpha - 1)V^0 \tag{3-37}$$

第六节　生物质燃烧装置

(1) 燃烧装置的类型

生物质燃烧具有悠久的历史，现代化的开发技术也已经成熟并进入产业应用阶段。在欧美国家生物质燃烧已经广泛应用于中小规模的热电生产，例如木材炉具、原木锅炉、颗粒燃烧器、自动木屑炉和秸秆燃烧炉等产品早已经商业化。中大容量的燃烧装置一般采用林业加工剩余物、农作物秸秆作为主要燃料，用于区域供热、发电，或者用于与化石燃料混合燃烧。区域供热系统的热负荷一般为 0.5～5MW，有时甚至达到 50MW，生物质燃烧发电或者热电联产典型的电力输出为 0.5～10MW。在大规模化石燃料燃烧电站中进行生物质的混合燃烧也已经进入产业化阶段，在绿色电力和节能减排方面发展潜力巨大。

对于适合工业化规模应用的生物质燃烧装置，根据燃烧方式可分为固定床、流化床和悬浮燃烧技术，规模化电厂应用中主要使用了流化床和炉排燃烧方式。

炉排燃烧是最先应用于固体燃料的燃烧方式，也是农林废弃物燃烧中最常采用的方式。给料机构将燃料均匀地分散到炉排上，生物质燃料运动经过燃烧室中固定的倾斜炉排、移动炉排、振动或运动炉排，依次经历燃料预热、干燥、热解和脱挥发分、气化和气体产物燃烧、固体焦炭燃尽等过程。炉排燃烧系统能处理大颗粒尺寸和高水分含量（达 60%）的不均一生物质燃料，对于中小规模（例如 10MW 热负荷以下）的应用，投资成本和运行成本相对较低。相对稳定的燃烧条件使得燃烧装置在低负荷下仍可获得良好的运行条件，并有利于飞灰颗粒的燃尽和较低的灰携带，对结渣不太敏感。其缺点是燃烧条件不如流化床均一，燃烧强度相对较低，相对较高的过量空气系数可能降低能量效率。

流化床燃烧在劣质燃料的燃烧方面得到了越来越广泛的应用，其燃烧装置布置相对简单，运动部件少，适合大容量应用。流化床燃烧装置中，强烈的气固混合形成较为均一的温度分布，较小的固体颗粒尺寸导致较大的固体-气体交换表面、床层与热交换表面之间较高的传热系数，这些因素使流化床可以获得较高的燃烧强度。根据 Natarajan 等的研究，流化床中稻壳燃烧强度达到了 530kg/(h·m^2)，是炉排炉单位炉排面积最大可能燃烧强度 70kg/(h·m^2)的 7.5 倍。流化床具有高的热容，这使较低温度下的稳定燃烧成为可能，同时也有利于燃烧污染物的抑制和对结渣、腐蚀问题的控制。流化床燃烧装置的缺点表现在：高速流化气体中携带固体颗粒，烟气含尘量较高，对固体分离和气体净化设备的要求较高，而且高固体速度将导致内部磨损和床料损失。另外，床料聚团所导致的流化失败的风险、低负荷运行时的调整与控制等问题也是流化床燃烧装置的弱点。据研究，10MW 以上热容的鼓泡流化床燃烧器的投资成本相对较低，而运行成本要高于炉排燃烧系统，因为其风机需要较高的电力消耗，而对于热容超过 30MW 的循环流化床，其投资和运行成本都较高。

悬浮燃烧器中燃料在悬浮状态下燃烧，燃烧强度高，通常用于磨碎的生物质颗粒或原始生物质与煤粉或天然气的混燃。在悬浮燃烧器中燃烧农业废弃物需要燃料较干燥且颗粒尺寸较小，因此需要更复杂的燃料预处理过程。悬浮燃烧器对燃料质量的变化非常敏感，燃烧与设计燃料差别较大的生物质可能严重影响锅炉运行。同时，燃烧稻壳等农业废弃物时可能会出现结渣以及高温腐蚀等问题。

（2）生物质燃烧设备的基本要求

燃烧设备的目的是提供良好的燃烧环境，实现燃料燃尽，释放出热量并将热量传递给需要的工质，同时尽量降低污染物排放。对生物质燃烧设备的要求，则是掌握生物质燃料高挥发分含量、低固定碳含量的特点，通过燃烧组织和调整，实现生物质燃料的及时着火、稳定高效燃烧和气相燃烧与固相燃烧的优化匹配。

生物质燃料种类繁多，但每种燃料的供应普遍具有季节性、周期性，因此对于生物质燃烧发电厂来说，燃料的多样化供应对发电厂的连续运行具有积极意义。不同生物质燃料之间质量差异较大，因此燃烧装置设计时应考虑较宽的燃料适用范围，运行中燃料种类的变化不会影响燃烧设备的效率，尤其是在燃用高水分、高灰分、低热值等劣质燃料时仍能顺利着火并稳定燃烧。

燃烧装置应具有高的热负荷，即在单位容积炉膛内或单位面积炉排上能稳定、经济地燃烧掉更多的燃料，以降低金属消耗量，缩小锅炉的几何尺寸，减小占地面积。同时，针对部分生物质燃料碱金属含量高、氯含量偏高、灰熔点较低等特点，通过燃烧组织和采用特殊材质等方式来应对受热面积灰、腐蚀以及结渣等问题，以保证运行安全并延长设备寿命。

作为燃烧放热装置与吸热做功装置的统一体，生物质锅炉也应注意燃烧装置内受热面的布置和传热情况的改善。如果燃料在炉内以较高的强度燃烧放热，而辐射受热面布置较少，将使炉温过高，从而严重结焦并影响正常燃烧。但如果在炉膛中布置过多的受热面，导致大量吸热，则会使炉温或燃料层温度偏低，影响燃烧的稳定性和经济性。因此，燃烧质量的好坏，不仅取决于燃烧设备的结构形式和运行操作，而且与炉内受热面布置和传热情况有关，燃烧装置设计时应全面考虑。

生物质锅炉还需要具备良好的负荷适应性和调节特性，即当锅炉用户负荷较频繁或较大幅度地变动时，有充分的手段来保证燃烧设备的燃烧出力能及时快速地响应，低负荷下不至于中断燃烧，而高负荷下不会出现结焦，压火或重新起火时不发生困难等。另外，燃烧装置应具有较为理想的环保性能，消除黑烟和降低排烟含尘量，硫氧化物、氮氧化物等排放达标。这方面的要求除了在燃烧装置中采用合理措施之外，采用除尘器、脱硫脱硝装置等污染物控制措施也是必要的。

（3）炉排炉燃烧

① 炉排炉的工作特性　炉排燃烧是生物质直接燃烧最为常用的方式。空气从炉排下部送入，流经一定厚度的燃料层并与之反应，燃料层的移动与气流方向基本上无关。燃料的一部分（主要是挥发分释放之后的焦炭）在炉排上发生燃烧，而大部分（主要是可燃气体和燃料碎屑）在炉膛内悬浮燃烧。炉排炉按照炉排形式和操作方式的不同，又分为固定炉排炉、往复炉排炉、旋转炉排炉、抛煤机炉、振动炉排炉和链条炉排炉等，每一种都有其特点且适用于不同的燃料。

炉排锅炉可用于高含水量、颗粒尺寸变化、高灰分含量的生物质燃料的燃烧，因为在层燃方式下炉膛内储存大量的燃料，因此有充分的蓄热条件来保证炉排炉所特有的燃烧稳定性。同时，采用炉排燃烧方式，对燃料尺寸没有特殊要求，也不需要特别的破碎加工，炉内着火条件优越，而且锅炉房布置简单，运行耗电少。但是，炉排燃烧方式下燃料与空气的混合较差，燃烧速度相对较低，影响锅炉出力和效率。炉排燃烧方式下，燃料燃烧沿着炉排前进方向可以分为四个阶段，如图 3-3 所示。

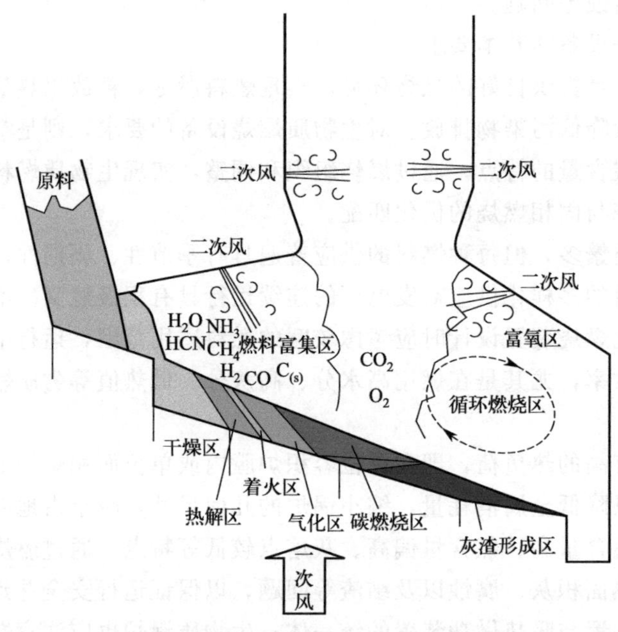

图 3-3 燃烧生物质炉排锅炉的燃烧分区

首先是水分蒸发阶段。入炉燃料因炉膛内高温烟气的对流、辐射放热以及与炽热焦炭、灰渣的接触导热而升温，燃料中水分蒸发直至完全烘干。其次是挥发分析出及焦炭形成阶段。烘干后的燃料在炉内受热升温，当达到特定温度时便大量析出生物质中的挥发分，同时形成多孔的焦炭。再次是挥发分和焦炭的着火燃烧阶段。随着温度进一步升高，达到一定浓度的气态挥发分在遇到氧气时便率先着火燃烧，放出热量并使焦炭颗粒继续加热升温直至着火燃烧。700℃之后焦炭进入快速燃烧阶段，挥发分析出之后的焦炭孔隙率较高，相对加快了燃烧速率并提高燃尽程度。最后是焦炭燃尽及灰渣形成阶段。焦炭燃烧属于异相扩散燃烧，燃烧速率低于气相燃烧，因此所需时间也长一些。焦炭颗粒的燃烧总是由表及里进行，燃烧一定时间后，焦炭外面包覆的灰壳越来越厚，阻止焦炭核心与空气的进一步接触，使燃烧进行得异常缓慢。当未燃尽的焦炭落入灰坑时便形成机械不完全燃烧损失，灰渣最终形成。

燃料燃烧过程中各阶段依次串联进行，而对于燃烧设备内的连续燃烧过程来说，则各个部分又是相互交叠的。各个阶段持续时间的长短和重叠情况因燃料质量、燃烧条件的不同而不同，为了组织好整个燃烧过程，必须保证炉膛温度为燃料及时稳定地着火提供热源，保证合理配风为燃烧输送速度、流量合适的空气，保证足够的燃烧区停留时间以减少不完全燃烧损失。

性能良好的炉排系统能够实现燃料和焦炭床层在整个炉排表面的均匀分布，并确保不同炉排区域上有适当的风量供应。不均匀的送风可能导致结渣、高飞灰量，并可能增加完全燃烧所需要的过量空气。不同燃烧阶段所需要的风量也是不同的，因此通常采用一次风分段供应的方式，能调整干燥、气化、焦炭燃烧等不同区域所需要的空气量，而且也有利于锅炉低负荷时的平稳运行和污染物控制。

燃烧炉上部空间可布置二次风甚至三次风，优化的二次风供应是上部空间气相燃烧最重要的因素。对于挥发分含量高的生物质燃料，二次风布置尤其重要，二次风量比例、风速、流向以及布置位置等对降低不完全燃烧损失并稳定炉排燃烧层有较大影响。炉排燃烧生物质燃料的总体过量空气系数一般为1.25或更高一些，一次风同二次风的比例在大部分生物质燃烧炉排锅炉中为40/60～50/50，这与传统燃煤锅炉差异很大。炉膛上部燃烧空间的尺寸和二次风射流必须保证烟气与空气的充分混合，可采用相对较小的风道以获得较高的风速，采用旋转或者漩涡射流以及炉膛上部空间炉壁构型的特殊设计等方式来实现挥发分和携带固体燃料颗粒的充分燃尽。

炉排形式可根据燃料性质和燃烧装置容量确定，一般有以下几种形式：

a. 固定倾斜炉排　炉排不能移动，燃料受重力作用而沿着斜面下滑时燃烧，其缺点主要是燃烧过程控制困难、燃料崩落、燃烧稳定性差等。

b. 移动炉排　即链条炉，燃料在炉排一侧给入，随炉排向着灰渣池方向输运过程中发生燃烧，使锅炉对燃烧的控制性能得到较大改善，也具有更高的燃尽效率。

c. 往复炉排　燃烧过程中通过炉排片的往复运动而翻动并运送燃料，直至最后灰渣输送到炉排末端灰池中，实现了更好的混合，因此可获得改善的燃尽效果。

d. 振动炉排　是目前国内外农林废弃物直燃发电厂中应用较为广泛的炉排形式，炉排形成一种抖动运动，能够平衡地将燃料扩散并促进燃烧扰动，相对于其他运动炉排，其运动部件少，可靠性更高，并且碳燃尽效率也得到进一步提高，但可能引起飞灰量的增加，而且振动可能引起锅炉密封、设备安全方面的问题。

炉排系统长期工作于高温环境下，可采用风冷或者水冷方式进行冷却，特别是对于农作物秸秆等灰熔点较低的生物质燃料，更是需要炉排冷却以避免结渣和延长炉排材料的寿命。

② 燃烧设备主要特性参数　炉排炉的设计与评价中，用以反映燃烧设备工作特性的指标主要有炉排面积热负荷、炉膛容积热负荷以及炉排通风截面比等。炉排面积热负荷（q_R，单位为kW/m^2）是单位炉排面积上所能产出的燃烧功率，或单位炉排面积在单位时间内燃料燃烧放出的热量，其标志着炉排面上燃料燃烧的强烈程度，表达式为：

$$q_R=\frac{BQ_d^y}{A_R}$$

式中　Q_d^y——燃料的应用基低位发热量，kJ/kg；

B——锅炉实际燃料消耗量，kg/s；

A_R——炉排的有效面积，m^2。

在锅炉设计时，炉排面积热负荷q_R的恰当取值对燃烧的强度和充分程度的影响很大。过分提高q_R值，缩小炉排面积，将使单位面积炉排承受很高的燃烧出力，炉排片工作条件恶化。炉排面积过小，也会导致燃料层加厚和空气通过燃料层的流速过大，带来通风阻力增大、运行电耗增加、漏风加剧、炉温降低等问题，过大的风速还会破坏火床平整和燃烧工况稳定，从炉排上吹起更多的燃料碎屑进入炉膛上部空间，导致不完全燃烧损失增大。如果炉排面积热负荷太低，将增大炉排面积，有可能造成炉排金属消耗量的大幅度增长，同时燃料层厚度将降低，风速降低，燃烧速度也将降低，导致设备浪费和燃烧强度降低，甚至可能难以维持正常的燃烧。

层燃炉中大部分焦炭燃烧发生于炉排面上，挥发分燃烧和部分颗粒物燃烧则发生于炉膛空间。炉膛容积热负荷（q_V，单位为 kW/m^3），即燃料在单位炉膛容积、单位时间内燃烧释放的热量：

$$q_V = \frac{BQ_d^y}{V_1}$$

式中　V_1——炉膛容积，m^3；

　　其他符号意义同前。

炉膛容积热负荷影响着燃料在炉内的停留时间和炉膛的出口温度。当 q_V 取值过高即炉膛容积设计过小时，燃料来不及燃尽就排出炉膛，会导致未完全燃烧损失的增大，尤其对于生物质等挥发分含量较高的燃料来说更是如此。过小的炉膛容积还会使受热面布置困难，减小炉内的辐射换热面致使炉膛出口烟温过高，从而影响锅炉设计的经济性及运行安全。选用较高的 q_V 可使炉膛结构紧凑，但也可能导致炉膛内燃烧强度过高，影响材料和设备安全。

炉排的通风截面比，即炉排面上通风面积占总炉排面积的比例，对空气在燃料层中的流动及分布、燃料层中温度分布、炉排通风阻力以及炉排寿命均有影响。通风截面比减小，风速增加，通风均匀性提高，可改善炉排工作条件并延长使用寿命，但炉排通风阻力增大，可能增加电耗。通风截面比增大，有利于燃料层内空气扩散，从而改善着火燃烧，但可能会增加漏料量并恶化炉排的工作条件。设计燃烧装置时，应根据不同的燃料及通风方式选取恰当的通风截面比。对于挥发分含量较高的生物质，通风截面比相比燃煤需要选用较小的值。因为生物质燃料一般质量密度低，因此应控制送风速度以避免大量携带，同时生物质燃料的着火燃烧性能较好，风速过小会导致炉排温度过高而损坏，另外还需要考虑便于燃烧调整和减小过量空气系数等。

③ 链条炉　链条炉的机械化程度较高，同时对燃料尺寸的要求相对较低，因而使用相当普遍。链条炉的基本结构见图 3-4。燃料从位于锅炉前部的给料斗落至炉排上进入炉膛，并通过闸门调整燃料层厚度和给料量。炉排自前往后缓慢移动过程中发生燃料的干燥、着

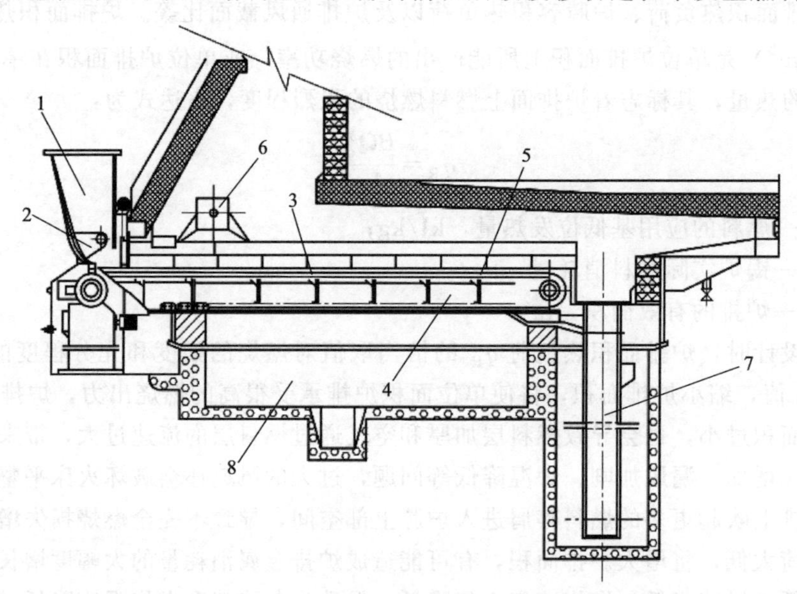

图 3-4　链条炉基本结构

1—给料斗；2—闸门；3—炉排；4—分段送风室；5—防焦箱；6—看火孔及检查孔；7—渣井；8—灰斗

火、挥发分和焦炭燃烧燃尽，最后燃烧灰渣在炉排末端被排入灰渣坑。根据燃料种类和特性调整炉排速度，燃烧所需的一次空气由炉排下方鼓入，而风室沿炉排长度方向被分成若干小段，每段风量可根据燃烧需要单独调节。

链条炉排系统的优势在于均匀的燃烧条件和较低的粉尘排放，运行可靠，燃料适应性广，炉排维护和更换容易，对于中小规模的应用其投资成本和运行成本较低。但是，链条炉燃烧过程扰动较弱，燃烧条件没有流化床均匀，燃料床几乎没有拨火效果，导致较长的燃尽时间。由于缺乏混合，均匀性较差的生物质燃料可能会存在架桥现象，从而在炉排表面上分布得不均匀。

链条炉的炉排形式主要有链带式、横梁式及鳞片式等，结构差别较大，可根据燃料状况、燃烧强度、金属耗量等进行选择。炉排尾部需布置挡渣设备。炉排两侧装有防焦箱，保护炉墙不受高温火床的磨损及侵蚀，还可避免紧贴火床的侧墙部位黏结渣瘤，使燃料均匀地布满火床面，防止炉排两侧出现严重漏风的情况。

链条炉燃烧时，燃料着火条件较差。着火所需热量主要来自上部炉膛空间的辐射，燃料层表面着火时，下面部分尚处于加热状态。燃料层较厚或者炉排移动速度快时，底层燃料的着火延迟将更为明显，导致燃尽时间不足，从而引起固体不完全燃烧损失增大。同时，链条炉的燃烧具有区段性。在炉排前部的准备区域，燃料处于加热升温、析出水分和挥发分的阶段，基本上不需要氧气。炉排后部燃尽区域，燃料层（灰渣）可燃成分所剩不多，又多被灰渣所裹挟，因此氧需求也下降。但在燃烧的中间区段，燃烧反应剧烈，大量需氧。于是出现了炉排首、尾两端空气过剩而中部主燃烧区空气不足的现象。链条炉燃烧的区段性，需要通过优化布风进行调整。另外，燃料与炉排之间没有相对运动，虽然可以减少固体颗粒物的携带和飞灰热损失，但是缺乏扰动也会降低燃烧强度。从链条炉的燃烧特点出发，改善燃烧的措施包括一次风合理配风、二次风以及炉拱的合理布置等。

a. 一次风合理配风。链条炉燃烧过程沿炉排长度分区段进行，各区段的空气需求量相差很大。根据这种特点，将下部风室分隔成若干区段，按照实际需要，炉排下不同区段通过调节风门供给不同风量，这样可以改善燃烧工况，降低不完全燃烧热损失。各个风室配风比例的确定，应先根据各燃烧区段的工作特点，全面分析不同配风比例对燃烧经济性及安全性的影响，然后从中得出比较合理的原则性配风方案，再由运行人员据此进行调试，确定出最佳配风比例。由于分流压增及扩流压增的存在，沿炉排宽度方向的送风很不均匀，可分别采用双面送风、等压风室以及风室内加装挡板、导流板、节流隔板等方式来消除。

b. 二次风布置。二次风是在燃烧层上部空间以高速喷入炉膛的送风气流，其目的是配合炉拱进一步扰动炉内气流，增强气流的相互混合，以便在不提高过量空气系数的前提下，减少气体中可燃物的不完全燃烧损失。对于高挥发分的生物质燃料，炉膛上部空间的气相燃烧占的比重较大，因此二次风布置就尤为重要。布置在前后拱形成的缩口处的二次风，可造成炉内气流的旋涡流动，一方面延长悬浮颗粒在炉内的停留时间；另一方面又将被旋转气流分离出来的焦炭粒子重新甩向燃烧层。两种作用均促进了燃尽程度。合适的二次风布置还可改善炉内气流的充满度，控制燃烧中心的位置，减小炉膛死角的涡流区，从而防止炉内局部区域的结渣和积灰。

为达到扰动气流的目的，二次风需要具有足够的风量和速度。在不改变总体过量空气系数的前提下，主要依靠选取较高的二次风速来增加扰动。二次风的布置方式有前墙布置、后墙布置以及前后墙布置等。前墙布置或后墙布置适用于二次风量不太充足或炉膛深度较小的情况，以便集中火力，强化扰动。对于气相燃烧比例大的生物质燃料，为及时提供空气，二次风口布置在前墙效果更好。对于容量较大的锅炉，二次风常布置在前、后拱共同组成的缩口处，同时为了避免气流对冲，前、后墙的喷口还应相互错开。从炉内高度来说，二次风喷口的布置位置以尽量低些为好，以使混合后的烟气具有充分的燃尽时间及空间，但也不能过低，以免破坏火床面的正常燃烧。

c. 炉拱布置。炉拱是指突出在炉膛内部的那部分炉墙，在固定床燃烧装置中炉拱对炉内气流扰动和燃烧组织起着非常重要的作用。链条炉火床面上的固体燃料燃烧存在着区段性，而上部空间的气体成分中包含着较高浓度的可燃气体，因此采取措施加强炉内气流的扰动与混合，合理地调整炉内的辐射和高温烟气流动，将有利于改善燃料的着火、燃烧情况，减少气体和固体不完全燃烧的损失，而炉拱即为起到这种作用的结构。对于高挥发分的生物质燃料，挥发分一时来不及燃烧而较多地存在于炉膛内，则炉拱的主要作用应为增强气流的混合，以便可燃气体有更多机会与空气接触而完全燃烧。而对于低挥发分的固体燃料或仍处于低温而尚未着火的燃料，燃料着火存在困难，炉拱则应该能够提供高温环境以保证燃料及时着火。

炉拱包括前拱及后拱，前拱接收炉内高温火焰和燃料层的辐射热，吸收热量后将其用于提高炉拱本身温度并重新辐射出去。这部分再辐射热量将集中投射到新燃料层上，促进燃料迅速着火。因此，前拱设计应考虑具有足够的敞开度，以便能从更多的空间范围内吸收辐射能量从而提高炉温。前拱的形状应能使从后拱流出的高温烟气能深入前拱区域并形成强烈的旋涡，这样就可以提高拱区及前拱温度，增强前拱辐射放热效果。前拱的边界尺寸也需慎重拟定，前拱还具有适当长度以增加覆盖新燃料层的辐射面积。前拱过低，不利于拱下空间进行有效的燃烧放热，对着火不利，而前拱过高则有可能使温度较低的拱区烟气辐射取代前拱的再辐射。

后拱的主要功能是将大量高温烟气和炽热炭粒输送到主燃烧区和准备区，以保证那里的高温，使燃烧进一步强化，同时使前拱获得更高温度的辐射源，增强前拱的辐射引燃作用。后拱的另一功能是对燃尽区的保温促燃，以最大限度地降低灰渣热损失。设计时，应注意使前后拱配合形成炉膛中前部的缩口，在此位置，炉膛空间的大量挥发分、焦炭气化产物一氧化碳以及未燃尽燃料颗粒，与前后拱驱赶过来的充足空气进行强烈的混合燃烧，提高燃尽效率并降低烟尘排放。后拱应具有足够的覆盖率、足够的容积高度，以保证空间燃烧及向燃尽区辐射换热的需要。

炉拱的设计布置相当复杂，通过理论计算和运行实践相结合的方法来确定炉拱的最佳布置及合理尺寸，可参考燃煤的相关推荐值，并根据生物质燃料的特点进行选择和调整。

④ 往复炉排炉　往复炉排炉也是中小型生物质燃烧装置中常用的炉型。往复炉排主要由固定炉排片、活动炉排片、传动机构和往复机构等部分组成。图 3-5 为应用最广泛的倾斜往复炉排炉结构。

活动炉排片的尾端卡在活动横梁上，其前端直接搭在与其相邻的下一级固定炉排片上，使整个炉排呈明显的阶梯状，并具有一定的倾斜角度，以方便燃料下行。各排活动横梁与连接槽钢连成一个整体，组成活动框架。当电动机驱动偏心轮并带动与框架相连的推拉杆时，活动炉排片便随活动框架做前后往复运动，运动频率通过改变电动机转速来调整。固定炉排片的尾端卡在固定横梁上，前端搭在与其相邻的下一级炉排片上，在炉排片的中间还设置了支撑棒以减轻对活动炉排片的压力和往复运动造成的磨损。燃烧所需的空气可通过炉排片间

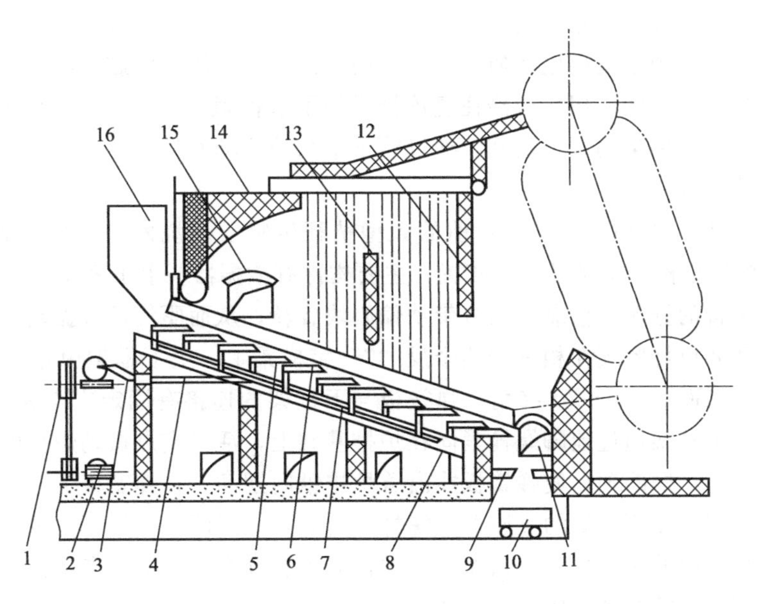

图 3-5 倾斜往复炉排炉结构

1—传动机构；2—电动机；3—活动杆；4—链杆推拉轴；5—固定炉排片；6—活动炉排片；7—连杆；8—槽钢支架；9—燃尽炉排片；10—灰渣车；11—挡渣板；12—后墙；13—中间隔墙；14—炉体；15—观察孔；16—加料斗

的纵向缝隙以及各层炉排片间的横向缝隙送入，炉排通风截面比为7%～12%。在倾斜炉排的尾部，燃料经燃尽炉排落入灰渣坑。

在往复炉排炉的燃烧过程中，燃料从料斗落下，经调节闸门进入炉内，在活动炉排的往复推饲作用下，燃料沿着倾斜炉排面由前向后缓慢移动，并依次经历预热干燥、挥发分析出并着火、焦炭燃烧和灰渣燃尽等各个阶段。位于火床头部的新燃料，受到高温炉烟及炉拱的辐射加热而着火燃烧。往复炉排区别于链条炉排的一个主要特点在于炉排与燃料之间有相对运动，同时能调整燃料层厚度。由于活动炉排片的不断耙拨作用，部分新燃料被推饲到下方已经着火燃烧的炽热火床上，着火条件大为改善。活动炉排在返回的过程中，又耙回一部分已经着火的炭粒至未燃燃料层的底部，成为底层燃料的着火热源。同时，燃料层因为受到耙拨而松动，增强了透气性，促进了燃烧床层扰动，而且燃料层外表面的灰壳也因挤压及翻动而被捣碎或脱落，这些均有利于燃烧的强化及燃尽。

除了倾斜往复炉排之外，水平往复炉排的应用也较多，其炉排面呈锯齿状，增大了燃料层表面积，有利于燃烧，而且炉体高度可以相对降低。总体而言，往复炉排结构简单，金属耗量较链条炉低，节省初投资。往复炉排炉中，除火床头部外，燃料的着火基本上属双面引燃，比链条炉优越；燃料适应性也比链条炉好，尤其是对黏结性较强、含灰量大并难以着火的劣质燃料，往复炉排更为合适；由于燃料层不断受到耙拨及松动，空气与燃料的接触大大加强，燃烧强度较高，可降低化学及机械不完全燃烧热损失。此外，由于往复炉排的活动炉排片头部不断耙拨灼热的焦炭，因而温度很高，容易烧坏，炉排烧坏或脱落后难以发现和更换，使漏落的红火有可能烧坏炉排下方的风室及框架，影响锅炉的运行安全。同时，由于结构上的原因，倾斜往复推动炉排两侧的漏风及漏料量均较大，火床不够平整，运行时容易造成火床燃烧的不稳定，因而改进往复炉的侧密封结构很有必要。

往复炉排炉的设计和布置与链条炉类似，分段送风、二次风布置、炉拱布置及尺寸可参考链条炉进行设计。为了适应生物质等结渣倾向较高的劣质燃料的燃烧，近年来发展的水冷往复炉排也得到了一定的应用。水冷往复炉排增加了水管搁架，连接到锅炉集箱上，而蝶形铸铁炉排片嵌在水管搁架的管子之间，通过管子中水的流动使炉排片得到冷却，有利于改善炉排过热和结渣问题。

⑤ 振动炉排炉　振动炉排炉在目前的大型秸秆生物质燃烧发电厂中得到了广泛应用。图 3-6 为振动炉排结构。炉排呈水平布置，主要构件有激振器、上下框架、炉排片、弹簧板等。激振器是炉排的振源，依靠电动机带动偏心块旋转，从而驱使炉排振动。炉排片用铸铁制成，通过弹簧和拉杆紧锁在相邻的两个反“7”字横梁上。上下框架由左右两列弹簧板连接，弹簧板与水平面成 60°～70°夹角。弹簧板与下框架的连接有固定支点和活络支点两种。固定支点炉排的下框架通过地脚螺栓紧固在炉排基础上，活络支点振动炉排的弹簧板和下框架的连接是通过一个摆图轴，使弹簧板能沿着炉排纵向摆动。在弹簧板上开有圆孔，减振弹簧螺杆穿过圆孔固定在下框架的支座上，螺杆上套有上、下两个弹簧，通过调节螺杆上的螺母改变弹簧对弹簧板的压紧程度，从而改变炉排的固有频率。活络支点连接对减振有一定的作用，并可调节炉排的振动幅度。

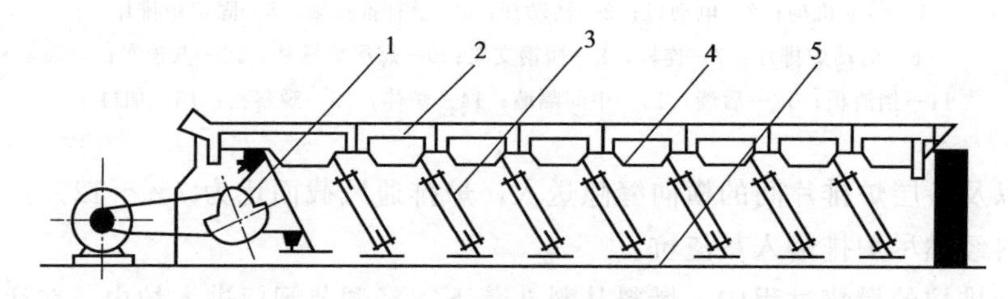

图 3-6　振动炉排结构

1—激振器；2—炉排片；3—弹簧板；4—上框架；5—下框架

工作过程中，电动机带动偏心块旋转，产生一个垂直于弹簧板周期性变化的惯性分力，驱动上框架及其上的炉排片以与水平面成 20°～30°角的方向往复振动，而炉排片上的燃料就随着这种往复运动而不断地被加速、减速，由于惯性力的作用而在炉排面上进行定向的、间歇性的微跃运动，从而促进燃烧扰动。为了节约能耗，通常选择炉排的工作频率接近炉排固有频率，使炉排在共振状态下工作，此时炉排振幅最大，燃料层移动速度最快而电机能耗最小。因此，振动炉排制造安装完毕之后，需要对炉排进行冷态调试，测出炉排共振频率，纠正燃料在炉排面上不正常的运动状态，然后才能投入热态运行。

振动炉排的燃烧过程与链条炉基本相似，一次风通过炉排面上布置的小孔从下部送入燃料床。振动炉排上燃料的着火也属单面着火，需要采用分段送风、炉拱及二次风等措施对燃烧进行调整。与链条炉不同的是，振动炉排上的燃料层不是匀速前进的，在振动停止间歇时间内，燃料层处于静止燃烧状态。为适应负荷而需要调整燃烧时，除像链条炉那样增减炉排速度和通风量之外，还可以通过调节炉排振动持续时间和间歇时间的长短来实现。同时，振动炉排由于炉排的振动而具有自动拨火功能，燃料颗粒在振动时上下翻滚，增加了与空气接触的机会，因此燃烧比链条炉要剧烈，炉排面积热负荷高于链条炉。特别重要的是，炉排的振动还阻止了较大结渣颗粒的形成，因此特别适合燃烧秸秆、废木材等具有黏结性和结渣倾向的燃料。

振动炉排结构简单，运动部件少，金属耗量低，单位投资和运行成本较低，保证了可靠性，但也存在着一些问题。炉排振动时燃料层被周期性抛起，此时炉排通风阻力小，风速大，造成大量飞灰，飞灰含碳量高，并可能引起较高的CO排放，导致锅炉热效率偏低。振动炉排运行时，炉排片基本位置不变，燃烧剧烈区域的炉排片始终在高温下工作，并且燃料处于上下翻滚状态，炉排上没有形成灰渣垫，炉排片直接与高温燃料接触，工作条件恶劣，导致炉排片变形，产生裂缝和烧坏堵孔等现象。炉排在高频振动下工作，燃料上下运动，因此通过送风孔的漏料量较高。此外，炉排振动会带动锅炉房其他设施振动，甚至发生共振，这是非常有害的，严重时会造成炉墙倒塌等事故。因此，设计和调试时应将炉排共振频率与其他设施的固有频率错开，并采用活络支点连接、装防振垫等减振措施。

为了更好地发挥振动炉排的优势，解决炉排片易烧坏及飞灰漏料严重等问题，开发了水冷振动炉排和自动调风装置。图3-7为Babcock& Wilcox公司开发的水冷振动炉排结构。

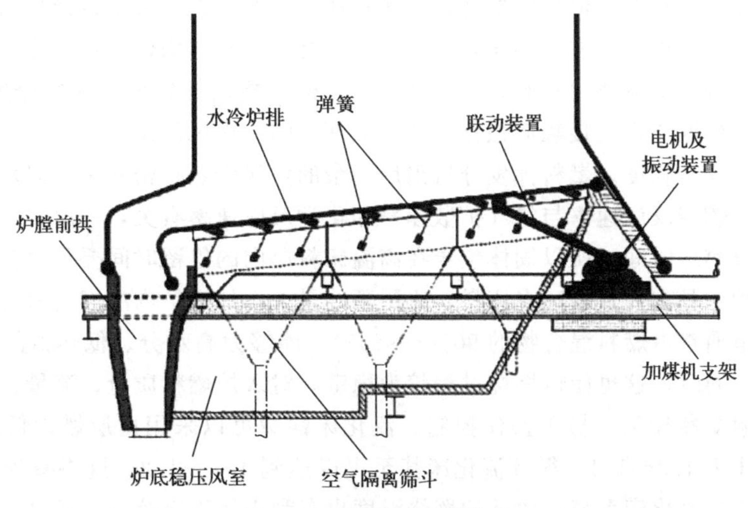

图3-7 水冷振动炉排结构

水冷振动炉排由管子及焊在管间的扁钢组成，实际上组成了一个膜式水冷壁。炉排属于锅炉水汽系统的一部分，通过灵活的连接管道与炉膛水冷壁连接以便于振动。炉排前后均有集箱，前后集箱分别通过上升管、下降管与锅筒相连，由水循环保证炉排的充分冷却。炉排管间的扁钢上开有细长通风孔，通风截面比仅约为2%，使漏料量大为降低。炉排具有一定的倾角，一方面可保证水循环可靠性；另一方面便于炉排在轻微振动时，燃料靠自身平行于炉排面的向下分力，便可顺利地向后移动。为了避免炉排和其上燃料的重量加载在下降管和上升管上，炉排的后端架在固定但有弹性的立式金属板支座上，前端是架在可摆动的支座上。炉排下部的配风系统也进行了改造，配风自动调节装置在振动前瞬间自动关闭风门挡板，使风量和风速下降，从而降低飞灰含量，而且炉排下部的风量隔板还起着支持炉排的作用。

水冷振动炉排采用的运动部件较少，而且驱动机构处于冷态环境，延长了炉排寿命，减少了设备维护及相关费用，并具有漏料量和飞灰少、热效率提高以及运行管理方便等优点，因而在秸秆生物质直燃电厂中得到了广泛应用。国内生物质电厂中普遍采用的水冷振动炉排为膜式水冷壁形式，要求冷却水温为250～350℃，一次风温为200～300℃，最大炉排面积热负荷为2MW/m^2，炉排频率调节范围为30～55Hz，典型振动时间为20s，振动间隔为200s。

（4）流化床燃烧

① 流化床燃烧方式与特点　流化床燃烧最主要的特征为燃料在流化状态下进行燃烧，具有良好的气-固和固-固混合、燃料适应性强、燃烧可控性好等特点。燃料颗粒在流化床运动中受到加热，气流与颗粒、颗粒与颗粒以及颗粒与壁面间的相互碰撞，湍流脉动力等作用的影响，既有热量又有质量的传递，同时伴随着各种化学反应的发生。流化床中燃料的燃烧过程、加热干燥、挥发分的析出与燃烧、燃料颗粒的磨损与破裂、焦炭的燃烧等过程是相伴进行的，各阶段并没有清晰的界限划分。挥发分的析出燃烧和焦炭的燃烧过程有一定的重叠，而且受流化床中流体动力特性的影响。在燃烧过程中燃料积聚形成颗粒团，颗粒团积聚到一定程度又会发生破碎，同时颗粒之间以及颗粒与壁面之间不断地发生碰撞破裂和磨损等，均会对燃烧过程产生影响。

大量高温床料的存在是流化床的特点，床料通常由石灰石、砂子以及燃料灰等构成。燃料进入流化床后立即被大量的高温床料包围而快速受热分解，固体燃料与惰性床料通过流化空气而呈现上下翻滚的流态化状态，迅速被加热干燥并析出挥发分。挥发分进入上部空间，与上部空间供入的燃烧空气接触而强化燃烧，上部空间二次风的送入流量和强度将会影响混合效果和燃烧的完全程度。燃料挥发分析出后剩余的焦炭仍然在密相区高温环境下燃烧直至燃尽。因为焦炭燃烧反应速率与氧气扩散速率和化学反应速率有关，一般焦炭的燃烧时间要明显长于挥发分燃尽时间，所以固体焦炭在高温床料层内的停留时间要足够长。

流化床锅炉中具有大量的高温床料，床层蓄热量大，加入炉内的燃料只占总体床料的很小比例（床料量通常占燃料混合物的90%～98%），能够为高水分、低热值的生物质提供优越的着火条件。同时，这也使得燃烧过程较为稳定，对入炉燃料质量、流量、负荷发生变化等外部扰动的耐受性较强，易于操作控制。流化床锅炉可以采用比层燃炉低的过量空气系数，鼓泡流化床为1.3～1.4，循环流化床甚至可以达到1.1～1.2，这将减少烟气流量，提高燃烧效率，而且流化床系统中较低的燃烧温度也有利于污染物控制。通过炉内脱硫剂和控制燃烧温度等方式，可使排放烟气中的硫氧化物和氮氧化物浓度大幅度降低。流化床锅炉燃烧室内没有运动部件，结构较为简单，运行维护成本较低，而且其三维容积燃烧方式在锅炉容量放大中具有明显优势。流化床锅炉由于其高度的集成化而更适用于大型化应用。

流化床燃烧可以分为循环流化床燃烧和鼓泡流化床燃烧两种方式，主要差异在于流化速度的不同。鼓泡流化床燃烧采用了较低的流化速度，床料和燃料处于鼓泡燃烧的状态，燃烧炉内存在较为明显的密相区和稀相区。大部分燃料在密相区床层内进行燃烧反应，而进入上部稀相区空间的固体颗粒比例较小。由于仍然有部分小尺寸的燃料颗粒在上部炉膛内未经燃尽即被带出，因此鼓泡流化床在燃烧宽筛分燃料时会出现燃烧效率下降的问题。鼓泡燃烧的方式也使得床内颗粒的水平方向湍动相对较慢，对入炉燃料的播散不利，影响床内燃料的均匀分布和燃烧效果，这也迫使大功率的鼓泡流化床燃烧系统布置较多的燃料送入点。同时，鼓泡流化床还存在床内埋管受热面磨损速度过快、影响设备使用寿命等问题。

循环流化床与鼓泡流化床相比，结构上最明显的区别在于炉膛上部的出口安装了物料分离器和循环回送装置，如图3-8所示。将高温细小固体颗粒从烟气中分离出来并收集送回炉膛，使未燃尽而飞出炉膛的颗粒可以再次循环燃烧，从而大大提高了燃尽率。循环流化床内部采用高流化速度，床内颗粒呈沸腾态流化燃烧，气固相流动、混合剧烈，传热、传质效果好，因此，可以实现高强度的湍流燃烧。燃烧床内具有非常均一的温度分布和燃烧条件，因此，燃烧热强度大，容积热负荷高。由于采用物料循环燃烧的方式，循环流化床可以获得充分的碳燃尽和更高的锅炉燃烧效率，可达 95%～99%。锅炉燃烧负荷调整范围较宽，一般在 30%～110%。

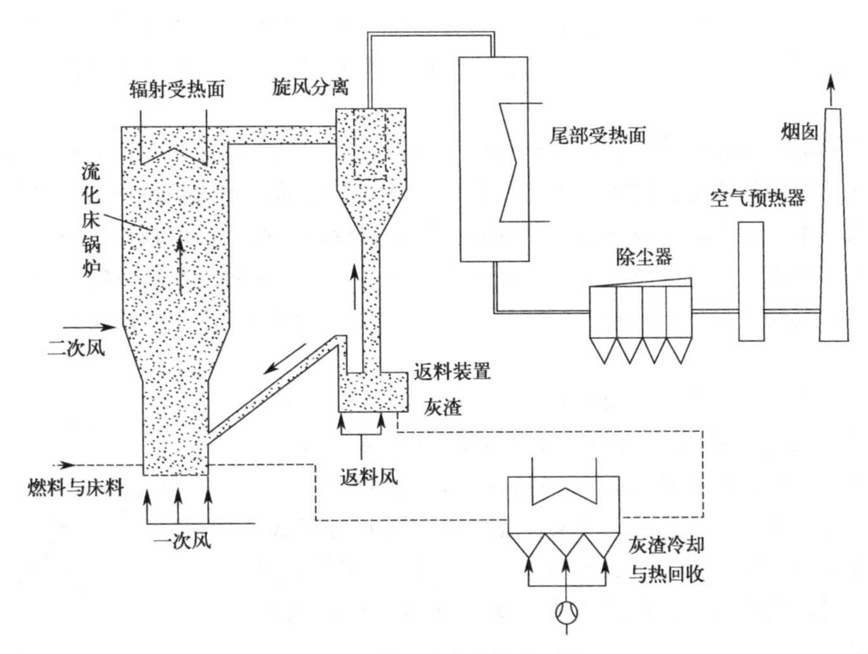

图 3-8 循环流化床锅炉系统

循环流化床锅炉具有良好的燃料适应性，这是由于物料再循环量的大小可改变床内的吸热份额，只要燃料的热值大于把燃料本身和燃烧所需的空气加热到稳定燃烧温度所需的热量，这种燃料就能在循环流化床锅炉内稳定燃烧，而不需要使用辅助燃料助燃，这也是与固定床炉排炉不同的地方。循环流化床锅炉几乎可燃烧各种固体燃料，如各种类型的煤、垃圾及生物质秸秆等，对低质燃料的利用是循环流化床的一个优势。

循环流化床锅炉也存在一些缺点。相比于鼓泡流化床，循环流化床燃烧对燃料颗粒尺寸的要求更高，一般情况下生物质鼓泡流化床锅炉要求颗粒尺寸低于 80mm，而循环流化床则要求低于 40mm，以保证高的流化速度和良好的流化状态，这将增加燃料处理的成本。循环流化床锅炉的风烟系统和灰渣系统比较复杂，布风板和回料再循环系统的存在，烟风系统阻力较大，风机电耗大。循环流化床锅炉内的高颗粒浓度和高风速，使得锅炉受热面部件的磨损比较严重，同时还存在着一定的床料损失，需要定期补充。同时，流化床燃烧对床料聚团非常敏感，特别是在燃烧秸秆等农业废弃物燃料时，床料与燃料灰渣相互作用，导致床料快速聚团甚至烧结，从而导致流化失败，流化床被迫停机。虽然该问题可以通过特殊的添加剂或床料来减轻，但势必增加运行成本和系统复杂性。

② 气固分离和回料装置 气固分离和回料装置是循环流化床正常运转的关键部件，其主要作用是将夹带在气流中的高温固体物料与气流分离，送回燃烧室，保证燃烧室的蓄热能力，使未燃尽燃料、循环物料和添加剂等多次反复循环、燃烧和反应。气固分离和回料装置的性能将直接影响整个循环流化床锅炉的设计、系统布置及运行性能。

循环流化床锅炉的气固分离机构必须能在高温情况下正常工作，并能实现较高颗粒浓度情况下的气固分离，具有较低的阻力和较高的分离效率。由于气固分离器对循环流化床的重要性，研究机构及锅炉生产厂家开发出了多种类型的分离器，按分离原理可以分为离心式旋风分离器和惯性分离器；按分离器的运行温度又可分为高温分离器（800～900℃）、中温分离器（400～500℃）和低温分离器（300℃以下）；按冷却方式分为绝热分离器（钢板耐火材料）和水（汽）冷却式分离器；按布置位置分为炉膛外布置和炉膛内布置的分离器，即所谓的外循环分离器和内循环分离器等。当前使用较为普遍的是外置高温旋风分离器和内置惯性分离器。

旋风分离器布置在炉膛外部，属外循环分离器，其分离原理如图 3-9 所示。烟气携带物料以一定的速度沿切线方向进入分离器，在内部做旋转运动，固体颗粒在离心力和重力的作用下被分离下来，落入料仓或立管，经物料回送装置返回炉膛，分离颗粒后的烟气由分离器上部进入尾部烟道。旋风分离器的优点是分离效率高，特别是对细小颗粒的分离效率远高于惯性分离器；其缺点是体积比较大，占地面积大，大容量的锅炉因受分离器直径和占地面积的限制而需要布置多台分离器。

惯性分离器通常布置在炉膛内部，属于内循环分离器，其一般是利用某种特殊的通道使介质流动的路线突然改变，固体颗粒依靠自身惯性脱离气流轨迹从而实现气固分离。这种特殊通道可以通过布设撞击元件来实现，如 U 形槽分离器、百叶窗式分离器，也可以专门设计成型，如 S 形分离器。相比旋风分离器，惯性分离器结构简单，易于布置，但分离效率受到限制。

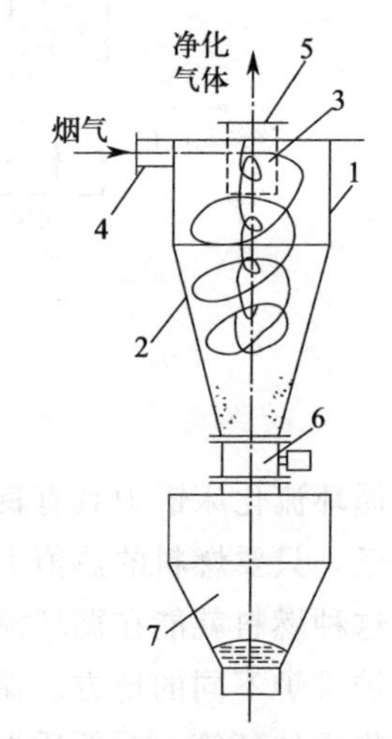

图 3-9　旋风分离器结构及分离原理

1—筒体；2—锥体；3—芯管；4—进风管；5—排风管；6—卸灰阀；7—灰室

回料装置的基本任务就是将分离器分离的高温固体颗粒稳定地送回压力较高的燃烧室内，并有效抑制气体反窜进入分离器。循环流化床锅炉的一大特点就是大量的固体颗粒在燃烧室、分离机构和回料装置所组成的固体颗粒循环回路中循环。一般循环流化床锅炉的循环倍率为 5～20，即有 5～20 倍燃料加入量的返料需要经过气固分离和回料装置返回炉膛再燃烧，因此回料装置的工作负荷是非常大的，这也对回料装置的运行提出了很高的要求。

由于循环的固体物料温度高，回料装置中又有空气，在设计时应保证物料在回料装置中流动通畅，不结焦。由于气固分离装置中固体颗粒出口处的压力低于炉膛内固体颗粒入口处压力，所以回料装置在将返料从低压区送至高压区时必须有足够的压力来克服压力差，既能封住气体，又能将固体颗粒送回床层。同时，循环流化床锅炉的负荷调节在很大程度上依赖于循环物料量的变化，返料量的大小直接影响燃烧效率、床温以及锅炉负荷，这就要求回料装置能稳定地开启或关闭固体颗粒的循环，能自动平衡物料流量，从而适应运行工况变化的要求。

回料装置一般由立管和回料器两部分组成。立管为分离器与回料器之间的连接管道，主要作用是输送物料，与回料器配合连续不断地将物料由低压区向高压区输送，同时产生一定的压头防止回料风或炉膛烟气从分离器下部反窜，在循环系统中起压力平衡的作用。回料器分为机械式和非机械式两类，由于循环流化床锅炉中分离的物料温度较高，加之输送介质是固体颗粒，机械式回料器很少采用。非机械式回料器包括阀型（可控式回料器）和自动调节型两大类，采用气体推动固体颗粒运动，无需任何机械转动部件，所以结构简单、操作灵活、运行可靠，在循环流化床锅炉中获得广泛应用。

③ 生物质流化床燃烧设计的特点　燃煤流化床的设计、制造和运行已经具有了丰富的经验，生物质循环流化床燃烧的设计可以参照燃煤流化床，同时必须注意到生物质燃料高挥发分、低密度、低灰熔点以及腐蚀、聚团倾向等特点。

首先，应该控制生物质流化床的燃烧温度，目前一般控制为800～900℃，比燃煤循环流化床低100～200℃。利用循环流化床的低温燃烧特性遏制生物质燃烧中碱金属等引起的结渣、积灰、腐蚀等问题，而且低温燃烧在耐火材料的选择、分离器的安排以及保温设计上也具有一定的成本优势。同时，低温燃烧模式还可以避免热力型氮氧化物的生成。燃烧温度的控制，可以通过床料循环和炉膛内受热面布置来实现，抑制局部区域的集中燃烧和热量集中释放。但是，低温燃烧导致炉膛出口烟气温度降低，因此需要考虑锅炉过热器布置位置和受热面积的相应增加。

其次，由于生物质燃料密度小且结构松散，在流化床内较高的气流速度下容易被吹起，甚至可能未经燃尽即快速离开炉膛，因此应该注意原料的给料方式和给料位置，以保证燃料在密相区域的停留时间和与炽热床料的接触，保证受热和着火。同时，还应注意生物质给料点处需要有一定的负压，以保证给料顺利，防止回火烧坏给料装置。

最后，应该特别重视二次风在生物质流化床燃烧中的作用。生物质燃料挥发分含量高，同时生物质密度小，极易被吹至炉膛上部燃烧，上部空间的二次风对燃料燃尽的效果显著。采用平层布置二次风容易造成供氧不足，从而导致燃烧不充分，改用分层布置使氧气在不同高度供给，可以保证燃料的充分燃烧，而且分层错位布置也可加强炉膛内的扰动，促进混合和换热效果。良好的二次风布置应能保证挥发分和悬浮颗粒在炉膛内充分燃烧，尽量避免在气固分离器内发生再燃，这可以有效防止分离器内的结焦现象，在特定条件下还可结合适宜的分离器，通过冷却来避免结焦。

④ 流化床锅炉的运行调整　流化床锅炉中存在大量的惰性床料，蓄热量大，因此需要外部热源辅助点火启动，将锅炉带入热态运行状态。当床层物料温度提高并保持在投燃料运行所需水平以上之后，即可投入燃料并逐渐正常稳定运行。对于大型流化床来说，由于床面较大，在启动时直接加热整个床层较为困难，可分床启动。床面被设计成由几个相互间可以有物料交换的分床组成，选择某一个分床作为启动点火床，在实际点火中先去点燃此床，其他床层采用床移动技术、翻滚技术和热床传递技术等方式进行加热至投料着火温度。

流化床锅炉的运行调节，必须充分掌握锅炉的流体动力、燃烧、传热的特性及回料系统的特点，掌握其调节规律，才能保证正常运行。循环流化床锅炉的调节，主要是通过对给料量、一次风量、一次和二次风分配、风室静压、沸腾料层温度、物料回送量等的控制和调整实现的。

床温稳定是流化床锅炉安全运行的关键，在实际运行中，温度超过燃料的结焦温度时将会出现高温结焦现象，特别是布风板上和回料阀处的结焦将会导致循环流化床的不正常运行，必须停炉进行清除；温度过低则不利于燃料着火和燃烧，造成负荷下降。导致温度变化的原因主要是运行中风量、燃料加入量、燃料质量和循环量变化等。运行中燃烧温度调节一般有三种方式，即前期调节法、冲量调节法和减量调节法。前期调节法是指在炉温、气压稍有变化时，根据负荷变化及时微调燃料加入量；冲量调节法是指在炉温下降时，及时加大燃料加入量提高炉温，待炉温恢复后再恢复原来的燃料加入量；减量调节法是指在炉温上升时，减少燃料加入量而不是停止加料，待炉温不再上升时将加入燃料量恢复到原来的水平。

对于循环流化床锅炉，还可通过调节物料循环量来控制炉温，当炉温升高时，适当增大循环物料量，可迅速抑制床温的上升。

风室静压是布风板阻力和料层阻力之和，在循环流化床运行中布风板阻力相对较小，风室静压力大致相当于料层的阻力，因此风室静压的变化可以反映料层的状况和锅炉运行状态。当物料流化状态比较好时，风室静压力应摆动幅度较小且频率高，反之如果压力大幅度波动则说明很有可能运行异常。

给料量与负荷相对应，给料量增加，负荷增加，而改变给料量应该与改变风量同时进行，以保证燃烧充分。对于循环流化床锅炉，风量调整包括一次风量调整、二次风量以及回料风的调整和分配。一次风的作用是保证物料处于良好的流化状态，同时为燃烧提供部分氧气，一次风量不能低于运行时所需的最低风量，同时要监视一次风量的变化，防止料层增厚或是变薄所导致的风量自行变化。在密相区要控制一次风量，在保证流化状态的条件下形成低氧燃烧，降低氮氧化物的形成，控制密相区的燃烧份额和温度。二次风在密相区上方切向送入，补充燃烧所需氧气的同时加强气固两相的扰动混合，改变炉内物料的浓度分布。在运行中，当负荷在稳定运行变化范围内下降时，一次风应按比例调整；当降至最低负荷时，一次风量基本保持不变，可以继续降低二次风量。

循环流化床锅炉因炉型、燃料种类、性质的不同，负荷变化范围和负荷调节速度也有所差别。一般循环流化床锅炉负荷可在30%～110%之间调节，当负荷加大时，一般每分钟负荷增长速度为5%～7%，而在降低负荷时的速度为每分钟10%～15%，这些均从燃煤流化床锅炉的运行经验中所得。

本章小结

本章主要从原理、特点和应用计算这些方面，介绍了生物质转化技术中的生物质燃烧技术，它是一种最普通、最古老的生物质能转化方式。

① 生物质燃烧过程分为预热、干燥、挥发分析出和焦炭燃烧过程。此外，生物质燃烧属于静态渗透式扩散燃烧。

② 与化石燃料相比，生物质燃料不抗烧，热值较低且易被引燃。其燃烧过程的特点主要包括干燥时间长、悬浮燃烧占比大、燃烧稳定性差且易积灰结渣。

③ 生物质直接燃烧主要分为炉灶燃烧和锅炉燃烧。炉灶燃烧操作简便，但燃烧效率普遍偏低，因此大多采用锅炉燃烧。锅炉的种类很多，按照锅炉燃用生物质品种的不同可分为木材炉、薪柴炉、秸秆炉、垃圾焚烧炉等；按照锅炉燃烧方式的不同又可分为流化床锅炉、层燃炉等。

④ 生物质燃料燃烧的基本计算与煤等常规燃料燃烧的计算并没有显著差异，只需要重点考虑生物质燃料的高挥发分含量和低热值的问题。

⑤ 生物质与煤混燃技术可分为直接混合燃烧、间接混合燃烧和并联燃烧3种方式。在煤中加入生物质后，可改善燃烧放热的分布状况，可以提高生物质和煤的利用率。

⑥ 根据燃烧方式来分，生物质燃烧装置可分为固定床、流化床和悬浮燃烧技术，规模化电厂应用中主要使用流化床和炉排燃烧方式。

思考题

1. 简述生物质燃烧的原理。
2. 生物质燃烧的特点有哪些?
3. 简述生物质直接燃烧的工艺过程。
4. 简述生物质混合燃烧的工艺过程。
5. 生物质燃烧设备有哪些?
6. 举例说明生物质燃烧设备的特点。

第四章
生物质气化技术

生物质气化是以生物质为原料，以氧气（空气、富氧或纯氧）、水蒸气或氢气等为气化剂（或称为气化介质），在高温条件下通过热化学反应将生物质转化为可燃气的过程。生物质气化产生的气体，其主要有效成分为CO、H_2、CH_4，称为生物质燃气。气化和燃烧过程都需要空气或氧气，但燃烧过程需供给充足的氧气，使原料充分燃烧，燃烧后放出大量的热，反应产物是二氧化碳和水蒸气等不可再燃烧的烟气。气化过程供给的氧气，使原料发生部分燃烧，从而提供制取可燃气反应所需的热力学条件，原料中的能量被尽可能地保留在反应后得到的可燃气体中。由于生物质原料通常含有70%～90%的挥发分，受热后在相对较低的温度下就有相当量的挥发分物质析出，因此气化技术非常适用于生物质原料的转化。将生物质转化为高品位的燃料气，既可供生产、生活直接燃用，也可通过内燃机或燃气轮机发电，进行热电联产联供，从而实现生物质的高效清洁利用。

目前气化技术是生物质热化学转化技术中最具实用性的一种，它也是一项古老的技术。生物质气化的首次商业化应用可追溯到1833年，当时是以木炭作为原料，经过气化器产生可燃气，驱动内燃机应用于早期的汽车和农业灌溉机械。在二战期间，气化技术达到鼎盛时期。但是随着石油等化石燃料的大量开发利用，生物质气化技术进入低潮。进入20世纪80年代以来，由于化石燃料价格增长、无节制地使用化石燃料使人类面临化石资源枯竭的危险以及大量使用化石燃料对环境造成严重污染等问题的出现，各国科学家和政府又重新重视生物质气化，从环境保护、生态环境和可持续发展的角度出发，投入了大量的研究开发经费和人力，开展生物质气化新技术的研究及应用。

第一节　生物质气化原理

生物质气化技术的基本原理是在满足温度、压力等反应条件下，生物质原料中的碳水化合物基于一系列热化学反应转化为含有CO、H_2、CH_4、C_mH_n等烷烃类碳氢化合物的可燃气，将生物燃料中的化学能转移到可燃气中，转换效率可达70%～90%，是一种高效率的转换方式。

生物质气化工艺过程主要分为燃料干燥、热解、氧化和还原四个阶段，见图4-1。燃料进入气化装置后，在一定温度下，物料受热首先析出水分；之后经初步干燥的物料进一步升温发生热解，析出挥发分；热解产物与气化装置内供入的有限空气或氧气等气化剂进行不完全燃烧反应，得到水蒸气、CO_2和CO；最后在生物质残炭的作用下，被还原生成H_2和CO，从而完成固体燃料向气体燃料的转变过程。就反应机理而言，生物质气化过程中发生的一系列反应以气-气均相和气-固非均相的化学反应为主，可能的反应如下：

① $C_nH_mO_k$ 部分氧化反应：$C_nH_m + n/2O_2 \rightleftharpoons m/2H_2 + nCO$。

② 蒸汽重整反应：$C_nH_m + nH_2O \rightleftharpoons (n+m/2)\ H_2 + nCO$。

③ 干重整反应：$C_nH_m + nCO_2 \rightleftharpoons m/2H_2 + 2nCO$。

④ 碳氧化反应：$C + O_2 \rightleftharpoons CO_2$。

⑤ 碳部分氧化反应：$C + 1/2O_2 \rightleftharpoons CO$。

⑥ 水气反应：$C + H_2O \rightleftharpoons CO + H_2$。

⑦ 焦炭溶损反应：$C + CO_2 \rightleftharpoons 2CO$。

⑧ 加氢气化反应：$C + 2H_2 \rightleftharpoons CH_4$。

⑨ 一氧化碳氧化反应：$CO + 1/2O_2 \rightleftharpoons CO_2$。

⑩ 氢气氧化反应：$H_2 + 1/2O_2 \rightleftharpoons H_2O$。

⑪ 水气转化反应：$CO + H_2O \rightleftharpoons CO_2 + H_2$。

⑫ 甲烷化反应：$CO + 3H_2 \rightleftharpoons CH_4 + H_2O$。

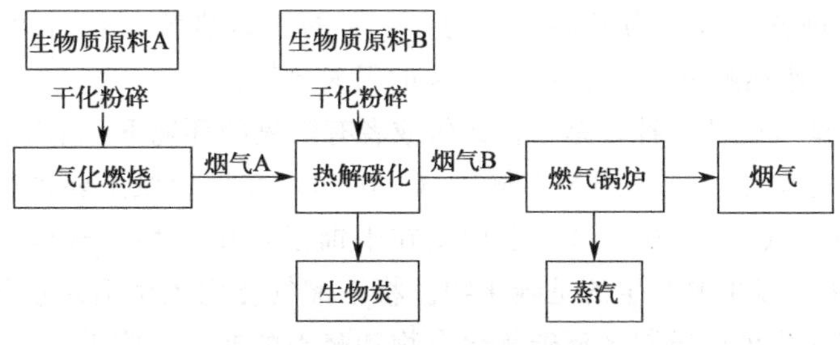

图 4-1 生物质气化工艺流程

第二节 生物质气化技术的特点

全国农林能源的调查统计表明，全国每年的生活用能和部分小型工业的生产用能，以直接燃用秸秆（约 2.2 亿吨）和薪材（约 1.8 亿吨）为主，其燃烧热效率仅为 8%～12%。而将生物质气化成气体燃料后再使用，其燃烧总热效率可比直接燃烧生物质提高二倍以上，即热效率可提高到 30%以上。生物质气化对推动能源的可持续发展具有重要的现实意义，其特点如下：

① 材料来源广泛，可以利用自然界大量的生物质能。我国是一个农业大国，每年有 6 亿余吨农作物，除用作农村炊事燃料、副业原料和饲料外，其余均成为废弃物。另外，我国有薪炭林总面积近 540 多万平方米，每年有相当于 1 亿吨标煤的薪材。

② 可进行规模化生产处理。用气化技术可进行大规模的生物质处理，日处理量可达几百吨乃至上千吨。

③ 这种方法通过改变生物质原料的形态来提高能量转化效率，获得高品位能源，能改变传统方式能源利用率低的状况。通常生化技术的能量转换效率至多为 40%左右，而气化技术的能量转换效率可高达 80%以上，同时还生产工业性气体或液体燃料，直接供用户使用。

④ 生物质气化具有废物利用、减少污染、使用方便清洁等优点。对于含水分少的有机物质，如木材以及以纸屑和塑料为主的城市垃圾，都可以采用气化技术将其变废为宝。

⑤ 可以实现生物质燃料的碳循环，推动可持续发展。

第三节　生物质气化工艺

生物质气化由一系列复杂的化学反应组成，其中不仅包括生物质碳与合成气的非均相反应，而且包括合成气各组分之间的均相反应。按是否使用气化剂分类，生物质的气化可分为无气化剂和使用气化剂两大类，其中无气化剂的气化反应称为热解气化。根据所通入的气化剂的种类，生物质气化可分为空气气化、水蒸气气化、O_2 气化和复合式气化等。

(1) 热解气化

热解气化是指生物质在绝氧环境下发生气化的过程。在无氧条件下，生物质原料气化为焦炭、可燃性气体、焦油等。根据热解温度的差异，生物质热解气化可分为 500～700℃的低温热解、700～1000℃的中温热解以及 1000～1200℃的高温热解。其中，低温热解的产物主要是焦油，中温热解的主要产物是中值热气，高温热解主要得到的是冶金焦。根据升温速率的不同，生物质热解又可分为升温速率为 1℃/s 的慢速热解、5～100℃/s 的中速热解、500～1000℃/s 的快速热解以及大于 1000℃/s 的闪速热解。

干馏气化是热解气化的一种，是指在无氧或者有限氧的环境下，生物质进行热解气化的过程。物料进入气化炉中，首先通过干燥段（150℃），在干燥段主要进行的是生物质的脱水；然后通过干馏段（200～650℃），生物质在干馏段产生烷烃类气体；最后经过碳化段（800℃），物料在碳化段主要产生的是碳化物。将干馏气化引入生活垃圾的处理中，在低氧环境下，热解干馏气化可以遏制多环碳氢化合物和醛类的产生，降低 SO_2 和 HCl 气体的排放。与此同时，干馏气化的气体产物在经过净化处理之后可以作为燃料进一步使用。

(2) 空气气化

空气气化是指在一定温度下，生物质与空气中的有效成分发生反应，生成混合气体和固体炭的过程。空气气化的优点不仅在于空气资源储量丰富，几乎是取之不尽、用之不竭，而且气化气中还原性气体可以与空气组分中的氧气发生不完全氧化反应，释放出大量的热量，支持气化反应的进行；空气气化的不足在于空气主要是由 O_2(21%) 和 N_2(79%) 构成，大量 N_2 进入气化炉中，稀释可燃气体浓度，降低了气化气的热值，所以通过空气气化产生的可燃气体热值较低，一般用作化工合成气的原料。

(3) 水蒸气气化

水蒸气气化是指以高温水蒸气为气化剂，在较高温度下与生物质发生反应，生成混合气和固体炭的过程。与空气气化的不同之处在于：整个水蒸气气化反应需要提供外加热源。生物质水蒸气气化的化学反应主要包括高温水蒸气与碳的反应、高温水蒸气与 CO 的反应等。水蒸气气化主要的可燃气组分包括 H_2(20%～26%)、CO(28%～42%) 和甲烷（10%～20%）。由于 H_2 和烷烃的含量较高，生成气的热值较高，可以达到 11～19MJ/m^3。气化产物热值较高，既可用作燃料，也可用作化工合成气的原料。相较于 O_2 气化，水蒸气气化的气体产物呈现出较高的热值和能量效率。

(4) O_2 气化

O_2 气化是指在较高温度（约 1000℃）下，生物质原料与 O_2 发生反应，生成混合气体和固体炭的过程。O_2 气化生成的产物主要包括 CO、H_2 和甲烷等，热值达到 12～15MJ/

m^3，属于中等热值气体，既可用作燃料，同时也可用作化工合成气的原料。与空气气化相比，同等摩尔比之下，气化的反应温度更高，反应速度更快，所需的反应器体积更小，产物的应用范围更广，热效率更高。提高 O_2 气化的摩尔比，不仅可以降低焦油产量，提高反应温度，而且还能增大气体产率，提高炭转化率；但是随着摩尔比的增大，产出气体的热值会逐渐降低。

（5）复合式气化

复合式气化是指同时或交替使用两种及两种以上气化剂对生物质进行气化的过程，如空气-水蒸气气化、O_2-水蒸气气化、空气-H_2 气化。复合式气化剂比单一气化剂的气化效果要好。以 O_2-水蒸气气化剂为例，该气化剂应用于自供热体系中，不需要外在的热源。此外，O_2 气源可以通过高温水蒸气裂解获得，这样可以减少外部 O_2 的消耗，生成更多的 H_2 和碳氢化合物。

（6）等离子体气化

等离子体气化是采用等离子体火炬或电弧将原料加热至高温但不燃烧的状态，使大分子的有机物分解成小分子可燃气体的工艺过程，如 H_2、CO、CH_4、CO_2 等。等离子体气化技术可加热至 3000～5000℃的高温，最高甚至能达到 10000℃以上，可用于对生物质、生活垃圾、工业或医疗行业进行危险废物等固体废弃物进行处理。

相对于常规的生物质热解气化技术，等离子体气化因其较高的反应温度，反应物料更具活性，原料分解更加彻底，从而得到高热值、高洁净度的气化产物，即 H_2、CO 等可燃成分含量高，CO_2 和焦油含量低。等离子体气化技术具有较强的原料适应性，可处理高湿度、高惰性的原料，比如生活垃圾、废旧轮胎、城市污泥等；对原料尺寸、结构几乎没有要求，极少需要预处理；系统运行安全可靠，环保优势明显，温室气体排放量减少，而且不会产生二噁英。但是等离子体技术因为反应温度高的问题，对反应器材质、使用寿命的要求十分苛刻，而且用电成本投资较大。此外，反应动力学、反应器的设计等诸多难题尚需解决。

（7）超临界水气化

超临界水气化是指利用超临界水可溶解多数有机物和气体，而且密度高、黏性低、运输能力强的特性，将生物质高效气化，制备可燃气的气化技术。超临界水指处于临界压力和临界温度（压力为 22.12MPa，温度为 374.12℃）以上的水，是一种具有强扩散和传输能力的均质非极性溶剂。超临界水可应用于轻质原油催化裂化、废旧轮胎制油、废旧塑料降解、生物质气化及液化等多种原料的转化利用中，其中生物质气化的主要工艺过程包含高温分解、异构化、脱水、裂化、浓缩、水解、蒸汽重整、甲烷化、水气转化等反应过程，生成以 H_2、CH_4 为主的可燃性气体。

超临界水气化技术因其能将原料及氧气形成均相系统，具有非常高的处理效率；对无机成分溶解度低，减少了后续分离成本；而且对环境友好，几乎没有 NO_x、SO_2 和二噁英等有害物质的排放，避免了二次污染。但是超临界反应需要高温、高压的反应条件，导致系统能耗较高；反应中存在高浓度的溶解氧，极易腐蚀设备表面，对设备材质要求苛刻；无机盐类的沉积易堵塞管道，存在安全隐患。目前生物质超临界水转化技术还处于实验室研究阶段，技术本身还存在提升空间，值得深入研究。

第四节　生物质气化的影响因素

气化反应是复杂的热化学过程，受很多因素的影响，例如生物质原料性质和气化参数等因素。

(1) 生物质原料性质

生物质种类非常广泛，不同生物质中各种有机组分和无机组分等差异很大，对气化技术、合成气品质以及合成气后续应用等有很大影响。

(2) 气化参数

① 气化温度　温度对化学反应速率和化学平衡移动有较大影响，生物质气化包含了多个重叠、复杂的化学反应，有吸热反应，也有放热反应，而且多为可逆反应，温度过高可能有利于化学反应速率，有利于焦油裂解和转换，但不利于部分化学平衡移动，从而影响气化过程和合成气品质。

② 气化剂　生物质气化需要在气化剂存在下进行，主要有空气、氧气、蒸汽和 CO_2 及它们的混合物等，不同气化剂对气化技术及合成气品质等有很大影响。通常 O_2 作为气化剂时，合成气中 H_2 和 CO 含量比较高，气体热值较高，焦油含量较低，但 O_2 作为气化剂时气化成本较高。空气作为气化剂时，气体中合成 H_2 和 CO 含量较低，气体热值低。水蒸汽和 CO_2 作为气化剂时，气体热值介于两者之间。

③ 当量比　当量比是气化炉设计和运行过程中非常重要的参数，定义为气化过程中实际使用空气量和化学计量的比值。当量比通常小于 1.0。当量比较高时，燃料燃烧更充分，合成气中 H_2 和 CO 含量偏低，CO_2 含量高，有利于焦油裂解，气体燃烧值偏低；而当量比较低时，生物质气化不充分，焦油含量偏高，因此不同当量比对生物质气化技术很重要，通常当量比在 0.2～0.4。

④ 水蒸气-燃料比　水蒸气-燃料比定义为水蒸气进入速率和生物质燃料输入速率比值，这是水蒸气气化中一个非常重要的参数。反应器内水蒸气分压增加有利于水气转换反应，有利于水气和焦油转换反应，促进碳转换，增加合成气 H_2 含量，CO_2 含量也会增加，但 CO 含量降低，过高比值会降低反应温度。通常，适宜的比值在 0.3～1.0 之间。

⑤ 催化剂　适宜的催化剂对化学反应速率有很大的影响。近年来，研究发现，使用催化剂可以有效促进气化反应的进行和焦油的转化等。比较常用的催化剂有碱金属（Na 和 K）、白云石、石灰岩、Ni 基化合物、Zn 基化合物和一些如铂、钌等金属化合物，在使用中可以添加催化剂，也可以在一些反应炉中以床体组成材料形式存在。

⑥ 其他　生物质燃料湿度、燃料粒子大小和密度、反应压力和生物质燃料与气体在气化炉中的存在时间等对生物质气化也有一定影响。如生物质燃料湿度低，有利于增加能量转换，有利于改善合成气品质，但过低的燃料湿度需要增加气化前处理成本。

第五节　生物质气化装置

(1) 两段式气化装置

传统的气化工艺，无论是固定床还是流化床，所产燃气中都含有一定量的焦油。焦油难以净化和处理，会导致用气设备和管道堵塞等问题，因此在很大程度上限制了生物质气化技术的应用，焦油处理问题也成为行业公认的难题。基于固定床气化技术，针对燃气中的焦油问题，可采用两段式气化的方式，将生物质低温热解和高温气化两个过程分开进行。热解过程中产生的大分子焦油将在高温区充分裂解为低分子气体，从而减少燃气中携带的焦油，提高后续设备运行的稳定可靠性。

两段式气化工艺的基本流程为：生物质原料首先进入热解反应器，由外热源加热从而发生热解反应；热解后的产物（包括热解气相产物和固相残炭）进入气化器，在燃烧区与空气发生强烈的氧化反应，从而使重烃类物质发生再次分解，裂解后的气体通过下部炙热的炭层，完成气化过程，产生的高温燃气经过简单净化冷却后即可满足用气要求。

典型的两段式气化技术是由丹麦技术大学研发的（图 4-2），采用螺旋滚筒裂解器与下吸式固定床相结合，生物质首先在螺旋反应器内发生热解反应，热解产物进入固定床反应器内，并通入空气作为气化剂，在固定床内实现部分燃气的燃烧以产生高温，从而使焦油发生深度的裂解转化，最终获取的焦油浓度甚至可以降低到 5mg/m^3 的水平。

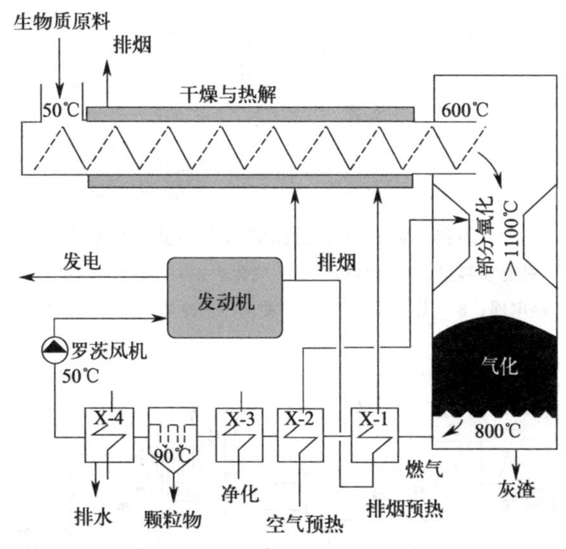

图 4-2　丹麦技术大学研发的两段式气化技术流程

类似的两段式气化装置在国内也进行了验证。中国科学院广州能源研究所在两段式固定床气化装置上进行了试验，如图 4-3 所示，验证了当量比、富氧浓度和水蒸气对燃气组分和焦油产率的影响。

上海交通大学研制的 60kW 两段式气化装置，通过调整空气当量比，燃气品质和焦油产量均得到有效的改善。山东省科学院能源研究所对此进行了相关研究，利用两步法气化技术建成了发电功率 200kW 的示范装置，如图 4-4 所示，其基本原理同样是螺旋热解器热解与下吸式固定床相配合。

与传统固定床气化工艺相比，两段式气化装置将热解和气化两个阶段分离，燃烧过程也与热解过程分开，可以更加方便有效地组织热解产物的燃烧，形成均匀稳定的高温环境，保证重质烃类化合物的深度裂解，降低焦油产量，还可避免反应不均造成的局部结焦现象。焦油的裂解，一方面是靠部分燃气燃烧所释放的高温；另一方面是焦油通过半焦气化层发生的部分催化分解反应来降低焦油产量，因此在提高燃气品质上具有明显效果。

质地疏松、外形杂乱的生物质经过热解过程以后，形成的热解炭产物的堆积密度和流动性比原始生物质原料有较大改善，热解产物可以较容易地通过燃烧区而进入还原反应区，形成稳定的燃烧、还原环境，克服了传统固定床因架桥、空洞而产生的反应不稳定现象。干燥热解过程中的原料可以方便地采用机械推进式，大大提高了原料的适应性，也避免了生物质

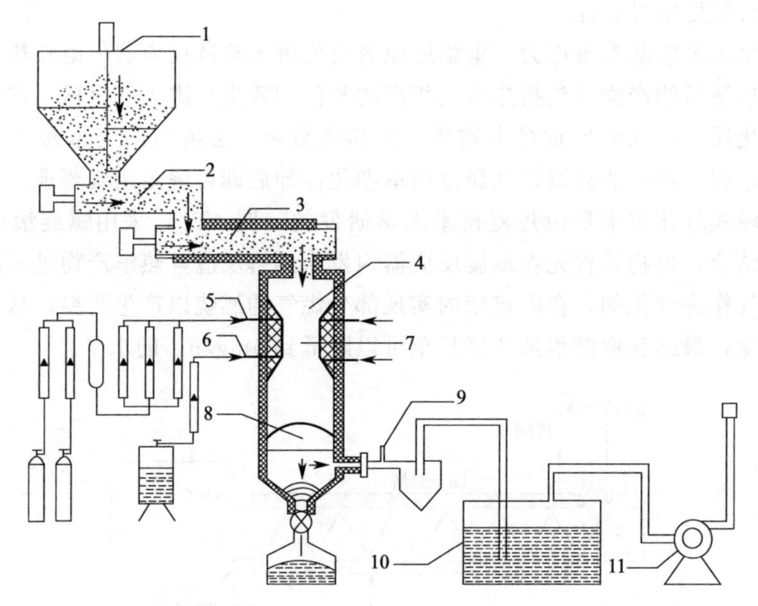

图 4-3　中国科学院广州能源研究所两段式固定床气化装置

1—储料仓；2—螺旋加料器；3—裂解炉；4—气化炉；5—富氧空气进口；6—蒸汽入口；
7—热电偶；8—炭层；9—采样位置；10—冷却水箱；11—排气扇

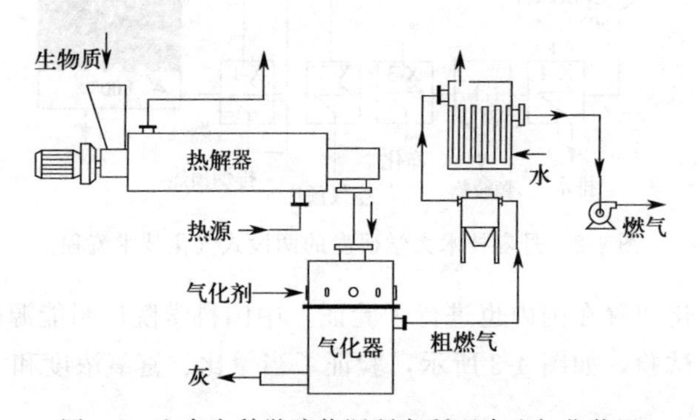

图 4-4　山东省科学院能源研究所两步法气化装置

原料下料不畅的现象。

运行实践表明，两段式气化装置由于热解气化分步进行，反应过程均匀稳定，通过强化裂解后产生的燃气，焦油含量明显降低，经过旋风除尘和布袋过滤后，燃气中焦油等杂质总含量低于 $20mg/m^3$，符合常规用气要求。但是，螺旋式或者固定床的热解器，由于受结构的限制，其放大应用较为困难，因此两段式的气化装置用于生物质的大规模利用时将受到一定的限制。

(2) 双流化床气化装置

双流化床气化装置由气化炉和半焦燃烧炉组成，并通过循环灰进行耦合。图 4-5 为双流化床气化过程的基本原理。

双流化床气化炉包括两个互相联通的流化床、一个吸热的气化室和一个放热的燃烧室，将生物质的干燥、热解、气化与燃烧过程进行解耦。在气化过程中，生物质加入气化炉中，吸收高温循环灰的热量并进行热分解和气化反应，生成的燃气送入燃气净化系统，同时热解

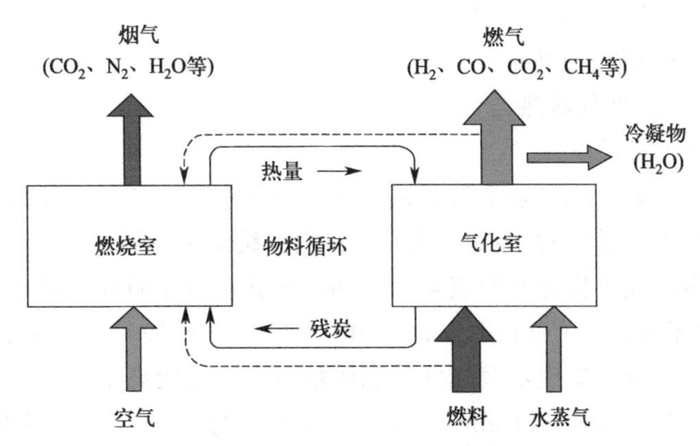

图 4-5　双流化床气化过程的基本原理

反应中未转化为气态的半焦及循环灰被输送到燃烧炉，半焦在其中发生氧化燃烧反应，释放出热量使床层温度升高并重新加热循环灰，而高温循环灰将被循环返回到气化炉，作为气化反应所需要的热源。

因此，循环灰是双流化床的热载体，将燃烧炉内产生的热量供给气化炉，实现装置的自热平衡。同时，热解气化所得燃气与燃烧所产生的烟气是分离的，避免了烟气对气化反应生成燃气的影响，从而提高了燃气品质。双流化床气化装置的碳转化率也较高，其运行方式与循环流化床类似，不同的是气化炉反应器的流化介质是被另外设置的燃烧炉所加热的。

系统的能量平衡是双流化床系统稳定运行的关键，其能量平衡分析如图 4-6 所示。

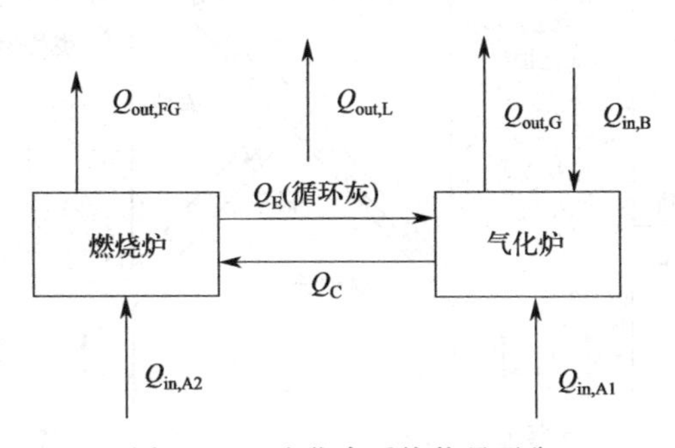

图 4-6　双流化床系统能量平衡

对于整个系统，存在以下平衡关系：

$$Q_{in,B}+Q_{in,A1}+Q_{in,A2}=Q_{out,G}+Q_{out,FG}+Q_{out,L}$$

式中　$Q_{in,B}$——生物质的化学能；

$Q_{in,A1}$——气化炉给风的化学能；

$Q_{in,A2}$——燃烧炉给风的化学能；

$Q_{out,G}$——气化炉生成燃气的热量（包括化学能和显热）；

$Q_{out,FG}$——燃烧炉生成烟气的热量（包括化学能和显热）；

$Q_{out,L}$——系统能量损失（包括热损失和不完全燃烧损失）。

半焦燃烧是放热反应，而气化炉中热分解是吸热反应，因此必须遵守：

$$Q_C > Q_G + Q_{out,G2} + Q_{out,FG2} + Q_{out,L}$$

式中　Q_G——热解反应所需热量；

Q_C——固定碳燃烧释放热量；

$Q_{out,G2}$——燃气显热；

$Q_{out,FG2}$——烟气显热；

$Q_{out,L}$——能量损失。

利用烟气和燃气的显热来预热空气以减少气体的热损失，通过外壁和管路保温来降低热量耗散。在理想条件下，满足 $Q_C > Q_G$ 就可以实现系统能量平衡。

目前世界上许多研究机构都对双流化床生物质气化进行了研究，并形成了不同的炉型结构。Battelle 型流化床是美国 Columbus Battelle 研究中心于 1992 年开发的，它采用两个相互连接的外循环流化床分别实现水蒸气气化和燃烧过程，采用高温砂子作为循环热载体。美国国家可再生能源实验室应用 Battelle 双流化床技术进行了煤-生物质流化床高压联合气化的研究，并在 Berlinton 电站建立了气化发电技术示范工厂且运行良好，其气化装置如图 4-7 所示。

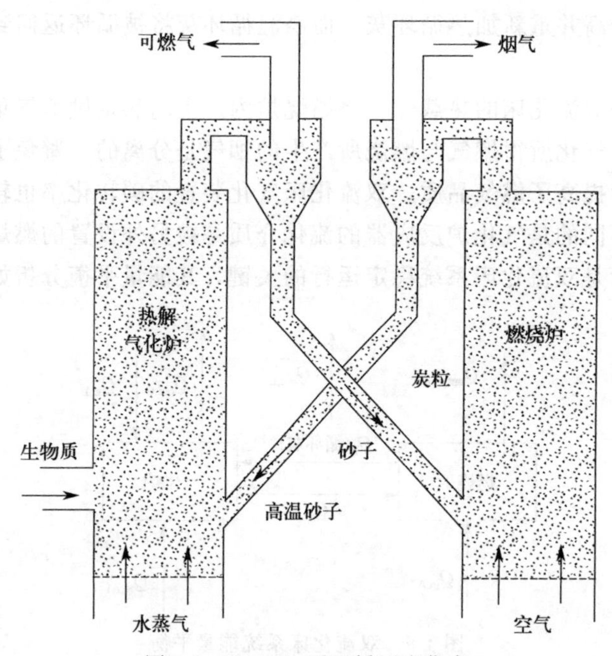

图 4-7 Battelle 型双循环流化床

奥地利维也纳工业大学 Hofbauer 等对双流化床生物质气化技术进行了一系列理论和实验研究，并于 2002 年在澳大利亚建立了工业化实验装置，如图 4-8 所示。它采用鼓泡流化床作为气化反应器，而采用高速床作为燃烧器，燃烧产生的高温循环灰从上部返回气化器。研究者还研究了利用水蒸气气化产合成气的研究。

日本 Takahiro Murakami 等设计的双流化床气化炉装置与维也纳工业大学提出的反应装置类似，主要不同之处在于燃烧室出来的高温床料经分离后直接送入气化室底部。Xu 等研究者提出了两段式双流化床气化装置（T-DFBG），如图 4-9 所示。该装置主要采用两段式气化器代替鼓泡流化床气化装置，其下段反应情形类似鼓泡流化床，而上段的主要作用是浓缩下段产生的产品气并抑制可能发生的燃料颗粒扬析，以提高气化效率并降低产品气中焦油含量。

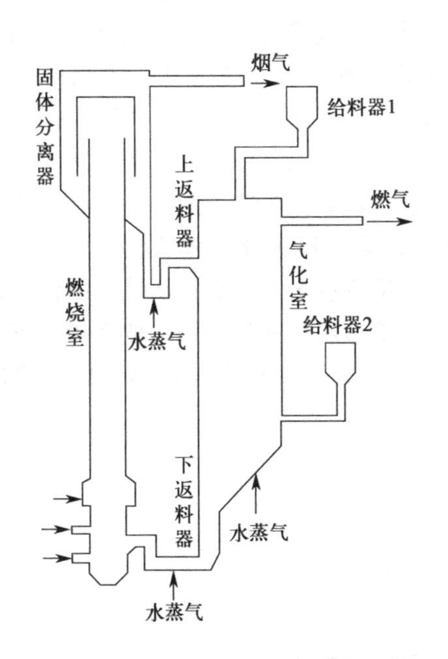

图 4-8　维也纳工业大学双流化床气化装置

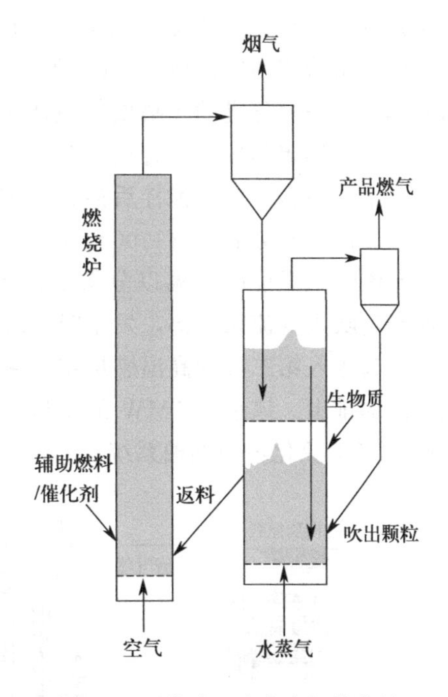

图 4-9　两段式双流化床气化装置

双流化床气化系统的优点是产品气纯度、氢气含量以及热值（标准状态，通常为 12～15MJ/m^3）都较高，但从系统构成来看，双流化床结构比鼓泡流化床和循环流化床复杂得多，这也导致系统启动和操作困难。由于需要实现燃烧炉向气化炉传递热量，两个反应装置之间必须要有一定的稳定的循环量。通常燃烧炉温度在 850～1100℃之间，燃烧生物质类原料时如果操作不当易发生结焦。另外，双流化床系统的技术要求和研究成本都较高，技术的成熟性和经济可行性都是需要在发展中进一步解决的问题。

(3) 气流床气化装置

气流床（或称携带床气化炉），是流化床气化炉的一种特例，它不使用惰性床料作为流化介质，而是由气化剂直接吹动生物质一起流动、反应，属于气力输送的一种形式。该类型气化炉要求原料被粉碎成细小颗粒，以便气流携带以及快速反应。气流床气化中，气化剂（氧气和水蒸气）携带着细小的燃料颗粒，通过特殊设计的喷嘴喷入炉膛。由于燃料颗粒很小，能分散悬浮于高速气流中，形成良好的扩散条件，床层的压降大大减小。在高温辐射作用下，细颗粒燃料与氧气接触，瞬间着火，迅速燃烧，产生大量热量，同时固体颗粒快速完成热解、气化，转化成以含 CO 和 H_2 为主的合成气及熔渣。由于反应非常迅速，气化炉运行温度可高达 1100～1300℃，产出气体中焦油成分及冷凝物含量很低。气流床气化具有并流运动的特点，气化过程向着反应物浓度降低的方向进行，由于反应过程温度较高，反应基本受扩散过程控制，同时由于燃料颗粒较小，因此碳转化率很高，甚至可达 100%。通常情况下，气流床气化过程所需热量由燃料自身的燃烧反应提供，属于自热式反应系统。气流床气化反应温度高，因此多采用液态排渣的方式，而且气流床气化通常在加压（通常 20～50 bar，1bar=10^5 Pa，下同）和纯氧条件下运行。

目前气流床在煤气化方面已经有多项工程应用案例，但在生物质气化方面仍处于起步阶段。国外主要有德国科林公司（CHOREN）开发的 CARBO-V 系统（图 4-10）和荷兰 BTG

的实验系统，另外荷兰能源研究中心（ECN）以及意大利比萨大学等研究机构也进行了生物质气流床实验室与中试研究。CARBO-V 系统生物质气化技术现在已被德国林德（Linde）公司收购，是一套先进的生物质气流床气化装置，气化效率达到 80%以上，产出的燃气几乎不含焦油，排出的熔渣适合用作建筑材料。气化过程分为三段：第一段为预处理（400～500℃），木质原料经旋转搅拌后混合均匀，干燥到 15%含水率以下，然后气化成挥发分和半焦；第二段为部分氧化（1200～1500℃），挥发分进入反应室顶部，在氧气中部分燃烧获得高于灰渣熔融温度的高温以分解焦油等大分子物质；第三段为化学淬火（700～900℃），半焦研碎后吹入气流床中部，发生吸热反应生成燃气，反应剩余的半焦被从燃气中移除，和挥发分一起送入第二段的高温燃烧室，灰分在燃烧室内壁形成熔融保护层，玻璃状的灰渣从燃烧室底部排出。该系统 1MW 的中试装置已能生产费托合成液体燃料产品，后期建设了 50MW 的半工业化生物燃油系统。

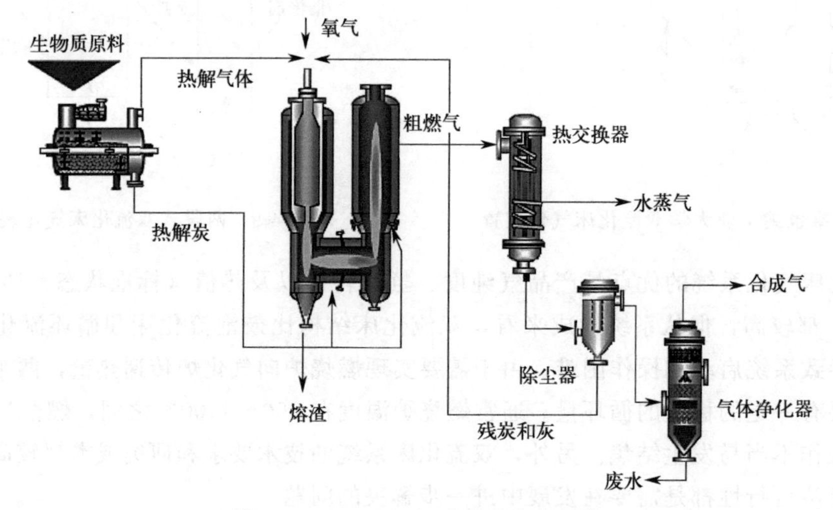

图 4-10 CARBO-V 生物质气化系统

国内生物质气流床气化技术还处于实验室阶段，主要报道的有浙江大学、大连理工大学、华东理工大学等设计的下行床式反应器，进行了生物质气流床气化的初步实验和理论分析、过程模拟，研究了温度、生物质颗粒等因素对气化的影响，同时对灰熔融特性、原料的预处理及加料装置进行设计和分析。

气流床气化作为一种高温气化技术，气化效率和碳转化率都非常高，代表了生物质气化的发展方向，但目前技术难度仍然很大。气流床所产高温燃气的显热必须进行高效回收以维持气化炉的高温，需要庞大的余热回收装置。另外，气化炉的材质、加工质量要求也高于普通的气化方式。

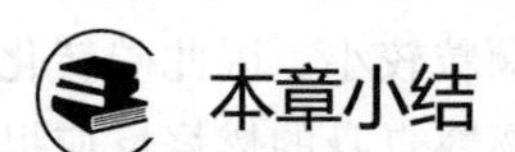

本章小结

① 生物质气化的基本原理是在满足温度、压力等反应条件下，生物质中的碳水化合物经过热化学反应转化为含有 CO、H_2、CH_4、C_mH_n 等烷烃类碳氢化合物的可燃气，转换效率可达 70%～90%。气化过程主要分为干燥、热解、氧化和还原四个阶段，涉及

多种化学反应。这项技术在环境保护、生态和可持续发展方面具有重要意义。

② 气化技术具有材料来源广泛、可规模化生产处理、能量转换效率高、废物利用、减少污染以及实现碳循环等特点。

③ 生物质气化由一系列复杂的化学反应组成，其中不仅包括生物质碳与合成气的非均相反应，而且包括合成气各组分之间的均相反应。主要分为热解气化、空气气化、水蒸气气化、O_2 气化、复合式气化、等离子体气化和超临界水气化等。

④ 生物质气化的影响因素包括生物质原料性质和气化参数。生物质种类广泛，其化学组成对气化技术和合成气品质有很大影响。气化参数如温度、气化剂、当量比、水蒸气-燃料比和催化剂也至关重要。适宜的参数可以促进反应进行和焦油转化，提高合成气品质。

⑤ 生物质气化装置主要有两段式气化装置、双流化床气化装置和气流床气化装置。

思考题

1. 简述生物质气化的原理。
2. 生物质气化技术的特点有哪些？
3. 简述生物质气化的工艺过程。
4. 简述生物质气化的影响因素。
5. 生物质气化设备有哪些？
6. 举例说明生物质气化设备的特点。

第五章 生物质热解技术

第一节 生物质热解技术的原理及特点

生物质热解是指生物质在隔绝氧气的条件下受热分解成固相、气相及液相产物的化学过程。根据加热方式的不同，热解通常可以分为常规热解和微波热解，如图 5-1 所示（书后附彩图）。常规热解是指使用电加热器或燃烧器作为热源的热解过程。加热是热解的主要成本和瓶颈，巨大的成本是由低效加热和热损失导致的。微波热解与常规热解加热原理不同的是微波能穿透材料的内部，通过分子与物质的相互作用均匀加热材料的电磁场。较常规热解而言，微波热解提高了热解效率，缩短了反应时间。然而，微波加热在很大程度上取决于材料的介电性能，介电性能较低的材料通常需要与微波吸收剂混合以提高热解效率。

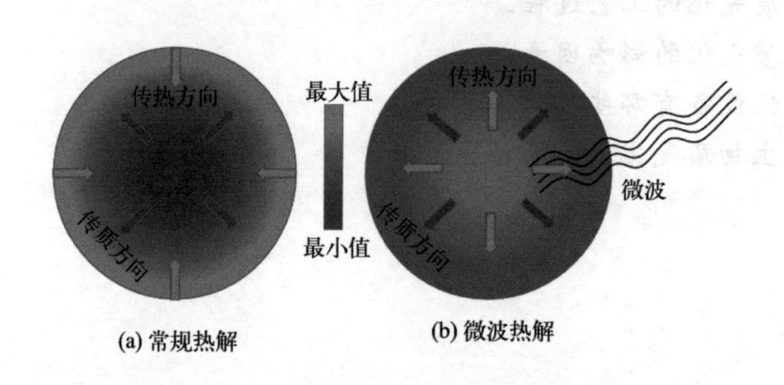

图 5-1 微波热解与常规热解的原理图

热解技术有以下几个明显的优点。

① 生物质热解产物生物气、生物油及生物炭，可以根据不同的需要加以利用，而焚烧只能利用热能。

② 热解可以有效地减少生物质对环境的污染。生物质在无氧条件下热解所产生的 NO_x、SO_x、HCl 等污染物较燃烧更少。

③ 生物质通过热解可以将大部分重金属、硫等有害成分固定在生物炭中。

④ 热解可以处理不适合焚烧的生物质，如有毒有害医疗垃圾等。

生物质热解工艺流程一般可分为原料的干燥和粉碎、热解、产物分离、生物油的冷凝和收集这几个步骤，如图 5-2 所示。

① 原料的干燥和粉碎 原料的干燥主要是为了去除生物质本身的水分，防止热解过程中生物质水分带入生物油，因此物料要求干燥到水分含量低于 10%（质量分数）。此外，原料粒度同样会影响生物质热解过程中的热量传递，因此需要进行粉碎处理。

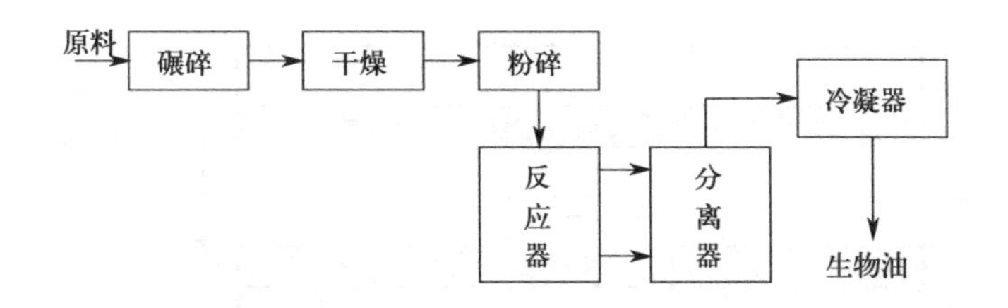

图 5-2　生物质热解工艺流程

② 热解　生物质的热解在反应器中进行，而不同的反应器类型具备不同的热解特点。

③ 焦炭和灰分的分离　热解过程中生成的焦炭和灰分必须快速去除，以减少产物二次裂解的可能性。

④ 生物油的冷凝和收集　生物质热解所得可冷凝气体经过多级冷凝系统冷凝成液态生物油，需将其收集、储存在密闭容器中以防止氧化。

第二节　生物质催化热解

通过加入催化剂从而实现调控生物质热解特性及产物的方法称为生物质催化热解。催化热解通常以两种方式进行：一种是通过混合生物质和催化剂（原位催化热解）；另一种则是在双床反应器中将生物质和催化剂分离（非原位催化热解）。原位法需要较低的资本投资，因为它只需要一个反应器。然而，焦炭形成引起的催化剂失活发生得更快。此外，两个固体表面（生物质和催化剂床）之间接触不良会导致传热不良。非原位法允许单独控制热解器以及升级反应器的操作条件，配置更复杂，导致成本更高。

常用于生物质催化热解的催化剂可分为以下 3 类。

（1）沸石及其负载催化剂

如硅铝酸盐晶体，具有很强的表面酸性和独特的规则孔径结构，广泛且有效地应用于生物质的催化热解。这些催化剂可以促进裂化、脱水、脱氧反应，生成大部分单芳烃组分。沸石催化剂已广泛用于制备富含芳烃的改质生物油。负载催化剂是在无氧、高温条件下，将过渡金属负载到活性炭或沸石等载体材料上。这种催化剂不仅兼具载体和过渡金属的催化性能，还具有抗结焦性等优点。下面介绍负载催化剂 Fe/HZSM-5 的制备方法。

负载催化剂常采用湿法浸渍法制备。首先将 $Fe(NO_3)_3 \cdot 9H_2O$ 溶于去离子水中，然后加入 HZSM-5 作为负载体。将样品置于磁力搅拌器中搅拌 3h，然后在马弗炉中加热活化 3h 后得到 Fe/HZSM-5 的前驱体。最后将前驱体研磨成粉末，放入管式炉（图 5-3）中，并在 900℃ 的温度下加热 3h 后制备完成。

XRD（X 射线衍射）分析结果（图 5-4）显示，负载在 HZSM-5 上的铁主要以 Fe_2O_3 的形式存在，2θ 值约为 33°。BET（比表面积检测方法）分析结果（表 5-1）表明，与 HZSM-5 相比，Fe/HZSM-5 的比表面积、孔体积和平均孔径分别减少了 50.54%、13.76%和 58.19%。这可能是由于在负载过程中，铁离子的增长或铁化合物的形成导致孔隙堵塞。

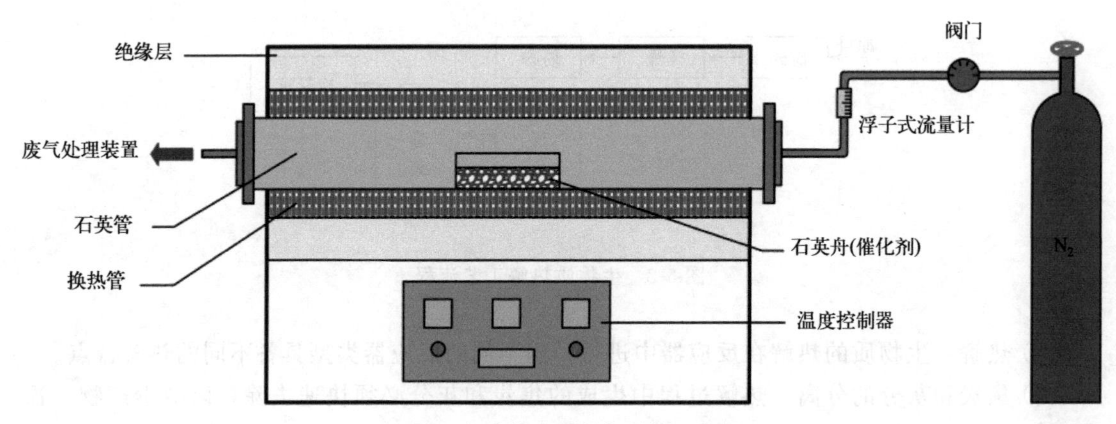

图 5-3 负载催化剂制备系统示意图

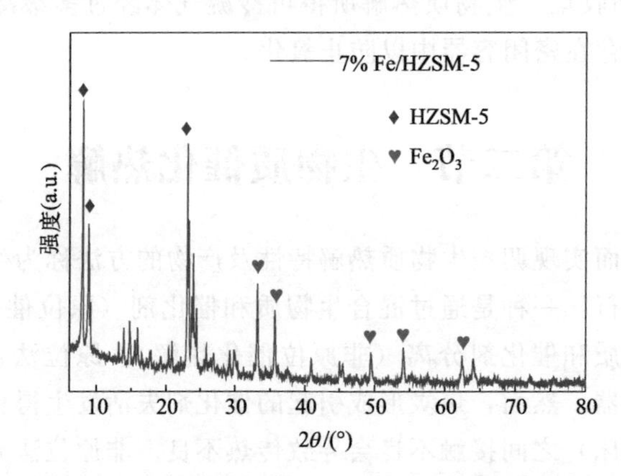

图 5-4 7%(质量分数)Fe/HZSM-5 的 XRD 分析

表 5-1 HZSM-5 和 7%（质量分数）Fe/HZSM-5 的 BET 分析结果

项目	HZSM-5	7%Fe/HZSM-5
比表面积/(m^2/g)	552	273
孔体积/(cm^3/g)	0.189	0.163
平均孔径/nm	2.87	1.20

(2) 金属氧化物

金属氧化物分为碱性金属氧化物（CaO、MgO）、酸性金属氧化物（Al_2O_3、SiO_2）和过渡金属氧化物（ZnO、NiO 和 TiO_2）。金属氧化物因其多孔性、高分散性、良好的吸附性和抗积炭性而具有优异的催化性能，通常将其与沸石催化剂混合，以提高热解生物油中芳烃的选择性。

(3) 碳基催化剂

碳基催化剂是由生物炭或活性炭及其负载金属组成，具有酸性的含氧官能团和良好的孔结构。此外，碳基催化剂价格低廉，还具有良好的抗硫、抗积炭性能，而且富含碱金属组分。

第三节　生物质共热解

共热解涉及两种或两种以上不同的材料，各种自由基之间的相互作用对均质生物油的形成具有促进作用并产生协同效应，这是改善生物燃料性能的关键。共热解是一种简单且有效的方法，它不仅可以减少废物的数量，而且可以产生有价值的产品。由表 5-2 可知，微藻的氮含量非常高，而秸秆和塑料的 N 含量极低，微藻和秸秆、塑料的共热解对降低生物油中的氮含量和随后的氮污染有重要的意义（见图 5-5 和图 5-6，书后附彩图）。

表 5-2　小球藻、水稻秸秆、聚丙烯的元素分析和工业分析结果

成分	元素分析(质量分数)/%[①]				工业分析(质量分数)/%[②]				
	水分	挥发分	灰分	固定碳	*C*	*H*	*O*[③]	*N*	*S*
小球藻	2.36	78.43	8.28	10.92	47.62	6.99	24.80	11.56	0.71
水稻秸秆		74.40	19.22	6.38	42.99	5.18	31.61	0.84	0.16
聚丙烯	0.21	99.7	—	0.09	85.61	14.38	0.01	—	—

① 干燥基。

② 收到基。

③ 差值计算，$O(\%)=100-C-H-N-S-$灰分。

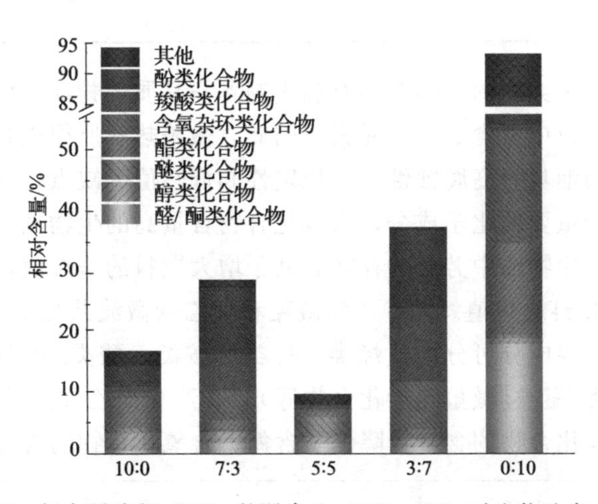

图 5-5　微藻（CV）与水稻秸秆（RS）的混合比（CV∶RS）对生物油中含氧化合物的影响

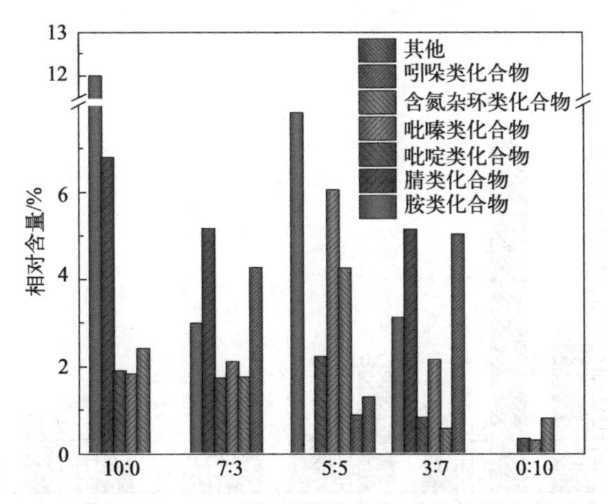

图 5-6　微藻（CV）与水稻秸秆（RS）的混合比（CV∶RS）对生物油中含氮化合物的影响

微藻和其它固体废弃物共热解之间的协同效应对生物油的产量具有积极的影响。微藻和木质纤维素类生物质共热解的产物产率及协同效应见表 5-3 和表 5-4。由表 5-3 和表 5-4 可知，高挥发分的木质纤维素类生物质和微藻共热解有利于提高生物油的产量，减少焦炭的产生。

表 5-3　微藻（CV）与水稻秸秆（RS）的不同混合比（CV∶RS）对共热解产物产率及协同效应的影响

混合比	热解产物产率(质量分数)/%			共热解对产物分布的协同效应		
	生物油	生物炭	生物气	$S_{油}$	$S_{残渣}$	$S_{气体}$
10∶0	15.1	30.0	54.9	—	—	—
7∶3	19.2	30.1	50.7	30.9%	−6.5%	−3.3%
5∶5	17.1	32.5	50.9	19.1%	−5.2%	1.7%
3∶7	14.5	32.1	53.4	4.0%	0.2%	−2.1%
0∶10	13.5	33.8	52.7	—	—	—

表 5-4　微藻（CV）与桑树枝（MB）的不同混合比对共热解产物及协同效应的影响

混合比	生物油(质量分数)/%	生物气(质量分数)/%	生物炭(质量分数)/%
PC	23.55	50.00	26.45
CV/MB=2/1	25.60	48.53	25.87
CV/MB=1/1	31.05	45.72	23.23
CV/MB=1/2	27.55	47.50	24.95
MB	24.10	48.91	26.99

另外，微藻和固体废弃物的共热解还有利于制备高品质生物油。由于微藻的主要成分为蛋白质，而且其元素组成中富含 N、O 元素，因此，微藻热解所得生物油中含氮、含氧化合物含量较高，导致生物油具有高腐蚀性、不稳定性和低热值等缺点。从应用的角度来看，碳氢化合物是生物燃料最重要的化学成分，碳氢化合物含量高的生物油可以直接用作运输燃料添加剂和工业化学品。生物油中芳烃的存在有助于增大燃料的辛烷值，而脂肪烃中烷烃和烯烃的存在有助于增大燃料的热值。图 5-7 为微藻和聚乙烯微波共热解所得生物油成分分布。可以看出，生物油的主要成分可分为：烃类、醇类、胺类、酸类/酯类、酮类、腈类、酚类和其他（氧、氮杂环类/醚类/微量元素化合物等）。微藻和聚乙烯共热解之间的协同效应显著提高了生物油中碳氢化合物的含量，降低了含氮、含氧化合物的含量。

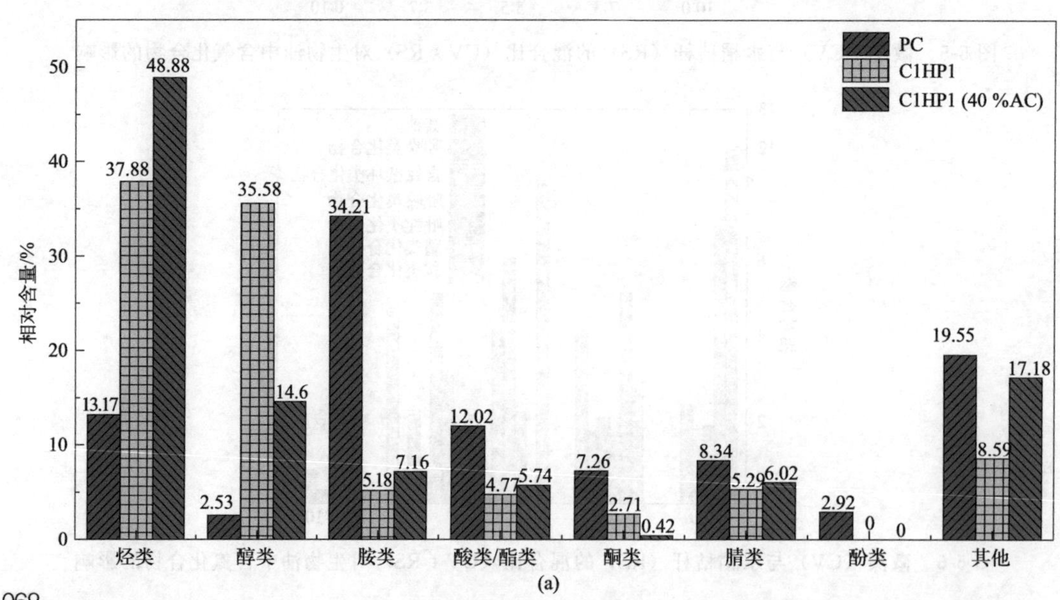

(a)

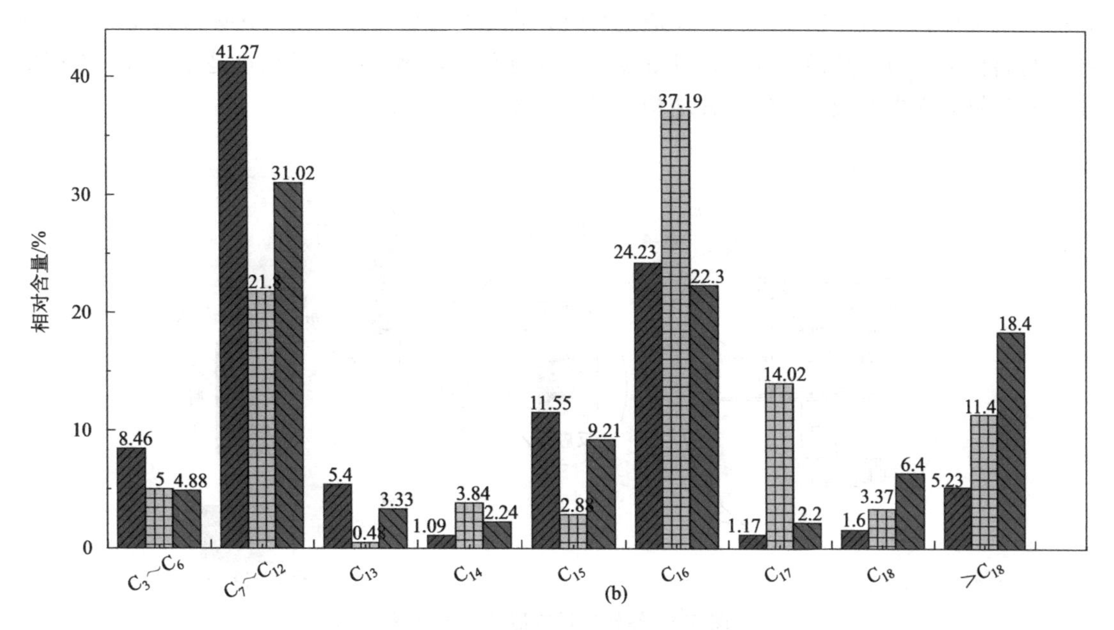

图 5-7　微藻与聚乙烯及其 1∶1 混合物（C1HP1）、混合物 C1HP1 在 40%活性炭（AC）作用下热解制备的生物油

(a) 主要成分分布；(b) 碳数分布

第四节　生物质热解反应器

用于生物质热解研究的设备通常包括以下装置：进料器、反应器、冷凝器和收集器。热解过程通常根据反应器的类型进行分类，因为反应器部分是热解设备中最重要的部件。

① 流化床反应器　在这种反应器中，床料（如石英砂或催化剂）悬浮在惰性气体气氛中。当生物质被输送到反应器内时，原料与床料充分接触，从而触发热解反应。该类型的反应器具有能够连续操作、热传递充分和易于扩大规模的优势。常见的流化床反应器主要有鼓泡流化床反应器、循环流化床反应器、喷动流化床反应器，其中鼓泡流化床反应器的结构如图 5-8 所示。

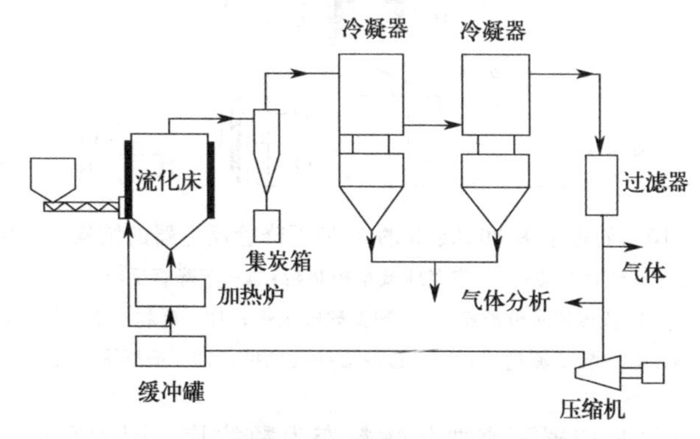

图 5-8　鼓泡流化床反应器结构示意图

② 旋转锥反应器　旋转锥反应器是依靠离心力驱动生物质和热砂子运动，从而发生快

速热裂解反应，一般不需要载气。反应进行时，将物料颗粒与过量的传热砂填入反应器的底部，物料便会在与传热砂一同沿锥壁螺旋上升的过程中热解。但是其缺点是能耗高、不可冷凝气和热解炭损失比较严重等。其结构示意图如图 5-9 所示。

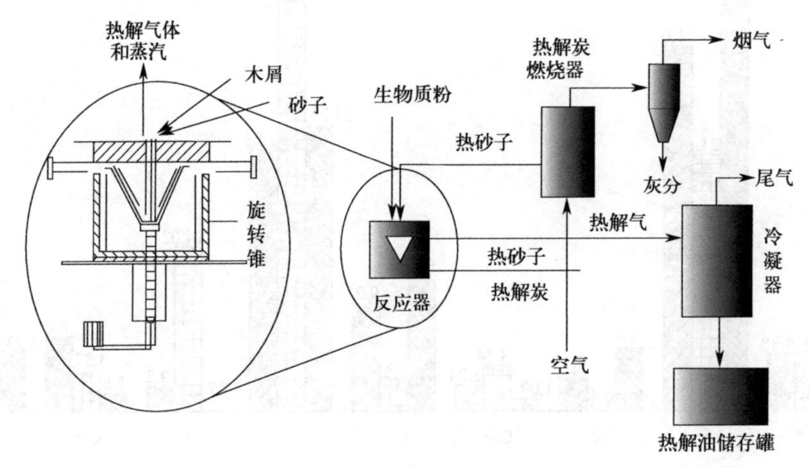

图 5-9　旋转锥反应器结构示意图

③ 下降管反应器　下降管反应器是通过燃烧生物质提供快速热裂解所需要的热量，区别于传统的电加热方式，不需要引入氮气、氩气等惰性气体，陶瓷球可以循环利用，降低了能耗和成本。其结构示意图如图 5-10 所示。

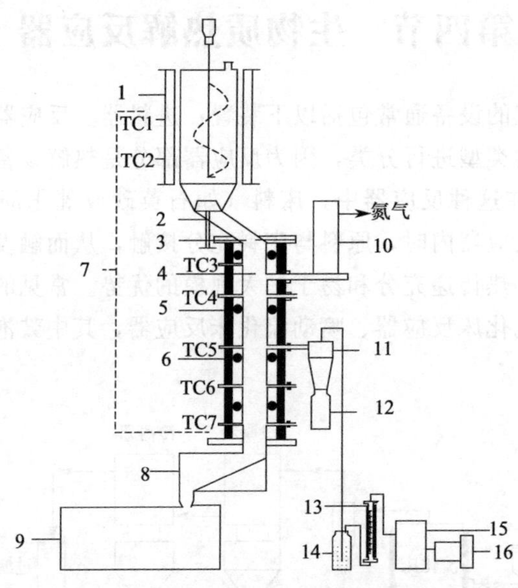

图 5-10　处理量为 300kg/h 的 V 型下降管反应器的结构示意图

1—陶瓷球加热器；2—陶瓷球流量开关；3—陶瓷球流量控制板；4—下降管反应器；5—电热丝；6—保温材料；7—温度测控系统；8—陶瓷球残炭分离箱；9—陶瓷球收集箱；10—生物质喂料器；11—旋风分离器；12—集炭器；13—转子流量计；14—过滤器抽气风机；15—稳压罐；16—抽气风机

④ 烧蚀反应器　烧蚀反应器不需要将物料变为颗粒状，因为它通过高压与来自反应器壁的热量来“熔化”物料，因此该反应器的反应速率不受物料的传热速率和颗粒大小的影响，而受反应器加热速率的影响。而且不需要载气，整体设备尺寸较小，反应系统结构紧

凑。其缺点是结构复杂且不易放大。其结构示意图如图 5-11 所示。

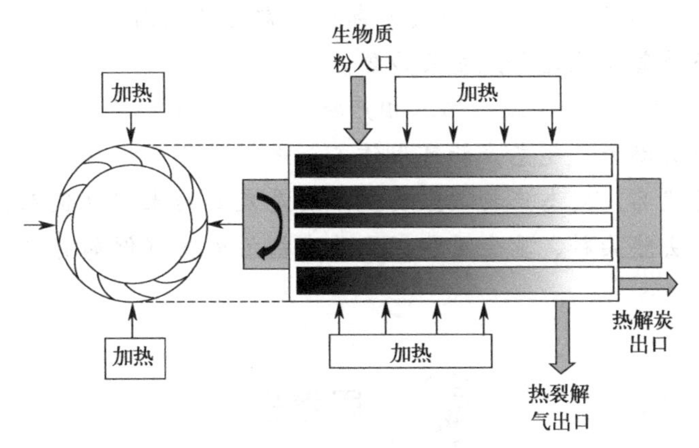

图 5-11　烧蚀反应器结构示意图

第五节　生物质热解产物

生物质快速热解是众多生物质能源转化技术中最具发展前景的转化技术之一。热解可以得到气、液、固三相产物。其中的液态产物——生物油，经过改性及品质提升后具有广阔的应用前景，因此受到各国能源界的高度重视。相比汽油与柴油，生物油有着极为不同的物理化学性质。生物油呈深棕色、酸性，是一种带黏性与刺激性气味的液体。生物油中不仅含有水，还含有数以百计的有机物，如酸、醇、酯、醛、醚、酮、酚、烃、含氮化合物以及各种复杂的多官能团有机物。通过进一步升级、优化，生物油具有作为燃料和化学品利用的巨大潜力。

热解气体主要由 CO、H_2、CH_4 和 C_2H_6 等化合物组成。热解气体富含碳氢化合物，其热值很高，约为 25～40MJ/m^3，相当于天然气。热解气体可用作工业燃料、原油提炼原料、甲醇和氨生产原料以及固体燃料替代品。生物炭则是良好的土壤改良剂、催化剂、固体燃料和肥料，可用于去除染料、重金属和顽固的有机污染物（例如有机氯农药、多环芳烃和卤代烃等）。

本章小结

本章介绍了生物质热解技术的原理及特点、催化热解、共热解、热解反应器及热解产物。具体内容如下：

① 生物质热解是指生物质在隔绝氧气的条件下受热分解成固相、气相及液相产物的化学过程。生物质热解既可以减少对环境的污染，也能实现对热解产物的充分利用。

② 催化热解是在热解过程中加入催化剂从而实现调控生物质热解特性及产物的方法，有原位催化和非原位催化两种形式，可以有效改善热解特性和生物油品质。

③ 共热解是两种或两种以上不同材料一起热解，是利用各种自由基之间的相互作用促进均质生物油的形成，材料之间在热解过程中产生的协同作用也是改善生物燃料品

质的关键。共热解既可以减少废物的数量，又能产生高价值的产物。

④ 热解反应器是热解设备中最重要的部件。常见的热解反应器包括流化床反应器、旋转锥反应器、下降管反应器和烧蚀反应器。

⑤ 通过热解可以获得气、液、固三相产物。其中液态产物（生物油）具有作为燃料和化学品利用的巨大潜力。气态产物可用作工业燃料、原油提炼原料、甲醇和氨生产原料以及固体燃料替代品。固态产物（生物炭）则是良好的土壤改良剂、催化剂、固体燃料和肥料，可用于去除染料、重金属和顽固的有机污染物（例如有机氯农药、多环芳烃和卤代烃等）。

思考题

1. 简述生物质热解的原理。
2. 生物质热解的特点有哪些？
3. 简述生物质热解的工艺流程。
4. 简述生物质催化热解的工艺过程。
5. 简述生物质共热解的工艺过程。
6. 生物质热解反应器有哪些？
7. 生物质热解产物有哪些？各有什么用途？

第六章
生物质液化技术

第一节 生物质液化技术及特点

生物质液化技术是指通过化学方式将生物质转换成液体产品的过程。生物质气化-费托合成、热解和水热液化都属于热化学转化技术，但在操作条件和最终产品的种类上存在差异前两种生物质转化技术要求原料在进入反应单元之前被干燥，并在更高的温度（分别高于800℃和600℃）下进行反应，此时若生物质原料富含水分，则干燥过程中通常会消耗更多的热量。而水热液化技术不需要对生物质进行干燥，并且原料热解得到液体产品。

生物质液化技术主要分为直接液化和间接液化。直接液化是指加入适宜的催化剂，并在一定温度和压力下使生物质发生化学反应直接转化为液体燃料的过程。间接液化指生物质先经气化变成气体，之后再进行合成反应最终得到液体产品的过程。与直接液化相比，间接液化产品纯度较高，几乎不含N、S等杂质，而且工艺过程清洁环保，因而受到广泛关注。在间接液化过程中，生物质首先定向气化得到合成气，主要成分为CO、CH_4、H_2，再经过催化反应更新调整碳氢比例，从而制备出柴油、甲醇、烷烃等新产品，最终达到替代汽油等液体燃料的目的。图6-1是生物质水热液化过程示意图。水热液化过程发生在280～370℃、10～22MPa的亚临界区域，此时水虽保持液态但性质发生明显改变。其介电常数降低，电离产物增加，氢键变弱，非极性有机化合物溶解度提高，将生物质快速分解并形成液态（生物原油和水溶性产物）、气态产物和固态产物。

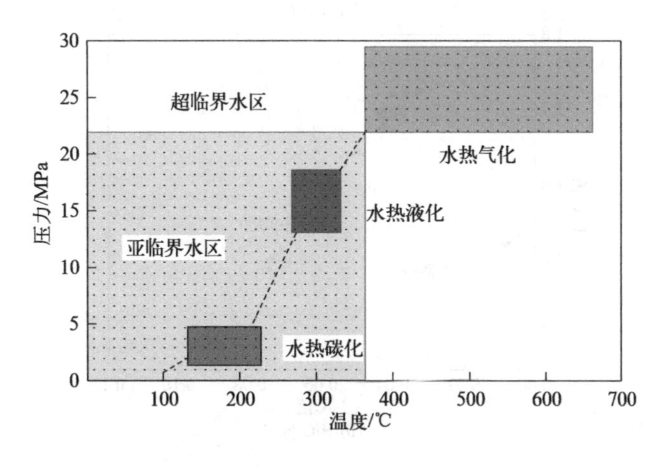

图6-1 生物质水热液化过程

液化技术可将低品位的固体生物质完全转化成高品位的液体燃料或化学品，是生物质能高效利用的主要方式之一。生物质液体产品易储存、运输，为工农业大宗消耗品，不存在产品规模和消费的地域限制问题，不含硫及灰分，既可以精制改性生产清洁替代燃料，弥补石化汽油、柴油和燃料油的不足，也可以作为化工原料生产许多附加值较高的化学品，还可以用于发电，展现了极好的发展前景。以液化方式实现低品位生物质能的深层次利用，减少矿物燃料消耗量和由此给环境带来的严重污染，对提高农村生活水平、改善生态环境、保障国家能源安全等具有重要意义。

图 6-2 为原料通过水热液化反应获得的生物油的 Van Krevelen 相图。结果表明，经过水热液化处理所得到的生物油产物比原料具有更低的 O/C 值。说明水热液化过程能脱除一定的 O 元素，这是由于水热反应促进酯类物质水解得到的脂肪酸和蛋白质水解得到的氨基酸发生了脱羧反应。生物油产物中 N/C 值明显低于原料的 N/C 值，表明水热反应促进了原料蛋白质组分水解产物的脱氨反应。研究表明，氨基酸在水热反应中有两种主要转化途径：一是通过脱羧反应生成 CO_2 与胺类物质；二是通过脱氨反应生成 NH_3 与羧酸类物质。相关研究表明，以动物尸体为原料的水热液化生物油中的 N 元素主要以酰胺类物质和含氮杂环的形式存在，酰胺类物质主要由脂肪酸与氨基酸脱氨产物通过缩合反应生成，含氮杂环则是由氨基酸与还原性糖类产物之间的美拉德反应生成的，O 元素主要以酮类、酯类化合物的形式存在于生物油中。

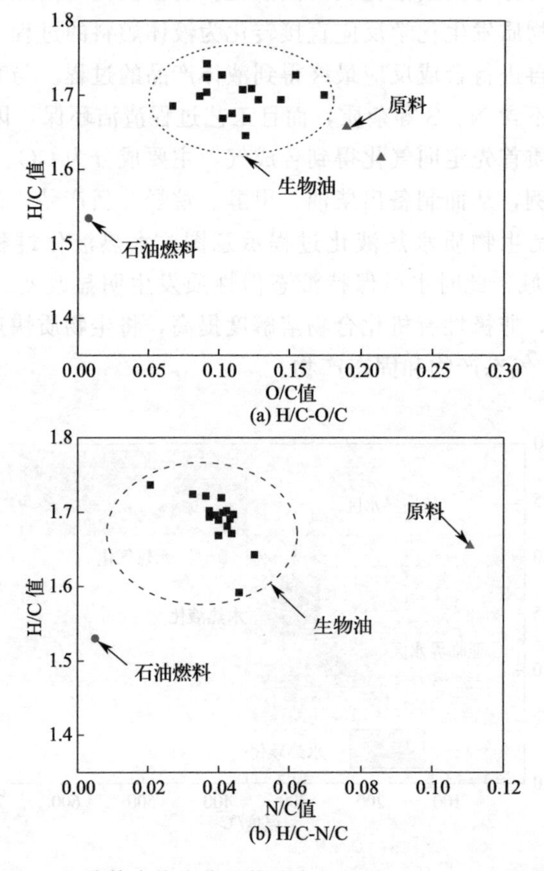

图 6-2 猪体水热液化生物油产物的 Van-Krevelen 相图

第二节　生物质液化技术的影响因素

液化技术是通过调节反应条件来改变溶剂的性质，从而促进反应的发生，特别是在临界点附近，溶剂的性质有较大的变化幅度。以下是影响生物油产量和品质的主要参数。

（1）温度

温度对生物质液化产油率的影响是连续的。如在初始阶段时，温度升高到超过键断裂的活化能时，生物质大分子就开始解聚为小分子化合物，随着温度持续上升，小分子化合物开始发生二次分解反应形成气态产物。因此，较高的反应温度不利于生物油的形成，恰当的温度不仅能提升生物质转化率和生物油产率，而且能降低反应成本，提高经济性。

由图 6-3 可知，反应温度从 190℃ 增加到 290℃，药渣转化率从 73.13% 增加到 90.79%，而产油率呈现先降低后缓慢增加的趋势，气体产量先增加后降低。在较高的温度和压强下，水的电离程度增加，溶液介质中较多的 H^+ 和 OH^- 提高了原料的水解率。同时，高温加剧了 C—C 键和 H—H 键的直接裂解反应，导致转化率增加。但在较高的温度（210℃）下，生物油含量降低（7.13%），主要原因可能是聚合反应大于裂解反应，但随着温度的升高，难分解物质的裂解程度增加，导致产油率缓慢增加。

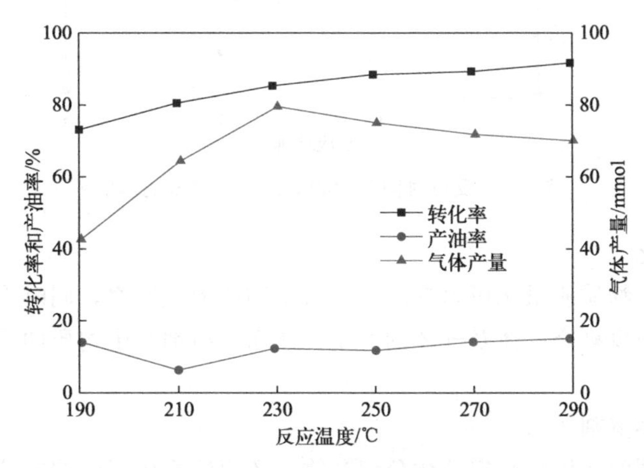

图 6-3　反应温度对药渣液化效率的影响

（2）加热速度

较快的加热速度（如≥50℃/min）有利于生物质裂解并抑制二次反应固体产物焦炭的形成，但由于生物质在高温、高压的水介质中有更好的溶解性和稳定性，故当加热速度达到一定值时，再增大加热速度对产油率的影响较小。

（3）粒径

合适的粒径有利于扩大生物质在高温、高压条件下与反应溶剂或水的接触面积，使水解反应速度更快。

（4）压强

液化技术中需要较高的压强以维持液化反应在单相中进行，避免了溶剂相变所需的巨大焓值；同时，高压提高了溶剂密度，有利于溶剂的提取作用。

（5）停留时间

停留时间是一个重要的工艺参数，它决定了产物的组成和生物质的总转化率。与此同时，停留时间还会影响生物油的组成，不同停留时间获得的产物可能截然不同。

反应时间对药渣液化产生的生物油组成和含量的影响如图 6-4 所示。由图 6-4 可知，随着反应时间的增加，液化产物中呋喃类化合物含量逐渐减少，芳香类和含氮类化合物含量逐渐增加，酮类含量先增加后保持稳定，烷烃类和羧酸类化合物含量无明显变化。结果表明：药渣在液化过程中纤维素首先液化产生呋喃类化合物；然后，木质素液化增加了液体产物中芳香类和羧酸类化合物的含量，提取过程对原料中的半纤维结构破坏严重，导致药渣中半纤维素水解产物酮类随温度和时间的变化不显著。同时，稳定的木质素结构也可能受到一定的破坏，在保温反应开始时（0h），药渣中的木质素已经开始发生热裂解反应，芳香类化合物含量达到 28.44%。

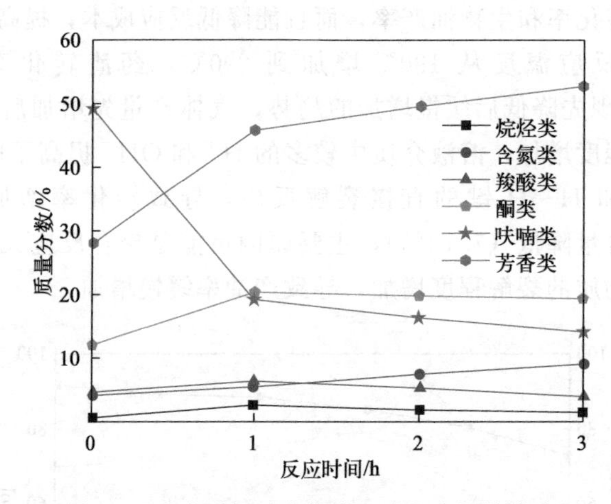

图 6-4　反应时间对生物油组成和含量的影响

（6）液固质量比

较高的溶剂与生物质质量比可以提高溶剂对生物质的提取率，同时提高分解成分的稳定性和溶解性，从而减少剩余固体及气体的产生。然而，溶剂与生物质的质量比过高也可能降低生物质的产油率。

（7）还原气和供氢剂

还原气或供氢剂的作用是稳定液化分解产物。还原性物质可以抑制缩合、环化及自由基的重聚合反应，因此可以减少焦炭的形成。

第三节　生物质液化机理

Appell 等通过对存在一氧化碳和催化剂碳酸钠的反应体系的研究，提出了以下机理。

首先，碳酸钠和水、一氧化碳发生反应，生成甲酸钠和二氧化碳：

$$Na_2CO_3 + 2CO + H_2O \longrightarrow 2HCOONa + CO_2 \tag{6-1}$$

其次，碳水化合物中的相邻羟基脱水后生成烯醇，再异构化为酮类：

$$\mathrm{HO{-}CH{-}HC{-}OH} \longrightarrow \mathrm{CH{=}C{-}OH} \longrightarrow \mathrm{CH_2{-}C{=}O}$$

再次，新生成的羰基和甲酸根反应，被还原成相应的醇：

$$HCOO^- + \ CH_2-C(=O) \longrightarrow CH_2-HC(O^-) + CO_2$$

$$CH_2-HC(O^-) + H_2O \longrightarrow CH_2-HC(OH) + OH^-$$

最后，氢氧根和多余的一氧化碳反应又生成了甲酸根离子：

$$OH^- + CO \longrightarrow HCOO^- \tag{6-2}$$

碱金属盐，如碳酸钠和碳酸钾都可以作为纤维素和半纤维素等大分子有机物水解的催化剂。在催化剂的作用下，有机大分子经脱氢、脱水、脱氧和脱羧反应被降解为小分子化合物。这些小分子具有极高的活性，会立即通过缩聚、环化和聚合等反应再生成新的化合物。Russel 等发现在碱溶液中对纤维素进行热化学转化时有芳香族化合物生成。他们认为这些芳香族化合物是由纤维素降解后生成的中间产物经缩聚和环化反应转化而来的。Yul 在纤维素的溶解试验中发现，当反应温度升至 453K 时，苯氧基化合物和烷氧基化合物得以生成，继续升温会使苯氧基的中间产物分解为羧甲基糠醛和苯酚，进一步的升温（至 575K）将使甲基糠醛重新聚合成大分子的产物。木质素是一种主要由烷基酚组成的具有复杂三维结构的大分子有机物，在液化过程中，固体残留物的产量随着原料中木质素含量的增加而增加。普遍接受的观点认为，木质素在 525K 以上会发生热解并生成大量的苯氧基自由基，这些自由基可以通过缩聚和聚合反应最终形成固体残留物。当反应时间过长时，生物质粗油的产量会降低。这要归因于一部分粗油发生了重聚反应，转变成了固体残留物。因此，Boocock 等认为缩短生物质在反应温度下的停留时间将有助于生物质粗油产量的增加。综上所述，有人提出以下反应机理：首先，生物质大分子中的化学键断裂生成两个自由基 2R·；然后，此自由基从供氢剂 DH_2 或大分子链段 M 中夺得一个 H；最后，大分子链段的自由基 M·聚合，从而终止反应。

$$\text{Biomass(生物质)} \longrightarrow 2R\cdot \tag{6-3}$$

$$R\cdot + DH_2 \longrightarrow RH + DH\cdot \tag{6-4}$$

$$R\cdot + MH \longrightarrow RH + M\cdot \tag{6-5}$$

$$R\cdot + DH\cdot \longrightarrow RDH \tag{6-6}$$

$$M\cdot + M\cdot \longrightarrow M_2 \tag{6-7}$$

（1）纤维素热解机理

纤维素的热稳定性很差，在 235K 的温度下就会开始热解。发生热解时，纤维素的分子结构被破坏，其聚合度也不断降低。纤维素在低温阶段和高温阶段的热解过程不尽相同：在低温阶段，纤维素会逐渐分解和焦化；而在高温阶段，纤维素会先迅速分解为单糖葡萄糖，随后葡萄糖再进一步分解。由于纤维素和葡萄糖的结构式相同，其转化率理论上可以达到 100%。热解过程中发生的反应类型较多，包括解聚、水解、氧化、脱水和脱羧等各种反应。纤维素在高温阶段的热解机理具体如下所示：

$$(C_6H_{10}O_5)_x \longrightarrow xC_6H_{10}O_5 \tag{6-8}$$

$$C_6H_{10}O_5 \longrightarrow H_2O + 2CH_3COCHO \tag{6-9}$$

$$CH_3COCHO + H_2 \longrightarrow CH_3COCH_2OH \tag{6-10}$$

$$CH_3COCH_2OH + H_2 \longrightarrow CH_3CHOHCH_2OH \tag{6-11}$$

$$CH_3CHOHCH_2OH + H_2 \longrightarrow CH_3CHOHCH_3 + H_2O \tag{6-12}$$

（2）木质素热解机理

木质素作为构成生物质的主要物质之一，其在木材中的质量分数通常为15%～30%。木质素是一种具有复杂三维结构的无定型聚合物，其分子式如下：

$$C_9H_{8-x}O_2[H_2][<1.0[OCH_3]_x] \tag{6-13}$$

式(6-13)中，C_9：表示木质素的基本骨架包含9个碳原子。

H_{8-x}：这里的氢原子数量为$8-x$，意味着有x个氢原子被其他基团取代或去除。这种变化反映了木质素的多样性和复杂性。

O_2：表示木质素中含有两个氧原子，这些氧原子通常参与形成聚合物中的醚键或酯键。

$[H_2]$：这一部分表示木质素中某些位置的氢原子，或者可能与氢气的存在相关。它表明在某些反应条件下，可能会有氢的添加或去除。

$[<1.0[OCH_3]_x]$：

$[OCH_3]$：代表甲氧基（$—OCH_3$）基团，这在木质素的结构中是一个重要组成部分，尤其是在一些具体的木质素结构中。

x：表示甲氧基的数量是可变的，$[<1.0[OCH_3]_x]$表明聚合物中的甲氧基基团数量可能小于1。这意味着并非每个木质素单元都包含甲氧基。

研究表明木质素的单体主要为邻甲氧基苯酚丙烷，单体之间以醚键和C—C键相连。除邻甲氧基苯酚丙烷之外，木质素中其他的主要结构单元还包括：邻甲氧基苯酚丙三醇、联二苯丙烷、松脂醇、联苯和联二苯醚等。

热解过程中，木质素中的多种化学键会发生断裂，主要包括甲氧基中的C—O键、苯氧基中的C—O键和丙烷基侧链中的C—C键。这些键的断裂会导致大量自由基的产生，从而引起以下反应。当生成的苯自由基Ar·和其他苯环ArH相遇时，会二聚为联二苯：

$$Ar + ArH \longrightarrow Ar\text{-}Ar + H\cdot \tag{6-14}$$

当两个苯氧自由基ArO·相遇时，将生成二聚物：

$$ArO\cdot + ArO\cdot \longrightarrow Dimer \tag{6-15}$$

截止目前，有关生物质液化反应机理的研究尚未成熟，未来需要进一步深入研究。

第四节　生物质直接液化

直接液化是指以水或其他有机溶剂为介质，将生物质转化为少量气体产品、大量液体产品和少量固体产品的过程。直接液化根据液化时使用的压力不同，也可以分为高压直接液化和低压直接液化。高压直接液化的液体产品一般被用作燃料油，它与热解产生的生物质油一样，也需要改性后才能使用，与热解相比，两者区别在于：在高压直接液化过程中，生物质原料中的大分子在适当的介质中被分解成小分子，同时这些活性高、不稳定的小分子经过重聚再生成生物质油；在热解过程中，生物质原料先被裂解成分子量较小的分子，再在气相中经均相反应转化为油状化合物。这两个转化过程的操作条件的区别如表6-1所示。可以发现，高压直接液化与热解相比，温度相对较低，但压力要求高得多。由于高压直接液化的条件较为苛刻，所需设备的耐压要求高，能量消耗也比较大，因此近年来，低压甚至常压液化的研究越来越多，其特点是液化温度在135～260℃，压力小于2MPa，常压液化的产品一般为高分子产品（如胶黏剂、酚醛塑料、聚氨酯泡沫塑料）的原料，或者为燃油添加剂。

表 6-1 高压直接液化与热解的比较

转化方式	温度/K	压力/MPa	干燥
高压直接液化	525～610	5～20	不需要
热解	659～850	0.1～0.5	需要

(1) 生物质高压直接液化

生物质高压直接液化具有许多优越性，如：原料来源广泛；不需要对原料进行脱水和粉碎等高耗能步骤；操作简单，不需要极高的加热速率和很高的反应温度；产品含氧量较低、热值高等。高压直接液化始于 Fierz 等人于 1925 年开始的木材液化方面的研究工作，液化的操作条件模拟煤液化过程，直接将木粉进行液化，制备出液体燃料。Appell 等在 300～350℃、一氧化碳或氢气压力为 14～24MPa、以碳酸钠为催化剂的条件下，把木屑转化为重油。该法进行木材液化时，液化油的得率为绝干原料木材质量的 42%左右。元素分析表明：液化油中含碳 76.1%、氢 7.3%、氧 16.6%，液化油的相对密度为 1.10，以产品液化油的燃烧热与木材燃烧热比值表示的热效率为 63%左右。这项研究是在匹兹堡研究中心完成的，所以也被命名为 PERC 法。美国能源部与加利福尼亚的劳伦斯伯克利实验室法（LBL 法）是美国能源部与加利福尼亚大学联合研究开发而成，特点是用预水解法代替 PERC 法的木材干燥粉碎及用液化油混合的工序，其余操作相同。此法预水解时，用木材质量 0.17%的硫酸作为催化剂，在 180℃、1.0MPa 压力下预水解 45min，得到的预水解产物中和后，加入原料木材质量 5%的碳酸钠作催化剂，而后在 360℃、28MPa 条件下，用一氧化碳进行高压液化，LBL 法的木材液化油得率为干木材质量的 35%左右，元素分析结果表明，液化油中含碳 81.4%、氢 7.8%、氧 10.6%，液化油的相对密度为 1.10，发热量为 35.9kJ/g。Yokoyama 等也在 300℃的高温和 10MPa 的高压下，以碳酸钠为催化剂，在没有还原性气体氢气和一氧化碳的情况下，将木材液化成燃油。

生物质高压液化是以剧烈的高温液化条件为特征的热化学直接液化，相对于后来发展起来的在有机溶剂中相对温和条件下的木材液化，可以更准确地称之为燃油化。影响高压液化的因素包括原料种类、溶剂、催化剂、反应温度、反应时间、反应压力、液化气氛等。

① 生物质原料种类 生物质高压液化过程中，其主要组成（纤维素、半纤维素和木质素）首先被降解成低聚体，低聚体再经过脱羟、脱羧、脱水或脱氧而形成小分子化合物，小分子化合物再通过缩合、环化、聚合而生成新的化合物。纤维素的主要液化产物是左旋葡萄糖，半纤维素的主要降解产物是乙酸、甲酸、糠醛等，木质素的主要降解产物是芳香族化合物。由于不同生物质原料的三大素的组分含量不一样，三组分的液化产物也不同，因此生物质的种类将影响生物质原油的组成和产率。有研究表明，当采用木材作原料时，液化油的产率较高，酸含量低。Demirbas 对 9 种生物质进行了液化，结果发现，粗油和焦的产量都与生物质原料中木质素的含量有很大关系，其关系如下：

油产率(%,质量分数)=(42.548−0.388×木质素含量)

焦的产率(%,质量分数)=(1.979+0.868×木质素含量)

两式的相关系数分别为 0.8137 和 0.9830。尽管不同原料的粗油产率不一样，但它们的组成和性质基本相同：约含碳 70%、氢 7%，相对密度 1.10，发热量 30kJ/g，黏度大于 105MPa·s。以上关联式表明原料中木质素增加时，生物质油的得率下降，焦的产率升高。另有研究者认为木质素的含量越高，液化效果越好，如 Dietrich 以云杉木、白桦木、甘蔗渣、松树皮、纤维素、木质素为原料进行液化，结果表明：随着原料中木质素的增大，液化率也增大，以木质素为原料液化所得到的液化收率达 64%，而以纤维素和松树皮为原料进行液化所得到的液化油得率只有 20%～30%，这可能是由不同的原料、溶剂及液化条件的影响所致；另外，原料的粒径、形状对液化反应也有影响，原料反应前一般经干燥、切屑、研磨、筛选等处理。

② 溶剂　使用溶剂可以分散生物质原料，抑制生物质组分分解得到的中间产物再缩聚，由于采用供氢溶剂，高压液化生物质原油的 H/C 比高于快速裂解的生物质原油的 H/C 比。常用溶剂有水、苯酚、高沸点的杂环烃、芳香烃混合物、中性含氧有机溶剂（如酯、醚、酮、醇等）。

以水为溶剂的液化过程称为 HTU（Hydrothermal upgrading）过程，如图 6-5 所示。Wei 等研究了生物质在亚临界水和超临界水中的液化，建立了热转化动力学模型，研究了 HTU 过程的相平衡，并得出在 300～350℃、约 18MPa 的条件下，HTU 过程产油的效率为 40%左右。水与有机溶剂相比，成本较低，所以采用水作溶剂进行的生物质高压液化的 HTU 过程具有工业化应用前景。

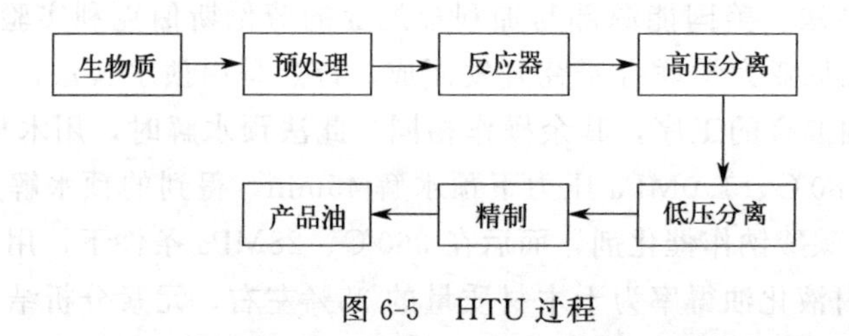

图 6-5　HTU 过程

③ 催化剂　生物质直接液化中催化剂的使用有助于抑制缩聚、重聚等副反应，减少大分子固态残留物的生成量，提高生物质粗油的产率。高压液化常用催化剂主要成分为碱、碱金属的碳酸盐和碳酸氢盐、碱金属的甲酸盐和酸催化剂等，高压液化还需要用到钴钼、镍钼系列加氢催化剂等。Minow 等在 200～350℃水中研究了纤维素的液化行为，并比较了有无催化剂对液化效果的影响。在没有催化剂存在的情况下，液化的主要产物是焦炭，其产率为 57%，而在碳酸钠催化剂存在的情况下，发现生物质油为主要产物，其产率为 43%，在镍催化剂存在的情况下则主要发生了气化反应，得到的气化产物的产率高达 74%，可见催化剂对整个液化过程有很大的影响，催化剂不仅能改善产物的品质，而且能使液化向低温区移动，使反应条件趋于温和。

④ 反应温度和反应时间　反应温度和反应时间是影响生物质液化的主要因素。Minowa 等在无催化剂高压水中考察了纤维素在 200～350℃范围内的反应行为，并对产物分布进行了分析。试验发现，纤维素在 200℃左右开始分解，大约在 249～270℃时反应加快，280℃后纤维素反应基本完全。240℃以前只检测到水可溶物，其含量随着温度的升高而增加，并在 280℃时达到最大，而焦炭和气体产率继续增加，表明在 280℃后随着温度的升高，生物质油发生二次反应生成焦和气体。因此，适当提高温度有利于液化的进行，但温度过高时，生物质油的得率降低，较高的升温速率有利于液体产物的生成。另外，反应时间也是影响生物质液化的主要因素之一。时间太短，反应不完全；时间过长，容易导致中间体的缩合和再聚，使液体产物中重油的产量降低。通常最佳反应时间为 10～45min，此时液体产物的产率较高，固态和气态产物较少。

⑤ 反应压力和液化气氛　液化反应可以在惰性气体或还原性气体中进行。使用还原性

气体有利于生物质的降解，提高液体产物的产率，改善液体产物的性质。通常液化反应压力为10～29MPa，还原性气氛下提高压力，可明显减少焦炭的形成。Lancas用乙醇或水作溶剂时，使用以二氧化硅-三氧化二铝为载体的镍催化剂或以碳为载体的钯催化剂，在氢气初压为7×10^3～8×10^3Pa和240～370℃的条件下，将甘蔗渣液化成燃油和沥青状物。Minowa用水作溶剂，用碳酸钠作催化剂，氮气的初始压力为3×10^3Pa，在200～350℃下液化纤维素、甘蔗、可可壳等多种木质纤维素原料，最终液化残渣率可达5%～16%，得到燃料油的产率为21%～36%。在还原性气氛下液化生产成本较高。

早在21世纪初，欧洲国家就已经开始重视生物质液化方面的研究，2004年4月位于荷兰的一个生物质高压液化制生物质原油示范工厂正式投料试车，处理量为100kg/h，在300～350℃、10～18MPa下操作，过程的热效率为70%～90%，生物质原油的热值可达30～35MJ/kg，产量高达8kg/h。

(2) 生物质低压（常压）直接液化

由于高压液化的操作条件较为剧烈，人们在20世纪80年代开始了对低压（常压）液化的研究。在有机溶剂中，木材可以在比较温和的条件下液化，在没有催化剂作用时，液化温度需高达240～270℃，而用酸作催化剂时，反应温度可降至80～150℃，节约能源的同时也获得了令人满意的结果。1982年，Yu利用木材本身可以热解或液化得到的溶剂（如乙二醇、丁醇、环己醇、苯酚等)，采用浓硫酸、盐酸、乙酸和甲酸作催化剂，初始氮气压力约为1.013×10^2kPa，在密闭高压釜中250℃下反应0.5h，可以得到95%的可溶于丙酮的产物。该产物室温下为黑色柔软的焦油状固体，在140℃下即可熔化，平均分子量大约为300。Yu认为木材液化过程是一个一级反应，反应速率依赖于残余的酸量和来自木材的有机酸的量。他还提出了木材溶解的机理：即乙酰基氧原子的质子化使得其连接的键断裂，形成了正碳离子，并由于溶剂的烷氧基化作用而变得稳定。在剧烈的液化条件下，聚合和缩聚反应会形成丙酮不溶物。

Wang则用57%的碘化氢（HI）水溶液作为液化介质，在常压、125℃左右的条件下只要20s就可以使木材几乎完全液化，但是这个液化过程会消耗初始水溶液中至少50%（质量分数）的HI，脱除木材组分中氧的过程会发生从碘离子（I^-）到碘蒸气（I_2）的氧化过程。于是，他设计了一个新型电化学反应器，在阴极实现液化，同时I_2还原为I；在阳极水电解生成氧气（O_2）和氢离子（H^+），供给阴极铂电极生成HI，从而使I_2的浓度维持在55%（质量分数）。这种电化学过程还可以减少液化产物中碘的含量，但是由于I_2与产物中一些官能团之间有着强烈的物理作用，所以仍有7%的I_2残留在液化产品中。酚（苯酚）和多羟基醇（乙二酸、甘油、乙二醇聚合物或其衍生物）等是低压（常压）液化的常用溶剂，日本在这些方面的研究最为引人注目。

① 木质纤维原料在酚类溶剂中的液化　Lin以苯酚为液化溶剂，在磷酸的催化下，于120～180℃下将桦树木粉液化120min，液化残留为4%～50%，并发现在苯酚液化的过程中，有相当一部分的苯酚参与了液化反应而被消耗，成为液化产物中的结合苯酚，其量为木材原料质量的50%～89%，而其他的苯酚为未参与反应的自由苯酚。

Lin还用凝胶色谱分析的方法，研究了不同液化条件和催化剂种类下液化产物的平均分子量和分子量分布，从而解释了液化材料的成分及结构变化。他发现在苯酚液化中，木材组分发生了分解、酚化和缩聚3种反应，其中后两种反应互为竞争反应，依赖于催化剂类型、液化温度和苯酚/木材的液固比。硫酸与磷酸等弱酸相比可以更快地液化，并产生更多的结合苯酚。酸浓度的增加只会加快初始的反应速率，不会显著影响最终液化产物的成分和结构。液化温度不仅会显著地影响液化速度，而且也会影响酚化反应速率和液化木材的分子量等性质。实际上，当木材组分溶解到液相时，它们就在硫酸的催化作用下分解为分子量非常低的物质，分解后的组分有更多的反应位点，因此也有更多的机会发生酚化或缩聚反应。一方面，这使得液化木材的平均分子量随着反应时间的延长而增加，但增加的趋势越来越慢，这是因为反应位点逐渐被饱和了；另一方面，液固比的增加使更多的苯酚来饱和反应位点，从而有效地抑制缩聚反应，减少分子量的增加。

Maldas以苯酚为溶剂，以氢氧化钠为催化剂，在密闭容器中250℃下液化了桦树木粉。在不添加任何催化剂的情况下，得到的最低残渣率为6%，以氢氧化钠为催化剂时最低残渣率为1%。他还研究了苯酚/木材的液固比、氢氧化钠用量对液化残渣率、结合苯酚和自由苯酚的量以及液化产物性质的影响。Maldas还研究了以苯酚水溶液为溶剂，以碱及碱金属碳酸盐、氯盐、硫酸盐为催化剂，在密闭容器中170℃或250℃下液化木粉，结果表明：在170℃时，这些催化剂的液化效果都很差，在250℃时，采用氢氧化钠、碳酸氢钠、乙酸钠作催化剂，液化效果较好。

Lee以苯酚为溶剂，在浓硫酸催化下，于150～200℃下液化了玉米麸皮，150℃下最低残渣率为10%，而200℃下则小于5%。他将液化产物直接与甲醇共聚得到了酚醛树脂，并研究了这种树脂的性能，发现酚化玉米麸皮/苯酚/甲醛共聚树脂的热流动性、热固反应性和挠曲性能都比缩聚以前的液化产品的有较大的改善，并可与玉米淀粉酚化树脂和市售的酚醛清漆树脂相比，这样就可以有效地利用农业废弃物来生产酚醛清漆树脂。Lee还以新闻纸、包装纸、商业用纸等废纸为原料研究了它们在浓硫酸催化下在苯酚中的液化情况，温度为130～170℃，并且液化产物也被用作生产酚醛清漆树脂的原料。

② 木质纤维原料在多羟基醇类溶剂中的液化　Shiraishi采用多羟基醇类（如乙二醇、聚乙二醇和甘油）作为液化溶剂，在酸催化剂的作用下，于常压、150℃下几乎可以实现木材的完全液化。

Demirbas以甘油为液化溶剂，以氢氧化钾或碳酸钠为催化剂，在常压、187～287℃下加热20min完全液化了诸如木粉、榛子壳、烟草茎等木质原料。从液化产物中酸化得到的丙酮可溶物质被称为生物燃料（biofuel），它被作为汽油和醇类混合燃料的一种新型混合添加剂，可以起到稳定汽油-醇-水系统，防止分层的作用，但是Demirbas也发现这个液化过程会消耗催化剂氢氧化钾，因为在纤维素的液化过程中会形成$C_6H_7O_3(OK)(OH)_2$，而且中和生成的酸性轻组分也会消耗氢氧化钾，同时在碱的作用下，甘油受热容易形成聚合物（如聚甘油酯），这样将消耗大量的甘油。

Yamada采用聚乙二醇400(PEG 400)-甘油(7/3，质量比）的混合溶剂，在浓硫酸的催化下于150℃下液化雪松木粉，混合溶剂的液化效果（残渣率>1%）远好于PEG 400（残渣率>20%）和甘油（残渣率>32%）。在PEG 400液化体系中，随液化时间的延长，液化残渣率先是急剧下降，接着出现了溶解产物的再缩聚现象。但若在PEG 400中加入一定量的甘油，最低残渣率大幅下降，而且溶解产物的再缩聚也可明显得到控制。

Kurimoto也采用PEG 400-甘油混合溶剂，在浓硫酸催化下，于常压、150℃下将木粉液化75min，然后将80%的1,4-二氧六环可溶的液化产物分离出来，除去溶剂后就得到了液化木材（liquefied wood，LW）。然后，将液化木材溶解在二氯甲烷中，与聚亚甲基二亚苯基二异氰酸盐（PMDI）反应，经处理后可以得到聚氨酯膜（PU）。而Maldas也采用

PEG 400-甘油混合溶剂，在氢氧化钠催化下，于常压、150～250℃下液化木粉，得到的液化木材也按照前面提到的类似方法，与PMDI反应得到了聚氨酯膜（PU）。

Yamada采用碳酸乙烯酯（EC）和碳酸丙烯酯（PC）作溶剂，在浓硫酸催化下，于120～150℃下可以实现纤维素木材的快速完全液化。他分析比较了相同液化条件（温度120～150℃、催化剂为97%的硫酸、加酸量为液化剂量的3%）下采用乙二醇（EG）、PEG 400-EG混合溶剂[V(PEG 400)∶V(EG)＝8∶2]、碳酸乙烯酯（EC）和碳酸丙烯酯（PC）作液化剂的效果，结果表明：采用EC作溶剂，其反应速率比EG快27.9倍，比PEG 400-EG混合试剂快10倍；而PC的液化速度也比EG快12.9倍。PC完全液化纤维素需要40min，而EC完全液化纤维素只需20min。对于不易液化的软木，采用EC和EG的混合溶剂也可以完全液化。他还发现EC的纤维素液化产物中含有乙酰丙酸衍生物，可以作为添加剂使用。

除溶剂外，影响低压（常压）液化的因素也包括原料、催化剂、反应温度等，其中原料、反应温度、反应时间等的影响与高压液化相似。除金属催化剂外，低压（常压）液化采用的催化剂种类也与高压液化的相近或基本相同，主要分为酸性催化剂、碱性催化剂和其他盐类。其中，酸性催化剂又分为强酸（如硫酸、盐酸、苯磺酸等）和弱酸（如磷酸、草酸、乙酸等）；碱性催化剂主要包括碱（如氢氧化钠、氢氧化钾、氢氧化钙）；盐类催化剂主要包括碱金属盐（如碳酸盐、碳酸氢盐、甲酸盐等）和Lewis（路易斯）酸（氯化锌、氯化铝等）。

（3）生物质直接液化产物的分离及应用

生物质直接液化产物成分复杂，因此需建立合适的分离方法用于分析及应用。张婷等按照液化极性将液化产物分为水溶物、丙酮溶物和残渣，如图6-6所示。液化产物先经过水洗、过滤，得到水溶物；水不溶物用丙酮洗涤、过滤，得到丙酮溶物；丙酮不溶的残渣在105℃烘箱中干燥过夜，就得到了最终的残渣。也可按照酸碱性分离液化产物，具体操作过程如图6-7所示。先用二氯甲烷萃取液化产物，再按照液化产物的酸碱性，将其分为强酸性组分、弱酸性组分和中性组分。由前面的论述可知高压液化的产物主要作为粗燃料油使用，但需要进一步精制和改良处理。低压（常压）液化由于液化条件与高压液化的差异，液化产物的组成也有所不同，这里主要介绍低压（常压）液化产物的应用。

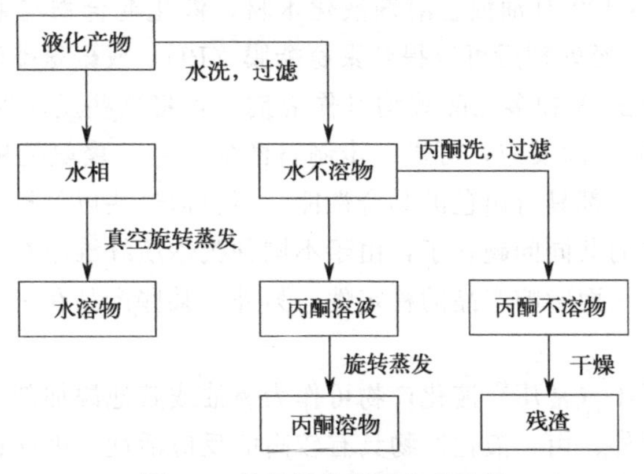

图6-6　按极性分离液化产物图

目前，低压（常压）液化产物应用最为广泛的领域是作为高分子产品的生产原料。在苯酚中，液化木粉或淀粉等得到的液化木材可以与甲醛缩合得到酚化木材树脂，将木材或淀粉

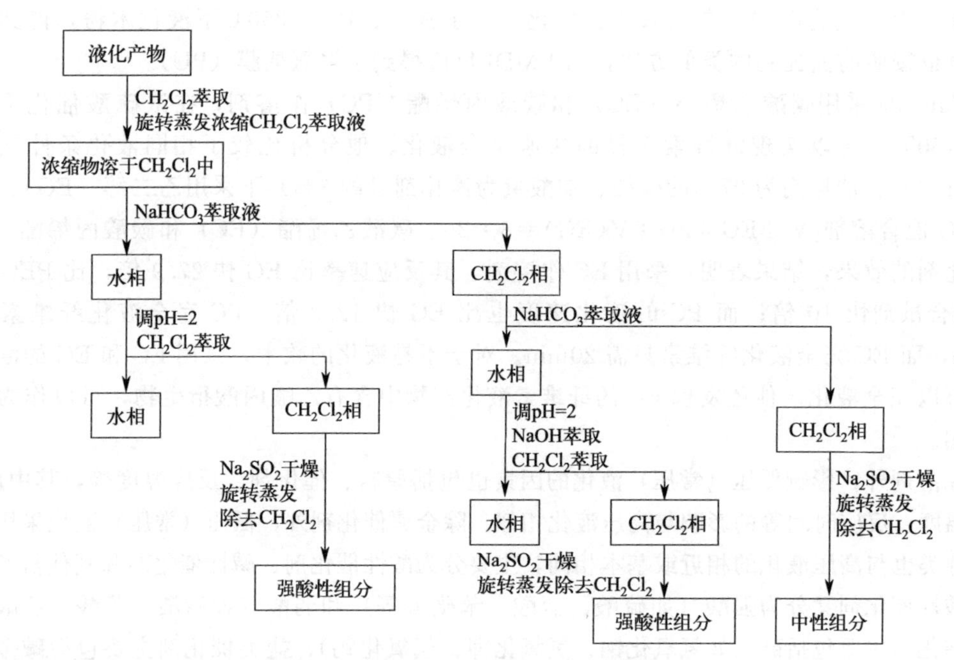

图 6-7　按照酸碱性分离液化产物流程

液化产物（包括残渣）连同未反应的苯酚溶剂一起与甲醛进行共聚反应，几乎可以 100%地将其中的自由苯酚转化为树脂，这样就可以制得酚化木材树脂，其热流动性和采用这种树脂制成的注模产品的机械性质大大改善。实际应用中可以是较高的液化残渣率，因为残渣可以作为树脂的填料。结合苯酚的量会在很大程度上影响液化木材和它们的聚合物的流动性质，纯液化木材熔融的流动温度、活化能和零剪切黏度随结合苯酚量的增加而增加。这是由于液化木材组成分子的黏结性随结合苯酚量的增加而增大。酸催化下玉米麸或废纸的苯酚液化物可以直接与甲醛共聚制取线性酚醛清漆树脂，这种注模塑料的生物降解性远高于常规的酚醛树脂，而且其热流动性、热固反应性和挠曲性能都比缩聚以前的液化产品有较大的改善，并可与玉米淀粉酚化树脂和市售的酚醛清漆树脂相比。在常压、150～250℃下，在浓硫酸或氢氧化钠催化下采用 PEG 400-甘油混合溶剂液化木材，液化混合物与聚亚甲基二亚苯基二异氰酸盐（PMDI）反应，经处理后可以得到聚氨酯膜（PU）或聚氨酯泡沫塑料。用液化木材制备胶黏剂，苯酚、双酚 A 和多元醇等均可作溶剂。若将这些反应性溶剂与一些反应试剂（如交联剂、固化剂等）一起反应，可进一步制备酚醛树脂、聚氨酯树脂、环氧树脂等，结果表明，由此制得的树脂都具有出色的黏合性能。但目前这些以低压（常压）液化产物为原料的高分子产品所面临的共同问题在于：由于不同种类木质纤维原料的组成不同，会显著影响高分子产品的性质，从而影响产品的稳定性；另外，某些产品在一些性质方面与传统的产品也稍有差距。

总之，生物质的低压（常压）液化产物可作为燃油或其他添加剂，也可以利用液化产物中的糖类进行发酵。另外，由于液化产物具有较高的反应活性，因此也可以进一步制备高分子材料。但由于目前低压（常压）液化的机理和液化产物的具体组成仍不十分明晰，因此随着这些方面研究的进一步深入，其液化产物的应用前景将更为广阔。

第五节　生物质间接液化

(1) 生物质间接液化的原理和工艺

生物质的间接液化是以生物质为原料先经气化制合成气（$CO+H_2$），再由费托（Fischer-Tropsch）合成为液态烃类产品的化学过程。依靠间接液化技术，不但可以用生物质生产汽油、柴油、煤油等普通石油制品，而且还可以生产航空燃油、润滑油等高品质石油制品以及烯烃、合成炸药、石蜡等多种高附加值产品。间接液化工艺（见图6-8）包括生物质的气化及可燃气净化、变换和脱碳，合成反应以及油品加工3个纯“串联”步骤。气化装置产出的粗煤气经除尘、冷却，得到净可燃气，净气经CO宽温耐硫变换和酸性气体（包括H_2S和CO_2等）脱除，得到成分合格的合成气。合成气进入合成反应器，在一定的温度、压力及催化剂作用下，H和CO转化为直链烃类、水以及少量的含氧有机化合物。生成物经三相分离，水相提取醇、酮、醛等化学品；油相采用常规石油炼制手段（如常压蒸馏、减压蒸馏），根据需要切取出产品馏分，经进一步加工（如加氢精制、临氢降凝、催化重整、加氢裂化等工艺）得到合格的油品或中间产品。

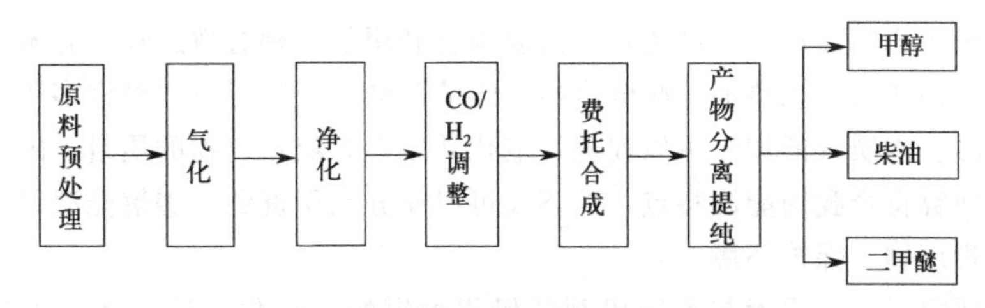

图6-8　生物质间接液化合成燃料工艺流程

(2) 生物质间接液化的实例

① 生物质间接液化合成甲醇　日本的三菱重工、日本中部电力公司、国家新工业社会和技术研究所（AIST）联合进行了生物质气化甲醇合成系统的示范工厂项目。2001年，日本对建厂预选址周边的生物质产量进行了调查，就生物质原料种类、适宜工厂规模和可能的收益率，进行了商业化示范可行性研究。从2001年持续到2004年，为了确认生物质气化和甲醇合成过程，进行了日处理240kg意大利黑麦草的试验设备的运行测试。

美国国家可再生能源实验室在夏威夷建成一座气化能力为100t/d的装置，以甘蔗和木片为原料，产生的生物气用于合成甲醇，研究生物质气化间接合成液体燃料的机理和可行性。

② 生物质间接液化合成柴油　德国东部萨克森州德累斯顿附近的弗赖贝格市的柯龙技术公司的生物质提取柴油设备的投产将会对世界能源、经济平稳发展起到一定的作用。柯龙公司最先用炭作原料提取柴油，后又用木材、杂草和树叶作原料，经过无数次试验，终于获得成功，开发出世界领先产品。采用三节提油法（CARBO-V），从生物质原料中提取“阳光柴油”。这套小型设备年产量为1.5×10t。柯龙设备提取的生物质柴油将会不断地送往德国各加油站，让更多柴油汽车拥有者享受到“阳光柴油”的温暖。

③ 生物质间接液化合成二甲醚　生物质气一步法合成二甲醚（DME）最初作为合成汽油改良甲醇制汽油法的中间过程。1984年，东京大学Fujimoto教授首次发表了由生物质气

一步法制备二甲醚的研究报告后，各国已形成具备特色的反应工艺。

DME是21世纪的超清洁燃料，其重要性已被人们所认识。生物质化学转化为二甲醚燃料具有非常广阔的前景，预计在未来的30年，生物质转化为DME将得到空前的发展，是最具有前途的生物质技术领域。

第六节　生物质与其他反应物共液化技术

煤通过液化可以得到液体燃料和化学品，但由于在煤液化工艺中使用价格较昂贵的氢气以及高的操作压力，煤加氢液化油在价格上很难与原油竞争。为了提高煤转化效率，降低费用，提高液体产品的质量，将煤与含有氢源的生物质（如木质纤维类废弃物）共液化已逐渐引起研究者的兴趣，这同时为生物质利用提供了新的思路。

煤与生物质废弃物共液化的目的是将生物质中的氢传递给煤分子，使煤得到液化。由于反应中生物质中的氢原子传递给煤，生物质的物理和化学性质发生了很大变化。已有的研究表明，煤与生物质类废弃物共液化对液体产品收率和产品性质具有积极影响。

我国能源的基本特点是富煤、缺油，决定了煤炭在一次能源中的重要作用，是我国最安全、最经济、最可靠的能源。煤液化技术是煤综合利用的一种有效途径，它不仅可以将煤炭转化成洁净的、高热值的燃料油，减轻直接燃煤的污染，而且可以得到许多用人工方法难以合成的化工产品。木质素的加入可以促进煤液化并改善煤液化产物的质量，因此发展煤与木质素的共液化研究符合我国能源特点，这不仅可以充分利用资源，缓解能源紧张的现状，而且还能妥善处理废物，保护环境。

Akash等研究了碱木质素与美国伊利诺伊州烟煤的共液化，反应在1.1MPa的初始氢压、以四氢化萘为溶剂、375℃温度下进行，研究发现共液化与煤单独液化相比，产生的苯不溶物更少，产物的平均分子量更低。通过试验数据的分析可以看出，加入木质素使得煤的转化率提高了22%。

Lalvani等研究了煤在中等压力、温度条件下的液化，发现加入木质素可以起到增效的作用，能显著地提高液化产品的质量和产率（达到33%）。试验结果表明：木质素提高了煤分解反应的稳定性。研究结果还显示，来自木质素的苯氧自由基能提高煤的解聚率。同时，他们也研究发现木质素液化产物与煤在较温和的反应条件（375℃，2.17～3.55MPa）下反应，提高了煤的解聚率，煤的转化率提高了30%。另外，他们还研究了反应时间与温度对反应的影响。由木质素产生的液化物质辅助煤液化提高了产物中戊烷可溶物的含量。

Kim等研究了煤与造纸黑液的共液化，他们认为木质素的热解形成苯氧自由基以及其他反应性自由基，在低温下对煤基有很重要的热解作用。这些自由基是高效的活性中间体，能使煤中的亚甲基断裂，从而促进煤的解聚。同时，他们还发现碱能有效地从煤中萃取液体。

以上研究表明，当煤与木质素共液化时，可降低煤的液化温度。不同研究者得到的试验结果都表明，与煤单独液化相比，煤与生物质共液化所得到的液化产品的质量得到改善，液相产物中低分子量的戊烷可溶物有所增加。产生这些结果的原因可能是木质素的热解形成苯氧自由基以及其他反应性自由基，它们在低温下对煤基有很重要的热解作用。当使用含有苯酚类基团的溶剂进行液化时，煤的转化率也显著增大。

第七节　生物质液化油的利用

生物质在隔绝空气或缺氧的条件下受热裂解可以同时生成固体焦炭、液体油和燃气。通过控制热解反应条件，可得到不同的热解主要产物：当在中温、高加热速率和短的气体停留时间的条件下热解时，液体产物产率最大；当在低温和低加热速率的条件下热解时，焦炭产量最高；当在高温、低加热速率和长的气体停留时间的条件下热解时，可最大限度地得到可燃气。具体情况见表 6-2。

表 6-2　典型条件下生物质热解产物分布　　单位：%

类别	生物质液化油	生物质炭	生物质可燃气
液化	75	12	13
炭化	30	35	35
气化	5	10	85

20 世纪 70 年代暴发石油危机后，可以直接由生物质得到液体燃料的生物质热解液化技术迅速发展。目前在欧洲和北美已建成一系列的生物质热解液化装置，规模最大的生产能力已达 200t/d。另外，从生物油中提取调味品以及生物油燃烧发电等技术也已进入商业化应用阶段。近年来，国内的浙江大学、华东理工大学、沈阳农业大学、中国科学院广州能源研究所等单位都开展了生物质热解液化的研究工作，在设备开发、工艺优化、油质提升等方面取得了不同程度的进展，其中几家单位的生物质热解液化设备已达到 100kg/h 的规模，如东北林业大学（采用的是旋转锥反应器）、山东理工大学（采用的是热载体加热下降管反应器）、中国科技大学和华中科技大学（采用的是流化床反应器）等，但与国外相比，这些技术都还停留在实验室或半工业试验阶段。与生产生物乙醇、生物柴油的原料是专门种植的玉米、甘蔗、油菜、蓖麻、大豆等农作物不同，生物质热解液化的原料可以是稻草、秸秆、树枝、木屑等各种农林加工生产的废弃物，具有广泛的适用性，并且生物油成分复杂，既可用作锅炉、燃气轮机、发动机的燃料，又可从中提取许多高附加值的化工产品。另外，与采用生化方法液化生物质相比，热解液化还具有工艺简单、反应快的优点。

（1）生物油的性质

生物油通常为棕黑色黏性液体，低位热值（LHV）14～18MJ/kg，约为石油燃料的 1/2，低热值主要是由于生物油一般含有 0%～15%的水。生物油的 pH 值在 2～4 之间，具有一定的腐蚀性，密度为 $1.2\times10kg/m^3$ 左右，比石油燃料高（$0.8\times10kg/m^3$ 左右）。生物油性质不稳定，存放温度较高或时间过长时会发生“老化”现象，即生物油成分变化导致水含量和黏度增加。生物油成分十分复杂，包括酸、醇、醛、酯、酮、苯酚、邻甲氧基苯酚、2,6-二甲氧基苯酚、糖、呋喃、烯烃、芳香烃、含氮化合物以及其他含氧化合物。尽管与矿物油相比，生物油的低热值、腐蚀性和不稳定等特性使其应用比较困难，国外研究者仍在生物油应用方面开展了长期且富有成效的工作，以期在实际应用中改进设备，进而推动热解液化技术的发展，寻求提高生物油品质的方法，实现替代化石燃料的最终目标。

（2）生物油的用途

① 生物油燃烧 生物油可以作为锅炉、柴油发动机和燃气轮机的燃料，这比直接燃烧生物质高效、清洁。芬兰 VTT 能源公司和美国可再生能源实验室（NREL）分别在工业锅炉上进行了生物油的燃烧测试。测试结果表明：较小容量的工业锅炉经一定改造后，可以稳定地燃烧生物油，CO 和 NO_x 的排放量能控制在规定的范围内。美国威斯康星州一个 20MW 的燃煤锅炉进行了生物油与煤混烧的试验。原料来自电厂附近 Ensyn 公司日处理 50t 木屑的热解装置生产的生物油提取化工原料后的残油。采用炉上雾化燃烧的方式，生物油提供锅炉输入能量的 5%。混烧试验进行了一个月，约 370h。监测结果表明，混烧生物油对锅炉的运行和设备都没有任何的不利影响；由于生物油不含硫，烟气中 SO_2 的排放量减少 5%，而灰没有明显变化，无须改变除尘系统。另外，荷兰一个 350MW 燃天然气锅炉也成功地进行了混烧生物油的试验。所以，无论是将旧锅炉改造成使用生物油作燃料的新锅炉还是混烧生物油以实现污染物排放达标都是可行的。柴油发动机具有热效率高、经济性能好、燃料适用性广等优点，特别是中型、低速柴油发动机甚至可以使用质量较差的燃料。虽然，在柴油机中生物油一旦被点燃就可以实现稳定燃烧，但生物油的腐蚀性、含较多固体杂质和炭化沉积对柴油机的喷嘴、排气阀等部件有较大的损坏作用，柴油机很难长期稳定运转。就生物质热解技术目前的水平来说，柴油机以生物油为燃料发电还无法与生物质气化或直接燃烧发电相比。Ikura 等人提出了用表面活性剂将生物油与柴油乳化制成乳状液用于现有的或经稍许改动的柴油发动机的方法。该方法可以缓解生物油的酸性和黏度大所带来的问题，同时乳状液的物理性质也优于原始生物油，由于柴油的稀释作用，生物油中的焦炭燃烧时释放的颗粒物浓度也会减小。但表面活性剂的高价格影响了该项技术的应用。

② 生物油制氢 美国国家可再生能源实验室提出了利用生物质分两阶段制氢的工艺并进行了相关的研究工作。该工艺的主要过程是：首先将生物质快速热解生产生物油，随后将生物油或其中含水组分用蒸汽催化重整/水煤气转化的方法制氢，而生物油中的木质素组分可以用来生产酚醛树脂、燃料添加剂和黏合剂等产品。由于生物质快速热解液化技术已发展到接近商业化的水平，用生物油制氢与气化制氢相比具有以下优势：a. 生物油较固体生物质便于运输，这样热解制油和催化重整制氢过程不一定在同一个地方实现，可以根据原料产地和处理规模灵活搭配；b. 可以同时从生物油中获取高附加值的副产品，这显著提高了整个工艺过程的经济性。为了增加氢气产量，可以考虑和天然气一起催化重整。另外，原料还可以是造纸厂、酒精厂及食品加工厂的废弃物，变废为宝，有利于降低成本。

③ 生物油气化 与生物质热解液化技术相比，生物质气化技术发展较快，已经进入商业化应用阶段。但对于在生物质中占有相当比例的农业废弃物，主要是稻草一类，其灰、钾、氯的含量较高，而钾会降低灰熔点，一般低于气化温度，导致反应器内结渣，同时含钾化合物的蒸发、凝结会腐蚀、堵塞反应器和管路系统；另外，氯以盐酸的形式释放，会腐蚀设备、毒化催化剂，还会促进有毒的多氯化合物如二噁英、呋喃等的生成。所以，对反应器和净化系统的要求很高，目前常用的常压气化技术还不适用于草本生物质。Henrich 等人提出一种新的木质纤维素生物质气化概念，即首先在常压下将生物质快速热解液化，主要生成生物油和少量的焦炭、气体；然后将焦炭研磨成粉状后与生物油混合制成浆液，以混合浆液为原料，用增压携带流气化器生产合成气。该方法的优点是：a. 生物质原料能量的 90%集中于浆液，而且浆液能量密度高，易于存储和运输，液化、制浆过程可以在原料产地进行，浆液可以集中在大

型气化装置中生产合成气。b. 增压携带流气化器反应温度在1200℃以上，压力2MPa，生产的合成气不含焦油，而且采用液态排渣方法，合成气较清洁，简化了净化系统；由于压力较高，便于合成气进一步催化合成甲醇等高值产品，剩余的合成气还可以用来发电。以其他燃料为原料的增压携带流气化技术已成功应用了几十年，但使用生物质快速热解液化产物气化的研究才刚刚开始，目前相关研究正在德国弗赖贝格一个5MW携带床气化器上进行，主要是为大型化装置应用提供依据，特别是针对生物油特性的雾化技术和设备。

④ 制备富钙生物油 炉内喷钙是燃煤锅炉常用的减少二氧化硫排放的方法，但这种方法存在着钙利用率低、脱硫效率不高和无法同时脱硝等问题。有机钙盐（乙酸钙等）具有较高的脱硫能力和一定的脱硝能力，生物油中的羧酸含量一般在15%左右，主要是乙酸、甲酸和丙酸，还含有少量的苯甲酸，是制备有机钙盐的合适且廉价的原料。加拿大Dynamotive公司首先提出制备这种廉价有机钙盐的方法，并开发出称为“BioLime”的产品，在实验室条件下能够实现95%～99%的脱硫效率和80%的脱硝效率，其在佩恩州大学一个90kW燃烧器上测试的结果为：当钙/硫（Ca/S）=1时，最大脱硫效率为94%，最大脱硝效率为44%。

⑤ 生物油制取胶黏剂 苯酚-甲醛树脂是一种性能很好的防水胶黏剂，是苯酚和甲醛在碱的催化作用下生成的主要产物。苯酚是有毒的石化产品，其价格随油价起伏不定。为降低对原油的需求以及减轻环境污染，苯酚-甲醛树脂替代品的研究得到人们的关注。

希腊胶黏剂研究所（Adhesives Research Institute Ltd.）的研究人员对生物油进行分析，发现生物油中含有苯酚化合物，这为研究苯酚的替代品提供了新的方法。成功的苯酚的替代品应具有以下特点：a. 比苯酚毒性小；b. 比来自石油的苯酚成本低；c. 能按传统方法制取树脂或提高其质量。

以生物油为原料制取苯酚显然符合前面两个条件。1998年进行的初步试验已表明生物油可制取高达30%的苯酚替代品。但合成的树脂功效却受到影响，尤其是替代品高于20%的时候。

经过技术改进后，以生物油为原料，按传统工艺成功合成了高达50%的苯酚替代品，即苯酚-甲醛树脂。该树脂有两种特殊用途：用于导向夹板和仪器控制板的制造。

利用生物油制造夹板技术已经工厂化并通过了WBP（Weather and boil proof. 72h boil pretreatment of British standard 6566）测试。除了用作普通胶黏剂外，该树脂还可用于胶合板的制造。试验表明，以生物油为原料的改进树脂的结合质量高于普通树脂。而且，树脂的性能不受生物油黏结的影响。

⑥ 生物油制取化学品 现阶段生物油作为燃料的使用备受关注。在短期内，工厂生产的生物油主要用于制取化学品和替代燃料。加拿大RTI公司在生物油制取化学品方面进行了相关研究并取得了一定进展。生物油已经用作生物化学合成纤维、香料、有机肥料、燃料添加剂、去污剂、锅炉燃料和柴油机燃料。RTI公司指出应建造生物油精炼厂，利用生物油提炼更有价值的产品。

化学品的分离需采用行之有效的方法。类似于蒸馏的传统方法已不适用于从生物油中分离出化学品。最简单的方法就是通过诱导水定相分离，获得亲水物质和疏水物质。疏水物质大部分源于木质素，进一步降解可获得平均分子量低的物质。与果浆相比，生物油制取苯酚的产量较高。

定向分离方法的弊端是：生物油经稀释后，亲水物质的蒸馏需要较高的成本。可采用连续萃取方法分离出亲水物质，如可分离出含有乙酸乙酯的中性和酸性物质。尽管如此，目前还没有一套完善的分离工艺。选择性吸附、膜分离和连续色谱分离等方法也在研究中。

生物油潜在的经济价值引起了人们对其提取化学品的关注。生物油提取化学品主要分为乙醇醛、醋酸、蚁酸（甲酸）、左旋葡聚糖。

在碱性环境下，纤维素和半纤维素分解生成乙醇醛。它是木屑制取的生物油中含量最多的化合物。17%的乙醇醛源于纤维素。乙醇醛在化学性质上类似于乙二醛和甲醛。尽管乙醇醛作为有机合成纤维具有潜在的市场，但用作乙二醛的替代品却太昂贵。目前，乙醇醛只用来生产腙，作为锅炉系统中氧清除剂的替代品。

左旋葡聚糖是纤维素的单体，已被证实是通用的化学耗材原料。它本身是一种柔软的纤维。常用于制取特殊聚合物、树脂、糖的表面活性剂。

第八节　生物质催化水热液化研究

催化液化指在生物质液化过程中加入催化剂，从而促进生物质降解，抑制缩合、重聚等反应，从而提高生物油产率、减少固体残留物，还能调整自由基片段的断裂与重组，改变、优化生物油组分。目前，生物质催化水热液化研究中的催化剂主要可分为均相催化剂和多相催化剂。

(1) 均相催化剂

均相催化剂指能溶于溶剂（水）的酸、碱以及碱式盐等。

① 碱性催化剂。在水热液化中常用的碱性催化剂主要有钾盐（如 K_2CO_3）、钠盐（Na_2CO_3）及 KOH 和 NaOH，这些碱金属增大了溶液的 pH 值，抑制了生物质单体脱水聚合产生不饱和化合物而聚合成焦炭和焦油，减少了固体残渣，从而改善气化，提高生物油产率。碱性催化剂还可起到提高去羧基的作用，促进水煤气反应生成 H_2 和 CO_2。H_2 可作为反应物参加反应，起到供 H 的作用，在一定程度上提高了生物油的热值和品质。

② 中性盐催化剂　$ZnCl_2$ 是最常用的中性盐催化剂，液化过程需要在甲醇、乙醇和丙酮等溶剂中进行。$ZnCl_2$ 有利于提高液化产率，增加生物油的热值，使含碳量升高、含氧量降低。

③ 酸性催化剂　酸性催化剂的使用比碱性催化剂和中性盐催化剂多，pH 值对生物油的形成非常重要。酸性环境中的主要产物是 5-羟甲基糠醛（5-HMF）和乙酰丙酸；在中性环境下水在高温下分解成 H^+ 和 OH^-；而在碱性环境下的主要产物是羧酸（$C_2 \sim C_5$），如乳酸和醋酸。常见的酸催化剂有 H_2SO_4、H_3PO_4 和 HCl。H_2SO_4 具有很强的酸性和氧化性，能破解生物质中的大分子，有利于生物质降解。

相较于酸性催化剂，碱性催化剂对生物油具有更好的提质作用，既能使纤维素润胀，破坏结晶结构，提高转化速度，也能催化不易降解的木质素，提高原料转化率，有效地抑制焦炭的形成。其缺点是该催化剂容易与生物质中的游离脂肪酸反应生成脂肪酸盐而失活。此外，反应结束后难以将盐从产物中除去，需要对其中的碱性催化剂进行中和，才能获得高纯度的生物油。因此，为解决上述问题，研究人员开始致力于寻找环境友好且更具选择性的多相催化剂。

（2）多相催化剂

多相催化剂一般指金属及其氧化物或负载型催化剂。

① 金属催化剂　金属催化剂是固体催化剂中的一大门类，也是研究最早、应用最广的一类催化剂。过渡金属、稀土金属及许多其他金属都可用作催化剂。最常用的金属催化剂以过渡金属，尤其是Ⅷ族金属为活性组分的居多。与单一的金属相比，加入另一种金属与之形成合金，可相应地改变合金表面的几何结构和电子结构，从而影响化学吸附强度、催化活性与选择性等性能。工业上最常用的是双合金催化剂。常见的金属催化剂有 Pt、Pd、Ni、Co、Fe、Ag、Ru 等，以及它们的合金在 C 和 Al_2O_3 等载体上的负载型催化剂。

② 负载型催化剂　负载型催化剂是在选定的载体上，通过改性等措施均匀分散活性组分，促进裂解反应，使生物油中大分子化合物转化成生物燃料所使用范围内的小分子化合物。常用载体有 Al_2O_3、分子筛、沸石和生物炭（图 6-9 和图 6-10）以及活性炭等。

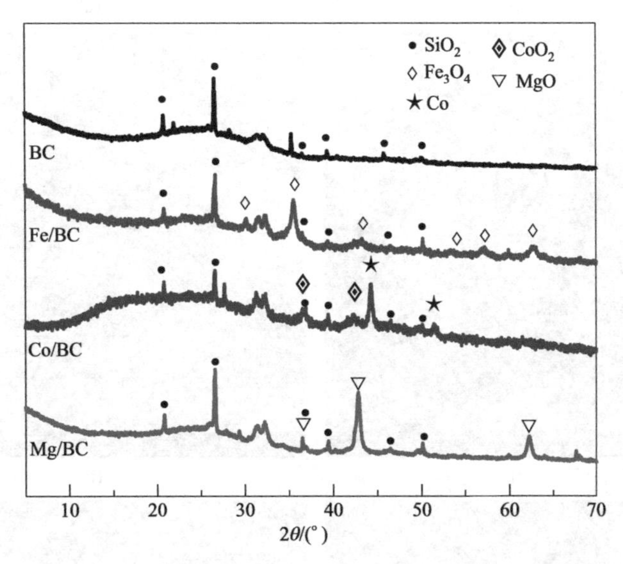

图 6-9　生物炭（BC）和生物炭负载催化剂的 XRD 图

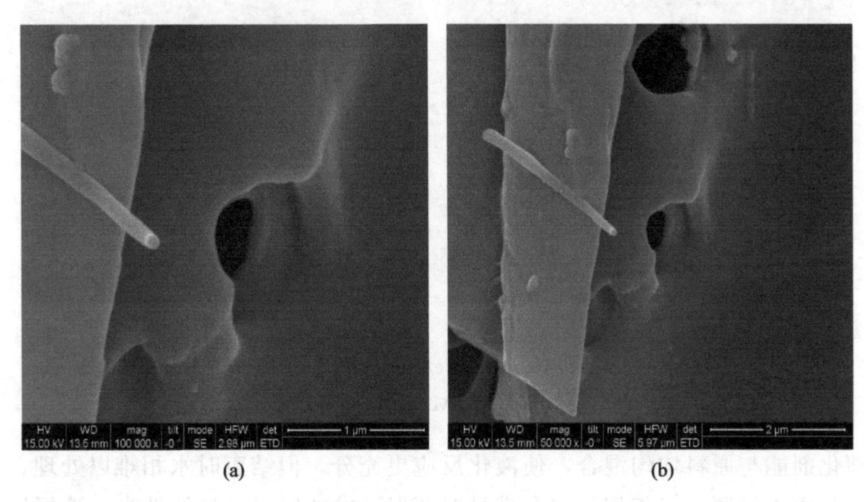

(a)　(b)

图 6-10

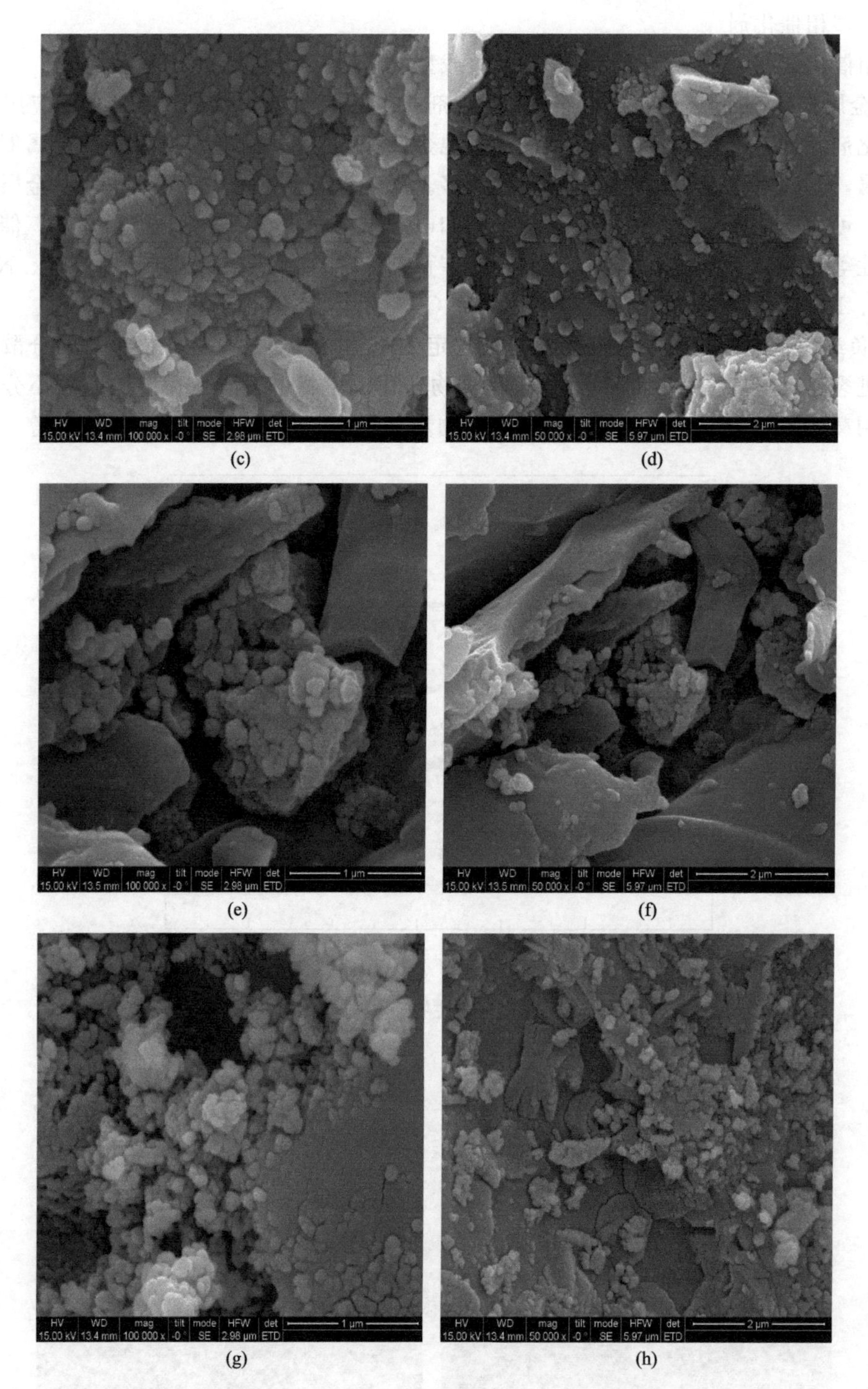

图 6-10　生物炭 BC（a，b）、Fe/BC（c，d）、Co/BC（e，f）和 Mg/BC（g，h）的 SEM（扫描电子显微镜）图

均相催化剂能与原料均匀混合，使液化反应更充分，但结束时水相难以处理，从而带来一系列环境与成本问题。多相催化剂在满足对环保要求的同时具有活性高、选择性更好的催化效果。目前，多相催化剂的研究主要集中在碱性金属氧化物、过渡金属、La 系氧化物、

分子筛等种类上。其中，由于与均相碱性催化剂相似，碱金属氧化物被大量用于促进碳水化合物降解。

第九节 生物质液化技术的局限性

① 基础研究有待加强。生物质液化技术正处在蓬勃发展阶段，其液化机理和过程控制因素还不完全清楚，研究人员需要通过实验采集大量数据进行理论分析，建立液化动力学模型，进而开发出更合理的工艺路线和设备。

② 生物质液化产物生物油的精制技术还有待完善。生物质液化所得生物油具有含氧量高、热值低、腐蚀性强等缺点，需要进一步提纯、改性。

③ 生物质液化产物生物油的成本较高。生物质原料的成本较低，将其液化生产粗生物油是合适的，但精致产品价格偏高，仍需进一步改进工艺条件，以降低其成本。

本章小结

本章介绍了生物质液化技术的特点、影响因素、液化机理、直接/间接液化技术、生物质共液化技术、液化油的利用、催化液化技术以及液化技术的局限性。具体内容如下：

① 生物质液化技术是指通过化学方式将生物质转换成液体产品的过程。生物质液体产品易存储、运输，既可以精制改性生产清洁替代燃料，弥补石化汽油、柴油和燃料油的不足，也可以作为化工原料生产附加值较高的化学品，还可以用于发电，展现了极好的发展前景。

② 生物质液化技术主要受温度、加热速度、粒径、压强、停留时间、液固质量比以及还原气和供氢剂种类的影响。

③ 以纤维素和木质素为例，列举了两者在液化反应中的机理，探讨了生物质液化技术的机理研究结果。

④ 直接液化根据液化时使用的压力不同，也可分为高压直接液化和低压直接液化。介绍了生物质高压直接液化的影响因素和木质纤维素原料在不同溶剂中的低压直接液化。

⑤ 生物质的间接液化是以生物质为原料先经气化制合成气，再由费托法合成为液态烃类产品的化学过程。本章介绍了生物质间接液化的工艺流程以及液化制备燃料的实例。

⑥ 对于共液化技术，本章主要以煤为探讨的主要对象，介绍了煤与不同生物质共液化的国内外研究现状。

⑦ 对于生物质液化油的利用，本章介绍了液化油的性质以及应用途径如燃烧、制氢和气化等。

⑧ 本章介绍了生物质催化液化的催化剂种类。对于催化剂分析了均相催化剂以及非均相催化剂，给出了每一类型催化剂的具体种类以及优势。

⑨ 本章最后一节总结了生物质液化技术的局限性。

思考题

1. 什么是生物质液化技术？
2. 影响生物质液化效率的因素有哪些？
3. 生物质液化技术的研究现状如何？
4. 生物质液化产物的成分有哪些？
5. 简述生物质液化技术的局限性。

第七章
生物质厌氧发酵技术

厌氧发酵又称厌氧消化、沼气发酵或甲烷发酵，是指有机物质（如人畜家禽粪便、畜禽粪便、农业废弃物、林业废弃物、生活污水和工业有机废水、城市固体有机废弃物等）在一定水分、温度和厌氧条件下，通过种类繁多、数量巨大且功能不同的各类微生物的分解代谢，最终形成甲烷和二氧化碳等混合性气体（沼气）的复杂生物化学过程。

生物质能具有资源丰富、可再生、低污染等优点，具有巨大的发展潜力，是未来可持续能源系统的重要组成部分，地球上每年由光合作用生成的生物质有机物大约为4000亿吨，其中大约有5%在厌氧环境下被微生物分解掉。

厌氧发酵技术是生物质废弃物实现资源化利用的有效途径之一。生物质厌氧发酵是在厌氧细菌的同化作用下，有效地把生物质中的有机物质转化，最后生成沼气，而且沼渣可以作为动物饲料或土地肥料，沼液还可以作为农作物的营养液。因此，生物质厌氧发酵生产沼气是将环境保护、能源回收与生态良性循环结合起来的综合系统技术。它利用微生物净化动植物生产过程中造成的环境污染，补充和平衡动植物生产过程中消耗的能量和土壤有机质，实现有机废弃物的资源变化，变废为宝，化害为利。

沼气最主要的性质是其可燃性，主要成分是CH_4和CO_2，通常情况下，CH_4约占50%～70%，CO_2约占30%～40%，此外还有少量的H_2、N_2、CO、H_2S和NH_3等。CH_4是一种无色、无味、无毒的气体，比空气轻一半，是一种优质燃料；H_2、H_2S和CO也能燃烧。一般沼气因含有少量的H_2S，在燃烧前带有臭鸡蛋味或烂蒜气味。沼气燃烧时放出大量热量，$1m^3$ CH_4在标准状况（1atm，即101325Pa）下，温度为0℃时，可释放9460kcal（1kcal=4185.85J）的热量。因为沼气中甲烷含量一般为50%～70%，所以$1m^3$沼气完全燃烧时可释放出5203～6622kcal的热量，约相当于$1.45m^3$煤气或$0.69m^3$天然气的热值。因此，沼气是一种燃烧值很高，很有应用和发展前景的可再生能源。

第一节　生物质厌氧发酵基本原理

厌氧发酵过程，实质上是微生物的物质代谢和能量转换过程，在分解代谢过程中厌氧微生物获得能量和物质，以满足自身生长繁殖的需求，同时大部分物质转化为甲烷（CH_4）和二氧化碳（CO_2）。分析测定表明，有机物约有90%被转化为沼气，10%被厌氧微生物用于自身的消耗。在此过程中，不同微生物的代谢过程相互影响、相互制约，形成了复杂的生态系统。由于不同微生物的生理代谢类型不同，厌氧发酵过程也被分为功能各异的阶段。20世纪70年代以来，科学界在厌氧发酵过程上的研究取得了长足进步，推动了沼气生物技术的发展。复杂有机物的厌氧发酵过程可以分为如图 7-1 所示的 4 个典型阶段。

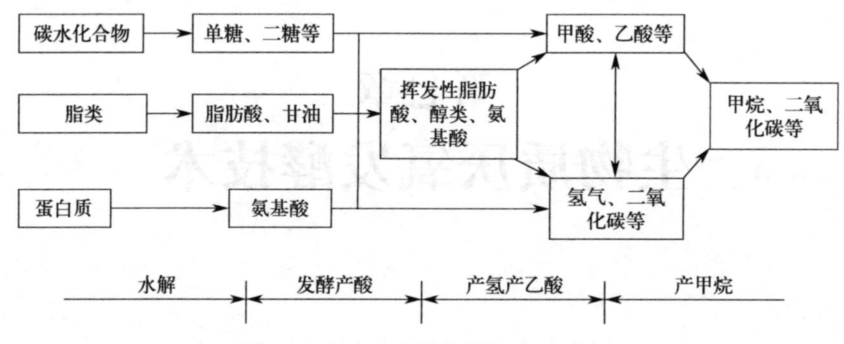

图 7-1　复杂有机物的厌氧发酵过程

（1）水解阶段

厌氧发酵原料一般都是复杂的有机物质（如糖类、脂肪和蛋白质等），不能被产甲烷细菌直接利用，而是在微生物的作用下先将有机物质进行水解，将复杂的大分子聚合物转化为简单的溶解性单体、二聚体等物质。一般通过微生物胞外酶的水解作用转变为小分子物质，然后小分子物质被微生物吸收后发酵转化为不同的产物。

厌氧发酵系统中，发酵细菌利用分泌的胞外酶，如纤维素酶、淀粉酶、蛋白酶和脂肪酶等，对大分子复杂有机物多糖、蛋白质和脂类进行体外酶水解，转变为溶于水的单糖、肽、氨基酸和脂肪酸等小分子化合物。从发酵原料的物性变化来看，水解的结果使悬浮的固态有机物溶解，称为液化，该阶段又称液化阶段。主要反应过程如下：

$$(C_6H_{10}O_5)_n + nH_2O \longrightarrow nC_6H_{12}O_6 \tag{7-1}$$

$$(R\text{—}CHNH_2COOH)_n + nH_2O \longrightarrow nR\text{—}CHNH_2COOH + (n-1)H_2O \tag{7-2}$$

$$C_3H_5(OCOR)_3 + 3H_2O \longrightarrow C_3H_5(OH)_3 + 3RCOOH \tag{7-3}$$

（2）发酵产酸阶段

发酵产酸可被定义为有机化合物既是电子受体也是电子供体的生物转化过程。在此过程中，水解后的可溶性小分子物质被发酵细菌吸入胞内，通过胞内代谢转化为简单的以挥发性脂肪酸为主的末端产物，并分泌到细胞外。这一阶段的末端产物主要有乙酸、丙酸、丁酸等挥发性脂肪酸，醇类和酮类，一些无机物如 CO_2、NH_3、H_2S 和少量 H_2 等。与此同时，发酵细菌也利用部分物质合成新的细胞物质。水解后的小分子物质经糖酵解转化成丙酮酸后，通过不同微生物种类和不同的环境条件，转化为不同的代谢产物。主要反应过程如下：

$$CH_3COCOO^- + 2NADH + 2H^+ \longrightarrow CH_3CH_2COO^- + 2NAD^+ + H_2O \tag{7-4}$$

$$CH_3COCOO^- + CH_3COO^- + NADH + H^+ \longrightarrow CH_3(CH_2)_2COO^- + NAD^+ + HCO_3^- \tag{7-5}$$

$$CH_3COCOO^- + HCO_3^- + 2NADH + 2H^+ \longrightarrow {}^-OOC(CH_2)_2COO^- + 2NAD^+ + 2H_2O \tag{7-6}$$

$$CH_3COCOO^- + NADH + H^+ + H_2O \longrightarrow CH_3CH_2OH + NAD^+ + HCO_3^- \tag{7-7}$$

$$CH_3COCOO^- + NADH + H^+ \longrightarrow CH_3CHOHCOO^- + NAD^+ \tag{7-8}$$

（3）产氢产乙酸阶段（酸化阶段）

产氢产乙酸菌将发酵产酸阶段的发酵产物，如脂肪酸（丙酸、丁酸）和醇类（乙醇）分解转化为乙酸、氢气和二氧化碳。同时，同型产乙酸菌（耗氢产乙酸菌）将氢气和二氧化碳合成乙酸。主要反应过程如下：

$$CH_3CHOHCOO^- + 2H_2O \longrightarrow CH_3COO^- + HCO_3^- + H^+ + 2H_2 \quad (7\text{-}9)$$

$$CH_3CHOHCOO^- + 2H_2O \longrightarrow CH_3COO^- + HCO_3^- + H^+ + 2H_2 \quad (7\text{-}10)$$

$$CH_3(CH_2)_2COO^- + 2H_2O \longrightarrow 2CH_3COO^- + H^+ + 2H_2 \quad (7\text{-}11)$$

$$CH_3CH_2COO^- + 3H_2O \longrightarrow CH_3COO^- + HCO_3^- + H^+ + 3H_2 \quad (7\text{-}12)$$

$$4CH_3OH + 2CO_2 \longrightarrow 3CH_3COOH + 2H_2O \quad (7\text{-}13)$$

$$2HCO_3^- + 4H_2 + H^+ \longrightarrow CH_3COO^- + 4H_2O \quad (7\text{-}14)$$

（4）产甲烷阶段

产甲烷菌把以上阶段产生的乙酸、氢气、二氧化碳、一碳化合物（甲酸、甲醇、甲胺）等小分子物质通过不同路径转化为甲烷，同时伴有二氧化碳的生成。通常认为甲烷的形成主要来自 H_2 还原 CO_2 和乙酸的分解。根据对主要中间产物转化为甲烷的研究，厌氧发酵产生的甲烷中，约有 2/3 来源于乙酸分解，其余来自氢气还原二氧化碳、一碳化合物的分解等过程。除了转化为细胞物质的电子外，有机物的能量几乎全部以 CH_4 的形式回收。主要反应过程如下：

$$CH_3COOH \longrightarrow CH_4 + CO_2 \quad (7\text{-}15)$$

$$4H_4 + CO_2 \longrightarrow CH_4 + 2H_2O \quad (7\text{-}16)$$

$$HCOOH + 3H_2 \longrightarrow CH_4 + 2H_2O \quad (7\text{-}17)$$

$$CH_3OH + H_2 \longrightarrow CH_4 + 2H_2O \quad (7\text{-}18)$$

$$4CH_3NH_2 + 2H_2O + 4H^+ \longrightarrow CH_4 + CO_2 + 4NH_4^+ \quad (7\text{-}19)$$

第二节　生物质厌氧发酵微生物

厌氧发酵微生物（又称沼气微生物）是在缺氧条件下降解有机质产生沼气的一种微生物群，是一群种类庞杂、对缺氧程度要求不同的细菌。根据最适生长温度，可将厌氧发酵微生物划分为中温菌群（30～40℃）和高温菌群（55～60℃）。厌氧发酵不是单一的产甲烷菌完成的，厌氧发酵系统中存在着种类繁多、关系复杂的微生物区系。甲烷的产生是这个微生物区系中各种微生物相互平衡、协调作用的结果。厌氧发酵过程实际上是由这些微生物所进行的一系列生物化学的偶联反应，厌氧发酵微生物是一个统称，可分为不产甲烷菌和产甲烷菌两大类群。不产甲烷菌也称为有机物分解菌，它包括发酵性细菌、产氢产乙酸菌和耗氢产乙酸菌；产甲烷菌包括食氢产甲烷菌和食乙酸产甲烷菌。这些微生物按照各自的营养需要，在不同的物质转化过程中发挥作用。从复杂有机物的降解，到甲烷形成，就是微生物群分工合作和相互作用的结果。

（1）不产甲烷菌

在厌氧发酵过程中，不能直接产生甲烷的微生物统称为不产甲烷菌，不产甲烷菌是将复杂有机物质转化为简单的小分子化合物的一系列微生物。它们的种类繁多，现已观察到的包括细菌、真菌和原生动物 3 大类，其中以细菌种类最多，包括梭菌属、拟杆菌属、丁酸弧菌属、乳酸菌属、双歧杆菌属等 18 个属 50 多个种。根据微生物的呼吸类型可将其分为好氧菌、厌氧菌和兼性厌氧菌三大类。其中厌氧菌数量最大，比兼性厌氧菌和好氧菌多 100～200 倍，是不产甲烷阶段起主要作用的菌类，其中包括乳酸杆菌、革兰氏阳性小球菌、丁酸梭菌和其他梭菌等。不产甲烷阶段的细菌种类很多，数量巨大，但具有水解活性的细菌只占很小部分。

厌氧发酵原料中所含的碳水化合物、蛋白质和脂肪等有机物，通过不产甲烷菌的液化作用形成可溶性的简单化合物，进入细胞内进行各种分解作用，形成有机酸、醇、酮以及二氧化碳、氢气、氨气和硫化氢等产物。产甲烷菌不能直接利用原料中的有机物，只有通过不产甲烷菌的作用，将有机物降解为简单的小分子化合物后才能被产甲烷菌利用。因此，不产甲烷菌在沼气发酵中的地位十分重要。

在碳水化合物、蛋白质和脂肪等复杂有机物厌氧分解的产物中，除乙酸、二氧化碳和氢气等可以直接被产甲烷菌利用外，其他如醇、挥发性饱和有机酸（包括丙酸、丁酸等）还不能被直接利用，须由产氢产乙酸细菌进一步转化为乙酸、氢气和二氧化碳后才能作为产甲烷菌的能源和碳源。厌氧发酵过程中，产氢产乙酸菌群在功能生态位上起到承上启下的作用，是大分子有机物甲烷消化过程必不可少的重要环节。这一菌群在数量和代谢强度上的增加，可促进厌氧发酵系统中产乙酸过程的进行，产甲烷菌群的产甲烷作用也将因此得到提升，整个厌氧发酵系统的效能也将随之提高。

（2）产甲烷菌

在厌氧发酵过程中，利用小分子量化合物形成沼气的微生物统称为产甲烷菌，产甲烷菌是厌氧发酵微生物的核心。沼气中的主要成分甲烷（CH_4）是由产甲烷菌产生的，它们是一群非常特殊的微生物，大量生长在木本沼泽和草本沼泽、温泉、厌氧污泥消化罐、动物的瘤胃和肠道系统、淡水和海水沉积物中，甚至存在于厌氧原生动物体内，这些环境都具有共同的特点：有机物丰富并且厌氧。产甲烷菌的共同特征是：a. 严格厌氧，对氧气和氧化剂非常敏感，在有空气的条件下不能生存，即使是微量的氧都会对产甲烷菌造成不利影响。b. 生长非常缓慢。产甲烷菌的生长繁殖相当缓慢，即使在人工培养条件下，也要经过十多天甚至几十天才能长出菌落。产甲烷菌的繁殖倍增时间一般都比较长，达 4～6d。如甲烷八叠球菌在乙酸上生长时，其倍增时间为 1～2d，甲烷丝菌倍增时间为 4～9d。c. 只能利用少数简单的有机化合物和无机化合物作为营养；属于水生古细菌门，不能利用糖类等有机物作为能源和碳源，大多数产甲烷菌能利用硫化物，许多产甲烷菌的生长还需要生物素。d. 它们要求中性偏碱和适宜温度的环境条件。e. 代谢活动主要终产物是以甲烷和二氧化碳为主要成分的沼气。所有产甲烷菌都能利用氢气和二氧化碳产生甲烷，其中绝大多数还能利用甲酸、甲醇和乙酸。在自然界沼气发酵中，乙酸是产甲烷的关键性物质，大约 70% 的甲烷来自乙酸。

迄今为止，已经分离鉴定的产甲烷细菌有 70 种左右，有人根据它们的形态和代谢特征划分为 3 目 7 科 19 属，分类依据为形态、16SrRNA 序列、细胞壁化学和结构、膜脂及其他特性。各种产甲烷细菌在形态上是不同的，有短杆状、长杆状或弯杆状、丝状、球状、不规则拟球状单体和集合成假八叠球菌状。常见的产甲烷菌有四种形态：八叠球状、杆状、球状和螺旋状。

（3）厌氧发酵微生物之间的相互关系

在厌氧发酵中，存在着一个种群众多、关系复杂的微生物类群。厌氧微生物在厌氧发酵过程中不是简单的接续关系，而是一个复杂的平衡的生态系统，存在着互生、共生关系。不产甲烷菌和产甲烷菌两大类群相互依赖，互为对方创造维持生命活动所需要的物质和良好环境，但又相互制约。甲烷的产生就是这个复杂的微生物类群中各类微生物相互协同、相互制约的结果。厌氧微生物群体间的相互关系表现在以下几个方面。

① 不产甲烷菌为产甲烷菌提供生长繁殖的底物，产甲烷菌又为不产甲烷菌的生化反应解除反馈抑制。不产甲烷菌对各种复杂的有机物（如碳水化合物、蛋白质和脂肪等）进行厌氧降解，生成氢气、二氧化碳、氨气、乙酸、甲酸、丙酸、丁酸、甲醇和乙醇等产物。其中，丙酸、丁酸和乙醇又可被产氢产乙酸菌转化为氢气、二氧化碳和乙酸。这样，不产甲烷菌通过其生命活动为产甲烷菌提供了生长和代谢所需的碳源和氮源。另外，不产甲烷菌的发酵产物又可以抑制本身的发酵过程。酸的积累可以抑制产酸细菌的继续产酸，氢的积累也同样可以抑制产氢细菌的继续产氢。但是由于在正常的沼气发酵中，产甲烷菌连续不断地利用不产甲烷菌所产生的酸、氢气和二氧化碳等发酵物质转化为甲烷，使厌氧消化中不致有酸和氢的积累，不产甲烷菌也就可以继续正常地生长和代谢。由于不产甲烷菌与产甲烷菌的协同作用，沼气发酵过程达到产酸和产甲烷的动态平衡，维持厌氧发酵的稳定进行。

② 不产甲烷菌为产甲烷菌创造适宜的氧化还原条件（即厌氧环境）。在厌氧发酵初期，由于原料和水的加入，大量空气进入发酵池，这显然对产甲烷菌是有害的。它的去除需要依赖不产甲烷菌种中好氧和兼氧微生物的活动。各种厌氧微生物对氧化还原电位的适应也不相同，通过它们有顺序地交替生长和代谢活动，使发酵料液氧化还原电位（氧化还原电位越低，厌氧条件越好）不断下降，逐步为产甲烷菌的生长和产甲烷创造适宜的氧化还原条件。

③ 不产甲烷菌为产甲烷菌清除有毒物质。在以工业废水或废弃物为发酵原料时，其中往往含有酚类、苯甲酸、氰化物、长链脂肪酸、重金属等对产甲烷菌有毒害作用的物质。不产甲烷菌种中有许多种类能裂解苯环，降解氰化物，从中获得能源和碳源。这些作用不仅解除了这些物质对产甲烷菌的毒害，而且给甲烷菌提供了养分。此外，不产甲烷菌发酵的产物硫化氢，可以与重金属离子作用，生成不溶性的金属硫化物从而沉淀下来，从而解除一些重金属的毒害作用。

④ 不产甲烷菌与产甲烷菌共同维持环境中适宜的酸碱度。在沼气发酵初期，不产甲烷菌首先降解原料中的淀粉和糖类等，产生大量的有机酸。同时，产生的二氧化碳也部分溶于水，使发酵液的 pH 下降。但是由于不产甲烷菌类群中的氨化细菌迅速进行氨化作用产生的氨气可中和部分酸；同时，由于产甲烷菌不断利用乙酸、氢气和二氧化碳形成甲烷，发酵液中的有机酸和二氧化碳的浓度逐步下降。通过两类菌的共同作用，就可以使 pH 稳定在一个适宜的范围内。因此，在正常发酵的沼气池中，发酵液的 pH 始终能维持适宜的状态而不用人为控制。

⑤ 两类菌间的协同与制约关系。除了协同作用外，厌氧发酵微生物之间也存在着相互抑制和制约的一面。其中包括代谢产物自身的抑制和菌种间的抑制。产酸菌要求的最适温度、pH 和氧化还原电位（ORP）等方面都与产甲烷菌有明显的差异。在同一发酵系统中，不可能同时适应这两类菌各自的生活要求，因此彼此又相互矛盾。但由于产酸菌较适应发酵初期的环境条件，因此这类菌生长较旺盛，产酸菌成为这一阶段的优势微生物。随着产氨细菌大量产生氨，pH 逐渐上升，氧化还原电位下降，这样又逐步地有利于甲烷菌的生命活动，甲烷菌的数量大大增加。此外，由于产氨细菌的活动，pH 上升，对产酸菌有制约作用，而对产甲烷菌有协同作用，从而使产酸到产甲烷这一过程中微生物的生长和衰亡变化达到平衡。

正常的产气旺盛的厌氧发酵过程，必须有不产甲烷菌和产甲烷菌协调的联合作用。任何一个类群的细菌数量上过多或者过少，功能活性上不活跃或过于活跃，都会引起动态平衡的破坏，从而导致厌氧发酵不正常，甚至失败。

第三节　影响生物质厌氧发酵的主要因素

沼气是有机物质经过多种细菌群发酵而产生的，它们在消化器中进行的新陈代谢和生长繁殖需要一定的生长条件。为了达到较高的沼气生产率、污水净化效率或废弃物处理率，厌氧发酵过程就要最大限度地培养和积累厌氧发酵微生物，而厌氧发酵微生物都要求适宜的生活条件，它们对温度、酸碱度、氧化还原电位及其他各种环境因素都有一定的要求。厌氧发酵工艺条件就是在工艺上满足微生物的合适生活条件和环境条件，使它们发酵旺盛，产气量高。消化器发酵产气的好坏与发酵工艺条件的控制密切相关，在发酵条件比较稳定的情况下产气旺盛，否则产气不好。实践中，往往由于某一条件没有控制好，导致整个系统运转失败。比如原料干物质浓度过高时，产酸量加大，酸大量积累而抑制产气。因此，控制好发酵的工艺条件是维持厌氧高效发酵的关键。

(1) 严格的厌氧环境

厌氧发酵微生物包括产酸菌和产甲烷菌两大类，它们都是厌氧性细菌。尤其是产甲烷菌对氧特别敏感，它们不含好氧微生物与兼性厌氧细菌，细胞内普遍存在着超氧化物歧化酶和过氧化氢酶，氧对这类微生物具有毒害作用，不能在有氧的环境中生存，这类菌群的生长、发育、繁殖、代谢等生命活动过程中都不需要空气，微量氧气的存在也会抑制其生命活动，甚至导致死亡。因此，厌氧微生物的核心菌群——产甲烷菌，是一种严格厌氧性细菌。厌氧程度一般用氧化还原电位或称氧化还原势来表示，一种物质的氧化程度愈高则电势愈趋于正，而物质还原程度愈高则电势愈趋于负，厌氧条件下氧化还原电位是负值。因此，正常厌氧发酵，其发酵液的氧化还原电位越低越好（不产甲烷阶段＋100～－100mV，产甲烷阶段－150～－400mV），发酵环境处于无氧状态。

在厌氧发酵初期，消化器内或发酵原料中会存在一定量的氧气，但由于是在密闭的空间里，好氧菌和兼氧菌的代谢作用迅速消耗了残存的氧气，为产甲烷菌创造了严格的厌氧条件。

(2) 温度

厌氧发酵微生物只有在一定的温度条件下才能生长繁殖，进行正常的代谢活动，发酵温度是影响厌氧发酵的重要因素。温度适宜则发酵微生物繁殖旺盛、活性强，厌氧发酵进程就快，产气效果好；反之，温度不适宜，厌氧发酵进程就慢，产气效果差。厌氧发酵微生物是在一定温度范围内进行代谢活动的，一般为8～65℃下，均能发酵产生沼气，温度高低不同则产气效果不同。在一定温度范围内，发酵原料的分解消化速度随温度的升高而提高，即产气量随温度升高而提高，但产气量并不是始终与温度的增高成正相关。大中型厌氧发酵工程，尤其是恒温工程，温度是必须监控的指标。厌氧发酵温度的突然上升或下降，对产气量都有明显的影响。一般认为，温度突然上升或下降5℃，产气量显著降低，若变化过大则产气停止。例如一个35℃下正常产气的沼气池，温度突然下降到20℃，则产气几乎完全停止。但温度恢复后，基本不因前期温度下降而阻碍气体的产生，而且能迅速恢复原状。倘若沼气池的装料接近饱和，也就是接近最大负荷时，温度下降对甲烷菌活力的影响要大于对产酸菌的影响，导致产酸和产甲烷之间的严重不平衡，使正常发酵失调。同样，一个35℃下正常发酵的沼气池，若将温度突然大幅度上升至50℃，则产气迅速恶化。

（3）酸碱度

厌氧发酵正常进行时，通常是中性至微碱性环境，最适pH值为6.8～7.4，一般来说，当pH值在6以下或8以上时，厌氧发酵就要受到抑制，甚至停止产气。pH值在5.5以下时，产甲烷菌的活动则完全受到抑制，主要是因为pH值会影响微生物酶的活性，可以通过监测挥发酸含量来控制进料量，这样可以做到精确管理。在厌氧发酵过程中，pH表现为规律性的变化。在发酵初期大量产酸，pH下降，以后由于氨化作用所产生的氨可以中和一部分有机酸，pH上升。

影响pH变化的主要因素有3个：a. 发酵原料中含有大量有机酸，如果在短时间内向发酵装置内投入大量这类原料，就会引起发酵装置内pH的下降，但如果向正常运行的发酵装置内按发酵装置可承受的负荷投入原料，有机酸会很快被分解掉，因而不会引起发酵装置的酸化，所以不必对进料的pH进行调整；b. 发酵装置启动时投料浓度过高，接种物中的产甲烷菌数量又不足，或在发酵装置运行阶段突然升高负荷，产酸与产甲烷的速度失调而引起挥发酸的积累，导致pH下降，这是厌氧发酵失败的主要原因；c. 进料中混入大量强酸或强碱，会直接影响发酵液的pH。

在正常情况下厌氧发酵的pH有一个自然平衡过程，一般不需要进行调节。只有在配料管理不当的情况下才会出现挥发酸大量积累，pH下降的现象。调节提高pH的办法有几种：经常少量出料并投入同量的新料，以稀释发酵液中的挥发酸，提高pH；农村采用加草木灰和适量氨水的方法调节pH；用石灰水、Na_2CO_3溶液或NH_4HCO_3溶液调节pH。需特别指出的是加石灰的时候最好是加石灰澄清液，同时也要保证石灰与发酵液完全混合（如经常搅动池液），否则在强碱区域内微生物活性受到破坏。加石灰的量也要严格控制，如果加量过大就会造成过碱，超过微生物的适宜pH范围，降低沼气池的生物活性，使产气量降低，甚至停止。石灰加入后，与沼气池中的CO_2结合生成碳酸钙，如果碳酸钙浓度过大将形成碳酸钙沉淀。CO_2是H的受体，接受H形成甲烷。CO_2减少过量，就会降低甲烷的产量。

（4）发酵原料

发酵原料是供给厌氧发酵微生物进行正常生命活动所需的营养和能量，是不断生产沼气的物质基础。农业废弃物、禽畜粪便、工农业生产的有机废水和废物、污水处理厂污泥以及多种能源植物等都可以作为厌氧发酵的原料。发酵原料是产生沼气的物质基础，产沼气细菌需从原料中吸取的主要营养物质是碳元素、氮元素和一些无机盐等。

① 发酵原料的碳氮比　碳元素是构成微生物细胞质的重要组分，碳元素多来源于碳水化合物，是细菌进行生命活动的主要能量来源，也是生命活动所需能量的物质基础。氮元素是构成微生物重要生命物质蛋白质和核酸等的主要元素，氮元素多来源于蛋白质、亚硝酸盐和氨等无机盐类，是制造细菌细胞结构、细菌细胞原生质和遗传物质的主要成分。发酵原料碳氮比不同，其发酵产气情况差异也很大。含碳量高的原料发酵慢，含氮量高的原料发酵快，因此应合理搭配。从营养学和代谢作用角度看，厌氧微生物消耗碳的速度比消耗氮的速度要快20～30倍。因此，厌氧发酵过程中，原料不仅需要充足，而且需要适当的搭配，保持一定的碳氮比例，这样才不会因缺氮或缺碳营养而影响厌氧的正常发酵，碳氮比较高的发酵原料（如农作物秸秆）需要同含氮量较高的原料（如人畜粪便）配合以降低原料的碳氮比，取得较佳的产气效果，特别是在第一次投料时可以加快启动速度。试验证明，在其他营养元素都具备的条件下，碳氮比（20～30）∶1是满足正常厌氧发酵的最佳比例，如果比例

失调厌氧发酵速度受到影响。表 7-1 是农村常用厌氧发酵原料的碳氮比。

表 7-1 农村常用厌氧发酵原料的碳氮比

原料种类	碳素含量/%	氮素含量/%	C∶N
干麦秸	46	0.53	87∶1
干稻草	42	0.63	67∶1
玉米秸	40	0.75	53∶1
树叶	41	1.00	41∶1
大豆秧	41	1.30	32∶1
花生秧	11	0.59	19∶1
野草	14	0.54	26∶1
鲜羊粪	16	0.55	29∶1
鲜牛粪	7.3	0.29	25∶1
鲜猪粪	7.8	0.60	13∶1
鲜人粪	2.5	0.85	2.9∶1
鲜马粪	10	0.42	24∶1

② 发酵料液浓度　在厌氧发酵中保持适宜的发酵料液浓度，对于提高产气量，维持产气高峰是十分重要的。发酵料液浓度是指原料的总固体（或干物质）重量占发酵料液重量的比例（%）。国内外研究资料表明，能进行厌氧发酵的发酵料液浓度范围是很宽的，1%～30%甚至更高的浓度都可以生产沼气。在我国农村，根据原料的来源和数量，厌氧发酵采用7%～10%的发酵料液浓度是较适宜的。在这个范围内，夏季由于气温高，原料分解快，发酵料液浓度可适当低一些，一般以 7%左右为好；在冬季，由于原料分解较慢，应适当提高发酵料液浓度，通常以 10%为佳。同时，对于不同地区来讲，适宜的料液浓度也有差异，一般来说，北方地区适当高些，南方地区可以低些。总之，确定一个地区适宜的发酵料液浓度，要在保证正常厌氧发酵的前提下，根据当地不同季节的气温、原料的数量和种类来决定，合理地搭配原料，才能达到均衡产气的目的。从经济的观点分析，适宜的发酵料液浓度不但应获得较高的产气量，而且应有较高的原料利用率。

配制发酵料液的浓度，要根据发酵原料的含水量和不同季节所要求的浓度确定，采用不同的适配工艺，保证厌氧发酵正常进行。发酵料液的浓度，要根据发酵原料的总固体含量进行计算，准确配制。发酵料液浓度太低或太高，对沼气生产都不利。当沼气池容积一定时，如果发酵原料加水量过多、浓度太低，则发酵料液过稀，有机物含量低，滞留期短，原料未经充分发酵就被排出，这不但影响产气，而且浪费发酵原料，降低消化器单位容积的利用效率；如果加水量太少，浓度太高，则发酵料液过浓，传质、传热受到影响，不利于沼气微生物的代谢活动，发酵料液不易分解，有机酸聚积过多，发酵受阻，厌氧发酵微生态系统受到破坏，产气率会降低。

③ 发酵原料应该进行堆沤预处理　为了加快原料的发酵速度、增加沼气产量，原料应进行预处理，尤其是麦秸、谷草、玉米秆等纤维性物质，必须进行堆沤预处理。堆沤前，要先将原料铡短，分层放在坑内，每层厚约 50cm，两层之间撒一层 2%～5%的石灰或草木灰，再泼洒一些人畜粪尿或污水，表面用稀泥封闭。夏季一般堆沤 7～10d，冬季堆沤 1 个月左右。堆沤后的发酵原料，表皮蜡质受到破坏，加快了纤维素的腐烂分解，增大了与甲烷菌等细菌的接触面，加快了在沼气池中发酵分解的速度。秸秆类原料进行预先堆沤后用于厌氧发酵，其意义为：a. 在堆沤过程中，原料中带进去的发酵细菌大量生长繁殖，起到富集菌种的作用；b. 堆沤腐熟的物料进入沼气池后可减缓酸化作用，有利于酸化和甲烷化的平

衡；c. 秸秆原料经堆沤后，纤维变松散，扩大了纤维素分解菌与纤维素的接触面，大大加快纤维素的分解速度，加速厌氧发酵的过程；d. 堆沤腐烂的纤维素原料含水量较大，入池后很快沉底，不易浮面结壳；e. 原料堆沤后体积缩小，便于装池。

第四节　生物质厌氧发酵工艺

厌氧发酵工艺是指从发酵原料到生产沼气的整个过程所采用的技术和方法，包括原料的收集和预处理、接种物的选择和富集、反应器（是沼气发酵罐、沼气池、厌氧发酵装置的统称）结构的设计、厌氧发酵装置的发酵启动和日常操作管理以及其他相应的技术措施。由于厌氧发酵是由多种微生物共同完成的，各种有机物质的降解及发酵过程的生物化学反应极为复杂，因而厌氧发酵工艺也比其他发酵工艺复杂，发酵工艺类型较多。

对厌氧发酵工艺，从不同角度有不同的分类方法。一般从发酵温度、进料方式、发酵阶段、发酵物料浓度等角度进行分类。

（1）按发酵温度分类

温度对厌氧发酵的影响很大。温度升高，厌氧发酵的产气率也随之提高，通常按照厌氧发酵温度区分为高温发酵、中温发酵和常温发酵 3 种工艺类型。

① 高温发酵　高温发酵工艺指发酵料液温度维持在 50～60℃范围内，实际控制温度多在 51～55℃。该工艺的特点是微生物生长活跃，有机物分解消化速度快，产气率高，滞留时间短。采用高温发酵可以有效地杀灭物料中各种致病菌和寄生虫卵，具有较好的卫生效果，从除害灭病和发酵剩余物肥料利用的角度看选用高温发酵是较为合理的。这类发酵工艺适用于处理高温的废水、废物，如酒厂的酒糟废液、豆腐厂废水等。

高温发酵对原料的消化速度很快，一般都采取连续进料和半连续出料方式。高温厌氧发酵必须进行搅拌，对于蒸汽管道加热的沼气池来说，搅拌可使管道附近的高温区迅速消失，使池内发酵温度均匀一致。

② 中温发酵　中温发酵工艺指发酵料液温度维持在 30～40℃，实际控制温度多在 33～37℃。与高温发酵相比，这种工艺的消化速度稍慢一些，产气率低一些，但维持中温发酵的能耗较少，散热较少，厌氧发酵能总体维持在一个较高的水平，产气速度比较快，料液基本不结壳，可保证常年稳定运行。这种工艺料液温度稳定，产气量也比较均衡。这类发酵适用于温暖的废水、废物处理。

③ 常温发酵　常温发酵也称为低温发酵或自然温度发酵，是指在自然温度下进行的厌氧发酵。发酵温度不受人为控制，受气温影响而变化，发酵产气速率随四季温度的升降而升降，夏季产气率高，冬季产气率低。但是所需条件最简单，我国农村户用沼气池基本采用这种工艺。这种埋地的常温发酵的沼气池结构简单，成本低廉，施工容易，便于推广。其特点是发酵料液的温度随气温和地温的变化而变化。其优点是不需要对发酵料液温度进行控制，节省保温和加热投资，沼气池本身不消耗热量；其缺点是在同样的投料条件下，产气率随季节的变化而变化，相差较大。南方农村沼气池建在地下，一般料液温度最高时为 25℃，最低温度仅为 10℃，冬季产气效率虽然较低，但在原料充足的情况下还可以维持用气量。但北方地区建的地下沼气池冬季料液温度仅达到 5℃，无论是产酸菌还是产甲烷菌都受到了严重抑制，产气率不足 $0.01m^3/(m^3 \cdot d)$。仅当发酵温度在 15℃以上时，产甲烷菌的代谢活动

才活跃起来，产气量明显升高，产气率可达 0.1～0.2m^3/(m^3·d)。因此，北方的沼气池为了确保安全越冬，维持正常产气，一般需建在太阳能暖圈或日光温室下。

(2) 按进料方式分类

厌氧发酵微生物的新陈代谢是一个连续的过程，根据该过程中进料方式的不同，可分为连续发酵、半连续发酵和批量发酵 3 种工艺类型。

① 连续发酵　连续发酵是指沼气池加满料正常产气后，每天分几次或连续不断地加入预先设计的原料，同时也排放出相同体积的发酵料液，使发酵过程连续进行。采用这种发酵工艺，沼气池内料液的数量和质量基本保持稳定状态，因此产气量也很均衡。该发酵工艺的最大优点是稳定，它可以维持比较稳定的发酵条件，保持比较稳定的原料消化利用速度，维持相对持续稳定的发酵产气。这种工艺流程是先进的，但发酵装置结构和发酵系统比较复杂，因而仅适用于大型的厌氧发酵工程系统，适合处理来源稳定的城市污水和工厂废水等。该工艺要求有充足的物料供应，否则就不能充分有效地发挥发酵装置的负荷能力，也不可能使发酵微生物逐渐完善和长期保存下来。连续发酵不致因大换料等原因而造成沼气池利用率的降低，从而使原料消化能力和产气能力大大提高。

处理大中型集约化畜禽养殖场粪污和工业有机废水的大中型沼气工程一般都采用连续发酵工艺。需对连续发酵工艺的工艺参数进行控制，控制的基本参数为进料浓度、水力滞留期和发酵温度。启动阶段完成之后，发酵效果主要靠调节这 3 个基本参数来进行控制，如原料产气率、体积产气率和有机物去除率等都是由这 3 个参数所决定的。

在设计连续发酵工艺时，对参数的选择必须十分谨慎。实际生产中，如果原料自身温度高，或者附近有余热可用来加热和保温，则应尽量按高温或中温设计。因为任何一个参数的变化不仅会引起投资成本的变化，而且会引起沼气工程自身耗能的变化，给工程的效益带来较大的影响。

② 半连续发酵　半连续发酵指在沼气池启动时一次性加入较多原料（一般占整个发酵周期投料总量的 1/4～1/2)，正常产气后，定期不定量地添加新料。在发酵过程中，往往根据其他因素（如农田用肥需要）不定量地出料。这种发酵方法，沼气池内料液的量有变化，池容产气率、原料产气率只能计算平均值，水力滞留期则无法计算。我国农村沼气池常采用这一方法。其中的“三结合”沼气池，就是将猪圈和厕所里的粪便随时流入沼气池，在粪便不足的情况下，可定期加入铡碎并堆沤后的作物秸秆等纤维素原料，起到补充碳源的作用。

半连续发酵工艺采用的主要原料是粪便和秸秆，应控制的主要参数是启动浓度、接种物比例及发酵周期。启动浓度一般小于 6%，这对顺利启动有利。接种物一般占料液总量的 10%以上，秸秆较多时应加大接种物数量。发酵周期根据气温情况和农业用肥情况确定。

采用这种工艺要经常补充新鲜原料，因为发酵一段时间之后启动加入的原料已大部分分解，此时若不补料，产气必然很快下降。为解决这一问题，在建池时应把猪圈、厕所与沼气池连通起来，以便粪尿能自动地流入池中。采用这种工艺，出料所需劳力比较多，有条件的地方尽量采用出料机具。

③ 批量发酵　批量发酵指发酵原料和接种物一次性装满沼气池，发酵过程中不再添加新料，产气结束后一次性出料（图 7-2)。这种发酵工艺产气率不稳定，产气的特点是初期少，以后逐渐增加，然后产气基本保持稳定，后期产气又逐步减少，直到出料。一个发酵周期结束后，再成批地换上新料，开始第二个发酵周期，如此循环往复。

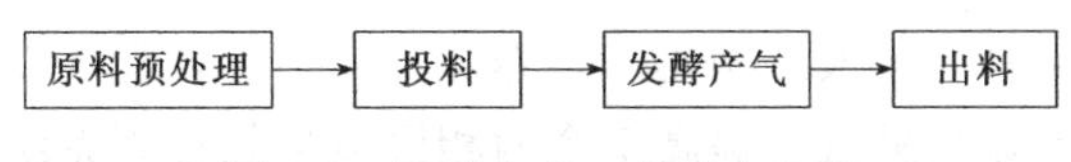

图 7-2 批量发酵工艺基本流程

科学研究测定发酵原料产气率时常采用这一方法。它用于研究一些有机物厌氧发酵的全过程，用于城镇垃圾坑填式厌氧发酵等。固体含量高的原料（如作物秸秆、有机垃圾等）由于日常进出料不方便，进行厌氧发酵也采用这一方法。这类发酵方式的有机负荷率和池容产气率都只能计算平均值。这种工艺的优点是投料启动成功后，不再需要进行管理，简单省事；其缺点是产气不均衡，高峰期产气量高，其后产气量低。

这种工艺应控制的主要参数为启动浓度、发酵周期及接种物的比例。原料的滞留期等于发酵周期，启动浓度按总固体计算一般应高于 20%。这是为了保证沼气池能处理较多的总固体，为提高池容产气率打下物质基础，同时也便于保温和发酵残渣的再利用。发酵周期和换料时机要根据原料来源、温度情况及用肥季节确定。一般夏、秋季的发酵周期为 100d 左右。

这种工艺在实际工程中应用较少，只在以秸秆为原料的户用沼气池中使用。

这种工艺的主要缺点有两个：一是启动比较困难；二是进料和出料不方便。造成启动困难的主要原因是进料浓度较高，启动时容易出现产酸过多的情况，有机酸积累，使发酵不能正常进行。为避免这种问题的出现，应准备质量较好、数量较多的接种物，调节好碳氮比，并对秸秆原料进行预处理。进料和出料不方便是因为一次性投入秸秆较多，而沼气池的活动盖口较小。

(3) 按发酵阶段分类

按厌氧发酵不同阶段，可将发酵工艺划分为单相发酵和两相发酵 2 种类型。

① 单相发酵　单相发酵指将厌氧发酵原料投入一个装置中，使厌氧发酵的产酸阶段和产甲烷阶段合二为一，在同一装置中自行调节完成，产酸菌和产甲烷菌在同一反应器中进行反应。单相发酵工艺会受冲击负荷或环境条件的变化的影响，导致氢分压增加，从而引起丙酸积累。单相发酵工艺投资少，操作简单方便，因而当前约 70% 的发酵工艺采用的是单相发酵工艺。我国农村全混合厌氧发酵装置和现在建设的大中型沼气工程大多数采用这一工艺。

② 两相发酵　两相发酵也称为两步发酵或两步厌氧消化，根据不同的条件，把原料的水解和产酸阶段同产甲烷阶段分别安排在两个不同的消化器中进行。水解酸化罐和产气罐的容积主要根据它们各自的水力滞留期来确定和匹配。水解和产酸罐通常采用不密封的全混合式或塞流式发酵装置，产甲烷罐则采用高效厌氧消化装置（如污泥床、厌氧过滤器等）。两相发酵工艺，实现了生物相的分离，使微生物在各自最佳的生长条件下发酵。

由于水解酸化细菌繁殖较快，所以酸化发酵器体积较小，通常靠强烈的产酸作用将发酵液的 pH 值降低到 5.5 以下，这样在该发酵器内就足以抑制产甲烷菌的活动。产甲烷菌繁殖速度慢，导致产甲烷相的水力停留时间远远高于产酸相的水力停留时间，因而产甲烷消化器体积较大，其进料是经酸化和分离后的有机酸溶液，悬浮固体含量很低。两相厌氧发酵适用于处理固体物质含量高并且产酸较多的有机物。

从厌氧微生物的生长和代谢规律以及对环境条件的要求等方面看，产酸细菌和产甲烷细菌有很大的差别。为给它们创造各自需要的最佳繁殖条件和生活环境，促使其优势生长，迅速繁殖，将消化器分开来是非常适宜的。这既有利于环境条件的控制和调整，缩短发酵周期，使产气均衡稳定，又有利于人工驯化、培养优异的菌种，便于总体优化设计。生物相分离后，使产酸相可有效去除大量氢，提高整个两相厌氧生物处理系统的处理效率和运行稳定性。也就是说，两相发酵较单相发酵工艺过程的产气量、效率、反应速度、稳定性和可控性等都要优越，而且生成沼气中的甲烷含量也比较高。从经济效益看，这种工艺流程加快了挥发性固体的分解速度，缩短了发酵周期，从而也就降低了甲烷生产的成本和运转费用。

(4) 按发酵物料浓度分类

按发酵物料浓度，可将厌氧发酵分为湿式发酵和干式发酵两类。

① 湿式发酵　所谓湿式发酵，是指发酵料液的干物质浓度控制在10%以下时，料液呈流动液态状的发酵方式。在发酵启动时，加入大量的水或新鲜粪肥调节料液浓度。由于发酵料液浓度较低，出料时大量残留的沼渣和沼液，如用作肥料，运输和储存或使用都不方便，如经处理后实现达标排放，水处理运行所需的高昂费用是难以承受的。目前湿式发酵所面临的问题是发酵后大量沼渣和沼液的利用与消纳问题，如果不解决好发酵料液的后续处理问题，很可能会对环境造成二次污染。因此，提高发酵料液的浓度，减少粪污水的排放量已成为厌氧发酵工艺中急待研究的问题。

② 干式发酵　干式发酵又称为固体发酵，其原料的干物质含量在20%以上，料液呈固态状，不存在可流动的液体，含水量较低，使得有机质浓度也较高，从而提高了容积产气率，甲烷含量低，气体转化效率稍差，适用于水资源紧张、原料丰富的地区。干法发酵后处理容易，几乎没有废水的排放，而且发酵后的剩余物中只有沼渣，可直接作为有机肥利用；产生的沼气中含硫量低，无需脱硫，可直接利用；运行费用低，过程稳定。干式发酵工艺不存在如湿式发酵中出现的浮渣、沉淀等问题，其在处理城市生活垃圾和农林残余物等方面具有广泛的应用。干式发酵工艺因发酵原料的流动性差，进料和出料困难而在大中型沼气工程中的应用受到了一定的限制。干式发酵用水量少，其方法与我国农村沤制堆肥基本相同。由于干式发酵时水分太少，同时底物浓度又很高，在发酵开始阶段有机酸大量积累，pH 迅速下降，易使发酵原料酸化，导致厌氧发酵失败。为了防止酸化现象的产生，常用的方法有：加大接种物用量，使酸化与甲烷化速度能尽快达到平衡，一般接种物用量为原料量的1/3～1/2；将原料进行堆沤，使易分解产酸的有机物在好氧条件下分解掉一大部分，同时降低了碳氮比（C/N)；在原料中加入1%～2%的石灰水，以中和所产生的有机酸。堆沤会造成原料的浪费，所以在生产上应首先采用加大接种量的办法。

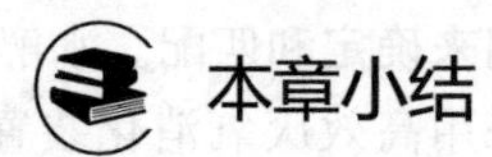

本章介绍了生物质厌氧发酵的原理、特点、工艺流程以及影响因素。

① 厌氧发酵的基本原理是有机物质在一定水分、温度和厌氧条件下，通过各类微生物的分解代谢，最终形成甲烷和二氧化碳等混合性气体（沼气）。

② 厌氧发酵过程可以分为水解阶段、发酵产酸阶段、产氢产乙酸阶段和产甲烷阶段。

③ 厌氧发酵微生物，可分为不产甲烷菌和产甲烷菌两大类群。不产甲烷菌包括发酵性细菌、产氢产乙酸菌和耗氢产乙酸菌；产甲烷菌包括食氢产甲烷菌和食乙酸产甲烷菌。

④ 影响生物质厌氧发酵的因素有环境、温度、酸碱度和发酵原料。

⑤ 对厌氧发酵工艺，一般从发酵温度、进料方式、发酵阶段、发酵物料浓度等角度进行分类。厌氧发酵按温度可以分为高温发酵、中温发酵和常温发酵；按进料方式，可分为连续发酵、半连续发酵和批量发酵；按厌氧发酵不同阶段，可划分为单相发酵和两相发酵；按发酵物料浓度，可分为湿式发酵和干式发酵。

思考题

1. 简述生物质厌氧发酵的原理。
2. 生物质厌氧发酵的特点有哪些？
3. 简述生物质厌氧发酵的工艺流程。
4. 影响生物质厌氧发酵的因素有哪些？
5. 生物质厌氧发酵的微生物有哪些？
6. 生物质厌氧发酵产物的主要成分有哪些？

第三篇　生物质发电技术

第八章
生物质燃烧发电技术

生物质直接燃烧发电是将生物质在锅炉中直接燃烧，产生蒸汽带动蒸汽轮机和发电机发电。直接燃烧发电技术是目前技术最成熟、发展规模最大的现代生物质能利用技术，主要用于处理大农场、大型加工厂或农业秸秆等生物质资源集中区域的废物，并从中获得较高的生物质燃烧和发电效率。

第一节　生物质燃烧发电原理

生物质直接燃烧发电的原理与燃煤锅炉火力发电十分相似，是由生物质锅炉利用生物质直接燃烧后的热能产生蒸汽，再利用蒸汽驱动蒸汽轮机发电。通常燃烧发电系统的构成包括生物质原料收集系统、预处理系统、储存系统、给料系统、燃烧系统、热能利用系统和烟气处理系统。

生物质燃烧发电厂的流程如图 8-1 所示。生物质原料从附近各个收集点运送至电站，需经预处理（破碎、分选、压实）后存放到原料存储仓库，仓库容积至少保证可以存放 5 天的发电原料。后由原料输送装置将预处理后的生物质送入锅炉燃烧，利用生物质燃烧后的热能把锅炉给水转化为蒸汽，为汽轮发电机组提供汽源进而带动发电机发电。生物质燃烧后的灰渣落入出灰装置，由输灰机送到灰坑，进行灰渣处置。烟气经过烟气处理系统后由烟囱排入大气。

由于大部分生物质燃料的含水量较高，能量密度低，收集成本较高，生物质发电成本一般高于常规煤粉发电站，但在煤炭价格较高时则低于燃煤发电的成本。采用生物质与煤混合燃烧技术，在煤炭短缺、价格较高时，既可以达到经济上的合理性，又可以降低锅炉有害排放物的浓度。混合燃烧对燃烧稳定性、给料及制粉系统产生影响，可通过调整燃烧器和给料系统来解决。

美国、欧盟等发达国家和中国已经建成了生物质和煤的混合燃烧示范工程，采用的燃烧设备主要是煤粉炉，也有部分采用层燃炉和流化床锅炉。另外，将固体废弃物（如生活垃圾或废旧木材等）放入水泥窑中进行燃烧也是一种生物质混合燃烧技术。如美国电力研究所和纽约电力煤气公司、北印第安纳公共服务公司等对数台锅炉的煤和木材混合燃烧进行了测试和研究，证明旋风炉的改造费用最低，但煤粉炉利用木材混合燃烧的比例较低，改造费用较高。

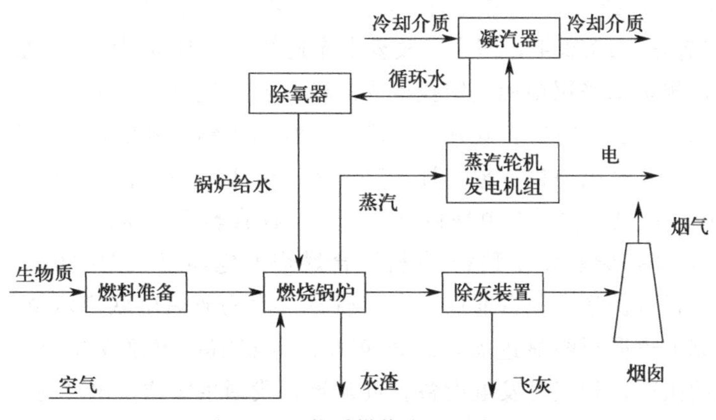

图 8-1　生物质燃烧发电厂流程

若想进一步提高生物质材料混合比例，则需要更高的费用用于生物质燃料的预处理。经验证明，煤中混入少量木材（1%～8%）不存在任何运行问题，当木材的混入量上升至 15%时，需对燃烧器和给料系统进行一定程度的改造。

生物质与煤混合燃烧技术在我国的开发前景非常广阔，对于我国许多现役链条炉和循环流化床锅炉来说，运用混合燃烧技术不需对设备做过大改动，投资费用低，利用率高。

当采用煤粉炉作为燃烧设备时，生物质的预处理可分为以下三种方式。

① 生物质与煤预先混合，经过磨煤机粉碎后，通过分配系统输送至燃烧器。此方式可以充分利用原有设备，简单易行，投资低，但可能影响到锅炉的热功率，限制了生物质种类和使用比例。如树皮会影响磨煤机的正常使用。

② 生物质与煤分别预处理，包括计量粉碎，然后通过各自管路输送至燃烧器，此方式需要安装生物质燃料管道，后期维护比较复杂。

③ 与第二种方式基本相同，不同的是为生物质准备了专门的燃烧器，单独进行燃烧，此方式投资成本最高，但一般不会影响锅炉的正常运行。

此外，当使用农作物秸秆作为燃料时，要考虑可能引起的一系列问题，如秸秆有可能会引起燃料仓堵塞和锅炉的结焦。

第二节　生物质燃烧发电的发展现状

目前，生物质直接燃烧发电在欧美的应用最为成熟。丹麦于 1988 年建成世界上第一座秸秆燃烧发电厂，迄今已建有 130 多家秸秆发电厂，并仍在这一领域保持着世界领先水平。而城市生活垃圾（municipal solid waste，MSW）燃烧发电是生物质直接燃烧发电的一个重要利用领域。自 20 世纪 70 年代以来在发达国家发展较快，其中以欧美、日本等发达国家最具代表性。如今，美国和日本用于焚烧发电的垃圾量占总垃圾处理量的比例分别在 40%和 75%以上，欧洲许多国家的焚烧比例也都接近或超过填埋比例。

与之相比，我国生物质发电技术的研发和应用起步较晚、应用规模不大，但近年来在《可再生能源法》和优惠价格政策的激励下，我国生物质能发电技术产业已具有全面加速发展态势。2005 年以前，我国生物质发电总装机容量约 200 万 kW，主要集中于农业加工项目产生的现有集中废弃物。其中，以蔗渣发电为主，总装机量约为 1.7GW，其余是碾米厂稻壳气化发电。2006年，我国相关法规规定，新建生物质发电项目在15年内享受0.25元/(kW·h)的价格补贴，2010年，国家发改委发布通知，出台全国统一的农林生物质发电标杆上网电价标准，规定未采用招标确定投资人的新建农村生物质发电项目，统一执行标杆上网电价每千瓦时0.75元（含税）。在政策激励下，我国生物质发电投资热情迅速高涨，启动建设了各类农林废弃物发电项目。据统计，2006年全国核准39个生物质发电项目，总装机容量约128万kW。新建生物质发电项目以农作物秸秆直燃发电项目为主（例如山东单县秸秆直燃发电项目），还探索建设了秸秆-煤粉混合燃烧发电项目（例如山东枣庄十里泉发电厂）和热电联产项目（例如内蒙古通辽市奈曼旗林木生物质热电联产示范项目）。我国在生物质发电设备研制上也取得明显进展，2006年在江苏省宿迁市建成投产了我国首台具有完全自主知识产权的国产秸秆直燃发电设备。近几年，我国生物质发电产业发展迅速，产业中应用的主要是生物质直燃发电技术，直燃发电中多采用丹麦水冷振动炉排秸秆直燃技术，但设备价格昂贵，对直燃发电技术的推广不利，而少数采用气化发电技术。截至2023年底，全国已建成投产的生物质直燃发电项目总装机规模4414万kW。

第三节　生物质直燃发电系统

(1) 燃料系统

生物质分布分散，其中密度、流动性等对生物质原料的输送和燃烧效果有较大影响。秸秆等生物质原料一般较为松散，流动性差，对旋转设备易于缠绕、挤塞，原料堆积密度差别较大，因而生物质燃料占地面积大。由于生物质的发热量明显低于煤，对于发电厂来说，燃料的储备体积要远远大于燃煤电厂，要求电厂中有较大面积的场地用于燃料的储存和处理。

① 电厂外燃料收集系统　根据电厂的装机容量、周边生物质原料种类、资源可获得性以及土地状况确定收集方式。

a. 大型收集厂模式。在电厂附近（几十米到几百米范围内）建设一处集中的大型收集场，收购、存放电厂较长时间内的可用原料。该模式便于集中管理，可以使用大型机械作业，能降低秸秆原料的保管和短途运输成本，还可保证原料收购质量。但对于装机较大的秸秆发电厂来说，也存在着秸秆进场车辆运输压力大、原料保管困难、占地面积大等一些问题。

b. 小型收储站模式。在电厂周围一定半径（一般为25～35km）范围内建设多处小型收储站，负责就近收集秸秆、加工打包和储存，并定期向发电厂运送秸秆捆。该模式可以分散集中收储秸秆燃料的风险，每个收储站占地面积小；收储站到电厂运输已打包成形的燃料，装卸运输可使用专用机械，能降低运输成本。但该模式会增加中间作业环节，增加二次运输成本，还会增加总体投资。

对生物质燃料进行预处理，可以增加其能源密度，减少收集、运输和储存的成本，并满足不同燃烧系统的要求。生物质燃料的收集、预处理技术因生物质的种类、特性而不同。麦秆、玉米秆、稻秆等软质秸秆一般采用打捆处理，即在燃料收集时采用专用设备压制成一定尺寸、质量的捆，可在田野直接打捆，也可在收购站打捆，然后用车辆运输到电厂，在电厂内采用秸秆捆抓斗起重机进行上料、卸料，经去绳、切碎、散包后送入锅炉，这也是目前国内大多秸秆电厂的做法。棉秆、木片、树枝等硬质原料，多采用打碎方式进行处理，即将原料通过削片、破碎等方式处理成尺寸较小的片状、颗粒状，进行运输和存放，然后再运输到电厂。

② 电厂内燃料的存放　打包或切碎、散装的生物质原料送入电厂后，将存放于电厂内燃料存放场，以备电厂较短周期内使用。燃料存放场的设计可参考制浆造纸行业相关规范，燃料堆的尺寸、堆间距等需符合相关消防要求，同时燃料堆上需要覆盖遮雨物，燃料堆下部地面需做防水处理。燃料存放场的存料量能满足电厂一定时间内的用料需求，具体数值可根据电厂周边燃料供应情况和交通情况而定。根据不同的布置方式，目前多数秸秆电厂设置秸秆存放场 2～3 个，储存秸秆量为锅炉 3～5 天的消耗量，一般采用半封闭或全封闭形式，以满足电厂对燃料含水率的要求。在燃料存放场，设置多台起重机和叉车等，用于将秸秆捆从汽车上卸下并堆放到燃料堆，或者从燃料堆上取秸秆捆并放置到输送机上上料。

燃料运输车首先经过电子汽车衡进行称重，同时进行原料含水率测试。在欧洲的发电厂中，含水率测试由安装在起重机上的红外传感器自动实现，国内目前多采用手动将探测器插入燃料捆中测试的方法。质量合格的燃料被运送到特定的燃料存放场存放或直接进入输送系统。秸秆发电厂秸秆捆的卸车、上料多是通过抓斗起重机来完成的，同时采用先进的管理系统实现统计、管理功能，对入库数量、各库存量、各起重机工作量、存放位置、存放时间等信息进行统计和报表，并具有调度功能。散碎原料进厂后，经汽车衡称重后进入卸料沟卸料。卸料沟内原料经刮板输送机落至带式输送机，经斗式提升机提升至储料仓内。

③ 电厂内燃料输送及处理　对于秸秆捆，从燃料存放场的燃料堆，利用水平链式或者带式输送机输送，并经中间分配和转运输送装置输送到螺旋破碎机，在向上输送过程中对秸秆捆进行称重解包，并将秸秆捆破碎至锅炉要求的物料尺寸，然后进入螺旋给料机，由螺旋给料机经防火门给锅炉供料。国内的大多数生物质直燃发电厂采用了丹麦 BWE 公司的秸秆锅炉及设备，也采用了其设计的燃料供料系统并进行了改进。国内某电厂采用的秸秆燃料输送系统的工艺流程如图 8-2 所示。

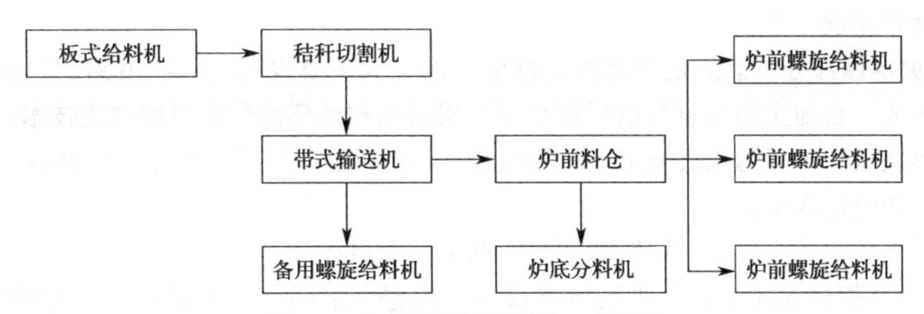

图 8-2　秸秆燃料输送系统工艺流程

某生物质循环流化床（CFB）锅炉机组总装机容量为 2×12MW，设计的燃料为农林和农产品加工废弃物如稻壳、秸秆、芭茅草等可再生能源。在电厂内设置封闭燃料存储库，并设置临时露天堆场。燃料进厂后，直接可以入炉的燃料进入干料棚，其余燃料经破碎后进入干料棚。来料方式采用汽车运输。干料棚设置有一个桥式抓料机，负责在雨天将原料抓入 2 号皮带起始端落料斗。正常上料时，在 1 号皮带机入口前布置一台组合式给料机，采用自卸汽车从其尾部卸入给料机槽内的运行方式。1 号给料皮带采用单条皮带，经 1 号转运站电动三通，燃料被输送到 2 号皮带，经 2 号转运站后被输送到 3 号皮带，最后由电动犁式卸料器将料分配到炉前料仓。该厂共设置两个炉前料仓，每台炉前料仓储存燃料量为 160m^3。2×

12MW 的生物质发电厂日（按 24h 计）消耗燃料量为 701t。该厂上料流程如图 8-3 所示。

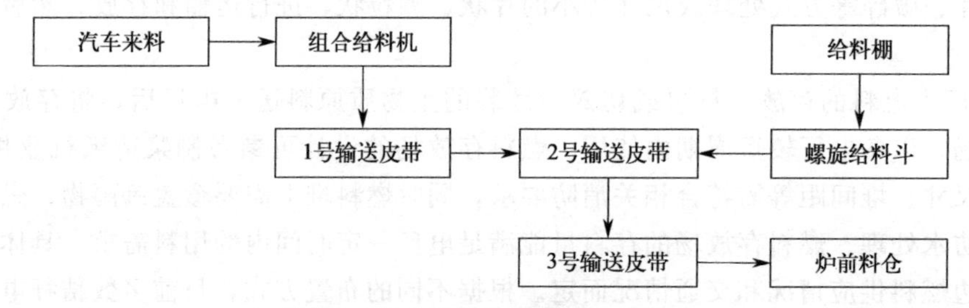

图 8-3 某生物质电厂燃烧上料流程

上料系统范围从露天料场、干料棚起到主厂房炉前料仓顶部为止，整个上料系统包括露天料场、干料棚、组合式给料机、活化螺旋给料机、带式输送机系统、除铁器、电子皮带秤、犁式卸料器等。

对于散碎的木片、棉秆等燃料，由布置在卸料沟或原料场底部的送料机将燃料取出，经带式输送机再将燃料送到主厂房内的配料机上，而后均匀分配到炉前料仓，由布置在料仓底部的分料机根据锅炉需要分配到各个炉前螺旋给料机，并给入锅炉。

炉前给料系统主要由炉前筒仓、取料机、输料机、配料机、给料机、给料管、插板以及膨胀节等部件组成。给料系统一般设两台炉前筒仓，燃料从料仓底部螺旋给料机取出并输送到输料机。配料机将燃料按照合适的比例进行分配后供给多台给料机，给料机将燃料输送到给料管，燃料在自身重力及播料风作用下沿管路进入锅炉。各个电厂具体的输送流程有一些差别，在燃料输送过程中，系统越复杂，设备就越多，系统运行受到的制约也就越多。科学地设计燃料输送系统的工艺流程对降低成本、提高作业效率并确保作业安全具有重要作用。同时，由于生物质燃料的特殊输送特性，常规的固体物料输送设备可能需要进行一定的改进。另外，生物质原料在很多情况下会混入沙土、石子甚至金属等杂物，利用之前需将这些杂物去掉，进行原料的筛选、分级等有时也可能是必要的。

(2) 锅炉系统

① 锅炉本体部分　锅炉是生物质直燃电厂的三大主要设备之一，由锅炉本体、辅助设备及附件构成。目前生物质直燃电厂锅炉多采用层燃和循环流化床两种燃烧技术，国内常见的生物质燃烧锅炉主要为以丹麦 BWE 公司为代表的高温高压振动炉排炉以及我国自主开发的次高压循环流化床锅炉。

生物质锅炉本体主要由“锅”和“炉”两大部分组成。

“锅”一般指汽水系统，主要包括省煤器、汽包、下降管、下联箱、水冷壁、上联箱、过热器、再热器。“锅”的主要任务是吸收炉内燃料燃烧释放的热量，将给水加热成过热蒸汽。生物质直燃电厂锅炉汽水系统一般采用自然循环汽包锅炉。

“炉”泛指锅炉的燃烧系统，包括燃料、风、烟系统，一般由燃烧室、点火装置、风烟系统、烟道及空气预热器构成。其主要任务是组织燃料在炉内良好地燃烧，释放热量。由于采用秸秆、稻壳等生物质作燃料，因此生物质直燃锅炉的燃烧系统与常规火电厂不同，目前主要采用振动炉排层燃的燃烧方式及循环流化床燃烧方式。对于生物质炉排锅炉，燃烧系统还包括风室、炉排等。而常见的生物质循环流化床锅炉的燃烧系统还包括布置有布风装置的水冷风室及构成循环流化床锅炉外循环的旋风分离器、物料回送装置等。

此外，锅炉本体还包括用来构成封闭的炉膛和烟道的炉墙以及用来支撑和悬吊汽包、受热面、炉墙等设备的构架（包括平台扶梯）。辅助设备包括通风设备、给料设备、燃油系统、给水系统、灰渣处理设备、除尘设备等。为了保证锅炉生产过程的安全运行，还必须设置若干锅炉附件，包括控制锅炉蒸汽压力的安全门、监视汽包水位的水位计、清除锅炉受热面积灰保持受热面清洁的吹灰器、监视锅炉热工参数的热工仪表等。

② 锅炉汽水系统　自然循环锅炉汽水系统主要由省煤器、汽包、下降管、水冷壁、过热器等构成，如图 8-4 所示。

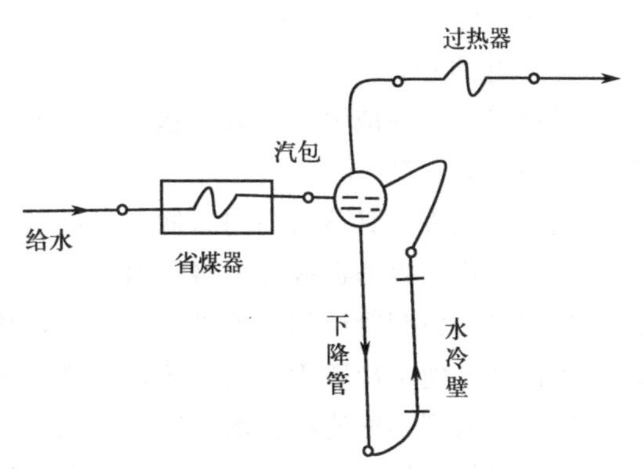

图 8-4　自然循环锅炉汽水系统示意图

水在水冷壁内吸热，其中部分水转变成饱和蒸汽，形成汽水混合物。汽水混合物进入上联箱汇合后，经汽水混合物引出管进入汽包进行汽水分离，分离出的饱和蒸汽由汽包顶部引出直接进入过热器，饱和水回到汽包水空间进入下降管再次循环。蒸汽进入过热器进一步加热成具有一定压力和温度的过热蒸汽，送入汽轮机做功。对于生物质锅炉，炉排、布风装置、物料分离器可以设计为水冷壁形式，保护这些装置防止超温结焦的同时也充分吸收锅炉热量。

③ 燃烧系统　燃烧系统是为使燃料在炉膛内充分燃烧，向锅炉提供足够数量的燃料和空气，同时排除燃烧生成的烟气所需的设备，是烟、风、生物质燃料管道及其附件的组合。

a. 生物质炉排锅炉。燃烧系统由燃烧室、炉排、风室、点火燃烧器、风烟系统、烟道和空气预热器等组成。

工作过程为：生物质燃料由炉前给料机送入燃烧室，在炉排上形成固体燃料层，一次风从布置在水冷炉排上的通风空隙穿过燃料层向上流动，二次风在炉排上部送入，加强后期扰动，并供给燃料燃烧需要的大量 O_2。在高温下，空气和燃料发生燃烧反应，大部分燃料在炉排上形成火床燃烧，只有少数呈细小颗粒的固体燃料和燃烧生成的可燃气体在火床上的炉膛空间燃烧，燃料在炉排上燃烧生成的高温烟气也离开燃料层向上流动，升入炉膛，在引风机作用下，高温烟气流经锅炉各级受热面后，经过除尘设备，经引风机烟囱排向大气。

b. 生物质循环流化床锅炉。燃烧系统主要由燃烧室、布风装置、点火装置、物料分离器、物料回送装置、风烟系统、空气预热器等设备构成。

工作过程是：燃料经破碎至合适粒度后，经由布置在炉前的给料机送入燃烧室，一次风从流化床燃烧室布风板上部风帽给入，二次风在稀相区分层送入，加强后期扰动和供氧，入炉燃料与燃烧室内炽热的沸腾流化的惰性床料混合，被迅速加热，燃料在充满整个炉膛的惰性床料中燃烧。在较高气流速度的作用下，燃烧充满整个炉膛，并有大量细小固体颗粒被携带出燃烧室，经高温旋风分离器分离收集后，经分离器下的立管和回料阀在高压流化风作用下送回炉膛循环燃烧。被分离的烟气经过锅炉各级受热面后经除尘设备经引风机、烟囱排向大气。

锅炉运行中，需要根据负荷和燃烧情况及时对燃烧进行调整，以保证锅炉在最佳效率下运行。要合理的组织燃料的燃烧，保证入炉燃料及时着火、完全燃烧，尽可能降低排烟中污染物含量。同时，使汽温、汽压、水位等参数维持在规定范围，保证锅炉出力及机组运行的可靠性。

④ 锅炉主要参数的调节

a. 汽包水位的调节。在锅炉运行中，汽包水位过高或过低，都将给锅炉和汽轮机的安全运行带来严重的威胁。一般汽包正常水位应在汽包中心线以下 100～200mm 处，允许波动范围为±50～75mm。

汽包水位表示其蒸发面的高低。水位过高，蒸汽空间缩小，会引起蒸汽中水分增加，使蒸汽品质恶化，容易造成过热器管内沉积盐垢，管子过热损坏。当汽包严重满水时，会使蒸汽大量带水，引起管道和汽轮机的水冲击，甚至打坏汽轮机叶片。水位过低，可能会破坏正常的水循环，使水冷壁管超温损坏，当严重缺水时，还可能造成水冷壁爆管事故。因此，运行中应尽量做到均衡连续供水，使给水流量和蒸发量保持平衡，保持汽包水位正常。

汽包水位的调整，对于采用定速给水泵的机组，可通过改变给水调节阀的开度来调节给水流量。对于采用变速泵的机组，调节给水泵的转速和给水调节阀的开度都可改变给水流量。现代大型锅炉给水采用“三冲量”法进行给水自动调节，即根据汽包水位、主蒸汽流量、给水流量三种信号综合判断并自动调节给水流量，保持汽包水位稳定。

当锅炉低负荷运行时，汽包水位应稍高于正常水位，以免负荷增大造成低水位；反之，高负荷运行时应使锅筒水位稍低于正常水位，以免负荷降低造成高水位。但上、下变动的范围不应超过允许值。

b. 汽温调节。过热汽温是蒸汽质量的重要指标，运行中如果过热汽温偏离规定值过大或频繁波动，将会直接影响到锅炉和汽轮机的安全、经济运行。一般地，当达到额定负荷运行时，过热汽温的变化范围应保持在－10～＋5℃运行。

汽温过高，长期超过设备的允许工作温度，将使钢材加速蠕变，从而缩短设备使用寿命，严重超温时会导致管子在短时间内爆破。

汽温过低不仅降低了机组的循环热效率，还会使汽轮机最后几级的蒸汽湿度增加，造成叶片侵蚀，严重时将发生水冲击。

汽温突升或突降，将会使锅炉受热面焊口及连接部分产生较大的热应力，同时还将造成汽轮机的汽缸与转子间的胀差增加，威胁汽轮机的安全运行。

过热器蒸汽温度用混合式喷水减温器来调节，而且也可以用此消除两侧管壁的温度差。过热器采用二级减温器：第一级为粗调，布置在低温过热器出口与屏式过热器入口管道上；第二级布置为细调，位于屏式过热器与高温过热器之间的连接管道上。通过喷水调节汽温时，运行人员要密切关注喷水量及喷水前、后的蒸汽温度，确保减温后的汽温要有一定过热度，要高于该压力下的饱和温度 11℃，防止蒸汽带水，影响汽轮机的安全运行。

c. 汽压调节。蒸汽压力是蒸汽质量的重要指标，是锅炉运行中必须监视和调整的主要参数之一。锅炉在额定负荷下运行时，应维持蒸汽压力在正常值的±（0.05～0.1）MPa。对于采用滑压运行的机组，低负荷时可保持较低的蒸汽压力。

蒸汽压力的变化不仅影响蒸汽温度和汽包水位，而且直接危害锅炉和汽轮机的安全与经济运行。汽压过高，将使机炉承压部件承受过大的机械应力，影响设备寿命。如果经常超压会引起安全阀动作，不仅造成排汽损失，而且会使安全阀由于磨损和污物沉积在阀座上产生漏汽，同时还会导致水位发生较大的波动。

汽压低于额定值会使蒸汽在汽轮机内膨胀做功的焓降减小，降低了做功能力，使汽耗增大，机组循环热效率下降。汽压过低还可能会导致汽轮机被迫减负荷，影响正常发电。如果汽压频繁波动，会使承压部件经常处于交变应力的作用下，导致金属部件的疲劳损坏。同时，汽压的突变容易造成汽包的“虚假水位”，若调节不及时，易导致满水和缺水事故的发生。

汽压调节的主要任务是在锅炉运行中维持主蒸汽出口压力的稳定。蒸汽压力波动的根本原因是锅炉蒸发产汽量与流出量不平衡，如锅炉产汽量大于流出量，则汽压升高；如锅炉产汽量小于流出量，则汽压降低。因此，运行中要将汽压稳定在规定范围内，实际上就是保持锅炉的蒸发量与汽轮机负荷之间的平衡。

影响蒸汽压力波动的因素主要有两类，即内扰和外扰。所谓内扰是指由锅炉自身原因引起的蒸汽压力波动，如燃烧突然加强，会引起产汽量增大，此时如果流出量不变，会导致锅炉压力升高；反之，如燃烧突然减弱，会引起产汽量减少，在流出量不变的情况下，会导致锅炉压力降低。所谓外扰是指由锅炉外部原因引起的蒸汽压力波动，如汽轮机进汽量突然增大，而锅炉蒸汽产量由于锅炉燃烧调节的延迟不能马上增大，会导致蒸汽压力降低；反之，会导致蒸汽压力升高。

(3) 汽轮机及辅助系统

① 汽轮机的工作原理　汽轮机是将蒸汽热能转换为机械能的基本部分，和锅炉、发电机一样是火力发电厂最基本的三大设备之一。汽轮机是以水蒸气为工质，将热能转变为机械能的高速旋转式原动机。由锅炉来的蒸汽通过汽轮机时，分别在喷嘴（静叶片）和动叶片中进行能量交换。根据蒸汽在动、静叶片中的做功原理不同，汽轮机可分为冲动式和反动式两种。

a. 冲动式汽轮机。工作原理：具有一定压力和温度的蒸汽先在固定不动的喷嘴中膨胀，膨胀时，蒸汽压力、温度降低，速度增加，使其热能转换成动能，从喷嘴出来的高速气流，以一定的方向进入动叶通道，在动叶通道中汽流速度改变，对动叶产生一个作用力，推动叶轮和轴转动，使蒸汽的动能转变为轴上的机械能。

b. 反动式汽轮机。工作原理：蒸汽流过喷嘴和动叶片时，蒸汽不仅在喷嘴中膨胀加速，而且在动叶中也要继续膨胀，使蒸汽在动叶流道中的流速更高。当由动叶片流道出口喷出时，蒸汽便给动叶一个反动力。动叶片同时受到喷嘴出口汽流的冲动力和自身出口气流的反动力。在这两个力的作用下，动叶片带动叶轮和轴高速旋转。

如上所述，蒸汽的热能转变为机械能是由两步完成的。首先将蒸汽的热能转变为汽流的动能，而后将蒸汽的动能传递给叶片，使之最后转变为轴上的机械能。前者在喷嘴中进行，后者在动叶流道内完成。能量转换的主要部件是一组喷嘴和一圈动叶，由它们组合而成的工作单元，称为汽轮机的级。由于单级汽轮机的能量转换能力有限，因此电厂中都采用多级汽轮机。

汽轮机设备及系统包括汽轮机本体、调速保安油系统、辅助设备和热力系统等。

汽轮机本体由汽轮机的转子和定子组成。转子包括轴、叶轮和动叶片等部件；静子包括汽缸、隔板、喷嘴、气封和轴承等部件。

汽轮机调速保安油系统主要包括调速器、调速传动机构、调速汽门、油泵、安全保护装置和冷油器等部件。

汽轮机辅助设备主要包括凝汽器、抽气器、加热器、除氧器、给水泵、凝结水泵、循环水泵等。

汽轮机热力系统包括主蒸汽系统、给水除氧系统、抽汽回热系统和凝汽系统等。

由于生物质电厂机组规模较小，考虑供热设计，目前较多采用高压高温单缸抽凝汽式汽轮机或者背压式汽轮机。

② 汽轮机的热力系统 汽轮机与锅炉之间的汽水循环系统即为汽轮机的热力系统，它由凝汽冷却系统、回热加热系统、疏水系统以及补充水系统等组成。

其流程为：从锅炉来的高温、高压蒸汽，经由主蒸汽管道和电动主汽门至汽轮机主汽阀，蒸汽通过主汽阀后，经导流管流向调节阀。蒸汽在调节阀控制下流进汽轮机内各级膨胀做功，将蒸汽的热能转化为汽轮机轴上的机械能，做功后的乏汽排入凝汽器。被循环冷却水冷凝后形成凝结水汇集于凝汽器热井中。热井中主凝结水由凝结水泵抽出，并依次打入低压加热器，接受汽轮机低压回热抽汽的加热，逐渐升高温度后被送入除氧器，利用汽轮机高压回热抽汽直接加热除去溶于水中的氧气，除氧后的给水经给水泵加压到达同压加热器，接受高压回热抽汽的加热，温度得到进一步提高后送到锅炉省煤器。各级加热器、管道中的凝结水作为疏水直接引入除氧器或凝汽器。

第四节 工程实例

我国首台秸秆与煤混合燃烧发电机组于2005年12月6日在山东枣庄华电国际十里泉发电厂（5号机组）顺利投产。2006年3月21日，中国电力企业联合会在华电国际十里泉发电厂主持召开了“400t/h煤粉炉直接燃烧掺烧秸秆发电技术研究与应用”技术成果鉴定会，鉴定委员会经过认真讨论考评，一致认为该项燃烧技术为国内首创，目前在国内处于领先水平。

十里泉发电厂5号机组（140MW）秸秆发电采用生物质与煤混合燃烧技术，该技术在欧洲的一些国家已有成功先例。本工程总建筑面积为3383m^2，投资约8000万元。改造的主要内容是增加一套秸秆粉碎及输送设备，增加两台额定输入热量为30MW的秸秆燃烧器，同时对供风系统及相关控制系统进行改造。改造后的锅炉既可实现秸秆与煤粉的混合燃烧，也可继续单独燃用煤粉，每年可燃用秸秆10万吨左右。两台新增加的秸秆燃烧器所输入的热负荷能达到锅炉额定负荷的20％。

十里泉发电厂5号机组秸秆发电工程，主要引进了丹麦BWE公司的生物质发电理念，并结合十里泉发电厂的自身特点，对国外技术进行了全面的消化和改进，使改进后的生物质秸秆直接燃烧发电技术适用于我国中小型燃煤发电机组，四角切圆煤粉炉的改造实施还解决了一系列技术难题和难点。

(1) 掺烧情况

① 掺烧比例、计量方式和改造的设备。秸秆的额定掺烧比例，按热值计为单位输入热量的20％，质量比约为30％。计量采用到货计量方式，即计算秸秆燃料的实际到货量。改造的设备包括：引风机出力增容改造、燃烧器改造（增加新秸秆燃烧器2只）、分散控制系统（DCS）改造、供变电系统改造。另外增加一套秸秆制备和输送系统（含厂房）。

② 累计掺烧时间和掺烧连续最长运行时间。2006年1～6月秸秆系统运行统计见表8-1。

表8-1 2006年1～6月秸秆系统运行统计

月份	1月	2月	3月	一季度	4月	5月	6月	二季度	1～6月
5号机组运行小时数/h	509	583	744	1836	720	744	720	1464	3300
秸秆系统运行小时数/h	260	160	504	1024	640	390	414	1444	2468

最长连续运行时间为18h。由于该机组夜间参与调峰，因此零时至早晨六时负荷低时秸秆系统不投入运行。

③ 掺烧对运行效率、负荷调节等的影响。采用秸秆部分替代煤炭燃烧发电仅对锅炉燃烧有一定影响。因为秸秆燃烧很难达到较高的烟气温度，为保证该机组热效率维持不变，多数纯秸秆燃烧发电厂的发电效率只能达到30%左右，锅炉满负荷时需控制秸秆额定热输入为燃煤时的20%。同时，为确保锅炉运行稳定和便于燃烧调整，控制投入秸秆时机组最低负荷为90MW。掺烧秸秆后，烟气流速增加，对流换热增强，但由于容积热负荷下降，换热量基本维持稳定，不会出现蒸汽严重超温现象，同时蒸汽温度整体会略有降低，但锅炉效率没有明显变化。

(2) 经济效益分析

① 掺烧经济性分析　按照机组年利用小时6000h计，秸秆发电量占机组发电量的20%。若不进行秸秆发电改造，该部分发电量将耗用标准煤约57184t，按目前执行的电价354元/(MW·h)计算，年利润总额约为139.16万元。

秸秆发电改造后，运行成本将增加，主要包括：增加投资约8357万元，按机组剩余使用时间10年计算，每年增加折旧费用810.66万元；投资的80%为银行贷款，按年利率5.76%计算，每年增加财务费用385.11万元；年均增加大修费用125.36万元；年均增加运行维护材料费用42.5万元；年均增加秸秆管理人员人工费用80万元；燃用秸秆后每年将增加燃料成本1353.62万元。

经测算，燃烧秸秆发电上网电价达到581.96元/(MW·h)才能保持改造前后赢利水平基本一致，该电价比目前燃煤执行的电价354元/(MW·h)高227.96元/(MW·h)。省物价局和电网对秸秆发电给予了594元/(MW·h)的政策支持，以补偿秸秆发电改造投资及增加的运行成本费用，并保持一定的利润。由上述可知，在目前的政策下，秸秆与煤混合燃烧发电的商业化运营是完全可行的。

② 环境效益和社会效益分析　煤炭与20%的秸秆混合燃烧，按年运行7500h计算，每年将燃烧10.7万吨秸秆，相当于减少5.8万吨标准煤的消耗量。2006年，该厂共掺烧秸秆5.6万吨，折合标准煤2.9万吨，二氧化硫减排量约621吨，农民收入增加2000多万元，大大促进了当地经济的发展。秸秆燃烧发电使过去利用率低下的秸秆变废为宝，并给农民带来实惠。

第五节　城市垃圾焚烧发电

常用的生活垃圾处理方式有卫生填埋、焚烧、堆肥，此外还有热解气化、厌氧消化和高温高压液化等处理方法。焚烧处理是主要的处理方法，目前也有通过发酵气化后再发电的处理方法。

(1) 垃圾分选工艺

城市废弃物中可被回收利用的物质包括玻璃、陶瓷碎片、铜和铅等金属物质。其物理性质的差异，决定了应用不同手段对其进行分离。通常基于其密度、粒度、磁性、光电性和润湿性差异对其进行分类。分选方式主要有重力分选、筛分、磁选以及手工分选等，在许多发达国家还采用了浮选、光学分离、静电分选等方法。但手工分选仍是一种最经济、最有效的分选方式。我国由于垃圾灰渣的成分复杂，劳动力资源丰富，一般以机械分选为主，以人工分选为辅。下面介绍几种常用的分选工艺。

① 重力分选　重力分选简称重选，是根据固体废弃物中不同物质颗粒的密度差异，以及在运动介质中受到重力和其他机械力的不同，使颗粒群松散分层和迁移分离，从而得到不同密度产品的分选过程，常用的分选介质有空气、水等。根据分选介质和作用原理上的差异，重选可分为风力分选、重介质分选、跳汰分选、摇床分选、惯性分选等。

a. 风力分选。风力分选简称风选，是以空气为介质，基于固体颗粒在风力作用下，密度的大小影响颗粒沉降速度的快慢，密度大的物体运动距离比较近，密度小的运动距离比较远，使密度不同的物料得以分开。风选设备按气流吹入分选设备方向的不同可分为水平气流风选机（又称卧式风力分选机）和上升气流风选机（又称立式风力分选机）。

b. 重介质分选。重介质分选是将密度不同的两种颗粒群，用一种密度介于两者之间的介质作为分选介质，使轻颗粒上浮、重颗粒下沉，从而实现物质的分离。

c. 跳汰分选。跳汰分选是使混合废弃物中不同密度的粒子群在垂直脉动运动介质中按密度的大小将重颗粒群（重质组分）分在下层，密度小的颗粒群分在上层，从而实现物料分离。跳汰介质可以是水或空气，用于固体废弃物分选的介质多用水。

d. 摇床分选。摇床分选是在一个倾斜的床面上，借助床层的不对称往复运动和斜面物流的综合作用，使细粒固体废弃物按密度差异在床面上呈扇形分布从而进行分选的一种方法。

e. 惯性分选。惯性分选是基于混合固体废弃物中各组分的密度和硬度差异而进行分离的一种方法。主要应用于废弃物中金属、玻璃、陶瓷等密度和硬度较大的组分的分选。惯性分选机械主要有弹道分选机、反弹滚筒分选机等。

② 筛分　筛分是利用垃圾的粒度差，使固体颗粒在具有一定大小筛孔的筛网上运动，把不同物质按照粒子大小的不同进行分离的过程。松散物料在筛面上进行筛分时其筛分过程可分为以下两个阶段：第一阶段，颗粒较细的物料在筛面和物料间的相对运动以及自重的作用下，从粗颗粒的空隙处往下挤，逐渐与筛面接触，实现物料的分层；第二阶段，较细颗粒的物料在筛面和物料不断相对运动的作用下与一定尺寸的筛孔进行大小比较，小于筛孔尺寸的颗粒逐渐透过筛孔，而大于筛孔尺寸的颗粒则留在筛面上，并渐次地向前（或向后）运动直至抛出。

筛分效率受筛子的振动方式、振动频率、振幅大小、振动方向、筛子角度、粒子反弹力差异、筛孔目数及与筛孔大小相近的粒子占总粒子的百分数等多种因素影响。筛分设备种类繁多，固体废弃物处理中几种常用的筛分设备如下。

a. 固定筛。固定筛由一组平行排列的钢条或钢棒组成，格条由横板连接在一起，位置固定不动。此种设备主要用于粗筛作业。

b. 振动筛。振动筛是通过不平衡体旋转产生的离心力带动筛筐振动，从而实现物料筛分的一种设备，根据筛筐运动轨迹不同把振动筛分为圆运动和直线运动两类。目前在固体废弃物处理方面多采用直线振动筛也称惯性振动筛。惯性振动筛适用于细粒（0.1～15mm）废弃物的筛分，也可用于潮湿及黏性废弃物的筛分。

c. 转动筛。转动筛又叫滚筒筛，筛面为多孔眼的圆柱形筒体，物料从倾斜滚筒的一端送入，借滚筒的转动作用发生翻滚，并向另一端移动，在移动过程中按筛面网眼大小进行分级，不能通过筛网的物质从出口排出。

d. 共振筛。共振筛是根据共振原理对物质进行筛分。

③ 磁选　磁选是利用固体废弃物中各种物质的磁性差异，在不均匀磁场中进行分选的一种处理方法。磁选主要用于从废弃物中分离回收罐头盒、铁屑等含铁物质。常用的磁选设备有悬挂带式磁选机和轮筒式磁选机两种。

④ 其他分选方式

a. 浮选法是依据各种物料表面性质的差异，把固体废弃物和水调制成一定浓度的料浆，并通入空气形成无数细小气泡，使欲选物质颗粒黏附在气泡上，随气泡上浮于料浆表面成为泡沫层，然后刮出回收，不浮的颗粒仍留在料浆内。

b. 静电分选法是利用物质的导电率、热电效应及带电作用差异而进行物料分选的方法，可用于各种塑料、橡胶、合成皮革与胶卷、玻璃、金属的分离。

c. 光学分离技术是利用物质表面光反射特性的不同来分离物料的方法。

d. 涡电流分离技术是在废弃物中回收有色金属的有效方法，具有广阔的应用前景，当含有非磁导体金属（如铝、铜、锌等物质）的废弃物流以一定的速度通过交变磁场时，这些非磁导体金属中会产生感应涡流。由于废弃物流与磁场产生一个相对运动的速度，从而对产生涡流的金属有一个推力。利用此原理可使一些有色金属从混合废弃物中分离出来。

(2) 垃圾焚烧发电流程

如不考虑垃圾分选，垃圾焚烧发电的常用工艺流程如图 8-5 所示。垃圾运输车将垃圾运至电站经地磅称重后，需要将物料卸到垃圾储坑中，并且储坑容积一般需要保持在 3t 以上。垃圾在坑内发酵脱水后，由垃圾吊车将垃圾送入给料器，并进入焚烧炉内焚烧。送风机从垃圾储坑中吸入空气，使垃圾储坑保持负压，避免坑中臭气外漏，空气经过空气预热器后作为锅炉的一次风和二次风。燃烧完全的灰渣送到灰渣处理系统，灰渣处理过程的污水和电厂内部的其他污水一起送到污水处理厂进行无害化处理；燃烧产生的热量和烟气经过余热锅炉进行能量回收，产生的蒸汽送汽轮机发电；锅炉出来的烟气经烟气处理系统除尘除酸后由烟囱排入大气；除尘设备收集的飞灰和灰渣送到厂外进行处理。

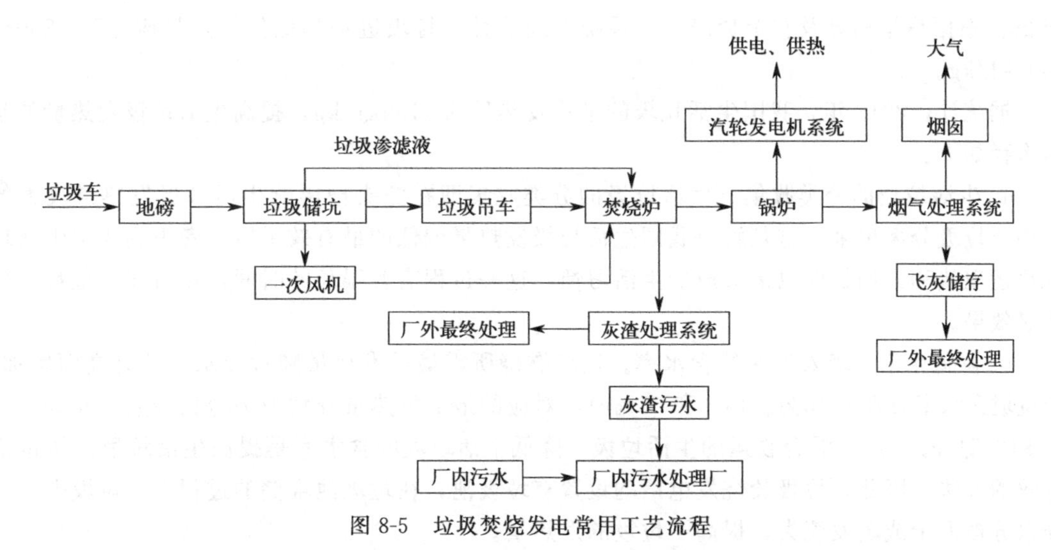

图 8-5　垃圾焚烧发电常用工艺流程

(3) 城市生活垃圾成分分析

① 工业分析　按国家的垃圾成分分析方法，工业分析就是测定垃圾中水分、可燃质和

灰分的质量分数。而且使用收到基成分，即垃圾入厂时的成分。需要说明的是，垃圾焚烧厂建厂前通常是在垃圾收集过程中或填埋场进行取样分析，其分析的数据与垃圾焚烧厂入厂成分略有差别，而垃圾入厂进入垃圾储坑由于渗滤液排出、泥土沉积和堆酵效应，入厂垃圾的成分又会有所变化，有时发热量相差10%～20%（主要是水分的变化），因此，垃圾工业分析时，必须注明垃圾成分的基准或者取样条件，不能简单地认为垃圾成分是变化的。

② 元素分析 固体燃料中有机物由碳（C）、氢（H）、氧（O）、氮（N）和硫（S）等元素组成，垃圾中通常含有一定量的氯（Cl）元素，此外，还含有水分（M）和灰分（A）等惰性成分。垃圾的元素分析成分用式(8-1)表示。

$$C+H+O+N+S+Cl+A+M=100\% \tag{8-1}$$

垃圾元素测定的样品粒度要求小于0.2cm。

③ 发热量 发热量是指单位质量（1kg）的垃圾完全燃烧所产生的热量，单位为kJ/kg。燃料发热量具有高位发热量和低位发热量，若不计入所生成的水蒸气的潜热称为低位发热量。我国在锅炉计算中采用低位发热量。

垃圾的发热量（Q_v）可由氧弹仪测定，也可根据垃圾中化学成分含量，采用式(8-2)计算。

$$Q_v=348\frac{C}{100}+939\frac{H_2}{100}+105\frac{S}{100}+63\frac{N_2}{100}-108\frac{O_2}{100}-25\frac{H_2O}{100} \tag{8-2}$$

根据垃圾产生的热量和烟气量，可计算出焚烧炉中烟气的温度。

生活垃圾的低位发热量是决定一种城市生活垃圾适不适合焚烧处理技术的关键，2000年由建设部、科技部、国家环保总局联合印发的《城市生活垃圾处理及污染防治技术政策》要求焚烧进炉垃圾的平均低位发热量高于5000kJ/kg。一般认为，低位发热量小于3300kJ/kg的垃圾不宜进行焚烧处理，3300～5000kJ/kg的垃圾可进行焚烧处理，大于5000kJ/kg的垃圾适宜焚烧处理。为了确保垃圾的彻底燃烧以及控制二噁英的产生，GB 18485—2014《生活垃圾焚烧污染控制标准》要求生活垃圾的焚烧温度要大于850℃，在炉内停留时间大于2s。根据热量衡算及整个焚烧工艺系统的经济性，垃圾进炉的低位发热量应达到6280～7000kJ/kg。

据统计，2013年，我国生活垃圾的平均发热量为4160kJ/kg，提高生活垃圾发热量的基本途径如下。

a. 生活垃圾的分类收集。生活垃圾的分类收集即在源头把影响生活垃圾发热量较大的生物质垃圾分离出来，这是解决我国生活垃圾发热量偏低的最有效手段，考虑到我国生活垃圾收运现状和人们长期以来形成的生活习惯，这一过程需要很长的时间，短时间内很难取得明显效果。

b. 降低生活垃圾入炉前的含水率。垃圾燃烧所需最低发热量随垃圾水分的升高而增加，当垃圾含水率分别为40%、48%和55%时，对应的最低发热量分别为7658kJ/kg、7908kJ/kg和8126kJ/kg。对于混合收运的生活垃圾，降低生活垃圾的含水率是提高生活垃圾发热量最有效的方法。因此，垃圾焚烧发电厂均设置有垃圾池，在垃圾池堆储的过程中，垃圾中一部分水分被沥干或蒸发流失，提高了垃圾的发热量。

专家通过实验表明，混合原生垃圾在密闭的垃圾池内堆高1.5m，强制通风，二次翻堆，含水率62%的混合原生垃圾7天后含水率降至45%左右，垃圾的低位发热量可超过焚烧的基本要求。

天津顺港垃圾焚烧厂原生垃圾在垃圾池内储存5～7d，用抓斗进行翻堆，夏季含水率从50%～60%降低到30%～48%，低位发热量从4180～4600kJ/kg提高到4600～45130kJ/kg。

④ 灰渣与灰熔点　固体燃料燃烧所产生的残渣称为灰分，灰分的成分因燃料不同而不同。对垃圾而言，一般把直接从燃烧室（炉膛）排出的灰分称为炉渣，从烟气净化系统收集到的灰分称为飞灰。有些焚烧炉在余热锅炉中排出部分灰分，称为中灰，从排放控制角度看也应归入飞灰，但中灰颗粒比烟气净化系统收集到的飞灰粗大，停留时间较短，所吸附的重金属和有机污染物也较少，为减轻飞灰处置负荷和费用，对中灰进行成分测定再依国家标准判定其是否属于危险废弃物是比较科学的。

表8-2为典型城市生活垃圾组分及工业分析数据。

表8-2　典型城市生活垃圾组分及工业分析数据

组分与分析样品		厨芥	塑料	纤维	纸类	木竹	不可燃物	全样
工业分析	水分/%	64.25	42.18	48.63	51.64	46.33	1.13	52.84
	挥发分/%	18.63	48.26	34.15	32.89	35.91	—	24.33
	固定碳/%	12.73	8.68	8.56	7.79	9.16	—	18.45
	灰分/%	4.39	0.88	8.66	7.68	8.60	98.87	4.38
全样中的组分比例	质量比例/%	56.82	13.10	3.86	10.61	7.27	8.34	100.00
	干重比例/%	20.31	7.58	1.98	5.13	3.90	—	38.90

表8-3是我国某生活垃圾焚烧发电厂入炉垃圾的特性数据。

表8-3　某生活垃圾焚烧发电厂入炉垃圾的特性数据

项目	最高值	设计值	最低值
低位发热量 $Q_{ar,net}$/(kJ/kg)	8374	6908	4605
水分 M_{ar}/%	37.45	41.10	52.31
含灰分量 A_{ar}/%	21.92	25.65	21.71
可燃质/%	40.63	33.25	25.98
含碳量 C_{ar}/%	24.76	18.81	14.81
含氢量 H_{ar}/%	3.41	3.08	3.52
含氧量 O_{ar}/%	12.09	11.02	7.19
含氮量 N_{ar}/%	0.29	0.26	0.41
含硫量 S_{ar}/%	0.08	0.08	0.05

(4) 垃圾焚烧过程的物质与能量转化

① 垃圾焚烧过程

a. 垃圾焚烧过程中物化变化。燃烧过程是一个复杂的物理、化学的综合过程，是指燃料中的可燃物质与空气中的氧发生强烈的化学反应，并放出大量热量的过程。大多数燃烧过程会产生火焰，伴有升温和显著的热辐射现象，反应生成的物质称为燃烧产物（烟气和灰渣）。需要说明的是，在垃圾处理领域中“焚烧”与“燃烧”是同义的，人们习惯于将以燃烧方式处理废弃物的方法称为焚烧。

城市生活垃圾中，可燃的成分基本上是有机物，由大量的碳、氢、氧元素组成，有些还含有氮、硫、磷和卤素等元素。这些元素在燃烧过程中与空气中的氧发生反应，生成各种氧化物或部分元素的氢化物。具体而言，生活垃圾的主要可燃成分及其产物包括如下几种。

ⅰ. 碳的焚烧产物是二氧化碳。

ⅱ. 有机物中氢的焚烧产物是水。若有氟或氯存在，也可能有其氢化物生成。

ⅲ. 生活垃圾中的有机硫和有机磷，在焚烧过程中生成二氧化硫或三氧化硫以及五氧化二磷。

ⅳ. 氮化物的焚烧产物主要是氮气，也有少量的氮氧化物生成。由于高温时空气中氧和氮也可结合生成一氧化氮，相对空气中氮来说，生活垃圾中的氮元素含量很少，一般可以忽略不计。

ⅴ. 氟化物的焚烧产物是氟化氢。若体系中氢的量不足以与所有的氟结合生成氟化氢，可能出现四氟化碳或二氟氧碳（COF_2）。金属元素存在时，可与氟结合形成金属氟化物。添加辅助燃料（CH_4、油品）增加氢元素，可以防止四氟化碳或二氟氧碳的生成。

ⅵ. 氯化物的焚烧产物是氯化氢。由于氧和氯的电负性相近，存在下列可逆反应：

$$4HCl+O_2 \rightleftharpoons 2Cl_2+2H_2O$$

当体系中氢量不足时，有游离的氯气产生。添加辅助燃料（天然气或石油）或较高温度（约 1100℃）的水蒸气可以使上述反应向左进行，减少废气中游离氯气的含量。

ⅶ. 溴化物和碘化物焚烧后生成溴化氢、少量溴气和碘元素。

ⅷ. 根据焚烧元素的种类和焚烧温度，金属在焚烧以后可生成卤化物、硫酸盐、磷酸盐、碳酸盐、氮氧化物和氧化物等。

b. 垃圾焚烧方式。由于垃圾成分的多样性，垃圾的燃烧过程比较复杂，通常由热分解、熔融、蒸发和化学反应等传热、传质过程所组成。根据不同可燃物质的种类，一般有三种不同的燃烧方式：一是蒸发燃烧，垃圾受热熔化成液体，继而汽化成蒸汽，与空气扩散混合而燃烧，蜡的燃烧属于这一类；二是分解燃烧，垃圾受热后首先分解，轻的碳氢化合物挥发，留下固定碳及惰性物，挥发分与空气扩散混合而燃烧，固定碳的表面与空气接触进行表面燃烧，木材和纸的燃烧属于这一类；三是表面燃烧，如木炭、焦炭等固体受热后不发生熔化、蒸发和分解等过程，而是在固体表面与空气反应进行燃烧。生活垃圾中含有多种有机成分，其燃烧过程是蒸发燃烧、分解燃烧和表面燃烧的综合过程。由于生活垃圾的含水率高于其他固体燃料，可将垃圾焚烧过程依次分为干燥、热分解和燃烧三个阶段。在实际焚烧过程中，这三个阶段没有明显的界线，只不过在总体上有时间的先后差别而已。

ⅰ. 干燥。垃圾的干燥是利用热能使水分汽化，并排出生成的水蒸气的过程。生活垃圾的含水率较高，在送入焚烧炉前其含水率一般为 30%～40%，甚至更高，因此，干燥过程中需要消耗较多热能。生活垃圾的含水率越大，干燥阶段也越长，可能导致炉内温度降低，影响垃圾的整个焚烧过程。如果垃圾水分过高，会导致炉温降低太大，着火燃烧困难，此时需添加辅助燃料改善干燥着火条件。

ⅱ. 热分解。热分解是垃圾中多种有机可燃物在高温作用下的分解或聚合的化学反应过程，反应的产物包括各种烃类、固定碳及不完全燃烧物等。可燃物的热分解过程包括多种反应，这些反应可能是吸热的，也可能是放热的。热分解速度与可燃物活化能、温度以及传热及传质速度有关，在实际操作中应保持良好的传热性能，使热分解能在较短时间内彻底完成，这是保证垃圾燃烧完全的基础。

ⅲ. 燃烧。生活垃圾的燃烧是在氧气存在条件下有机物质的快速高温氧化。生活垃圾经过干燥和热分解后，产生许多不同种类的气、固态可燃物，这些物质与空气混合，达到着火所需的必要条件时就会形成火焰而燃烧。因此，生活垃圾的焚烧是气相燃烧和非均相燃烧的混合过程，它比气态燃料和液态燃料的燃烧过程更复杂。垃圾完全燃烧，最终产物为 CO_2 和 H_2O，不完全燃烧则还会产生 CO 或其他可燃有机物。

c. 垃圾焚烧过程。垃圾焚烧都要经历烘干→干馏→点燃→气化→燃烧→燃尽几个阶段，从垃圾入炉开始，这几个阶段的具体情况如下。

ⅰ. 烘干（100～180℃）。通过预热的一次风来烘干垃圾，垃圾中的水分蒸发。

ⅱ. 干馏（250℃）。低温闷烧产生气体（H_2、CH_4、CO 等），热传导为燃烧过程中的辐射热。

ⅲ. 点燃（300℃）。点燃垃圾，可燃气体燃烧。

ⅳ. 气化/碳化（400℃）。有机物分解后与一次风发生氧化，形成可燃气体（CO）。

ⅴ. 燃烧（850～1000℃）。借助二次风，可燃气体完全氧化。

ⅵ. 燃尽（250℃）。灰、渣中的碳含量减少到最低，烟气中可燃质完全燃烧。

② 垃圾焚烧的影响因素。在理想状态下，生活垃圾进入焚烧炉后，依次经过干燥、热分解和燃烧三个阶段，其中的有机可燃物在高温条件下完全燃烧，并释放热量。但在实际燃烧过程中，由于焚烧炉内的操作条件不能达到理想效果，燃烧不完全。严重的情况下将会产生大量的黑烟，从焚烧炉排出的炉渣中还含有有机可燃物。不同垃圾焚烧设备对垃圾焚烧的效果不同，除了设备本身的因素外，生活垃圾焚烧的影响因素主要包括生活垃圾的性质、停留时间、温度、紊流度、过量空气系数及其他因素。其中停留时间（Time）、温度（Temperature）及紊流度（Turbulence）称为“3T”要素，是反映焚烧炉性能的主要指标。这些指标直接影响焚烧效率及污染物排放指标。

a. 生活垃圾的性质。生活垃圾的发热量、组成成分、尺寸是影响燃烧的主要因素。发热量高有利于燃烧过程的进行。垃圾中易燃组分的比例可能会影响着火温度和燃烧的稳定性。组成成分的尺寸越小，单位质量或体积生活垃圾的比表面积越大，与周围氧气的接触面积也就越大，焚烧过程中的传热及传质效果越好，燃烧越完全。因此，在生活垃圾被送入焚烧炉之前，对其进行破碎预处理，可增加其比表面积，改善焚烧效果。

b. 停留时间。停留时间有两方面的含义：其一是燃料在焚烧炉内的停留时间，它是指垃圾从进炉开始到焚烧结束，炉渣从炉中排出所需时间；其二是焚烧烟气在炉中的停留时间，所谓烟气停留时间，是指燃烧气体从最后空气喷射口或燃烧器到换热面（如余热锅炉换热器等）或烟道冷风引射口之间的停留时间。

实际操作过程中，生活垃圾在炉中的停留时间必须大于理论上干燥、热分解及燃烧所需的总时间，停留时间过短会导致过度的不完全燃烧。同时，焚烧烟气在炉中的停留时间应保证烟气中气态可燃物达到完全燃烧。当其他条件保持不变时，停留时间越长，焚烧效果越好，但停留时间过长会使焚烧炉的处理量减少，经济上不合理。

c. 温度。由于焚烧炉的体积较大，炉内的温度分布是不均匀的。焚烧温度主要是指生活垃圾焚烧所能达到的最高温度，该值越大，焚烧效果越好。一般来说，位于垃圾层上方并靠近燃烧火的区域内的温度最高可达 800～1000℃。生活垃圾的发热量越高，可达到的焚烧温度越高。同时，温度与停留时间是一对相关因子，在较高的焚烧温度下可适当缩短停留时间，也可维持较好的焚烧效果。

d. 紊流度。紊流度是表征燃料和空气混合程度的指标。紊流度越大，生活垃圾和空气的混合越好，有机可燃物能及时充分获取燃烧所需氧气，燃烧反应越完全。紊流度受多种因素影响，对于特定焚烧设备，加大空气供给量以及改善供给方式，可提高紊流度，改善传质与传热效果。

e. 过量空气系数。过量空气系数对垃圾燃烧状况的影响很大，供给适当的过量空气是有机物完全燃烧的必要条件，增大过量空气系数，不但可以提供过量的氧气，而且可以增加炉内的紊流度，有利于焚烧。但过大的过量空气系数可能使炉内的温度降低，给焚烧带来副作用，导致污染物排放增加，而且还会增加输送空气及预热所需的能量。

f. 炉渣热灼减率。焚烧效果的表征除了用燃烧效率外，通常还用另一个指标来表示，即炉渣热灼减率。炉渣热灼减率是指焚烧残渣经灼热减少的质量占原焚烧残渣质量的百分比。其计算公式为：

$$P=\frac{A-B}{A}\times 100\% \tag{8-3}$$

式中　P——热灼减率，%；

A——焚烧炉渣经 110℃干燥 2h 后冷却至室温的质量，g；

B——焚烧残渣在 600℃（±25℃）下灼热 3h 后冷却至室温的质量，g。

国家标准规定生活垃圾焚烧炉的炉渣热灼减率不得大于 5%，一般大型炉排炉的 P 值为 3%～5%，流化床焚烧炉的 P 值通常可以达到 1%以内。不过炉排炉的飞灰含碳量较低，流化床的飞灰含碳量稍高，尤其是燃煤流化床掺烧垃圾时更显著。

g. 其他因素。影响焚烧的其他因素包括生活垃圾在炉中的运动方式及生活垃圾层的厚度等，对炉中的生活垃圾进行翻转、搅拌，可以使生活垃圾与空气充分混合，改善燃烧条件。炉中生活垃圾层的厚度必须适当，厚度太大，在同等条件下可能导致不完全燃烧，厚度太小又会减少焚烧炉的处理量。在生活垃圾的焚烧过程中，应在可能的条件下合理控制各种影响因素，使其向着有利于完全燃烧的方向发展。但同时也应认识到，这些影响因素不是孤立的，它们之间存在着相互依赖、相互制约的关系，某种因素产生的正效应可能会导致另一种因素的负效应，应从综合效应的角度来考虑整个燃烧过程的因素控制。

作为垃圾处理的重要手段，为体现垃圾处理“无害化、减量化、资源化”的处理原则，垃圾焚烧时，为避免二次污染，完全充分燃烧非常重要。根据生活垃圾焚烧有关国家标准要求，为达到垃圾完全燃烧，应具备以下条件和要求。

ⅰ. 烟气中的 CO 含量应小于 $40mg/m^3$。

ⅱ. 灰渣的热灼减率 P 小于 5%。

ⅲ. 灰渣中的有机碳含量小于 3%。

ⅳ. 过量空气系数为 $\alpha=1.6\sim2.0$。

ⅴ. 炉膛内紊流充分。

ⅵ. 炉床上的垃圾分布均匀。

垃圾焚烧处理作为垃圾处理的重要手段，充分燃烧非常重要：一是可以减少环境污染，使垃圾焚烧后产生的有毒有害气体降至最低；二是可以防止焚烧厂有关设备材料腐蚀；三是可以减少填埋量。

③ 焚烧过程中的物质与能量转化

a. 能量平衡。对一个燃烧设备来说，能量平衡在设计、运行过程中十分重要。所谓能量平衡是指在稳定燃烧工况下，输入焚烧炉的热量应与输出焚烧炉的热量相平衡，这种热量的输入、输出关系，就叫作热平衡或能量平衡。图 8-6 为垃圾焚烧炉的能量平衡关系。

图 8-6(a) 为没有余热锅炉的焚烧炉或者是燃烧室没有布置受热面。余热锅炉单独设置时的燃烧炉部分，进入炉膛的总能量为：

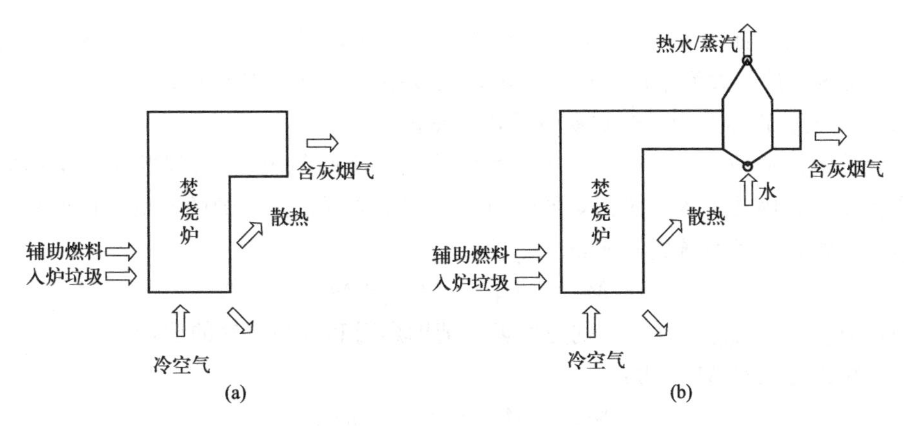

图 8-6　垃圾焚烧炉的能量平衡关系

(a) 无余热锅炉的焚烧炉；(b) 有余热锅炉的焚烧炉

$$Q_{in}=Q_{Msw}+Q_{Aux}+Q_{air} \tag{8-4}$$

式中　Q_{in}——进入系统的总能量；

Q_{Msw}——入炉垃圾能量（包含物理热与化学能）；

Q_{Aux}——辅助燃料的能量；

Q_{air}——入炉冷空气的能量（当有空气预热器时，热空气的能量是内循环）。

离开系统的总能量为：

$$Q_{out}=Q_6+Q_{chg}+Q_2+Q_5 \tag{8-5}$$

式中　Q_{out}——离开系统的总能量；

Q_6——炉渣和飞灰带走的热量；

Q_{chg}——炉渣、飞灰、烟气中未燃尽的可燃物的能量（化学能）；

Q_2——烟气带走的热量；

Q_5——焚烧炉外表散失的热量。

总的能量平衡关系为：

$$Q_{in}=Q_{out} \tag{8-6}$$

图 8-6(b) 为有余热锅炉的焚烧炉。进入系统的总能量除式(8-4) 中各项外，增加了吸热介质（水）进入系统的能量（$Q_{m,in}$），即：

$$Q_{in}=Q_{Msw}+Q_{Aux}+Q_{air}+Q_{m,in} \tag{8-7}$$

而离开系统的总能量则为：

$$Q_{out}=Q_6+Q_{chg}+Q_2+Q_5+Q_{m,out} \tag{8-8}$$

式中　$Q_{m,out}$——离开系统的介质（热水/蒸汽）带走的热量。

余热锅炉的有效吸热量 Q_m（忽略汽水系统排污热损失）为：

$$Q_m=Q_{m,out}-Q_{m,in} \tag{8-9}$$

入炉燃料的总输入热量 Q_t 为垃圾化学能 Q'_{Msw} 与辅助燃料化学能 Q'_{Aux} 之和，即：

$$Q_t=Q'_{Msw}+Q'_{Aux} \tag{8-10}$$

那么整个系统的热效率 η（锅炉效率）为：

$$\eta=\frac{Q_m}{Q_t}\times 100\% \tag{8-11}$$

焚烧锅炉的热效率是指锅炉有效吸热量 Q_m 与单位时间内锅炉总输入热量 Q_t 的百分比。

对垃圾焚烧炉而言，如图 8-6(a) 所示没有余热锅炉时，因有效吸热量 Q_m 为 0，则锅炉效率为 0；有余热锅炉的大型生活垃圾焚烧炉，热效率一般为 60%～85%。

b. 质量平衡。图 8-7 为焚烧炉质量平衡示意图。

对有余热锅炉的情形，因吸热介质与焚烧炉烟气之间是表面式(间壁式）换热器，相互间没有质量交换，因此进入余热锅炉的介质质量等于离开余热锅炉的质量。这里只讨论燃烧系统的质量平衡，进入系统的总质量 M_{in} 为：

$$M_{in}=M_{Msw}+M_{Aux}+M_{air} \tag{8-12}$$

式中，M_{Msw}、M_{Aux}、M_{air} 分别为垃圾、辅助燃料和入炉空气的质量。

离开系统的总质量 M_{out} 为：

$$M_{out}=M_{slag}+M_{ash}+M_{gas} \tag{8-13}$$

式中，M_{slag}、M_{ash}、M_{gas} 分别为炉渣、飞灰和烟气的质量。

按质量守恒关系，有：

$$M_{in}=M_{out} \tag{8-14}$$

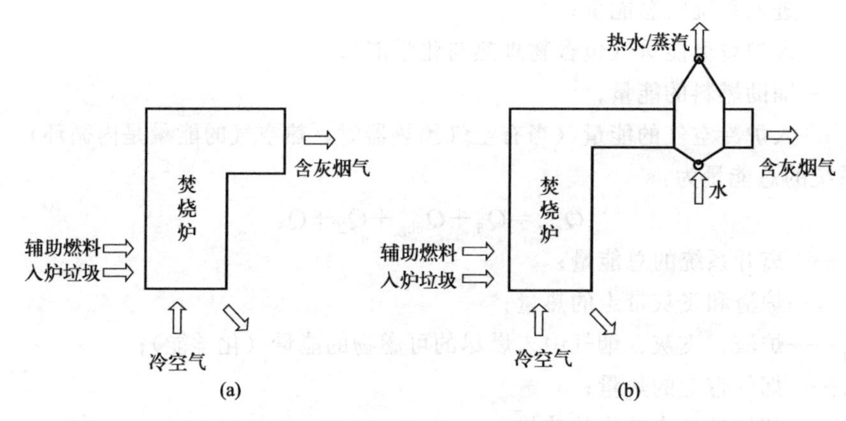

图 8-7　焚烧炉质量平衡示意图

(a) 无余热锅炉的焚烧炉；(b) 有余热锅炉的焚烧炉

上述关系未涉及实际设备在运行时发生的漏灰、漏风情况，也没有讨论物质内循环（如用于加热垃圾的循环烟气）以及尾气净化系统的质量平衡等。对于垃圾焚烧炉，没有余热锅炉时，因有效吸热量为零，锅炉热效率为零；有余热锅炉的大型垃圾焚烧炉，热效率一般为 60%～85%。

(5) 垃圾焚烧发电设备

国内外垃圾焚烧技术主要有层状燃烧技术、流化床燃烧技术及旋转燃烧技术三大类。垃圾焚烧炉选型至关重要，直接关系到设备投资、运行费用以及垃圾适应性，其基本原则和要求是能有效焚烧处理现有垃圾、焚烧炉设备的价格低、运行费用省、燃烧污染物排放少、能源和资源回收利用价值高等。目前焚烧炉的种类较多，对应以上燃烧技术，焚烧设备主要有机械炉排焚烧炉、流化床焚烧炉和回转窑焚烧炉等。

① 机械炉排焚烧炉

a. 工作原理及特点

ⅰ. 工作原理。机械炉排焚烧炉属于层状燃烧技术，是目前垃圾焚烧的主导性产品，占全世界垃圾焚烧市场份额的 80%以上。目前国内选用炉排炉的垃圾焚烧厂也较多。这种形式的垃圾焚烧炉使用时间长、品种多、技术成熟，运行可靠性高，而且炉子的结构比较紧凑，热效率较高。

炉排炉的燃烧可分为三个阶段：第一阶段为加热阶段，垃圾在这里被预热、气化；第二阶段为燃烧阶段，垃圾在这里进行焚烧；第三阶段为燃尽阶段，垃圾在这里被燃尽，并排出焚烧渣。炉排炉的特点是通过活动炉排移动，推动垃圾从上层落向下层，对垃圾起到切割、翻转和搅拌的作用，实现完全燃烧。炉排由特殊合金制成，耐磨、耐高温，炉膛侧壁和天井由水冷或耐火砖炉壁构成，保证垃圾在控制温度条件下燃烧、燃尽。典型的炉排结构如图8-8所示。

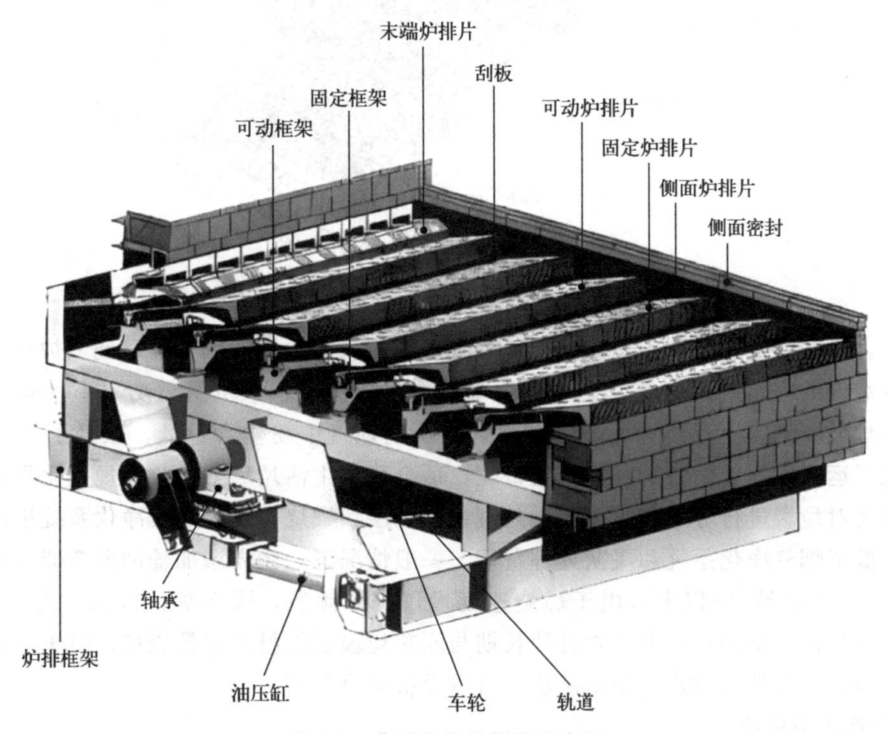

图8-8　典型的炉排结构示意图

机械炉排是炉排式焚烧炉的核心设备，垃圾从进料口进入，通过供给段炉排、烘干段炉排、燃烧段炉排以及燃尽段炉排，完成垃圾进料、干燥、燃烧、燃尽并排出炉渣整个燃烧过程。炉排式焚烧炉炉排整体结构如图8-9所示。为了保证垃圾完全燃烧，对炉排有如下要求：保证垃圾流的连续性、稳定性，即要求炉排在垃圾给料器接受垃圾开始，到燃烧完全后炉渣排出的整个工艺过程中物质流的连续、稳定，不能出现物流阻塞、堆积；保证炉排上的垃圾充分燃烧，即要求炉排上垃圾分布均匀、移动速度合理，得到适当的搅拌与混合，并合理分配燃烧需要的空气，防止局部吹透造成空气短路，根据料层厚度，一次风以穿透燃料为宜；保证炉排的机械可靠性，如炉排孔眼畅通，倾角合理，停止间隔、振动频率和振动时间要适当，另外，炉排工作在高温、腐蚀、磨损和运动环境下，因此要提高炉排工作可靠性和寿命，防止炉排直接暴露在高温火焰的辐射之下，所选用的材料应具有耐高温、耐腐蚀、耐磨损及抗氧化还原等性能，并利用燃烧所需空气冷却炉排片，机械运动部件结构、加工及热处理都应满足要求，以延长炉排的使用寿命。

ⅱ. 特点如下：单台炉处理量大，目前国内已有800t/d的焚烧炉在运行；垃圾在炉内

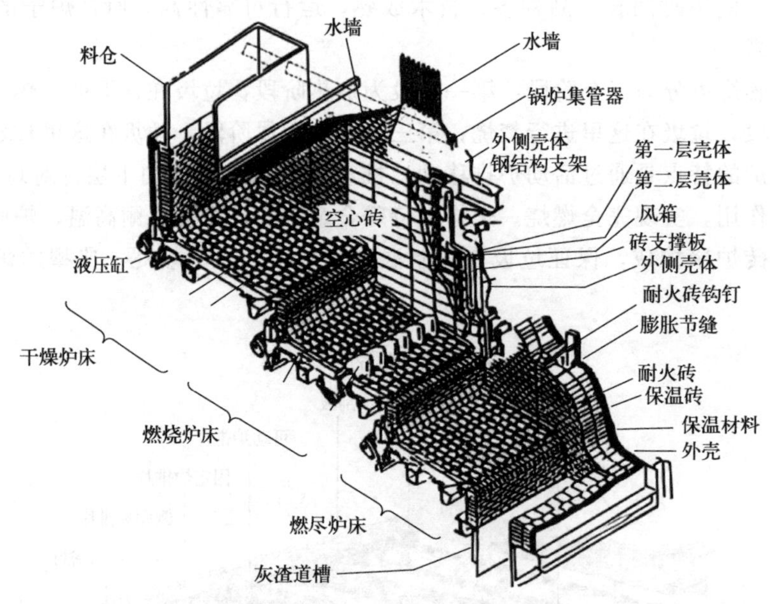

图 8-9　炉排式焚烧炉炉排整体结构

分布均匀，料层稳定，燃烧完全，运行时可视炉内垃圾焚烧状况调整；可调节炉排转速，控制垃圾在炉内的停留时间，使其燃尽；由于鼓风机压头低，风机所需功率小，故动力消耗少；因为垃圾在炉排上燃烧，而不需掺燃煤，所以烟气中粉尘含量低，减轻了除尘器的负担，降低了运行成本；炉排炉具有进料口宽，适合我国生活垃圾分类收集规范化程度差的特点，不需要对垃圾进行分选和破碎等预处理；采用层状燃烧方式，烟气净化系统进口粉尘浓度低，降低了烟气净化系统和飞灰处理费用，一般情况下，无需添加辅助燃料即可实现燃烧温度在 850℃下持续 2s 以上；由于燃烧速度慢，炉排倾斜，因而炉体高大，占地面积大，同时炉体散热损失增加；高温区炉排片长期与赤热垃圾层接触，容易烧坏；由于活动炉排与固定炉排等关键部件由耐热合金钢制造，所以设备造价较高。

b. 往复式炉排炉

ⅰ. 工作原理。炉排焚烧炉分为往复炉排焚烧炉和滚动炉排焚烧炉两类。其中往复炉排焚烧炉是垃圾焚烧炉中应用比例最高的炉型，其特点为：通过固定炉排与活动炉排交替安装，往复运动，可使垃圾有效地翻动、搅拌，以破坏层燃方式，使燃烧空气和垃圾充分接触，以实现充分燃烧。炉排往复运动的速度依据垃圾的性质及燃烧状况确定，并可通过液压装置调节。炉排下部有燃烧空气送风系统，具有炉排冷却效果。根据炉排运动方向与炉内垃圾运动方向相同或相反，往复炉排焚烧炉可分为逆向推动、顺向推动以及二段顺逆推几种形式。图 8-10(a) 所示的活动炉排片倾斜布置，在垃圾料层运动时其运动方向与垃圾的移动方向夹角 β 小于 90°，可认为两者大体是同向的，称为顺推炉排。图 8-10(b) 所示的活动炉排片是水平布置和运动的，也是顺推炉排；图 8-10(c) 所示的活动炉排片倾斜布置，在向垃圾料层运动时其运动方向与垃圾的移动方向夹角 α 大于 90°，可认为两者大体是反向的，因而称为逆推炉排。

ⅱ. 二段往复式炉排炉。二段往复式垃圾焚烧炉是引起国际先进技术，结合我国国情研制的第三代炉型，是针对中国城市生活垃圾低发热量、高水分的特点而设计的，具有适应发热量范围广、负荷调节能力大、可操作性好和自动化程度高等特点。能实现垃圾的充分燃

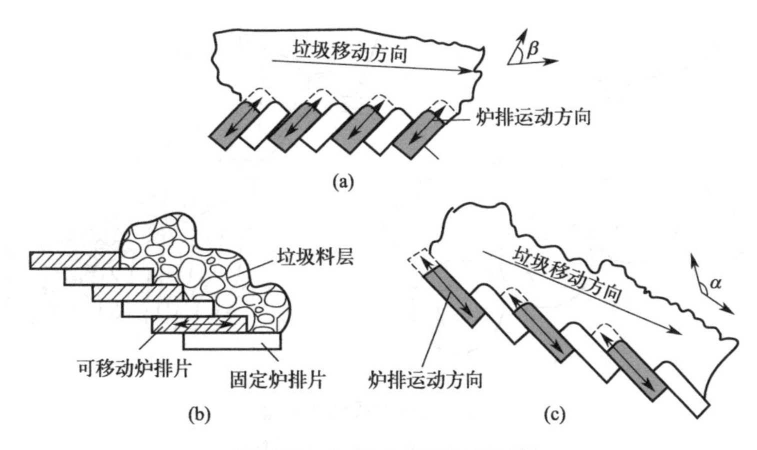

图 8-10 往复式炉排结构示意

(a)、(b) 顺推炉排；(c) 逆推炉排

烧，使得各项燃烧参数达到国际标准。我国垃圾焚烧电厂大多采用此种炉型。

二段往复推式炉排炉的特征在于炉排沿垃圾移行方向分为前段（逆推）和后段（顺推），并且在前后段炉排衔接处设有一定高度的落差，如图 8-11 所示。该工艺的主要流程为：抓斗将垃圾从垃圾坑送入落料槽，在给料机的推送下进入炉膛落在倾斜的逆推炉排上，垃圾在炉排上不断做螺旋状的翻滚、搅拌、破碎，完成干燥、着火和燃烧过程，随后在逆推炉排的末端经过一段高度落差掉入水平的顺推炉排床面上继续燃尽，最后灰渣经出渣机排出炉外。这种燃烧方式使垃圾燃烧更完全，燃烧效率高，炉渣热灼减率可降低 1%～2%，减少二次污染。二段式垃圾焚烧炉排炉主要由落料槽、给料平台、逆推炉排本体、顺推炉排本体、风室及放灰通道、出渣通道、液压出渣机、炉排密封系统、风门调节机构、气力除灰系统、炉排液压系统、炉排自动控制系统及二次风喷嘴等部分组成。

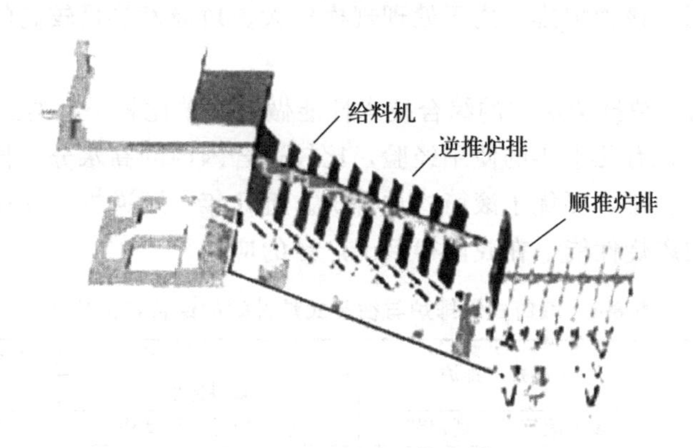

图 8-11 二段式逆推炉排

c. 滚筒式炉排炉。滚筒式炉排炉是一种较新型的垃圾焚烧设备，它由电动机、减速机构、传动机构、滚筒、滚筒支承装置、风管、灰室所组成。每个滚筒就是一个独立的风室，滚筒上设置通风孔，空气由筒内排出，用以干燥和助燃。整个炉排由一组滚筒（通常为 5～8 个）组成，炉排面向下倾斜，如图 8-12 所示。垃圾料层在滚筒的缓慢转动下移动，到达两筒的间隙，上一个滚筒底层的垃圾会被下一个滚筒向上前方推动，垃圾被充分翻动和搅拌，加上通风较为均匀，燃烧效果良好。

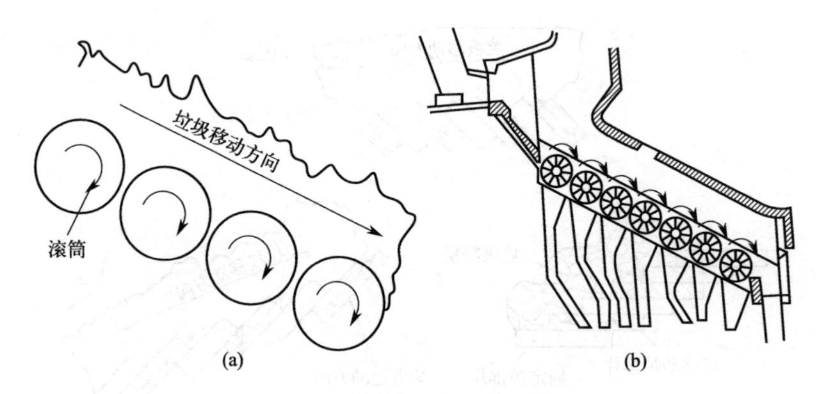

图 8-12　滚筒炉排结构示意图

(a) 运动示意图；(b) 结构示意图

多个平行排列的空心滚筒由电动机通过减速机构、传动机构带动其同步转动，同时送风机将冷风送入这些滚筒内，并由滚筒表面的多排小孔喷出，滚筒上的垃圾在切力和风力的推动下边沿着滚筒炉排向前输送，边向上翻滚，呈峰谷状前进，这样不仅通风好，使垃圾燃烧完全，而且风力集中，无泄漏，它可使总风量节省约 50%。

滚筒（回转）式焚烧炉是将冷却水管或耐火材料沿筒体排列，筒体水平放置并略微倾斜。通过滚筒筒身的不停运转，炉体内的垃圾充分燃烧，同时向筒体倾斜的方向移动，直至燃尽并排出炉体。

两滚筒有一定间距，滚筒表面有多排小孔，筒内是与风管相通的空心滚筒、置于各滚筒间的冷却水箱及置于滚筒下半部处的挡风板，从而在运行时形成了自冷却装置。

滚动炉排焚烧炉有多个滚筒，可分别调节，具有炉排冷却性能好和检修较容易的特点。滚筒式炉排是德国巴布高科（DBA）公司的技术，目前在世界上已有 250 余套滚筒式炉排在垃圾焚烧厂中使用，该种炉排多用于处理规模较大、垃圾发热量较高的项目，在我国使用较少。

表 8-4 对两种机械炉排焚烧炉的综合技术性能做了简单比较。往复式炉排炉与滚筒式炉排炉均属于成熟技术，有几十年的使用经验，比较适合国内的高水分、低发热量垃圾。从业绩角度来看，往复式炉排炉要优于滚筒式炉排炉。近几年，顺逆推二段往复式炉排炉由于对低发热量垃圾良好的燃烧性能，在我国得到了广泛的应用。

表 8-4　滚筒式炉排炉与往复式炉排炉的综合性能比较

项目	滚筒式炉排	倾斜往复式阶梯炉排炉	
		倾斜逆推	倾斜顺推
炉排调节	多个滚筒可分别调节	整个炉排整体动作	几段炉排可分别调节
炉排面积	中	小	大
炉排检修	方便	方便	方便
垃圾搅拌性	好	好	好
炉排片互换性	好	不好	好
世界各地建炉	较多	多	多
低发热量垃圾适应性	一般	好	好
炉排冷却性	好	较好	较好
炉排检修难易程度	容易	容易	容易

② 流化床焚烧炉　流化床焚烧炉没有运动的炉体和炉排，炉体通常为竖向布置，炉底设置了多孔分布板，并在炉内投入了大量石英砂作为热载体。焚烧炉在使用前先将炉内石英砂通过喷油预热，加热至适当温度，并由炉底鼓入热（200℃以上）空气，使砂沸腾，再投入垃圾。垃圾进炉接触到高温的砂石被加热，同砂石一同沸腾，垃圾很快被干燥、着火、燃烧。未燃尽的垃圾密度较轻，继续沸腾燃烧，燃尽的垃圾灰渣密度开始增加，逐步下降，同一些砂石一同落下。炉渣通过排渣装置排出炉体，进行水淬冷后，用分选设备将粗渣、细渣送到厂外，留下少量的中等颗粒的渣和石英砂，通过提升机送到炉内循环使用。

流化床焚烧工艺的特点是：焚烧物料与空气接触面积大，反应速度快；一次风从床下进入空气分布板，迫使流化床砂子在砂层内形成内循环，增加垃圾在床层内的燃烧时间；热解气体与细颗粒可燃物被吹出密相区，在床层上部空间与补充的二次风进一步氧化燃烧。

流化床焚烧炉适用性广，生活垃圾、污水厂污泥、炼油厂的渣油与焦油、低品位煤、林产工业废物、农业废弃物等都可用流化床焚烧处理；燃烧效率高，焚烧残渣炭量低（为0.5%～1%）；过量空气系数低，并采用分级送风方式，减少 NO_x 的生成量；可方便地掺烧煤粉稳定燃烧，提高经济效益；由于炉内的蓄热热量大，可燃烧低发热量、水分大的垃圾。

流化床焚烧炉的不足之处在于：对进炉垃圾粒度有要求，通常要求进炉垃圾粒度不大于150mm，大块垃圾必须进行破碎后才能入炉焚烧，所以需要配备大功率的破碎装置，否则垃圾在炉内无法保证完全呈沸腾状态，影响燃烧程度；空气鼓入压力高，焚烧炉本体阻力大，动力消耗比其他焚烧方案高；运行和操作技术要求高，需要非常灵敏的调节手段和有经验的技术人员操作。

③ 回转窑焚烧炉　回转窑焚烧炉技术的燃烧设备主要是一个缓慢旋转的回转窑，其内壁可采用耐火砖砌筑，也可采用管式水冷壁，用以保护滚筒。其焚烧工艺流程如图8-13所示。回转窑直径为4～6m，长度为10～20m，可根据垃圾的燃烧量确定。生活垃圾通常由抓斗吊车从储坑吊至给料斗，再用推杆器推至回转窑内，废物燃烧所需空气由回转窑燃烧风机输送至回转窑内。回转窑操作温度控制在950～1050℃，正常操作温度为1000℃，当窑内温度不能满足工艺要求时，可通过自带风机的燃烧器进行喷油燃烧，给窑内提供热量。由于垃圾在筒内翻滚，可与空气充分接触，经过着火、燃烧和燃尽进行较完全的燃烧。在回转窑内，尚未完全燃烧的垃圾裂解气及回转窑焚烧过程所产生的二噁英等有毒气体进入一个垂直的二次燃烧室，送入二次风，烟气中的可燃成分在此得到充分燃烧。二次燃烧室温度一般为1000～1200℃。二次燃烧后的烟气送至烟气处理工序进行再处理。回转窑和二次燃烧室焚烧所产生的炉渣，由二次燃烧室底部的出渣机刮出，通常送至稳定/固化工序进行再处理。

回转窑焚烧炉是一种成熟的技术，如果待处理的垃圾中含有多种难燃烧的物质，或者垃圾的水分变化范围较大，回转窑是较理想的选择。回转窑可通过改变转速，影响垃圾在窑中的停留时间，并且对垃圾在高温空气及过量氧气中施加较强的机械碰撞，能得到可燃物质及腐败物含量很低的炉渣。

这种炉型的主要优点是：焚烧能力较强，能量回收率高，设备费用低，操作维修方便，厂用电耗与其他燃烧方式相比也较少。同时，由于冷却水的水冷作用，降低了燃烧温度，抑制了氮氧化物的生成，减轻了炉体受到的腐蚀作用。

该技术也有一些明显的缺点：炉体转动缓慢，垃圾处理量不大，燃烧不易控制，耐火衬里磨损严重，并且对垃圾的颗粒度也有一定的要求，这使其很难适应发电的需要，在当前的

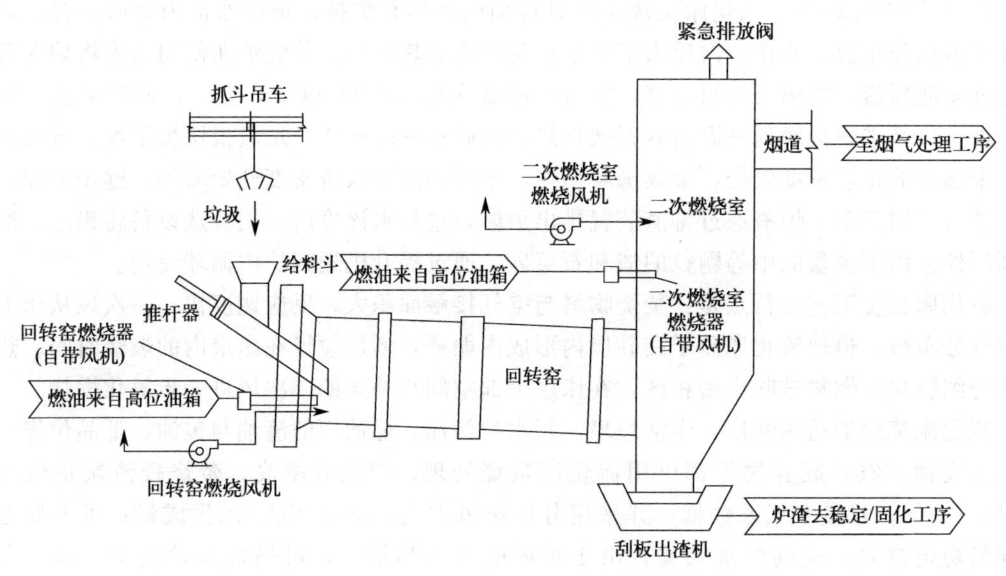

图 8-13　回转窑焚烧炉工艺流程

垃圾焚烧发电厂中应用较少。

④ 气化熔融焚烧炉　垃圾气化熔融焚烧技术是目前发展的新一代生活垃圾焚烧工艺。该技术将垃圾中的有机成分的气化和无机成分的熔融相结合，完全燃烧完垃圾中可燃成分的同时熔融焚烧后的无机灰渣，并回收灰渣中的有价金属等有用物质，熔融后的熔渣是一种优良的建筑材料。该技术可以更高效地回收垃圾中的资源、能源，同时满足更严格的垃圾焚烧污染排放标准。

气化熔融焚烧技术可分为两步法和一步法技术。两步法气化熔融焚烧技术，先将垃圾置于温度为500～600℃的设备中进行热解，然后将热解炭渣分拣出有价金属后置于温度高于1300℃的设备中进行熔融处理，其基本工艺流程如图 8-14 所示。

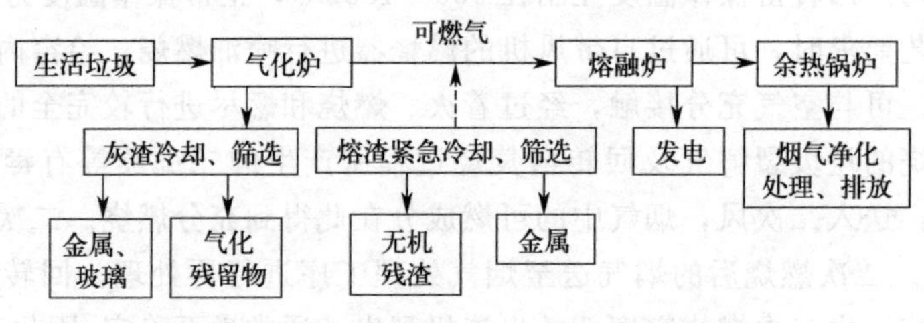

图 8-14　两步法气化熔融技术基本工艺流程

一步法熔融焚烧技术，则是将垃圾的气化过程和熔融焚烧过程置于一个设备中进行，其基本工艺流程如图 8-15 所示。工艺设备简单，工程投资和运行费用大大降低。

随着经济的发展及环境保护要求的提高，气化熔融焚烧技术具有取代垃圾直接焚烧的潜力。垃圾气化熔融技术在各发达国家的发展势头迅猛。我国清华大学、东北大学、浙江大学等在上述领域也进行了探索。垃圾气化熔融技术主要有回转窑式和流化床式，回转窑式气化熔融技术将垃圾置于内热式回转窑中进行部分燃烧和气化，对残留物进行分选，回收金属，含碳可燃物进入熔融炉进行熔融处理，热回收率约为 55%，发电效率为 30%～32%。流化床式气化熔融技术将垃圾置于流化床气化炉中进行气化，不燃物从炉底排出并进行分选，含碳可燃物和低发热量可燃气体进入熔融炉进行熔融处理，热回收率约为75%，发电效率为30%～32%。

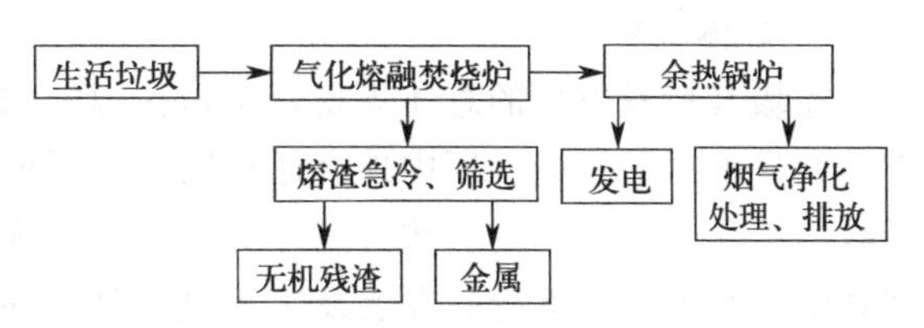

图8-15　一步法气化熔融技术基本工艺流程

垃圾气化熔融技术被广泛地认为是21世纪的新型垃圾焚烧技术，具有以下特点：a. 城市生活垃圾先在还原性气氛下热分解制备可燃气体，垃圾中的有价金属没有被氧化，利于有价金属回收利用，同时，垃圾中的Cu、Fe等金属不易生成促进二噁英类形成的催化剂；b. 热分解和气化得到的气体燃烧时过量空气系数较低，燃烧充分，能大大降低烟气排放量，提高热能利用率，降低NO_x 的排放量，减少了烟气处理设备的投资及运行费用；c. 含炭灰渣在1300℃以上的高温熔融状态下进行燃烧处理，能遏制二噁英在灰渣中的存在，同时最大限度地实现垃圾减容、减量化。显然这一技术具有较好的环保效果，但气化技术不成熟，处理成本也比较高。

⑤ 几种焚烧炉的比较　综上所述，垃圾焚烧电厂目前常用的焚烧炉型为机械炉排炉焚烧炉、流化床焚烧炉和回转窑焚烧炉，表8-5对三种形式的垃圾焚烧设备进行了比较。

表8-5　国内三种常见的焚烧炉的比较

项目	机械炉排炉焚烧炉	流化床焚烧炉	回转窑焚烧炉
炉床及炉体特点	往复运动炉排，炉排面积较大，炉膛体积较大	炉膛体积较小	无炉排，靠炉体转动带动垃圾移动
垃圾预处理	不需要	需要	不需要
设备占地	大	小	中
灰渣热灼减率	可达标	可达标	原生垃圾在连续助燃下可达标
垃圾炉内停留时间	较长	较长	长
燃烧空气供给（根据工况）	易调节	较易调节	不易调节
对垃圾含水率的适应性	可通过调节干燥段适应不同湿度的垃圾	炉温易随垃圾含水率的变化而波动	可通过调节滚筒转速来适应垃圾湿度
对垃圾不均匀性的适应性	可通过炉排往复运动使垃圾反转，使其均匀	较重垃圾快速到达底部，不易完全燃烧	空气供应不宜分段调节，大块垃圾难以燃尽
烟气中含灰尘量	较低	高	高
燃烧介质	不用载体	需要石英砂	不用载体
燃烧工况控制	较易	不易	不易
运行费用	低	较高	较高
烟气处理	较易	较难	较易
维修工作量	较少	较多	较少
运行业绩或市场占有率	最多	较少	多用于工业垃圾处理
工程适应性	广	窄	窄
综合评价	对垃圾的适应性强，处理性能好，运行成本较低	需要前处理，故障率高，运行成本高	需要垃圾发热量较高，运行成本高

（6）垃圾焚烧发电工程实例

① 垃圾发电厂建设

a. 总体规划

垃圾焚烧发电厂的总体规划，是指在拟定的厂址区域内，结合用地条件和周围的环境特点，对发电厂的厂区、厂内外交通运输、水源地、供排水管线、储灰场、施工场地、施工生活区、绿化、综合利用、防排洪等各项工程设施，进行统筹安排和合理地选择与规划，总体规划电厂的建设、运行、发展及工程投资具有举足轻重的作用。

b. 总平面布置

ⅰ. 总平面布置原则如下：满足生产工艺和各设施性能要求；功能分区及布局合理，节约使用土地；道路设置顺畅，满足消防、物料输送及人流通行疏散需求；竖向设计合理，便于场地排水，减少土石方工程量；合理布置厂区管网，力求管网短捷顺畅；妥善处理好建设与发展的关系，为扩建留有余地；创造良好的生产环境，搞好绿化，以降低各类污染；满足国家现行的防火、卫生、安全等技术规程及其他技术规范要求。

ⅱ. 根据生产工艺、运输组织和用地条件，厂区布置如下功能分区：主要生产区，由主厂房、烟囱、上料坡道等组成；水工区，由净化水装置、综合泵房、净水池及冷却塔等组成；渗滤液处理区，主要由综合机房和渗滤液综合处理池组成，其中综合处理池包括调节池、厌氧池、硝化池、反硝化池、污泥浓缩池等；辅助生产区，包括地磅房、油泵房及地下油罐等；行政管理区，主要由综合楼、门卫等组成。

c. 工程管线布置原则。厂区管线大体包括生产给水管、生活给水管、消防给水管、生产排水管、生活污水管、循环水管、雨水管、电力电缆、照明电缆、仪控电缆、蒸汽管、渗滤液管等。管线布置原则主要有：与厂区平面布置、竖向布置及绿化布置统一协调；满足生产、安全及检修的要求；管线布置顺畅、短捷，减少交叉；认真执行相关规范，满足管线之间及管线与相邻建、构筑物和各种设施的间距要求；管线交叉时，满足管线间垂直间距的要求；合理进行管线排序，同类管线相对集中布置，有条件的采用共沟、共架敷设，节约用地，为发展留有余地。

② 垃圾焚烧发电厂设计要点　垃圾焚烧项目初始投资高，对垃圾性质要求高。发电厂建设应参照《城市生活垃圾焚烧处理工程项目建设标准》（建标〔2001〕203号）、GB 18485—2014《生活垃圾焚烧污染控制标准》以及CJJ 90—2009《生活垃圾焚烧处理工程技术规范》等相应规范，并因地制宜地确定具体规划和方案。按照“无害化、减量化、资源化”的原则，应在实现清洁生产的前提下对城市生活垃圾进行焚烧处理。垃圾焚烧发电厂建设应能保护环境，防止污染，污染物排放指标采用较高标准，并在一定程度上满足未来发展的需要，节约用地、用水，避免资源的浪费。

a. 厂址选择。垃圾焚烧发电厂厂址选择基本要求：满足城市整体规划、环境卫生专业规划以及国家现行有关标准的规定，与周围环境相协调；符合经济运输要求，有效降低运输成本；市政设施较为齐全，充分利用已有的市政基础设施，减少工程投资费用；选择生态资源、地面水系、机场、文化遗址、风景区等敏感目标少的区域；有足够的用地面积，动迁少，尽可能少占或不占耕地，征地费用低；满足水文地质条件，不受自然灾害的威胁；有可靠的电力供应，应满足电力上网要求；水源充足，选址应靠近河流等自然水源。

b. 焚烧工艺方案设计。焚烧工艺方案设计主要包括焚烧炉炉型选择、焚烧生产线的配置、汽轮发电机组的配置、烟气净化方案和垃圾处理工艺流程。

ⅰ. 焚烧炉炉型选择。目前国内外应用较多、技术比较成熟的生活垃圾焚烧炉炉型主要有机械炉排炉、流化床焚烧炉、回转窑焚烧炉等。可根据国家建设部、国家环保总局（现生态环境部）、科技部发布的《城市生活垃圾处理及污染防治技术政策》要求做出相应的选择。以下意见可供设计时参考：卧式焚烧炉优于立式焚烧炉；炉排型焚烧炉优于回转窑和流化床焚烧炉；往复式炉排优于链条式炉排；明火燃烧方式优于闷火燃烧方式；合金钢炉排优于球墨铸铁炉排。另外，生产厂家的综合实力、产品业绩、企业信誉、技术力量、设备价格、服务质量等也是选择焚烧炉炉型时应考虑的重要因素。

ⅱ. 焚烧生产线的配置。根据《城市生活垃圾焚烧处理工程项目建设标准》（建标〔2001〕203号）的规定和国内外城市生活垃圾焚烧发电厂建设的经验，对于Ⅱ类处理规模的垃圾焚烧发电厂，焚烧生产线数量应为2～4条。

ⅲ. 汽轮发电机组的配置。CJJ 90—2009和《城市生活垃圾焚烧处理工程项目建设标准》均要求生活垃圾焚烧发电厂汽轮机组的数量不宜大于2套。国内大多数焚烧发电厂也都是采用1套或2套汽轮机。目前国内常见的汽轮发电机组标准产品汽轮机形式一般是6MW和12MW。

ⅳ. 烟气净化方案。烟气净化要满足相应的国家标准要求，按照上述系统进行选择。

ⅴ. 垃圾处理工艺流程。根据典型垃圾焚烧发电基本工艺流程，并依据实际情况进行整个垃圾焚烧发电工艺流程的最终确定。

c. 电气设计内容和原则。电气设计内容包括厂区红线内所有子项的电气设计，包括发电、接入系统、厂用电、室内外照明、防雷与接地、消防、电信等。设计原则是在电气主接线方面力求简单、可靠；电气设备布置以便于运行维护为原则，尽量紧凑集中，达到节约投资及运行费用，降低成本的目的；继电保护的配置采用微机保护，以便准确、迅速地排除故障并满足电厂自动化要求。

d. 仪表及自动化控制。垃圾焚烧发电厂自动化控制的目的是要获得最佳的垃圾焚烧效果，满足严格的烟气净化要求，实现稳定的垃圾热能利用，防止事故发生。同时，还要实现对工厂各种辅助设备、公用设施的运行控制。垃圾焚烧发电厂的自动化控制应采用成熟的控制技术，具有高可靠性且采用性能价格比适宜的设备与元件，根据垃圾焚烧设施的特点设计，能够满足设施安全、经济运行以及防止对环境二次污染的要求。

自动化控制系统将对全厂进行控制，实现对工艺系统的检测、调节、保护、连锁以及报警，保证垃圾全量完全燃烧并达到环保标准，实现汽轮发电机组并网发电，保证系统安全、经济运行。垃圾焚烧工艺控制系统总体内容如图8-16所示。

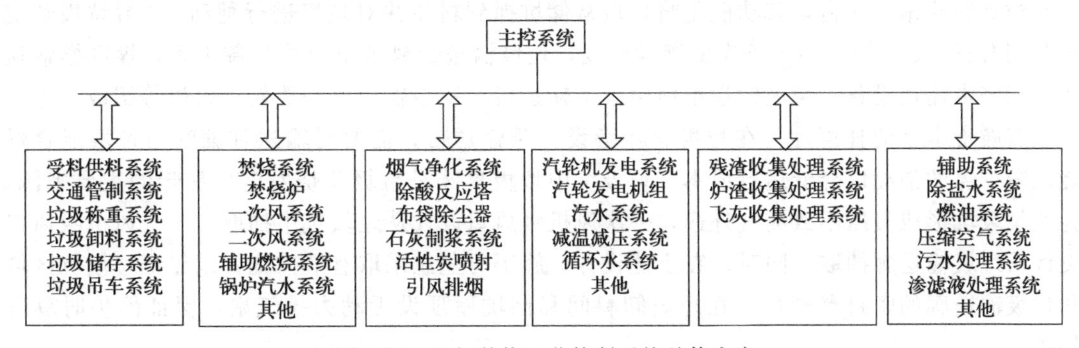

图8-16 垃圾焚烧工艺控制系统总体内容

e. 给排水系统。给排水系统设计范围包括全厂的供水和排水工程，其中包括给水处理、污水处理和给排水管网。设计依据国家和行业相关技术规范及标准。

f. 通风与空气调节。通风与空气调节的设计依据国家和行业相关技术规范及标准。

g. 除臭。垃圾焚烧中除臭是一个非常重要的方面，其设计应满足工艺先进、运行稳定、废气达标排放，工程造价合理、运行费用低等要求。设计依据包括 GB 16297—1996《大气污染物综合排放标准》等污染物排放标准以及有关的设计规范及设计手册。

h. 灰渣处理系统。灰渣可分成两部分：一部分是炉渣，从炉排下收集到；另一部分是飞灰，是由锅炉尾部烟道收集到炉灰及除尘器等捕集下来的烟气中的颗粒物质。根据 GB 18485—2014，焚烧炉渣与除尘设备收集的焚烧飞灰应分别收集、储存和运输。

i. 渗滤液处理系统。生活垃圾焚烧厂的渗滤液的来源：生活垃圾倒入储坑内后，垃圾外在水分及分子间水分经堆压、发酵，渗滤液逐渐流至垃圾储坑底部；垃圾卸料平台冲洗污水及车间地面冲洗水；垃圾运输车冲洗污水。渗滤液经处理后，应达到相应的国标中三级排放标准。

③ 工程实例

A. 广西来宾市垃圾焚烧发电厂

a. 工程简介。该工程为垃圾焚烧发电厂示范工程，系统主要由垃圾储存及输送给料系统、焚烧与热能回收系统、烟气处理系统、灰渣收集与处理系统、给排水处理系统、发电系统、仪表及控制系统等子项组成，采用国产技术，配备 2 台 35t 循环流化床焚烧炉，2 台 7.5MW 凝汽式汽轮发电机组，日处理垃圾能力达到 500t，具有“减容、减量、无害、资源化”的优点。

工程选用的循环流化床焚烧炉由无锡太湖锅炉有限公司生产，主要技术参数为：额定蒸发量 38t/h，额定蒸汽参数 450℃/3.82MPa，给水温度 105℃，一次风热风温度 204℃，二次风热风温度 178℃，一、二次风比例 2∶1，排烟温度 160℃，设计热效率大于 82%。锅炉设计燃料为城市生活垃圾 80%＋烟煤 20%，设计燃料发热量 8700kJ/kg，额定垃圾处理量 250t/d，设计燃烧温度 850～950℃，灰渣热灼减率小于 3.0%，烟气净化采用半干法脱酸、布袋除尘。各项排放指标全部达到我国生活垃圾焚烧污染控制标准，二噁英等主要指标达到欧盟污染控制标准，用灰渣制砖各项检测指标均不超过相关标准限值。

b. 工艺流程如下

ⅰ. 垃圾储存与输送给料系统。该系统由垃圾储坑、抓斗起重机和输送给料设备等组成。垃圾储坑起着储存、调节、熟化、均化、脱水的作用，其容积可储存 7～10 天的垃圾。设有垃圾抓斗吊车 2 台，其功能是将垃圾从储坑抓到料斗并对垃圾进行翻动。2 台垃圾焚烧炉并列布置。2 台炉共用 1 条煤助燃输送线，垃圾输送给料则每台炉配备 1 条，煤助燃输送线采用胶带输送设备，垃圾输送给料由胶带输送机、链板输送机和拨轮给料机等组成。考虑当地有廉价丰富的甘蔗叶，在垃圾料斗旁设一条输送带，需要时输送甘蔗叶与垃圾混合燃烧，减少煤的消耗以降低运行成本。垃圾坑中垃圾臭味是垃圾焚烧发电厂臭味的主要来源，为使垃圾坑形成负压不致臭气外逸，一次风机吸风口设计从垃圾坑中抽取，二次风机吸风口设计从垃圾输送廊抽取。同时，在土建设计、施工时注意采取有效措施，以保证垃圾坑区域和垃圾输送廊的密封严密性。在垃圾卸料间和储坑屋顶设无动力排气扇，保证停炉时臭气外排。

ⅱ. 焚烧与热能回收系统。该系统由循环流化床焚烧炉和鼓风机、引风机、罗茨风机等燃烧空气系统的辅助设备组成。焚烧炉由流化床、悬浮段、高温旋风分离器、返料器和外置换热器等部分组成。在旋风分离器的烟气出口布置对流管束，尾部烟道依次布置有省煤器和

一、二次空气预热器。外置换热器以空气流化、高温循环物料为热载体，使高低温过热器管束布置在酸性腐蚀气体浓度极低的返料换热器内，降低了过热器管束与垃圾焚烧产生的腐蚀气体直接接触发生高温腐蚀的条件，有效地解决了垃圾焚烧高温腐蚀问题。采用垃圾与煤混烧，国内外试验及实际运行数据表明在垃圾中掺煤量达到一定比例（<7%，质量分数）时，可大幅度降低二噁英的生成（其他条件相同的情况下，生成二噁英类物质的浓度可减小80%左右）。其机理为煤中S对降低烟气中二噁英的合成有多种作用，是减少二噁英产生的有效方法。另外，流化床布风板采用常规风帽和定向风帽，使垃圾可在流化床内产生大尺度的床料横向运动，提高垃圾在流化床内的扩散混合及排料能力。

ⅲ. 烟气处理系统。该系统主要由脱酸反应塔、布袋除尘器、给粉系统、增湿器、飞灰回送循环和排灰系统等组成，采用半干法和布袋除尘工艺。该系统的消石灰和循环灰在循环流化脱酸塔中形成强烈流化紊流，并在形成的巨大的反应表面上进行脱酸反应和增湿干燥。设置在脱酸塔出口的惯性分离器，可有效地降低布袋除尘器入口浓度和除尘器负荷。另外，在脱酸塔出口烟道中喷入活性炭，可有效地去除烟气中的重金属和二噁英，保证烟气排放达到国家规范要求。由于系统的脱酸反应过程在绝热饱和温度以上进行，水分汽化后进入烟气，故没有废水产生。整个烟气处理系统的附属设备均设置在一个钢架单元内，设备占地面积小、投资省、水耗量少、吸收剂利用率高，反应产物呈干粉状态，易处理。

ⅳ. 垃圾渗滤液处理系统。垃圾渗滤液为高浓度废水，采用高温热解方法由泵将垃圾储坑收集的渗滤液喷入焚烧炉内燃烧处理。垃圾的含水率直接影响垃圾的低位发热量。根据有关单位测试，每脱1%的水分，垃圾的发热量约可增加100kJ/kg。在夏季，南方垃圾含水率高时，可脱出20%的水分，其他季节脱水率为10%～15%。因此，在南方要求垃圾坑设有完善且有效的渗滤液排导和收集系统，否则，垃圾将被浸泡在渗滤液中，影响垃圾焚烧。为保证垃圾渗滤液导排和收集，垃圾坑底设大于或等于2%的斜坡，底部设置收集沟。在垃圾坑墙壁的一侧做人工通道，并沿垃圾坑墙壁的不同高度设排水格栅，形成渗滤液排出和人工清理的通道，渗滤液可沿垂直和水平方向通过格栅流入通道的收集沟，进入收集池；清理人员可进入通道清理淤泥和清理、更换格栅，格栅设在靠近卸料门侧，因为这一侧的垃圾一般不会堆积较长时间，以保持排导系统的畅通。

ⅴ. 灰渣收集与处理系统。垃圾焚烧产生的固体废弃物主要是飞灰和炉渣，飞灰和炉渣分开收集。炉渣考虑作建筑或路基材料综合利用。飞灰则采用大型灰罐储存，做单独安全处理或综合利用。

ⅵ. 给排水处理系统。全厂用水由河边泵站和市政管网供给。在厂区设置循环冷却系统供厂区设备使用，其用水由河边泵站供给。锅炉给水采用除盐加混床除盐工艺，以保证锅炉给水符合相关技术标准要求。厂区清洗废水、生活污水采用序批式活性污泥法处理达GB 8978一级标准后排放。

ⅶ. 发电系统。设置2台7.5MW凝汽式汽轮发电机，2台1000kV·A38.5/10.5kV主变压器，10kV母线经主变压器升压至35kV接入当地电力网，发配电系统采用微机保护测控装置。

B. 深圳宝安垃圾焚烧电厂（二期）

a. 工程简介。深圳市宝安垃圾焚烧发电厂二期工程建于2009年，处理规模为3000t/d，采用国外先进的垃圾焚烧技术，由4台处理规模为750t/d的往复式炉排焚烧炉、余热炉二位一体的垃圾焚烧处理线组成，配置2台30MW汽轮发电机组。垃圾焚烧机组年利用时间按 8000h 计算。深圳市宝安区所有生活垃圾由城管办负责以专用压缩汽车运至电池垃圾池。

b. 工艺流程。城市生活垃圾由垃圾运输车运抵焚烧厂内，经称重后进入卸料平台并卸入垃圾储存坑储存。位于垃圾储存坑上部的垃圾抓斗将垃圾送入进料斗，垃圾经进料斗和进料斜槽进入焚烧炉。进料斜槽在焚烧炉的端部起到密封作用，并通过给料炉排向智能化炉排系统配送垃圾。垃圾通过给料炉排输送到焚烧炉内，经过干燥段、燃烧段和燃尽段所构成的多级炉排，有效地进行焚烧，垃圾燃烧后留下的炉渣经炉排末端排出。炉渣由湿式出渣装置排向灰渣储坑，然后由灰渣吊车抓取并装车外运，进行综合利用。垃圾经焚烧后产生的高温烟气经余热锅炉产生高温高压蒸汽，推动汽轮发电机组发电或进行供热，实现能源回收。烟气进入吸收塔与石灰浆液雾滴接触，进行化学反应去除重金属和酸性气体（HCl，SO_x）。在反应器和袋式除尘器之间喷入活性炭吸收剂，吸收二噁英、呋喃和汞蒸气。烟气进入袋式除尘器，粉尘和反应物被袋式除尘器的滤袋收集，净化后的烟气通过烟囱达标排放。工艺流程如图 8-17 所示。

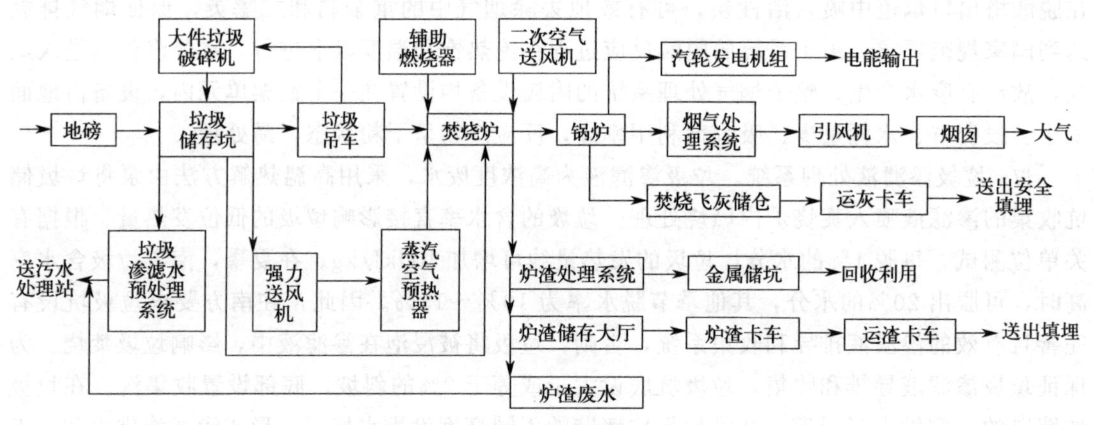

图 8-17 深圳宝安垃圾焚烧电厂工艺流程

该电厂主体工程与辅助工程系统及主要设备见表 8-6。

表 8-6 主体工程与辅助工程系统及主要设备

系统	组成内容	主要设备
主体工程	垃圾接受、储存与输送	垃圾称量设施(地磅)、卸料平台、卸料门、垃圾池、抓斗起重机(垃圾吊)、渗滤液收集及处理系统
	焚烧系统	垃圾进料设置、垃圾焚烧设置、残渣处理设置、燃烧空气设置(一、二次风配风系统)、启动点火与辅助燃烧装置、渗滤液防护喷炉系统等
	烟气净化系统	石灰浆制备系统、旋转雾化器及半干式反应塔、活性炭喷射系统、袋式除尘器、引风机、飞灰处理系统
	垃圾热能利用系统	锅炉系统、汽轮发电机组、热力系统、化学水处理系统
	电气系统	电气主接线系统、厂用电系统、事故保安电源系统
辅助工程	自动化控制	焚烧线及烟气处理系统
	给排水及消防系统	锅炉给水系统、雨水和污水排放系统、消防系统
	其他辅助设施	水质化验室、电气设备与自动化实验室、空调系统等

c. 主要污染物排放如下。

ⅰ. 大气污染物排放量。该垃圾焚烧工程大气污染物排放量见表 8-7，主要处理工艺为半干式吸收塔＋活性炭喷射＋袋式除尘器烟气净化组合工艺加脱氮系统，烟气处理后经 80m 烟囱排放。

表 8-7　大气污染物排放量

污染物	产生浓度/(mg/m^3)	产生量		设计排放浓度/(mg/m^3)	排放量		去除率/%	标准限值/(mg/m^3)
		kg/h	t/a		kg/h	t/a		
烟尘	10000	5205	41638	30	15.6	125	99.7	30
CO	50	26	208	50	26	208	0	50
NO_x	400	208	1666	240	124.9	999.3	40	240
SO_2	461	239.9	1919.5	60	31.23	250	87	60
HCl	1000	520	4164	50	26	208	95	50
Hg	1.0	0.52	4.16	0.1	0.052	0.416	90	0.1
Cd	2.5	1.30	10.41	0.1	0.052	0.416	96	0.1
Pb	6.0	3.12	24.98	1.0	0.520	4.164	83.3	1.0
二噁英类	3ng TEQ/m^3（标况下）	1561μg TEQ/h	12.492g TEQ/a	0.1ng TEQ/m^3（标况下）	52.05μg TEQ/h	0.416g TEQ/a	96.7	0.1ng TEQ/m^3（标况下）

ⅱ. 水污染物排放量。该垃圾焚烧发电工程废水包括垃圾渗滤液、生活废水、冲洗废水、化学用水排水和定连排冷却水等。二期工程水污染物排放量见表 8-8。

表 8-8　水污染物排放量

污染物	处理前		处理后		排放标准/(mg/L)
	浓度/(mg/L)	产生量/(t/a)	浓度/(mg/L)	排放量/(t/a)	
COD	12400	3080.4	110	27.3	110
BOD_5	6940	1724.0	30	7.5	30
SS	10300	2558.7	100	24.8	100
NH_3-N	398	98.9	15	3.7	15

ⅲ. 固体废物。该电厂所产生的固体废物来源于生活垃圾中不可燃的无机物以及部分未燃尽的可燃有机物，主要包括焚烧炉飞灰、余热锅炉飞灰和炉渣，飞灰产生量设计值为 113.4t/d，炉渣产生量为 702.96t/d。

d. 污染防治措施如下。

ⅰ. 大气污染物治理措施。大气污染物治理主要通过以下途径：控制焚烧炉燃烧温度，使其高于 850℃；保持停留时间不小于 2s；保证 O_2 浓度不低于 6%；并合理控制助燃空气的风量、温度，从焚烧工艺上抑制二噁英的生成。采用半干式吸收塔＋活性炭喷射＋袋式除尘器烟气净化组合，去除烟气中酸性气体、重金属、烟尘和二噁英等污染物。配炉内喷尿素脱氮氧化物（NO_x）系统，降低氮氧化物排放。经处理后的焚烧烟气通过 80m 高的烟囱排放。

工程中焚烧炉的燃烧温度、过量空气量及烟气与垃圾在炉内的滞留时间，足可保证垃圾完全燃烧，可使产生的废气中的 CO 符合排放标准，不必经过特殊处理。

通过烟气排放连续监测装置，监测项目为 SO_2、NO_2（NO_x）、HCl、烟尘等，并与深圳市环保局联网，以便实现随时监督。垃圾池和垃圾上料系统采用全封闭式建筑结构，垃圾池采用自动门，随时关闭；锅炉一次风机从垃圾池内吸风，保持垃圾池内呈微负压，抽出后送入焚烧炉作为助燃空气，以防止垃圾池内臭气外逸；在垃圾卸料车间的汽车进出门处设置侧吹空气幕，隔断室内外空气流动，防止垃圾臭气泄漏。在垃圾渗滤液地下泵房地面屋体内架设一条通风管道，设置轴流风机，将垃圾渗滤液储存坑中外逸的臭气引入垃圾仓，保持地面屋体呈负压，避免臭气外泄于环境中。为防止垃圾池内可燃气体聚集，引起火灾，在垃圾池内设置可燃气体检测装置。当检测到可燃气体超标时，或者锅炉停运检修，垃圾池需要通风排味时，即自动开启除臭风机将臭气送入位于除臭间内的活性炭除臭装置过滤。臭味经过活性炭除臭装置吸附过滤后排至高空大气，从而保证电站小区内的空气质量。为了防止垃圾池的臭气进入参观走廊等区域，上述区域采用微正压送新风系统，防止垃圾池的臭味外逸至该区域。同时，新风经空气净化机过滤，以保证参观走廊内的空气质量。

ⅱ. 废水治理措施。该厂约 180m^3/d 的垃圾渗滤液进行回喷焚烧处理；剩余渗滤液 450m^3/d、二期工程主厂房和卸料台垃圾渗滤液冲洗水 40m^3/d、一期工程剩余渗滤液和一期工程主厂房、卸料台垃圾渗滤液冲洗水 124m^3/d，全厂剩余渗滤液及其冲洗水共约 514m^3/d 随压力管排入厂区垃圾渗滤液处理系统，排入低温蒸发冷凝处理设施，经处理后产生的浓缩液进行回喷焚烧，凝结水与生活污水共约 746m^3/d 一起进行生化处理后，出水水质达到广东省 DB 44/26—2001《水污染物排放限值》的第二时段二级标准后经市政管网流入燕川污水处理厂处理。

ⅲ. 固体废物治理措施。炉渣由宝安区城管局运走处理，同时也开发炉渣综合利用的方法；飞灰固化后运至深圳市危险废物填埋场填埋；污水处理污泥后直接焚烧进行无害化处理。

e. 垃圾焚烧发电厂运营分析。从垃圾焚烧发电工艺路线和运行实践中不难看出，垃圾焚烧发电工程是最快捷、最有效、最彻底的处理垃圾的方法，垃圾焚烧发电厂的建设和运行中的重点问题表现在以下几个方面。

ⅰ. 实践证实，国内的城市生活垃圾虽然发热量低，含水率较大，但只要运行得当，可以用现代焚烧技术处理，能获得较好的垃圾处理效果。垃圾焚烧发电厂应以焚烧处理城市生活垃圾为主，兼顾垃圾热能发电的高效率与高经济性。

ⅱ. 从国外引进的垃圾焚烧设施和技术，性能稳定可靠，系统配置成熟，但要真正稳定、高效地焚烧处理城市生活垃圾，尤其是低发热量、高水分、多变化、不分类的城市生活垃圾，必须调整运行工艺和控制参数，建立适合国情的生活垃圾运行工艺和模式。

ⅲ. 从国外引进的城市生活垃圾焚烧发电厂建厂模式很不经济，应大量采用本土化设备，降低建设投资和运行成本，以及改变国内运行、检修人员的作业习惯。

ⅳ. 城市生活垃圾焚烧发电相关政策与技术规范宜借鉴国外的发展，并深入调查研究国内的实际情况，符合我国国情和地方经济承担能力。政策与技术规范尚需要进一步健全。

ⅴ. 垃圾焚烧发电设施应采用企业模式管理，以提高总体效益。运行费用应以发电上网和供热收入为主，不宜过分强调垃圾处理收费收入，以防加重政府和居民负担，对行业发展不利。

ⅵ. 烟气处理设备应与垃圾焚烧设备和热力发电设备并重。但环保标准不宜指定必须采用何种工艺设备，而只宜限定排放浓度和数量。

ⅶ. 垃圾焚烧飞灰不宜无条件作为危险废物处理，而宜将监测到的毒性超标的飞灰作为危险废物处理，毒性不超标的飞灰作为一般废物处理，否则将大幅加大垃圾焚烧发电厂的运行成本，以致难以以自负盈亏企业模式运作。

ⅷ. 垃圾含水率较高时，不宜将垃圾储坑汇集收集的垃圾渗滤液喷入炉内做干燥处理，而应寻求其他处理技术、工艺和方式，以提高经济性。

ⅸ. 只要设备设施工艺配置科学合理，运行管理规范、严格，城市生活垃圾焚烧发电厂不会对厂区周围环境造成不可恢复的不利影响。

ⅹ. 应注意垃圾焚烧发电厂的外貌与周围环境景观的协调，控制三废污染、恶臭与噪声，使厂区周围居民认同垃圾焚烧发电厂的存在与运行，以免发生不必要的投诉等麻烦事项。

（7）垃圾焚烧发电关键技术

① 垃圾焚烧技术　国内外垃圾焚烧技术主要有层状燃烧技术、流化床燃烧技术、旋转燃烧技术（也称回转窑式）三大类。

a. 层状燃烧技术。层状燃烧是一种发展较为成熟的技术，燃烧关键在于炉排，垃圾在炉排上燃烧通过预热干燥区、主燃区和燃尽区三个区。垃圾在炉排上着火，热量不仅来自上方的辐射和烟气的对流，还来自垃圾层内部燃烧的传热。在炉排上已着火的垃圾在炉排的特殊作用下，使垃圾层强烈地翻动和松动，不断地推动下落，引燃垃圾底部着火。连续地翻转使垃圾层松动，透气性加强，有助于垃圾的着火和燃烧。为确保垃圾燃烧稳定，炉拱形状设计要考虑烟气流场。配风设计要确保空气满足炉排垃圾层燃烧 3 个阶段的不同需要，并合理使用二次风。

b. 流化床燃烧技术。流化床燃烧技术是一种已发展成熟的燃烧技术，由于其燃烧强度高，更适宜燃烧发热值低、水分含量高的垃圾。同时，由于其炉内蓄热量大，在燃烧垃圾时基本上可以不用助燃。为了保证入炉垃圾的充分流动，对入炉垃圾的颗粒尺寸要求较为严格，要求垃圾进行一系列筛选、粉碎等处理，使其尺寸、状况均一化。一般破碎到不大于 15cm，然后送入流化床内燃烧，床层物料为石英砂，布风板通常设计成倒锥体结构，风帽为“L”形。床内燃烧温度控制在 800～900℃之间，冷态气流断面流速为 2m/s。一次风经由风帽通过布风板送入流化层，二次风由流化层上部送入。采用燃油预热料层，当料层温度达到 600℃左右时投入垃圾焚烧。该炉启动、燃烧过程的特性与普通流化床锅炉相似。

c. 旋转燃烧技术。旋转焚烧炉燃烧设备主要是一个缓慢旋转的回转窑，其内壁可采用耐火砖砌筑，也可采用管式水冷壁，用以保护滚筒，回转窑直径为 4～6m，长度为 10～20m，根据焚烧的垃圾量确定，倾斜放置。每台旋转焚烧炉垃圾处理量目前可达到 300t/d（直径 4m、长 14m）。回转窑过去主要用于处理有毒有害的医院垃圾和化工废料。它是通过炉本体滚筒缓慢转动，利用内壁耐高温抄板将垃圾由筒体下部在筒体滚动时带到筒体上部，然后靠垃圾自重落下。由于垃圾在筒内翻滚，可与空气充分接触，进行较完全的燃烧。垃圾由滚筒一端送入，热烟气对其进行干燥，在达到着火温度后燃烧，随着筒体滚动，垃圾翻滚并下滑，一直到筒体出口排出灰渣。

当垃圾含水量过大时，可在筒体尾部增加一级燃尽炉排，滚筒中排出的烟气，通过垂直的燃尽室（二次燃烧室），燃尽室内送入二次风，烟气中的可燃成分在此得到充分燃烧。二次燃烧室温度为 1000～1200℃。

回转窑式垃圾燃烧装置设备费用低，厂用电耗与其他燃烧方式相比也较少，但处理热值较低、水分高的垃圾有一定的难度。

② 垃圾焚烧烟气处理技术　对焚烧炉尾气中的污染物（如烟尘、烟气黑度、一氧化碳、氮氧化物、二氧化硫、氯化氢、汞、铅、二噁英等）要严格控制，我国目前能检测二噁英的实验室较少，因此垃圾焚烧厂应自觉通过采取多种措施，减少二噁英的排放量，使其达到排放标准。主要措施包括：避免氯苯、氯酚等含氯有机物进入焚烧炉，因为它们在燃烧过程中可能会生成二噁英；保证炉膛内合适的温度和充足的氧气等来改善燃烧状况，提高燃烧效率，减少二噁英的生成；选择合适的烟气处理技术，如经静电除尘器、湿式洗涤塔、SCR（选择性催化还原技术）反应塔三级处理；或采用半干式洗涤塔、袋式除尘器、SCR

反应塔处理后经烟囱排放；活性炭吸附烟道气净化系统的二噁英，二噁英易被吸附在烟道气中的飞灰上，因此除尘器收集下来的飞灰必须按照危险废物来处理，通过采取特殊手段可将飞灰中的二噁英分解。

③ 废液、废渣处理技术 对垃圾焚烧厂排放的工艺废水，如垃圾渗滤液、灰渣冷却水等也必须经过处理，最好能循环利用，如排放则必须达到有关工业废水排放标准。

灰渣经磁选后由链式输送机集中输至灰渣棚，采用自卸汽车外运综合处理或填埋。由于灰渣中含有重金属，不宜作建筑材料，但可用于筑路，也可以 7∶3 的比例与水泥混合，固化后制成行人道铺块等。

(8) 垃圾焚烧发电现状

垃圾焚烧处理已有 100 多年的历史。1896 年和 1898 年，德国汉堡和法国巴黎先后建立了世界上最早的生活垃圾焚烧厂。1931 年，丹麦伟伦公司在丹麦建造了世界上第一个垃圾焚烧发电厂，处理能力为 288t/d。1965 年，联邦德国就已建有垃圾焚烧炉 7 台，垃圾焚烧量每年达 7.8×10^5t，到 1985 年垃圾焚烧炉已增至 46 台，垃圾年焚烧量为 8×10^6t，供电受益人口占总人口的 34.3%。到 2000 年，德国共有垃圾焚烧厂 53 座。目前，法国共有垃圾焚烧炉约 300 台，可以用于处理 40%的城市垃圾，法国巴黎建有 4 个垃圾焚烧厂，产生相当于 20 万 t 石油当量的能量。美国自 20 世纪 80 年代兴建垃圾焚烧厂，年处理垃圾总能力达到 3000 万 t，90 年代新建 402 座垃圾焚烧厂，焚烧率达 18%，到 2000 年提高到 40%，其中底特律市拥有世界上最大的垃圾发电厂，其日均处理量高达 4000t。日本每年垃圾焚烧处理量近 4000 万 t，发电容量在 320MW 以上，单台设备最大处理垃圾能力为 552t/d。新加坡于 1986 年建成一座处理能力为 2000t/d 的大型垃圾发电厂，现如今其焚烧率已接近 100%。

我国第一座垃圾发电站是深圳市市政环卫综合处理厂，并于 1988 年投入运行，日处理垃圾 150t，配置 500kW 的汽轮发电机组发电供热。后于 1992 年杭州锅炉厂（引进日本三菱重工技术）制造了一台垃圾焚烧炉，日处理量约为 150t，并配置 1500kW 汽轮发电机组。珠海市环卫处在珠海市建设了 3×200t/d 锅炉，配置 6000kW 发电机组的垃圾发电厂，炉排采用美国 Detroil Stoker 公司的四阶梯顺推式往复炉排，在试运期间锅炉燃烧工况良好。目前全国最大的生活垃圾焚烧发电厂是上海浦东垃圾焚烧发电厂，工程建设 3 台垃圾焚烧锅炉、2×8500kW 发电机组，发电厂有 3 套垃圾焚烧处理系统，每天可处理 1000t 城市生活垃圾。电厂烟气净化采用石灰脱酸、活性炭吸附和布袋除尘等多种方式，执行欧洲环保标准。南海市环保发电厂为处理广州市、南海市、佛山市生活垃圾而建设，电厂分两期建设，一期安装两台处理能力为 200t/d 的生活垃圾焚烧炉和一台 12MW 的汽轮发电机，该厂所安装的焚烧炉由旅顺锅炉厂引进美国 BASIC 公司技术设计制造。上海港垃圾焚烧系统项目是由联合国全球环保基金会赠款所建。

现阶段我国城市每年因运输费、处理费等城市垃圾处理成本近 300 亿元，而将其综合利用后则可以创造 2500 亿元的效益。可以看到，虽然我国的垃圾焚烧处理起步较晚，但发展潜力强劲。

第六节 垃圾焚烧发电系统

(1) 系统组成

垃圾焚烧发电与常规火力发电过程基本相同，它是利用燃烧垃圾所释放的热能进行发电。垃圾发电所需设备除电站锅炉、汽轮机、发电机等设备外，还包括密闭垃圾堆料仓、垃圾焚烧炉等专用设备。

垃圾焚烧厂包括以下系统及主要设备。

① 垃圾的接收、储存与输送系统。包括入口地磅，卸料、破碎设备，垃圾储存仓，进料设备等。

② 焚烧系统。包括焚烧炉、炉渣排出储存设备等。

③ 烟气净化系统。分干式、半干式、湿式烟气净化系统，不同焚烧厂选择不同工艺。

④ 垃圾热能利用系统。包括余热锅炉、汽轮机、发电机等。

⑤ 残渣处理系统。包括对飞灰和炉渣进行固化处理的设施。

⑥ 自动化控制系统。包括检测、调节、保护、连锁、报警等仪表和设备。

⑦ 废水处理系统。分混凝沉淀-生物处理法、膜处理-生物处理法等，不同焚烧厂选择不同工艺。

⑧ 输入与输出系统。包括垃圾焚烧厂生产过程中输入与输出各类物质的计量装置。

⑨ 其他系统。包括油品供应设备、压缩空气供应设备和化验、机修设备等。

(2) 系统功能

① 入口地磅

a. 用途及功能：控制进厂通道；计量进厂垃圾和其他材料；检查垃圾组成；收取垃圾处理费。

b. 设计要求

ⅰ. 地磅的大小和承载量应适合垃圾车大型化、重型化的变化。

ⅱ. 大门通道是整个焚烧厂控制系统的一部分，通道门应能闭锁。

ⅲ. 从计量操作室能清楚地看到进入的车辆。

ⅳ. 两台地磅，一台为进厂车辆，另一台为出厂车辆，或当其中一台故障维修时可备用。

ⅴ. 整个地磅区光线条件良好。

ⅵ. 大门外应有信息牌，标明开放时间。

ⅶ. 地磅区有防雨棚。

ⅷ. 为防止雨水流入地磅房，整个地磅房周围应设较好的排水坡度。

c. 运行维护与安全措施

ⅰ. 每年对地磅检查 2 次。

ⅱ. 在本地报刊和电话簿上定期公布焚烧厂开放时间。

ⅲ. 制定员工操作规程。

ⅳ. 规范地磅和计算机的操作。

ⅴ. 检查进厂垃圾特性。

ⅵ. 现金出纳和记账。

② 卸料、破碎和垃圾存仓

a. 用途及功能：倾倒垃圾；大件垃圾破碎；垃圾压缩和储存；垃圾脱水。

b. 设计要求

ⅰ. 具有一周的存储能力、4 天的脱水能力。

ⅱ. 可载重 3t 的垃圾抓斗起重机（尽量能带计量称），能全年全天（24h）操作。

ⅲ. 有两台垃圾抓斗起重机（一台备用)。

ⅳ. 尽可能将垃圾抓斗起重机操作室和控制室放在一起。

ⅴ. 垃圾储存仓具有良好的防渗性能，保护地下水。

ⅵ. 避免异味，防火。

c. 运行管理与安全措施

ⅰ. 垃圾卸料必须有人监督管理，以下物品不得倒入垃圾储存仓：废液（溶剂、油、泥浆)；金属件；砂、石、工业废灰、工业废渣；动物尸体；易燃品；压缩气瓶；危险废物；轮胎；荧光灯；电池。大件垃圾（长度超过 50cm 的物件）必须先破碎，然后才能进入垃圾储存仓。

ⅱ. 垃圾储存仓区域禁止吸烟。

ⅲ. 制定操作规章，明确发生火灾时的职责。

ⅳ. 配备足够的垃圾抓斗起重机缆绳，备足电缆线。

ⅴ. 定期搅拌垃圾储存仓中的垃圾，使进入焚烧炉的垃圾尽可能均匀。

ⅵ. 不要将大件物品直接送入垃圾斗，以免堵塞焚烧炉进料口。

ⅶ. 设置卸料口关闭门（卸料门)。卸料门平时是关闭的，以保证安全并防止垃圾储坑的灰尘及臭气向外泄漏。当车辆倾卸垃圾时，卸料门才开启。要求卸料门密封性好，开关灵活方便，能抵御垃圾储坑气体腐蚀，强度高，耐磨损与撞击。

ⅷ. 为避免臭味逸出，垃圾储存仓内部应处于负压状态，焚烧炉所需的一次风应从垃圾储存仓抽取。

ⅸ. 垃圾储存仓要附设排水系统，收集渗滤液和其他污水。

ⅹ. 为了防火，应设有自动喷水装置，也可通过垃圾抓斗起重机控制室手动控制。

③ 进料系统

a. 用途及功能。进料系统主要设备包括进料斗和垃圾进料器。

ⅰ. 进料斗的功能有：接收垃圾吊车提供的垃圾并储存；利用垃圾的自重向炉内连续不断地提供垃圾；利用垃圾本身厚度形成密封层，使燃烧区与垃圾储存仓区分开，防止空气进入焚烧炉和焚烧物进入垃圾储存仓。

ⅱ. 垃圾进料器的功能有：连续、稳定、均匀地向垃圾焚烧炉提供垃圾；按要求调节垃圾供应量；停炉时将给料平台上的垃圾推干净。垃圾进料装置如图 8-18 所示。

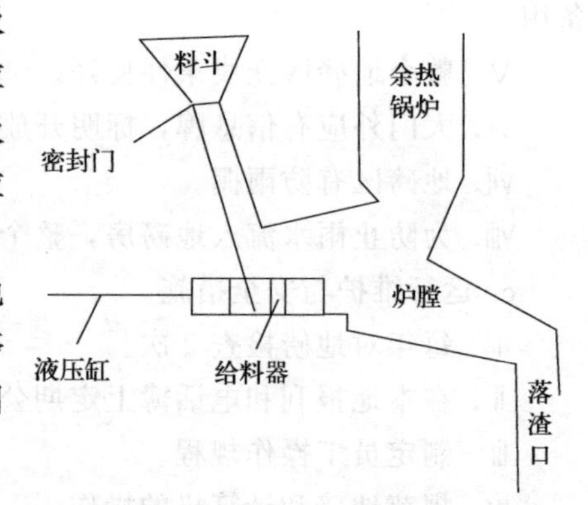

图 8-18　垃圾进料装置

b. 设计要求

ⅰ. 垃圾进料斗要有适宜的坡度，进料斗中垃圾储存容量为焚烧 1h 的量。有时为了解决垃圾在料斗中的搭桥问题，还设搭桥解除装置（破桥装置)。

ⅱ. 采用水冷却的垃圾进料斜槽以避免垃圾回燃。

ⅲ. 在开启和关闭阶段，进料斜槽没有充满垃圾时，进料斜槽要封闭。

ⅳ. 垃圾进料器的种类有多种，机械炉排炉多采用推送式。

ⅴ. 垃圾进料器由液压驱动，并由焚烧炉控制系统控制。

c. 运行管理与安全措施如下

ⅰ. 为了防止垃圾回燃使垃圾储存仓着火，垃圾抓斗起重机操作员需要注意保持进料斜槽内一直装满垃圾。

ⅱ. 垃圾斗和斜槽易磨损，每次维修时，应用超声波检测其厚度。

ⅲ. 在每次维修时，还应检查进料器是否因热和磨损而损坏。

④ 炉排和燃烧区

a. 用途及功能

ⅰ. 可进行垃圾与一次风焚烧。

ⅱ. 可控制一次风量。

ⅲ. 可向炉排的各个区域输送一次风。

ⅳ. 可向垃圾层均匀地分布一次风。

ⅴ. 可将垃圾从进料区均匀缓慢地输送到出渣口（停留时间大约 1h）。

ⅵ. 可控制二次风进口，产生强紊流。

b. 设计要求

ⅰ. 为了减少环境污染，燃烧完全后的炉渣热灼减率不超过 5%，有机碳含量不超 3%。燃烧完全后 $CO<40mg/m^3$。

ⅱ. 炉排受高温腐蚀和垃圾磨损，设计时应予考虑。

ⅲ. 炉排需要一次风来冷却。

ⅳ. 水冷炉排可以采用碳素钢，由于不是用一次风来冷却，调节一次风和二次风的比更灵活。

ⅴ. 炉排运动频率和速度均可调节，运动形式取决于炉排类型。

c. 运行管理与安全措施

ⅰ. 火焰明亮清晰，没有较多烟雾（二噁英）。

ⅱ. 需要经常观察燃烧状况。

ⅲ. 受垃圾成分和焚烧状况的影响，有时会出现液态炉渣黏附在炉墙壁面上的情况。液态炉渣经常会聚集成固体状，形成结渣，可能导致大块渣落到炉排上，这种状况会损坏炉排。特殊成分垃圾（如塑料含量高）往往是产生这种状况的原因。通常，改变炉排的一次风分布状况可解决这一问题。

ⅳ. 炉排受高热负荷作用，同时受到垃圾和炉渣的磨损。根据条件，每年需要对炉排状况检查 1～2 次。炉排的使用寿命通常为 1 年或更长时间。

⑤ 炉渣排出、储存和处理

a. 用途及功能：燃烧区域的密封；炉渣排出；炉渣冷却；炉渣储存；炉渣装卸。

b. 设计要求

ⅰ. 炉渣排出是整个焚烧过程不可缺少的部分，必须保证其可靠性。

ⅱ. 炉渣池的容量要求能储存 5～7 天炉渣产量。

ⅲ. 炉渣池的废水中铅和硫酸盐含量较高，应该把废水抽到排渣器中。

ⅳ. 设 2 台抓斗起重机，抓斗起重机上有漏水孔。

ⅴ. 炉渣中的铁尽可能回收利用。

ⅵ. 利用和处理炉渣的一个重要参数是其中未燃尽物含量（燃烧损失或有机碳含量）。

ⅶ. 炉渣可用来铺路，但炉渣毕竟是一种污染源，所以要参考大量相关设计和施工参数。

ⅷ. 炉渣处理可采用单一的炉渣填埋场，填埋炉渣的渗滤液含有较高的铅（Pb）和锌（Zn）成分，还有很高的硫酸盐（SO_4^{2-}）和氯化物（Cl^-）成分，其中，硫酸盐含量高达400mg/L。因而这种渗滤液可能会腐蚀钢筋混凝土。

⑥ 余热锅炉

a. 用途及功能：利用垃圾焚烧的余热来加热给水产生蒸汽；焚烧烟气被降温，烟气中烟尘部分沉降分离。

b. 设计要求

ⅰ. 锅炉给水和冷却水循环是一个非常复杂的系统，城市生活垃圾焚烧锅炉的设计着重考虑垃圾焚烧特性对锅炉的要求。

ⅱ. 锅炉主要有纵置式和横置式两种，横置式锅炉比较适用于垃圾焚烧厂。

ⅲ. 垃圾焚烧设计要特别考虑 CO、氯化物含量高造成锅炉受热面腐蚀和高温造成的腐蚀。

ⅳ. 过热器出口蒸汽压力和温度是垃圾焚烧锅炉设计的主要参数，建议值如下：蒸汽压力为 3.7MPa；蒸汽温度为 420℃。

ⅴ. 在高温、高压条件下，锅炉受热面会出现很快的腐蚀。

ⅵ. 烟气的露点取决于其成分（主要是烟气中的硫含量），一般为 120～150℃。为了提高热效率以及保证安全，锅炉排烟温度设计为 170℃，大于烟气露点。

ⅶ. 从锅炉中收集的飞灰重金属含量比炉渣高，不能用于铺路和制砖，而应采用专门的卫生填埋场处理。

c. 运行管理与安全措施

ⅰ. 垃圾焚烧锅炉在垃圾额定低位发热量与下限低位发热量范围内，应保证垃圾额定出力的能力，并适应全年内垃圾特性变化的要求。

ⅱ. 应有超负荷出力能力，垃圾进料量可调节。

ⅲ. 正常运行期间，炉内应处于负压燃烧状态。

ⅳ. 炉膛内烟气在不低于 850℃的条件下滞留时间不小于 2s。

ⅴ. 采用连续焚烧方式的垃圾焚烧锅炉，宜设置垃圾渗滤液喷入装置。

ⅵ. 焚烧炉在燃烧区有时会出现水管爆裂现象，锅内水会在短时间内大量流失，并无法补充，由此造成汽包（锅筒）中水位很快下降，部分水冷壁管蒸干，这是非常危险的状况。为了避免锅炉受热面损坏，当锅筒中水位降低到最低水位以下时，需要自动停止一次风和二次风。

ⅶ. 要根据标准测量程序，用超声波手段每年对锅炉受热面管的壁厚测量 1～2 次。

ⅷ. 每 3 年更换一次过热器的保护层（预防性维修）。

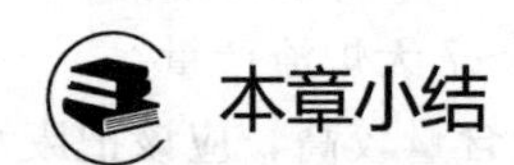

本章小结

本章主要介绍了生物质燃烧发电原理、生物质燃烧发电的发展现状、生物质直燃发电系统、生物质发电工程实例、城市垃圾焚烧发电和垃圾焚烧发电系统。

① 生物质直接燃烧发电的原理是由生物质锅炉利用生物质直接燃烧后的热能产生

蒸汽，再利用蒸汽驱动汽轮机发电。

② 我国生物质发电技术的研发和应用起步较晚，但在相关政策的激励下，我国生物质能发电技术产业已具有全面加速发展态势。

③ 生物质直燃发电系统可分为燃料系统、锅炉系统和汽轮机及辅助系统。

④ 介绍了我国首台秸秆与煤混合燃烧发电机组——山东枣庄华电国际十里泉发电厂（5号机组）的相关情况。

⑤ 介绍了城市生活垃圾分选工艺、垃圾焚烧流程、城市生活垃圾成分分析、垃圾焚烧过程的物质与能量转化、垃圾焚烧设备、垃圾焚烧的工程实例、垃圾焚烧发电关键技术以及垃圾焚烧发电现状。

⑥ 介绍了垃圾焚烧发电系统的组成，垃圾发电所需设备除电站锅炉、汽轮机、发电机等外，还包括密闭垃圾堆料仓、垃圾焚烧炉等专用设备。

思考题

1. 简述生物质燃烧发电的原理。
2. 简述垃圾焚烧发电的原理及工艺。
3. 简述生物质燃烧发电的工艺流程。
4. 简述生物质直燃发电系统。
5. 列举生物质燃烧发电的工程实例。
6. 简述垃圾焚烧发电系统。
7. 生物质燃烧发电的现状如何？
8. 生物质燃烧发电的前景如何？

第九章
生物质气化发电技术

生物质气化发电的基本原理是把生物质转化为可燃气，再利用可燃气推动燃气发电设备进行发电。气化发电过程包括三个方面：生物质气化、气体净化、燃气发电。生物质气化是指把固体生物质转化为气体燃料的过程。气体净化是指将气化产生的燃气中包括的灰分、焦炭和焦油等杂质通过净化系统去除，保证燃气发电设备的正常运行。其中，燃气净化包括除尘和除焦油等过程。除尘过程可采用多级除尘技术，如惯性除尘器、旋风分离器、文氏管除尘器、电除尘等，而燃气中的焦油可采用吸附和水洗的办法进行清除。燃气发电是指利用燃气轮机或燃气内燃机进行发电的过程。为了提高发电效率，发电过程可以增加余热锅炉和蒸汽轮机。

第一节　生物质气化发电流程

近年来，以生物质燃气进行发电有较快的发展，有三种基本类型：一是内燃机/发电机机组；二是蒸汽轮机/发电机机组；三是燃气轮机/发电机机组。可将前两者联合使用，即先利用内燃机发电，再利用系统的余热生产蒸汽，推动汽轮机做功发电。但由于内燃机发电效率低、单机容量小，其应用受到一定限制，所以一般也可将后两者联合使用，即用燃气轮机发电系统的余热生产蒸汽，推动汽轮机做功发电。这三种发电类型的工艺流程如图 9-1 所示。

生物质气化发电技术有别于其他可再生能源，具有以下四个方面的特点；

① 技术灵活性　由于生物质气化发电可以采用内燃机、燃气轮机、余热锅炉蒸汽发电，根据发电规模的大小可以选用合适的发电设备，保证具有合理的发电效率。这一技术灵活性能很好地满足生物质分散利用的特点。

② 经济性　生物质气化发电技术的灵活性，使该技术具有良好的经济性，合理的生物质气化发电技术比其他可再生能源发电技术投资小，综合发电成本已接近小型常规能源的发电水平。

③ 环保性　生物质本身是可再生能源，可以有效地减少 CO_2、SO_2 等有害气体的排放。气化过程一般温度较低，NO_2 的生成量很少，可有效控制 NO_x 的排放，是生物质能最有效、最洁净的利用方法之一。

④ 能源安全性　生物质气化发电技术具有规模小、布置灵活、分散供能的特点，可以在小区域内就地取材，同时供应冷、热、电、气等多种能源，基本满足区域内的多种能量供应，形成一种安全分散的能源供应新模式。

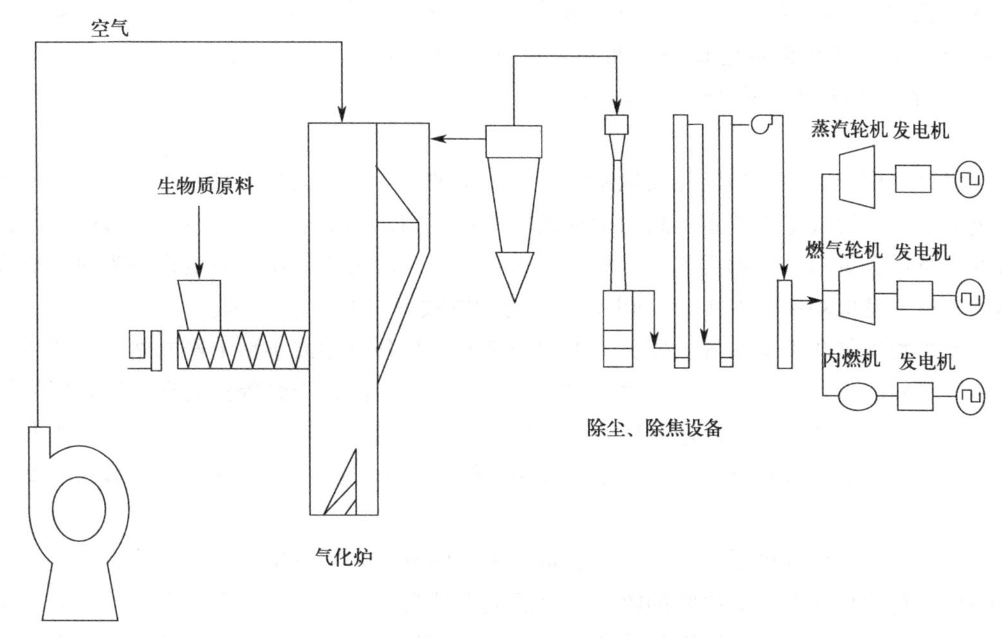

图 9-1　蒸汽轮机、燃气轮机和内燃机发电机机组的工艺流程

第二节　生物质气化发电系统分类

由于生物质气化发电系统采用的气化技术和燃气发电技术不同，其系统构成和工艺过程与燃气发电有很大的差别。

(1) 按气化形式不同分类

生物质气化过程可以分为固定床气化和流化床气化两大类。固定床气化包括上吸式气化、下吸式气化、横吸式气化和开心式气化四种，流化床气化包括鼓泡流化床气化、循环流化床气化及双流化床气化等。一般来说，固定床气化工艺适用于单机容量在 1MW 及以下的发电系统，而流化床气化发电系统的单机容量最大可以达到 10MW 以上。以上气化技术使用的气化介质一般均为空气，或者混合加入少量的水蒸气。目前这两种气化发电的形式国内都有研究，并有示范装置运行，但以流化床气化发电系统为主。

(2) 按发电设备不同分类

气化发电按发电设备可分为内燃机发电系统、燃气轮机发电系统及燃气-蒸汽联合循环发电系统。

① 内燃机发电系统以燃气内燃机组为主，可单独燃用低热值燃气，也可以燃气、油两用。前者使用方便；后者工作稳定性好，效率较高。该系统机组属于小型发电装置，它的特点是设备紧凑、操作方便、适应性较强，但系统效率低，不宜连续长时间运行，单位功率投资较大。它适用于农村、农场、林场的照明用电或小企业用电，也适用于粮食加工厂、木材加工厂等单位进行自供发电。

② 燃气轮机发电系统采用低热值燃气轮机，燃气需增压，否则发电效率较低。由于燃气轮机对燃气质量的要求高，因此一般单独采用燃气轮机的生物质气化发电系统较少。

③ 燃气-蒸汽联合循环发电系统是在内燃机、燃气轮机发电的基础上增加余热蒸汽的联

合循环，该种系统可以有效地提高发电效率。一般来说，燃气-蒸汽联合循环的生物质气化发电系统采用燃气轮机发电设备，而且最好的气化方式是高压气化，构成的系统称为B/IGCC，一般其系统效率可以达40%以上。

(3) 按规模分类

按发电规模分，生物质气化发电系统可分为小型、中型、大型三种。小型气化发电系统简单灵活，主要解决电网覆盖不到的边远区域的用电需求或作为中小企业的自备发电机组，所需的生物质数量较少，种类单一，所使用气化设备一般为固定床，发电设备为内燃机或微型燃气轮机，发电功率一般小于500kW，总的发电效率一般小于20%。

中型生物质气化发电系统主要作为大中型企业的自备电站或小型上网电站，它适用于一种或多种不同的生物质，所需的生物质数量较多，需要粉碎、干燥等预处理，所采用的气化设备一般为流化床或多台固定床并联，发电设备为多台燃气内燃机。中型生物质气化发电系统用途广泛，原料适应性强，装机功率规模一般为500～3000kW，发电效率一般为20%～25%。

大型生物质气化发电系统的主要功能是作为上网电站，它适用的生物质较为广泛，所需的生物质原料数量巨大，故原料的收集、储运成本较高，必须配套专门的生物质供应和预处理产业链。大型生物质气化发电系统采用的气化设备一般为流化床，装机功率一般在5000kW以上，发电效率一般大于25%。虽然与常规能源相比较其规模仍很小，但在生物质能产业发展成熟后，它将是替代常规能源电力的主要方式之一。

表9-1为各种生物质气化发电技术的特点。针对目前我国实际情况，生物质气化发电系统可根据建设规模的大小以及使用原料的种类采用固定床或流化床气化设备，采用气体内燃机带动发电机发电的方式。采用气体内燃机有以下几个优点：可降低对燃气杂质的要求（焦油与杂质含量在标况下小于100mg/m^{3}即可），可以大大减少气体净化的技术难度；避免了调控相当复杂的燃气轮机系统，可以大大降低系统的造价；由于不使用蒸汽系统，故而减少了用水量，在水资源缺乏区域尤其具有吸引力；该方案系统简单，技术难度小，单位投资和造价较低，符于我国目前的工业水平，设备可以全部国产化，适合于发展分散的、独立的生物质气化能源利用体系，具有广阔的应用前景。

表9-1　各种生物质气化发电的特点

规模	气化设备	发电设备	发电效率	主要用途
小型系统(<500kW)	固定床	燃气内燃机、微型燃气轮机	<20%	偏远区域或中小企业离网用电
中型系统(500～3000kW)	固定床、常压流化床	燃气内燃机组	20%～25%	企业自备电站、小型上网电站
大型系统(>5000kW)	常压流化床、加压流化床、双流化床	燃气内燃机组+蒸汽轮机、燃气轮机+蒸汽轮机	>25%	上网电站、独立能源系统

第三节　生物质燃气净化发电

生物质气化生成的燃气含有各种各样的杂质，其含量与原料特性、气化炉的形式关系很大。燃气净化的目标就是要根据气化工艺的特点，设计合理有效的净化工艺，保证气化发电设备不会因杂质而产生磨损、腐蚀和污染等问题。

（1）燃气高温过滤

生物质气化燃气含有大量的微小颗粒、焦炭和灰，由于焦炭的密度和直径都很小，一般旋风分离器难以去除；由于焦油在300℃以下开始少量地凝结析出，凝结的焦油容易堵塞管道和过滤材料，所以较好的方法是在高温下过滤。目前多采用烧结金属或烧结陶瓷材料作为过滤器。

（2）燃气除焦技术

一般来说中、小型气化发电系统采用的除焦技术有水洗除焦、低温过滤除焦和静电除焦等方式。水洗除焦是比较成熟也是中、小型气化发电系统采用比较多的技术之一，具有除焦、除尘、降温三方面的优点。焦油水洗设备的原理和设计与化工过程中的湍流塔一样，它的技术关键是选用合适的气流速度、合适的填充材料、合理的喷水量和喷水方式。焦油水洗技术的主要缺点是有污水产生，必须配套相应的废水处理装置。

低温过滤除焦只能应用于小型的气化发电系统。因为过滤材料阻力大，容易堵塞，对几十千瓦以上的气化发电系统焦油过滤必须采用切换工艺（同时设计两套过滤设备），而且过滤材料更换频繁，劳动强度太大。低温过滤具有除尘、除焦两个优点，低温过滤设计的关键是阻力计算及控制。另外，为了避免产生废物，过滤材料采用可以燃用的生物质是一种较佳的选择。

静电除焦技术和一般煤炭气化系统的电捕焦器的原理相同，它的优点是除尘、除焦效率高，一般达98%以上。但静电除焦对进口燃气中焦油含量的要求较高，一般要求低于5g/m^3。另外，由于焦油与炭混合后容易黏在电除尘设备上，所以电捕焦器对燃气中灰的含量要求也很高。电捕焦设备应用于生物质燃气的净化过程，必须解决防爆和清焦问题。

以目前的除焦技术来看，水洗除焦法存在能量浪费和二次污染现象，净化效果只能勉强达到内燃机的效果；热裂解法在1100℃以上能得到较高的转换效率，但实际应用较困难；催化裂解法可将焦油转化为可燃气，既可提高系统能源利用率，又彻底减少二次污染，是目前较有发展前途的技术。

第四节　生物质燃气发电技术

（1）内燃机发电技术

内燃机自19世纪60年代问世以来，经过不断改进和发展，已经是比较完善的机械。内燃机在实际工作时，每次能量转变都必须经历进气、压缩、做功和排气四个过程。每进行一次进气、压缩、做功和排气叫作一个工作循环。内燃机理想循环类型之一的混合加热理想循环如图9-2所示。1—2为定熵压缩过程；2—3为定容加热过程；3—4为定压加热过程；4—5为定熵膨胀过程；5—1为定容放热过程。内燃机发电系统具有设备简单、技术成熟可靠、功率和转速范围宽、配套方便、机动性好、热效率高等特点，获得了广泛的应用。生物质气化后可在内燃机中燃烧，将热能转化为机械能驱动发电机发电。内燃机发电系统可单独使用低热值燃气，也可同时燃气和燃油。

（2）燃气轮机发电技术

燃气轮机是最常见的动力设备之一，技术已非常成熟，目前应用最多的是作为航空动力装置。作为燃气发电用的燃气轮机，一般规模在几兆瓦以上，小于3MW的燃气发电设备应

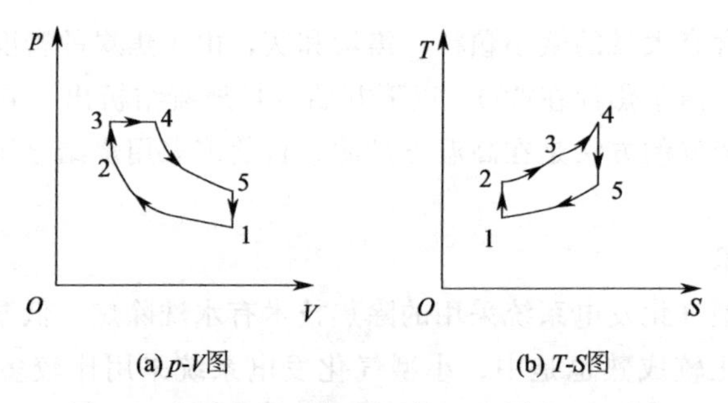

图 9-2　混合加热理想循环的 p-V 图和 T-S 图

用较少，而最大的已达几百兆瓦，最常见的燃料是石油或天然气。

生物质气化发电对燃气轮机有特殊的要求。首先，生物质燃气是低热值燃气，它的燃烧温度、发电效率与天然气相比明显偏低，而且由于燃气体积较大，压缩困难，从而进一步降低了系统的发电效率；其次，生物质燃气杂质含量偏高，特别是含有碱金属等腐蚀成分，对燃气轮机的转速和材料都有更严格的要求。

国内外的研究表明，对燃气轮机性能影响最大的杂质主要是碱金属和硫化物，在生物质中硫的含量很少，但即使很少量的硫，例如燃气中的硫化物含量为 0.1%，对燃气轮机性能的影响也是很明显的。燃气轮机对大部分杂质的要求极为苛刻，但对焦油的要求不严，这是因为假设燃气轮机进口温度为 450～600℃，此时焦油大部分以气态存在，但是，如果考虑到燃气需降温加压后再使用，此时对焦油的含量要求也很严格（大约在 0.05%以下）。所以，一般生物质燃气净化过程很难满足燃气轮机的要求，必须针对具体原料的特性进行专门的设计，而燃气轮机也必须经过专门的改造，以适应生物质气化发电系统的特殊要求。

燃气轮机对燃气品质要求很高，因此燃气高温净化对燃气轮机发电有重要意义。燃气高温净化技术主要包括高温除尘技术、高温除硫技术、高温去碱金属技术等。目前高温除尘技术主要有旋风除尘和过滤除尘。旋风除尘的除尘效率达到 70%～85%左右，一般作为第一级除尘器，分离粒径大于 10pm 的飞灰颗粒，其分离效率与颗粒粒径、燃气温度有关。过滤除尘设备主要有陶瓷过滤器、金属毡过滤器及移动颗粒层过滤器几种。其中陶瓷过滤器已通过高温（800℃）和高压（2.0MPa）条件下测试，其除尘效率超过 99.9%，压降约为 8.8kPa。金属毡过滤器的运行温度和运行压力要低于陶瓷过滤器，一般压力 0.1～0.36MPa，温度 260～350℃左右。高温脱硫主要采用吸收剂如 Fe_2O_3 吸收转化。碱金属主要采用高岭土作吸收剂吸附转化而除去。目前生物质燃气高温净化技术仍然处于探索研究阶段。

(3) 燃气-蒸汽联合循环发电技术

由于低热值燃气的燃烧速度比其他燃料慢，不管是燃气内燃机，还是燃气轮机，发电后排放的尾气温度偏高，一般为 500～600℃（如果发电设备带空气增压系统，尾气温度一般为 450～500℃），这部分尾气仍含有大量可回收利用的能量。所以在燃气发电设备后增加余热回收装置（如余热锅炉等），是大部分燃气发电系统提高系统效率的有效途径。在生物质气化发电系统中，除了排放的尾气有大量余热外，生物质气化炉出口的燃气温度也很高（可达 700～800℃），所以把这部分气化显热和燃气发电设备的余热结合起来，利用余热锅炉和过热器产生蒸汽，再利用蒸汽轮机进行发电，称为燃气-蒸汽联合循环（B/IGCC），是大规模生物质气化发电系统国际上重点研究的方向。工艺流程如图 9-3 所示。

生物质气化发电系统由于原料供应问题，发电规模受到限制，目前国际上建设的 B/IGCC 示范项目大部分在 10MW 左右，所以总的系统效率低于煤的 IGCC 系统。即使这样，大部分生物质的 B/IGCC 项目的效率都在 35%左右，比一般简单的生物质气化-内燃机发电系统的效率高出了近 1 倍。目前国外的 B/IGCC 系统几乎全部采用专门改造的燃气轮机设备。从理论上讲，在中、小型气化发电系统中，只要增加的余热回收系统投资合理，综合考虑原料和发电的成本，增加蒸汽循环系统仍然是提高系统效率的有效办法。

该系统主要包括生物质原料处理系统、加料系统、流化床气化系统、燃气净化系统、燃气轮机、余热锅炉、蒸汽轮机等部分。

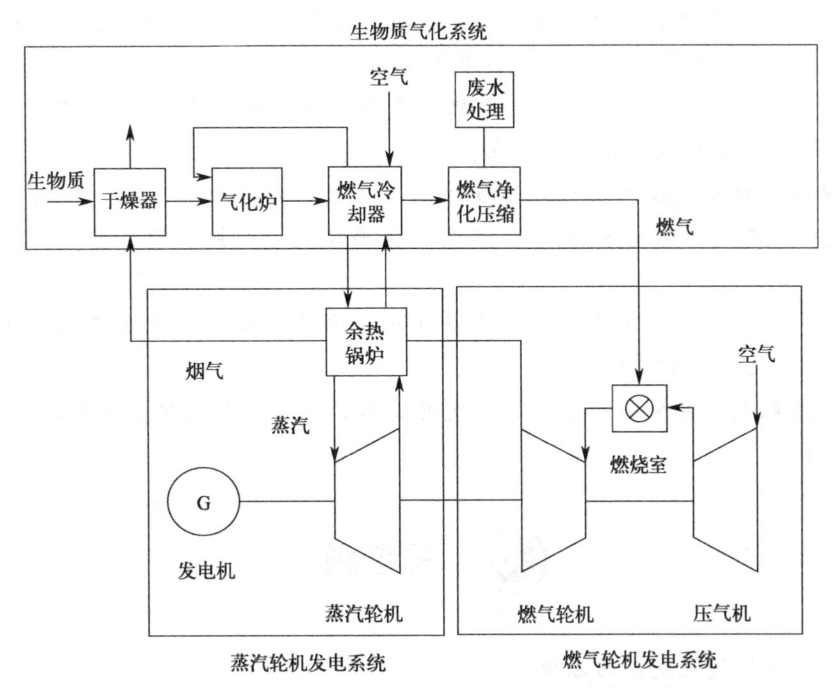

图 9-3　生物质气化-燃气轮机-蒸汽轮机联合循环发电示意图

气化炉是生物质整体气化联合循环的关键部分，目前应用的主要是循环流化床气化炉。根据炉内运行压力，气化炉可分为常压气化炉和增压气化炉。常压气化炉技术成熟，运行稳定性和操作性良好，目前商业运行的生物质整体气化联合循环电厂大都采用常压气化炉。增压流化床气化炉的进料、进气装置和出灰装置较复杂，但炉内气化反应在加压条件下进行，强化了燃烧和传热反应，有效地提高了系统效率；同时可以减小设备体积，便于制造安装，是今后的发展方向。

燃气净化系统包括常温湿法净化系统和高温干法净化系统两大类。常温湿法净化系统的一般流程为燃气经过旋风分离器和布袋除尘后，在水洗塔内彻底清除焦油和其他污染物。高温干法净化系统的一般流程为经过两级旋风分离器除尘后，在高温管式过滤器中除去细尘和焦油（不包括苯和轻焦油）。高温干法净化可以有效利用燃气显热（350～400℃），减少水分含量，有利于提高燃气轮机的效率和燃烧的稳定性。

气化炉向燃气轮机燃烧室提供的燃气为低热值（通常小于 6.3MJ/m^3）燃气，由于低热值燃气燃烧稳定性差，所以必须对燃烧室和燃烧器进行改造。目前主要采用单个大管径圆筒形燃烧室或多个小管径/环管型燃烧室。另外，由于低热值燃气的质量流率增大（相对于天然气），所以压气机和燃气轮机的匹配需要进行调整，通常缩小压气机尺寸或放大燃气轮机尺寸也可改变燃气轮机第一级静叶安装角，增大流通面积，同时减小压气机进口导叶，减小压气机空气流率。余热锅炉利用燃气轮机排气余热加热给水，与烟气冷却器联合产生蒸汽。

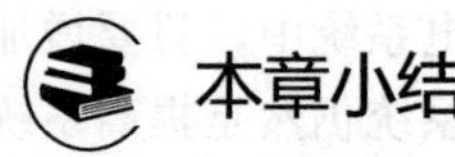

本章小结

本章主要介绍了生物质气化发电的流程、系统分类以及燃气净化和发电技术。

① 生物质气化发电将生物质转化为可燃气，再利用该气体推动发电设备进行发电。这个过程包括生物质气化、燃气净化和燃气发电。

② 生物质气化发电设备可分为内燃机、蒸汽轮机和燃气轮机/发电机。这项技术具有灵活、经济、环保和能源安全等特点。

③ 生物质气化发电按气化形式可分为固定床气化和流化床气化，按发电设备可分为内燃机发电、燃气轮机发电和燃气-蒸汽联合循环发电，按规模可分为小型、中型和大型。

④ 在进行发电前，需要使用燃气高温过滤和除焦等技术对生物质气化燃气进行净化，以防止对发电设备的腐蚀。

⑤ 生物质燃气发电技术包括内燃机发电技术、燃气轮机发电技术和燃气-蒸汽联合循环发电技术。

思考题

1. 简述生物质气化发电的原理。
2. 简述生物质气化发电的工艺流程。
3. 简述生物质气化发电系统的分类。
4. 简述生物质燃气净化发电工艺流程。
5. 生物质燃气发电技术的现状如何？
6. 生物质气化发电的前景如何？

第十章
生物柴油发电技术

第一节　生物柴油发电概述

（1）生物柴油及其特点

生物柴油通常指由植物油、动物油或废弃油脂（俗称“地沟油”）与甲醇或乙醇经酯交换反应形成的脂肪酸甲酯或乙酯，也称BD100生物柴油，是国际公认的可再生清洁燃料。

生物柴油的特性如下：

① 十六烷值较高，大于49（石化柴油为45），抗爆性能优于石化柴油。

② 生物柴油含氧量高于石化柴油，可以达到11%，在燃烧过程中所需的氧气量较石化柴油少，燃烧、点火性能优于石化柴油。

③ 无毒性，是可再生能源，而且生化分解性良好，健康环保性良好。除了作为公交车、卡车等柴油机的替代燃料外，还可以作为海洋运输、水域动物设备、地底矿业设备、燃油发电厂等非道路用柴油机的替代燃料。

④ 不含芳香烃类成分，无致癌性，并且不含硫、铅、卤素等有害物质。

⑤ 黑烟、碳氢化合物、微粒子以及SO_2、CO排放量少。

⑥ 生物柴油具有较高的运动黏度，在不影响燃油雾化的情况下，更容易在汽缸内壁形成一层油膜，从而提高运动机件的润滑性，降低机件磨损。

⑦ 无须改动柴油机，可以直接添加使用，同时无须另添设加油设备、储存设备和人员的特殊技术训练（通常的替代燃料均须修改引擎才能使用）。

⑧ 生物柴油的闪点较石化柴油高，有利于安全运输和储存。

⑨ 可以作为添加剂促进燃烧效果，因为其本身即为燃料，所以具有双重效果。

⑩ 不含石蜡，低温流动性好，使用区域广泛。

⑪ 生物柴油以一定比例与石化柴油调和使用，可以降低油耗，提高动力性，降低污染物排放。

（2）生物柴油的原料

目前，地球上人类已知的绿色植物种类繁多，其用途也十分广泛。研究发现，大豆、油菜、蓖麻等油料作物及油棕、黄连木、麻风树、乌桕树、文冠果树等油料林木果实都能用来生产生物柴油。发展植物油脂生产生物柴油，可以走出一条农林产品向工业品转化的富农、强农之路，有利于调整农业结构，增加农民收入。下面具体介绍几种炼制生物柴油的绿色植物（图10-1）。

① 大豆　大豆是一种常见植物，在全国各地都有种植。其中最重要的分布地区为东北三省、内蒙古东南、山东和安徽等地。大豆的含油量丰富，达到16%～18%。现在美国利

图 10-1　炼制生物柴油的绿色植物

(a) 大豆；(b) 油菜；(c) 麻风树；(d) 蓖麻

用转基因技术，生产出转基因大豆，使其含油量提高到了20%。

大豆作用广泛，不仅可以压榨植物油，还可以以大豆为原料生产生物柴油。现在，美国是世界上第一大豆生产大国。美国50%以上的生物柴油都来自大豆。巴西和阿根廷也非常重视大豆种植，他们分别是世界上第二和第三大豆生产大国。

② 油菜　油菜和大豆一样，也是一种广泛种植的农作物。我国油菜的主要种植地在安徽、江苏、湖北、湖南、四川和贵州等地。常见的油菜主要有白菜型油菜、芥菜型油菜和甘蓝型油菜。其中，甘蓝型油菜的含油量比较高，通常保持在40%左右，有时甚至达到50%。

油菜是一种适应性强的植物，它的生长条件比较宽泛，可以在不同气候和土壤条件下生长，包括一些相对恶劣的环境。因此，油菜是一种发展潜力非常大的能源作物。

长江流域是油菜种植的主要分布区。“近水楼台先得月”，在长江流域利用油菜开发生物柴油也是不错的选择。现在世界上利用油菜生产生物柴油，欧洲达到最高标准，我国在这方面还要走很长一段路。

③ 麻风树

麻风树是一种生长在南方的落叶灌木或小乔木。通常分布在我国的台湾、福建、广东、广西、云南、四川、贵州等地。麻风树栽种方便，存活率高，可以用于荒山造林。同时，它的种子含油量在40%左右，而种仁的含油量可达50%～60%。

正是因为超高的含油量，麻风树成为制作生物柴油的重点开发对象之一。麻风树的种子含有油酸、亚油酸、棕榈油和不饱和脂肪酸，它能很好地用于生物柴油的原料供应。目前，我国经过对麻风树多年的研究，建立了新型麻风树车用生物油生产技术的企业标准，这为将来更好地发展生物柴油铺平了道路。另外，据有关部门测试，麻风树生物柴油的各项指标接近甚至超过“0”号柴油标准。

④ 蓖麻　蓖麻为世界十大油料作物之一。全世界常年种植面积约150万 hm^2，平均单产1000kg/hm^2，总产籽15万t。蓖麻油主要用于工业，特别是精细化工业。

巴西将蓖麻作为能源原料种植的时间起始于2000年，是世界上最早利用蓖麻籽生产生物柴油的国家。2005年以前每年种植约20万hm^2，蓖麻种植面积不大，单产低于世界平均水平，总产籽16万t左右。2005年，巴西建成第一个以蓖麻油为原料生产生物柴油的冶炼厂，日产生物柴油5600L，日耗蓖麻籽10t。

目前我国蓖麻每年的种植面积约30万hm^2，单产约$1000kg/hm^2$，总产约25万～30万t。山西经作蓖麻科技有限公司、中国农业科学院油料研究所等单位长期从事蓖麻的品种选育、品种资源、高产栽培技术等科研工作，将其作为能再生并可替代石化能源的生物质能源植物进行研究。

此外，可用于生产生物柴油的还有油料作物加工得来的棉籽油以及林木种子加工生产的油，如棕榈油、黄连木油、桐油、乌桕树油、文冠果油、花生油、油菜籽油、葵花籽油等。但是，后面几种是人们生活食用油的主要来源，如果将其用来生产生物柴油，不仅价格高，而且会造成大量的浪费。

（3）生物柴油的制备

生物柴油的制备可以采用物理法和化学法，物理法包括直接混合法和微乳液法等，化学法包括高温热裂解法和酯交换法等。动植物油脂生产生物柴油的典型工艺流程如图10-2所示。

① 采用物理法制备生物柴油

a. 直接混合法。在生物柴油的研究初期，研究人员设想将天然油脂与柴油、溶剂或醇类混合，以降低其黏度，提高挥发度。1983年，Amans等将脱胶的大豆油与2号柴油分别以1∶1和1∶2的比例混合，在直接喷射涡轮发动机上进行600h的试验。当两种油品以1∶1的比例混合时，会出现燃油凝化现象，而1∶2的比例不会出现该现象，可以作为农用机械的替代燃料。Ziejewshi等将葵花子油与柴油以1∶3的体积比混合，测得该混合物在40℃下的黏度为$4.88\times10^{-6}m^2/s$，而美国材料实验标准规定的最高黏度应低于$4.0\times10^{-6}m^2/s$，因此该混合燃料不适合在直喷柴油发动机中长时间使用。虽然对红花油与柴油的混合物进行的实验所得到的结果相对于其他几组来说较好，但是在长期的使用过程中，该混合物仍然会导致润滑油变浑浊。

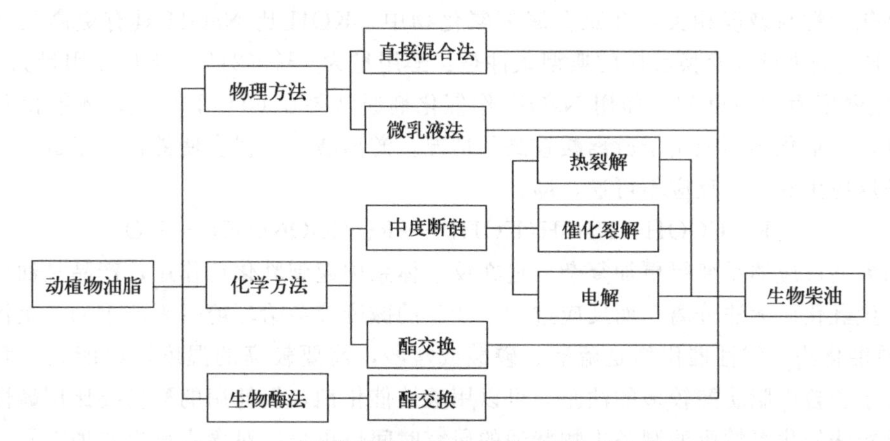

图10-2　动植物油脂生产生物柴油的典型工艺流程

b. 微乳液法。将动植物油与溶剂混合制成微乳液也是解决动植物油高黏度的办法之一。微乳状液是一种透明的、热力学稳定的胶体分散系，是由两种不互溶的液体离子与非离子的两性分子混合而形成的直径在 1～150nm 的胶质平衡体系。Lkura 等发现生物柴油、柴油、表面活化剂以 45∶50∶5 比例组成的微乳液具有良好的稳定性，以及与正常柴油相近的物理特性，其闪点在 70℃以上，燃点在 90℃以上，倾点在－45℃以下。1982 年，Georing 等用乙醇水溶液与大豆油制成微乳液，这种微乳状液除了十六烷值较低之外，其他性质均与 2 号柴油相似。Neuma 等以表面活性剂（主要成分为豆油皂质、十烷基磺酸钠及脂肪酸乙醇胺）、助表面活性剂（成分为乙基、丙基和异戊基醇）、水、炼制柴油和大豆油为原料，开发了可替代柴油的新的微乳状液体系，当原料组成为柴油 3.160g、大豆油 0.790g、水 0.050g、异戊醇 0.338g、十二烷基碳酸钠 0.676g 时，该微乳状液体系的性质与柴油最为接近。但微乳液在低温下并不稳定，微乳液中的醇具有一定的亲水性。

② 采用化学法制备生物柴油——高温热裂解法　最早对植物进行热裂解的目的是合成石油。Schwab 等对大豆油热裂解的产物进行了分析，发现烷烃和烯烃的含量很高，占总质量的 60%，而且其黏度比普通大豆油的低 3 倍多，但仍远高于普通柴油。在十六烷值和热值等方面，大豆油裂解产物与普通柴油相近。

1993 年，Pioch 等将椰油和棕榈油混合后，以 SiO/Al_2O_3 为催化剂在 450℃下研究其裂解组成，对其液体产物的研究分析发现，液体产物可分为生物汽油和生物柴油，其中生物柴油与普通柴油性质相近。

在上述几种生物柴油的制备方法中，使用物理法能降低动植物油的黏度，但积炭、润滑油污染和低温稳定性等问题难以解决，而采用高温热裂解法得到的生物柴油主要成分是烃类化合物，其碳数分布和低温启动性能与石化柴油类似，只是稳定性稍差。相比之下，酯交换法是一种更好的生物柴油制备方法。

③ 酯交换法　同其他方法相比，酯交换法具有工艺简单、费用较低、产品性质稳定等优点，因此成为研究的重点。酯交换法主要有酸催化酯交换、碱催化酯交换、醇催化酯交换、多相催化酯交换、均相体系催化酯交换和超临界酯交换。

a. 碱催化法。碱性催化剂包括 NaOH、KOH、各种碳酸盐，以及钠和钾的醇盐、有机胺等，在无水情况下，碱催化剂作用下酯交换活性通常比酸催化剂作用下高，生物柴油产率大于 90%。传统的生产过程是采用在甲醇中溶解度较大的碱金属氢氧化物作为均相催化剂，它们的催化活性与碱度相关，在碱金属氢氧化物中，KOH 比 NaOH 具有更高的活性，用 KOH 作催化剂进行酯交换反应的典型条件是：醇用量为 5%～21%，KOH 用量为 0.1%～1%，反应温度为 25～60℃。而用 NaOH 作催化剂通常要在 60℃下反应，才能得到相应的反应速度，碱催化剂不能用于游离酸较高的情况，游离酸的存在会使催化剂中毒，游离脂肪酸易与碱反应生成皂，反应不可逆，即：

$$R—COOH+NaOH(KOH)\longrightarrow R—COONa(K)+H_2O$$

其结果使反应体系变得更加复杂，皂在反应体系中起到乳化剂作用，产品甘油可能与脂肪酸酯发生乳化而无法分离；而反应过程中产生的碱废液会给环境带来严重的二次污染。

b. 酸催化法。酸性催化剂是硫酸、磷酸或盐酸，需要较高的温度，耗能大，而产率却很低。对于含自由脂肪酸较多的油脂，可以用酸性催化剂，但耗用的醇量要比用碱性催化剂时多；反酶法催化餐饮废油制备生物柴油的研究时间也更长，对含水量也要加以限制，通常应小于 0.5%；游离脂肪酸酯化反应过程中会产生水，也会使酸催化剂作用下降。同样，酸催化剂法在生产过程中也会带来酸性废水，造成二次污染。

c. 固体催化剂法。固体催化剂也是近年来研究的重要方向，可以解决产物与催化剂分离的问题。用于生物柴油生产的固体催化剂主要有树脂、黏土、分子筛、复合氧化物、硫酸盐、碳酸盐等，其中负载碱金属催化剂在其他酯化反应如碳酸二甲酯的酯化反应中有很好的应用。研究发现，负载钠碱催化剂 Na/NaOH/γ-Al_2O_3 具有与均相的 NaOH 相当的酯交换催化活性，但碱金属氢氧化物在醇溶液中溶解性较高，负载表面的非均相催化活性很容易受到溶解部分碱金属均相活性的干扰。研究人员用氧化铝负载的 KOH 催化剂进行实验发现，用甲醇洗涤 2～3 次后，固体催化剂便失去了活性，而洗涤用的甲醇却具有相当的活性。固体酸催化剂也可以用于生物柴油生产，它是阳离子树脂，用于游离酸的酯化预处理过程，但用于酯交换反应尚处于研究阶段。

d. 超临界法。超临界法制备生物柴油是最近几年发展起来的一种新方法。它的最大特点是不使用催化剂，在较短的反应时间内即取得较高的反应转化率，极大地简化了产物的分离精制过程。超临界流体中的化学反应技术能影响反应混合物在超临界流体中的溶解度、传质和反应动力学，从而提供了一种控制产率、选择性和反应产物回收的方法。在超临界相中进行的化学反应，由于传递性质的改善，要比在液相中的反应速度快，这使传统的气相或液相酶法催化餐饮废油制备生物柴油的研究反应转变成一种全新的化学过程，从而大大地提高其效率。在化学反应中，超临界甲醇既可以作为反应介质，也可以直接参加反应，还起到催化剂的作用。甲醇的临界点为 $T_c=239℃$，$p_c=8.09MPa$，当温度升到 235℃以上时，随着温度进一步升高，反应体系接近甲醇的临界点时，反应物之间的传质特性和反应速率得到明显的强化，此时即使不使用催化剂，酯交换反应还是能顺利进行。Diasakou 等发现当温度升到 235℃左右时，豆油与甲醇酯交换在无催化剂下的反应转化率可以在 1h 内达到 80%以上。Diasakou 的研究表明，高温能加强传质与传热速率，反应在几分钟之内便可以完成。Kusdiana 使用甲醇与菜籽油进行实验，发现油脂中所含的水和游离酸对普通催化剂来说通常是有害的，但超临界反应条件下，它们并不会影响反应的进行。Kusdiana 等发现水对超临界条件下的酯交换还起到一定的促进作用。

与现行化学法相比，超临界法的反应速度、对原料的要求和产物的回收具有较大优势，因而日益受到人们的重视。但超临界制备法需要在高温、高压下反应，温度高易使油脂碳化，压力高时对设备要求高，现阶段难以实现该技术的工业化应用。

第二节 生物柴油利用现状

(1) 国外生物柴油利用现状

生物柴油在 20 世纪 90 年代就被交通部门采用，是欧盟最先开发和使用的生物燃料。由于生物柴油的 CO_2 排放量比矿物柴油大约少 50%，因此欧盟把生物燃料作为主要替代能源，同时陆续出台相关政策法规，鼓励生物柴油的发展。2021 年 7 月，欧盟修订了《可再生能源指令（RED Ⅱ）》，根据指令，到 2030 年，可再生能源在欧盟最终能源消费总量中的总体目标份额将达到 40%，其中可再生燃料在运输部门的占比需达到 26%，高于现行 RED Ⅱ立法中的 14%。

目前，欧盟已成为全球最大的生物柴油生产地。从欧盟生物柴油的产量变化趋势来看，在 2012～2020 年，欧盟生物柴油产量总体增长，2017～2020 年基本维持在 150 亿 L/a 以上，在 2019 年，欧盟生物柴油产量占全球的比重达 29%。目前欧盟主要利用菜籽油来制备生物柴油，2020 年占比为 38%；第二大生产原料是废油脂，制造占比约 23%。

目前，动力燃料领域仍是生物柴油的主要应用领域。在“碳中和”背景及政策的驱动下，欧盟各国根据自身的环保要求及生物柴油制备水平，规定了不同的掺混比例。近年来，欧盟生物柴油消费量不断增长，已成为全球生物柴油消费量最大的经济体。数据显示，2012～2019 年，欧盟生物柴油消费量已从 145.56 亿 L 提升至 188.15 亿 L。从 2019 年数据来看，法国混合生物柴油消费量排名第一，达 252.5 万 t 油当量；其次是德国、西班牙、英国和意大利，这些国家的混合生物柴油消费量也都在 100 万 t 油当量以上。

在政策和市场需求的驱动下，目前欧盟生物柴油市场“供小于求”，部分生物柴油需求以进口来满足。数据显示，2015 年以来，欧盟生物柴油的进口量迅速攀升，直至 2018 年，进口量维持在 30 亿 L/a 以上。从主要进口国来看，2020 年，阿根廷、中国和马来西亚是欧盟生物柴油的前三大进口国，其中，在阿根廷、中国的进口量占比均在 30%以上，欧盟从中国进口的生物柴油较 2019 年增长了 60%。

2014 年，马来西亚政府在全国范围内推行 B5 计划，2015 年提高为 B7（生物柴油掺混比例为 7%），2019 年再提高到 B10（生物柴油掺混比例为 10%）。在国家实施高补贴的情况下，马来西亚生物柴油生产利润良好，近几年生物柴油产量增速维持在 30%的水平，现阶段马来西亚生物柴油产能在 200 万 t 左右。

美国生产生物柴油的原料广泛，其中豆油占了 60%以上，进口方面，以往美国生物柴油进口主要来自阿根廷和印度尼西亚，两国进口量自 2013 年迅速增长，直到 2017 年美国商务部决定对阿根廷及印度尼西亚的进口生物柴油征收反补贴税，限制了两国生物柴油进口，至此，美国的生物柴油进口量开始迅速下滑，从 2016 年的 230 万 t 下滑至 2018 年的 55 万 t。

美国对农业的扶持力度较大，故对生物柴油也出台了相应的鼓励政策。一方面，自 2010 年起美国环境保护署设定每年生物柴油最低使用量，例如 2011 年为 8 亿 gal（1gal＝3.79L），2018 年为 21 亿 gal，2020 年为 24.3 亿 gal，目前美国年产量约 25.5 亿 gal，约 840 万 t；另一方面，生物柴油有 1 美元/gal 的补贴，还有税收抵免的政策。

(2) 国内生物柴油利用现状

近年来原油价格不断上涨，推动了生物柴油产业的迅速发展，同时迎来投资浪潮，仅山东就有三个以民营投资为主年产 10 万 t 以上的生物柴油项目。此外，中石油、中石化两大国有能源企业也开始进行生物柴油产业的投资，建立了大量油料作物林地，同时建设了生产基地和研发中心。

目前，我国生物柴油上市公司在生产技术、产品质量、技术指标等方面已经可以比肩国际先进水平，大部分企业产品都出口至国外市场，并获得了欧盟的认证。我国生物柴油主要采用废油脂作为原材料，2020 年中国生物柴油产量达 128 万 t，实现出口数量 93 万 t。2021 年产量达 150 万 t，同比增长 17.2%；出口达 120 万 t，同比增长 29%，我国生物柴油几乎全部出口欧洲。截至 2021 年，我国政府发布了 21 条生物柴油行业相关政策，旨在推动生物柴油等可再生清洁能源发展，构建高效、清洁、低碳的能源供应体系。

我国目前生物柴油行业仍处于发展阶段，国内生物柴油产品的消费市场既涉及国内消费也涉及国外出口，而且出口占比较大。我国生物柴油供自用的产量仅有 4.5 亿 L（约 40 万 t），随着“双碳”时代的来临，国内市场有望得到较快发展。我国根据自身的产业实际，制定并颁布了《B5 柴油》（GB/T 25199—2017）国家标准，明确 B5 生物柴油可直接作为车用燃料。根据规定的相应标准，生物柴油调合燃料（B5）是由 1%～5%（体积分数）生物柴油（BD100）和95%～99%（体积分数）石化柴油调合的燃料，分为B5普通柴油、B5车用柴油（Ⅴ）和B5车用柴油（Ⅵ）。上海市通过参与国家两批试点任务，在生物柴油试点推广方面取得积极成效。据报道，目前上海全市已有约300座加油站销售B5柴油，日均加油车次1.9万辆，B5柴油日销量约1600t，折合BD100生物柴油约80t/d。未来我国在环保、减排等政策的辅助下，生物柴油市场规模将持续扩大。

第三节 我国生物柴油的利用

我国开展生物柴油的研究开发工作较早，1981年已有用菜籽油、棉籽油等植物油生产生物柴油的试验研究。近年来，辽宁能源所、中国科技大学、江苏石油化工学院、北京化工大学、吉林省农业科学院等一些科研单位和高校先后进行了生物柴油的研究工作，并研制成功了利用菜籽油、大豆油、废煎炸油等原料生产生物柴油的工艺。我国政府也制定了一系列政策和措施支持生物柴油的研究开发工作，使我国生物柴油产业快速发展起来。

但是，目前国内所生产的生物柴油并没有统一的国家标准，一般仅可用于农用或发电机械，要想直接用于汽车和船舶并保证不会对其带来损害还有一定的差距。总的来说，与国外相比，我国在发展生物柴油方面还有相当大的差距。

生物柴油在中国是一个新兴的行业，许多企业被绿色能源和支农产业双重“概念”凸现的商机所吸引，纷纷进入该行业。甚至一些公司资金实力雄厚，生产技术成熟，产业化程度高，可以借规模经济效应获取成本优势。

生物柴油是大势所趋。除欧洲、拉美等国家外，亚洲的一些国家也已经开始重视对生物柴油的研究，比如泰国和韩国。泰国看到了生物柴油的发展前景，对生物柴油的相关产业实施减免税收的政策，以促进生物柴油产业的发展。韩国目前有年生产能力20万t的生物柴油生产厂。冈比亚生物柴油的生产装置获得政府支持。保加利亚、加拿大、澳大利亚等国近年来也开始推广使用生物柴油。

在全球生物能源蓬勃发展的形势下，利用我国各地丰富的原料资源发展生物柴油产业，缓解日益紧缺的燃料问题，对我国经济、能源、环保都将起到重要的作用。为正确引导和规范产业发展，国家发改委正在积极会同有关部门开展生物柴油产业发展前期研究工作。目前，生物柴油国家标准已经于2015年初颁布实施。

近年来，在生物柴油开发和生产领域，我国企业和地方政府充分利用自身优势以及国内外的技术力量，积极开展国际合作，取得了初步成果。如四川大学完成了以麻风树基因技术控制油含量、碳链长度等研究，该种木本油料作物可作为生产生物柴油的优质原料，建立了基因库、种植标准和育苗基地。另外，四川、贵州等西南地区积极与欧美、东南亚相关研究机构开展交流，在种植基地、技术研讨等领域进行研究开发合作。

第四节 生物柴油与石化柴油的比较

生物柴油是一种优质清洁柴油，可从各种生物质中提炼，因此可以说是取之不尽、用之不竭的能源。在资源日益枯竭的今天，有望取代石油成为替代燃料。

石化柴油是许多大型车辆如卡车及内燃机车及发电机等的主要动力燃料，具有动力大、价格便宜的优点。中国的石化柴油需求量很大，应用的主要问题是“冒黑烟”，我们经常在马路上看到冒黑烟的卡车。冒黑烟的主要原因是燃烧不完全，对空气污染严重，如产生大量的颗粒粉尘、二氧化碳等。

据美国燃料学会报道，发动机燃料燃烧造成的空气污染已成为空气污染的主要问题，如氮氧化物为其他工业部门排放量的一半，一氧化碳为其他工业排放量的三分之二，有毒碳氢化合物为其他工业排放量的一半。尾气中排出的氮氧化物和硫化物与空气中的水可以结合形成酸雨，尾气中的二氧化碳和一氧化碳太多会使大气温度升高，也就是人们常说的“温室效应”。

为解决燃油的尾气污染问题及缓解日益恶化的环境压力，人们开始研究采用其他燃料来替代石化燃料。对大多数需要石化柴油为燃料的大动力车辆如公共汽车、内燃机车，及农用汽车如拖拉机等主要以石化柴油为燃料的发动机而言，人们开发的石化柴油的代用品——生物柴油是一个很好的选择。

生物柴油与石化柴油的对比见表10-1。

表10-1 生物柴油与石化柴油的对比

方面	生物柴油	石化柴油
生产方法与工艺	以植物油或动物油脂为原料，通过酯交换、催化加氢或热解等方法制得，主要成分为脂肪酸甲酯或烃类化合物	以石油为原料，通过蒸馏、裂化、加氢、重整等方法制得，主要成分为烷烃和芳烃
燃料特性	含氧量高，硫含量低，十六烷值高，发热值低，密度低，黏度高，倾点高，氧化安定性好	含氧量低，硫含量高，十六烷值低，发热值高，密度高，黏度低，倾点低，氧化安定性差
发动机经济性与动力学	可直接使用或与石化柴油混合使用，不需要对发动机进行改造，可降低油耗，提高动力性，延长催化剂和机油的使用寿命，但价格高于石化柴油，低温启动性能差	可直接使用，无需对发动机进行改造，价格低于生物柴油，低温启动性能好，但会增加油耗，降低动力性，缩短催化剂和机油的使用寿命
排放特性	燃烧时排放的二氧化碳、一氧化碳、硫氧化物、氮氧化物、颗粒物等污染物浓度低于石化柴油，不含芳香烃，不具致癌性，可被生物降解，对环境无害	燃烧时排放的二氧化碳、一氧化碳、硫氧化物、氮氧化物、颗粒物等污染物浓度高于生物柴油，含有芳香烃，具有致癌性，难以被生物降解，对环境有害
可再生性	可再生性高，原料来源广泛，可利用废弃的植物油或动物油脂，可减少对化石能源的依赖，有利于能源安全和节约	可再生性低，原料来源有限，依赖于石油开采，会加剧化石能源的枯竭，不利于能源安全和节约

生物柴油出身更好。石化柴油经过几百上千年才能形成，属于不可再生能源，而生物柴油是用平常所见的原料生产的，属于可再生能源。石化柴油不符合可持续发展的需求，而生物柴油可以做到这一点。

生物柴油是以生物质资源为原料加工而成的一种柴油（液体燃料）。具体地说，它利用植物油脂如菜籽油、花生油、蓖麻油、玉米油、大豆油、棉籽油等，动物油脂如鱼油、猪油、牛油、羊油等，或者是上述油脂精炼后的下脚料——皂脚或称油泥、油渣，或者是城市地沟油、汽车修理厂的废机油、脏柴油等，以及各种食品油炸后的废油和各种其他废油进行改性处理后，与有关化工原料复合而成。

狭义上讲，生物柴油是由动植物油脂或其废油制备的脂肪酸酯。广义上讲，生物柴油是指一切利用生物质生产的柴油。

生物柴油的主要成分为软脂酸、硬脂酸、油酸等长链饱和、不饱和脂肪酸同甲醇或乙醇所形成的酯类化合物。生物柴油分子中含18～22个碳原子，与柴油的16～18个碳原子基本一致，经酯化作用后，分子量大约为280，与柴油（220）接近，它与柴油的相溶性极佳，颜色与柴油一样透明。能与国标柴油混合或者单独用于汽车及机械。

生物柴油的制取原料为生物质，具有可再生性。因此，生物柴油是可再生能源，可以永续使用。对于传统的柴油机，无须改动便可直接添加使用生物柴油。

生物柴油具有良好的利用性能，其原因是含硫量低、低碳环保。与同等单位的石化柴油相比，生物柴油的二氧化硫和硫化物的排放量减少30%左右。另外，使用生物柴油，也不会出现对环境造成危害的芳香族烷烃，其废气对人体的损害低于石化柴油。

实验表明，和石化柴油相比，生物柴油可有效降低排放气体的毒性。生物柴油含氧量比较高，燃烧时排烟量比较低。加上生物柴油的润滑性能较好，可使喷油泵、发动机缸体和连杆的磨损率降低，能有效延长机器的使用寿命。生物柴油闪点高，对运输、储存有利，方便且安全。十六烷值高，使其燃烧性好于石化柴油。燃烧残留物呈微酸性，使催化剂和发动机机油的使用寿命延长。

生物柴油是一种可再生能源，这是它和石化柴油最大的不同之处。生物柴油的可再生性是建立在它的原料基础上的。除此之外，生物柴油也是一种低碳环保的能源。在使用过程中，无须改动柴油机，直接添加使用，操作方便简单。

生物柴油良好的环境效益已经得到人们的认可。生物柴油的废气排放指标也能达到相关的排放标准。另外，生物柴油燃烧时排放的二氧化碳远远低于植物生长过程中吸收的二氧化碳。这有利于缓解温室效应、全球变暖等环境问题，可以说，生物柴油是一种发展潜力巨大的绿色柴油。

和生物柴油相比，石化柴油具有动力大、价格便宜、市场普及性高等优点。但是它也存在很多不足之处，比如说，石化柴油是非可再生能源，在使用过程中产生大量颗粒灰尘，二氧化碳排放量高等。

而生物柴油既能替代汽油，又能作为石化柴油的替代品。生物柴油的理化性能及使用性能与石油燃料很接近，而且储存方式与石化柴油完全相同，它可以单独或与任何比例的石化柴油调和后使用。

综上，可以得出石化柴油污染严重，不可再生。值得庆幸的是，生物柴油能够力挽狂澜，接过石化柴油这一棒，让我们在社会发展的道路上继续前行。

第五节　生物柴油的前景

由于改善生态环境的迫切性，缓解能源消费的压力，加上生物柴油的优良性能，世界各国都积极发展生物柴油。美国、日本及欧洲的重型汽车几乎全部使用柴油机作为动力。

中国作为一个石油进口大国和消费大国，石油的大量进口和进口依存度的提高，关系到中国的能源安全。未来能源短缺将成为能源供应的主要问题。随着中国原油产量的增加，汽油和煤油能满足需求。但是，柴油的供应缺口却无法解决。据专家预计，全球生物柴油的需求量在未来将持续扩张，到2030年可能突破600亿升大关，复合年增长率超过5%。

目前汽车车型柴油化的趋势加快。随着重型汽车需求量的不断增长，生物柴油为重型汽车发动机的制造业提供了广阔的市场空间，而伴随着社会的发展，人们的环境保护意识不断提高，对重型汽车发动机的质量也提出了越来越高的要求。

由于柴油发动机效率高、功率大、经济性强、运行质量可靠，目前，我国重型汽车100%采用的都是柴油发动机。100多年来，柴油发动机一直是载货汽车的动力配置首选。

近年来，柴油机的污染问题引起各方面的重视，有关专家致力于新能源的开发和利用研究，但迄今没有取得实质性的进展。据估计，在20年以内，柴油发动机仍将是重型载货汽车的动力首选。中国柴油车产量的增长趋势还将继续下去，汽车柴油化是中国汽车工业的一个重要的发展方向。

相信随着改革开放的深入，在全球经济一体化的过程中，我们国家的经济水平将会进一步提高。社会需要发展，就需要丰富的能源支持。石化柴油无论是从产量还是从利用性能上看，都已经不能满足人们的需求，真正能给我们经济发展提供支持的只有生物柴油。这是生物柴油发展的契机，也是我们社会发展的需要。

第六节 生物柴油发电的原理及特点

生物柴油的发电原理和石化柴油的发电原理基本一样，无需改变发电装置和任何添加剂。有关数据表明，采用生物柴油后排放的气体中有毒有机物排放量仅为石化柴油的1/10，颗粒物为普通柴油的20%，一氧化碳和二氧化碳排放量仅为石油的10%，无硫化物、铅及有毒物的排放；混合生物柴油可将含硫物排放浓度从500×10^{-6}降低到5×10^{-6}，是典型的"绿色能源"。大力发展生物柴油对经济可持续发展、推进能源替代、减轻环境压力、控制城市大气污染具有重要的战略意义。

目前我国并没有生物柴油发电厂，生物柴油发电主要应用于小型发电装置。柴油发电机的基本结构由柴油机和发电机组成，柴油机作动力带动发电机发电。柴油机的基本结构由气缸、活塞、气缸盖、进气门、排气门、活塞销、连杆、曲轴、轴承和飞轮等构件构成（图10-3）。柴油发电机的柴油机一般是单缸或多缸四行程的柴油机。下面简单介绍单缸四行程柴油机的基本工作原理。

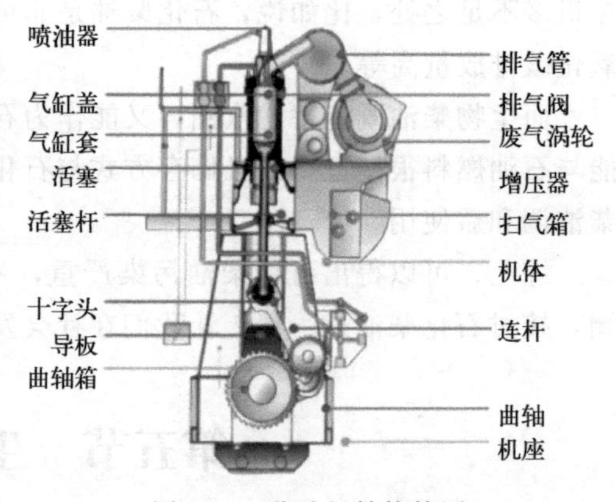

图10-3 柴油机结构简图

柴油机启动是通过人力或其他动力转动柴油机曲轴使活塞在顶部密闭的气缸中做上下往复运动。活塞在运动中完成四个行程：进气行程、压缩行程、燃烧和做功（膨胀）行程及排气行程。当活塞由上向下运动时进气门打开，经空气滤清器过滤的新鲜空气进入气缸完成进气行程。活塞由下向上运动，进、排气门都关闭，空气被压缩，温度和压力增高，完成压缩行程。活塞将要到达最顶点时，喷油器把经过滤的燃油以雾状喷入燃烧室中与高温、高压的空气混合，立即自行着火燃烧，形成的高压推动活塞向下做功，推动曲轴旋转，完成燃烧和做功行程。做功行程完成后，活塞由下向上移动，排气门打开排气，完成排气行程。每个行程曲轴旋转半圈。经若干工作循环后，柴油机在飞轮的惯性下逐渐加速进行工作。

柴油机曲轴旋转带动发电机转动发电，发电机有直流发电机和交流发电机。直流发电机主要由发电机壳、磁极铁芯、磁场线圈、电枢和炭刷等组成。直流发电机的工作原理：当柴油机带动发电机电枢旋转时，由于发电机的磁极铁芯存在剩磁，所以电枢线圈便在磁场中切割磁力线，根据电磁感应原理，由磁感应产生电流并经炭刷输出电流。交流发电机主要由磁性材料制造多个南北极交替排列的永磁铁（称为转子）和硅铸铁制造并绕有多组串联线圈的电枢线圈（称为定子）组成。交流发电机的工作原理：转子由柴油机带动轴向切割磁力线，定子中交替排列的磁极在线圈铁芯中形成交替的磁场，转子旋转一圈，磁通的方向和大小变换多次，由于磁场的变换作用，在线圈中将产生大小和方向都变化的感应电流并由定子线圈输送出电流。为了保护用电设备，并维持其正常工作，发电机发出的电流还需要调节器进行调节控制。

高比例的生物柴油混合物或纯生物柴油不能直接用于柴油发动机，因为其密度和黏度高，雾化性能差，会导致一些发动机运行问题，所以生物柴油需要与其他石化柴油混合使用。

生物柴油发电机组的功率较低，但由于其体积小、灵活、轻便、配套齐全，便于操作和维护。生物柴油发电机组可以用于没有接通电网的地方，或是在电网故障时用作应急电源，广泛应用于矿山、铁路、野外工地、道路交通维护、以及工厂、企业、医院等部门作为备用电源，或者用于更复杂的场合，例如峰值跳闸、电网支持和电网输出。

本章小结

本章主要介绍了生物柴油的特点、原料及制备技术，并分析了国内外的利用现状。通过对比生物柴油与石化柴油，探讨了生物柴油的前景和发电的原理及特点。主要结论如下：

① 生物柴油具有抗爆性强、流动性好、低污染、可生物降解的优点。

② 生物柴油的原料主要来源于大豆、油菜、蓖麻等油料作物及油棕、黄连木、麻风树、乌柏树、文冠果树等油料林木果实。

③ 生物柴油的制备可以采用物理法和化学法，物理法包括直接混合法和微乳液法等，化学法包括高温热裂解法和酯交换法等。

④ 在国内外，生物柴油已被广泛应用于交通运输和电力生产领域。欧洲和美国是生物柴油生产和使用的大国，而我国的生物柴油产业也在逐步发展。

⑤ 生物柴油与石化柴油的差异性主要体现在生产方法与工艺、燃料特性、发动机经济性与动力学、排放特性、可再生性五个方面。

⑥ 生物柴油的发展前景主要介绍了生物柴油在柴油发动机上的发展前景。

⑦ 生物柴油发电的原理与传统柴油发电相似，但具有更低的污染排放和更高的环保效益，可以应用于应急电源与电网输出。

思考题

1. 生物柴油的来源有哪些？
2. 简述生物柴油的制备工艺。
3. 简述生物柴油发电的原理。
4. 生物柴油发电的现状如何？
5. 生物柴油发电的前景如何？

第十一章
沼气发电技术

第一节　沼气的来源

沼气是指各种有机物在隔绝氧气的条件下，在特定湿度、酸碱度的情况下利用各种厌氧细菌的分解代谢而产生的可燃性气体，是一种可再生的生物质能源。

有机物在水中或沼泽等缺氧的环境下，通过各种微生物的分解而缓慢产生沼气。1630年，Van Helmont 首先证明了有机物在腐烂过程中能产生一种可燃气体，并且发现在动物肠道中也存在这种气体。1776 年发明电池的意大利物理学家 C. A. Volta（1745—1827）在意大利北部科摩（Como）湖中取得淤泥，用木棒搅动淤泥，将冒出的气体通入倒转并充满水的瓶中，收集到一种气体。将此气体点燃时，火焰呈青蓝色，燃烧较慢。volta 认为这种可燃气体的产生量与可降解有机物的量有直接的联系。Humphry Davy 于 1808 年认为牛粪通过厌氧消化产生的气体中存在甲烷气体。虽然厌氧消化可以生产沼气的现象很早就被人们发现，而有意识地利用有机物厌氧发酵生产沼气的技术却只有 100 多年的历史。

① 传统沼气池　沼气发酵是在没有硝酸盐、硫酸盐、氧气和光线的条件下，经过微生物氧化分解的作用，把复杂有机物中的含碳化合物氧化分解成二氧化碳以及还原成甲烷的过程。我们可以人为地将秸秆、杂草、树叶、人畜粪便等有机废弃物投入沼气池中，调节环境温度、湿度、酸度，隔绝空气，为有机物厌氧发酵创造适宜的条件，产生沼气供人们生活、生产使用。

② 高效厌氧消化　同传统的沼气池发酵产沼气相比，现代高效厌氧消化工艺对有机质的利用率、产沼率较高，并且产气速度快，能更好地利用污水与有机垃圾制造可再生能源。高效厌氧消化的原料包括高浓度有机废水以及城市污水处理产生的污泥。高浓度有机废水主要包括养殖场废水以及食品和化工等行业所排放的工业废水。高浓度有机废水因其有机物含量高，所以通常采用厌氧消化法进行处理，废水经过厌氧微生物的作用，其中大量的有机物被微生物利用转化为沼气。厌氧消化的主要原料有工业废水、城市有机垃圾、污水污泥、农作物秸秆、畜禽粪便和餐厨垃圾等。

③ 垃圾填埋场　随着社会经济的快速发展，人们的生活消费水平提高，这也导致垃圾产量上升。日益增长的垃圾产量可能会严重危害城市环境，破坏城市景观，传播疾病以及威胁人类的生命安全等，与日俱增的生活垃圾已成为困扰经济发展和环境治理的重大问题。垃圾填埋技术因适用性强、处置效果好而成为广泛应用的一种垃圾处置方式，垃圾填埋场根据内部环境的不同分为好氧型填埋场、准好氧型填埋场和厌氧型填埋场。因为厌氧填埋具有操作简单、投资少等优点，大多数填埋场都采用厌氧方式进行填埋。

第二节 沼气的性质

(1) 沼气的成分

沼气是一种混合气体，不同的发酵原料和发酵条件会导致沼气的成分有所不同。其主要成分是甲烷和二氧化碳，其中甲烷占其主要成分的50%～70%，二氧化碳占30%～50%。除此之外，沼气中还含有少量的氮气、氢气、氧气和硫化氢气体。

(2) 沼气的物理性质

沼气是一种无色气体，由于含有少量硫化氢气体，会带有臭鸡蛋类恶臭气味。沼气的相对密度随沼气中二氧化碳含量的变化而变化，当二氧化碳含量达到59%时，沼气密度大于空气，泄漏后不易扩散。但是正常稳定生产的沼气中二氧化碳的含量通常小于40%，泄漏后比较容易扩散。

(3) 沼气的化学性质

沼气是一种良好的替代燃料，完全燃烧时火焰呈蓝白色，火苗短而急，稳定有力，同时伴有微弱的“嗞嗞”声，燃烧温度较高并放出大量的热，燃烧后的产物是二氧化碳和水蒸气。沼气中主要成分甲烷的着火温度较高，同时因二氧化碳的大量存在而对燃烧起强烈的抑制作用，所以沼气的燃烧速度很慢，不足液化石油气燃烧速度的1/4，仅为焦炉煤气燃速的1/8。甲烷的着火温度大致为630℃，而沼气中含有二氧化碳，其着火温度高于甲烷的着火温度，为650～750℃。由于沼气中有燃料甲烷、不可燃气体二氧化碳、硫化氢、氢气和悬浮的颗粒状杂质，当沼气和空气以一定比例混合后，遇到明火马上燃烧。每立方米纯甲烷的热值约为35.9MJ，按其在沼气中含量50%～70%推算，每立方米沼气的热值约为17.95～25.13MJ；$1m^3$ 沼气的热值相当于1kg原煤的热值（1kg原煤的热值平均为20.9MJ），但是由于沼气的燃烧热效率为煤的3.3倍，因此在热值利用上，$1m^3$ 沼气能代替3.3kg原煤使用。

第三节 沼气的净化提纯

沼气是一种混合气体，主要成分包括甲烷和二氧化碳，以及少量其他杂质。其中一些杂质具有腐蚀性或者引起机械磨损，因此沼气在使用前必须经过一定程度的净化以达到相应标准的要求。沼气净化一般包括脱水、脱硫以及脱除其他杂质，脱除二氧化碳通常称为沼气提纯。

(1) 沼气净化

① 沼气脱水　在沼气发酵过程中，由于蒸发作用，沼气中存在一定量的水分，特别是在中温或高温发酵时，沼气中水分含量更高。通常情况下，沼气发酵罐中水蒸气呈饱和状态，即相对湿度达到100%，但是水分绝对含量与温度有关。一般来说，$1m^3$ 干沼气中饱和含湿量，在30℃时为35g，而在50℃时为111g。因此，为保护沼气利用设备不受严重腐蚀和损坏，并达到下游净化设备的要求，必须去除沼气中的水蒸气。

沼气脱水技术主要有冷凝法、吸附法、吸收法等。

a. 冷凝法。冷凝法是去除沼气中水蒸气最简单的方法，任何流量的沼气都可使用该法。

沼气在不同温度下的饱和蒸气压不同，冷凝法就是利用这一性质，采用降温或加压的方法，使水蒸气从沼气中分离出来。中温发酵或高温发酵产生的沼气可进行适当降温，在热交换系统中通过冷凝器冷却而脱除冷凝水。沼气在管路输送过程中，由于降温，其中的水蒸气会凝结成水。因此，通常在输送沼气管路的最低点设置凝水器将管路中的冷凝水排除。除水蒸气外，其他杂质如水溶气体、气溶胶也会在冷凝过程中被去除。研究发现，该法可达到3～5℃的露点，在初始水蒸气含量3.1%（体积分数）、30℃的环境压力条件下，水蒸气含量可降至0.15%（体积分数）。冷却之前压缩沼气，可进一步提高效率。这种方法具有较好的脱水效果，但是并不能完全满足并入天然气管网的要求，可通过下游的吸附净化技术（变压吸附、脱硫吸附）弥补。

b. 吸附法。吸附法是指沼气通过固体吸附剂时，在固体表面力（范德华力和色散力）作用下吸收沼气中的水分，达到干燥的目的。根据表面力的性质分为化学吸附（脱水后不能再生）和物理吸附（脱水后可再生）。常用吸附材料有硅胶、活性氧化铝、分子筛及复合干燥剂等。

该方法可以达到－90℃的露点。吸附装置安装在固定床上，可在正常压力或600～1000kPa的压力下运行，适用于小流量沼气的脱水。通常是两台装置并列运行，一台用于吸收，另一台用于再生。在沼气脱水工程中一般会将冷凝法与吸附干燥法结合来用，先用冷凝法将水部分脱除，再用吸附法进行精脱水。

吸附法的特点是吸附过程中放出的热量一般包括水蒸气的冷凝热和吸附剂由于被水润湿所释放出来的热量，整个吸附过程放热量小，通过增加温度或降低压力可对吸附材料进行再生，过程具有可逆性，而且物理吸附的脱水性能远远超过溶剂吸收法。该方法能获得露点极低的燃气；对温度、压力、流量变化不敏感；设备简单，便于操作；较少出现腐蚀及起泡等现象。

c. 吸收法。吸收法是采用脱水吸收剂与沼气逆流接触来脱除沼气中的水蒸气，脱水吸收剂一般具有亲水性。常用的脱水吸收剂有氯化钙、氯化锂和甘醇类化合物（乙二醇、二甘醇、三甘醇等）。目前应用较多的是甘醇类化合物。使用乙二醇作为吸收剂时，可将吸收剂加热到200℃，使其中杂质挥发来实现醇的再生。文献资料显示，乙二醇脱水可达到－100℃的露点。从经济性方面来看，该方法适用于大流量（$500m^3/h$）沼气的脱水，因此吸收法可以作为沼气提纯的预处理方法。

常用的脱水装置有沼气集水器、气水分离器、沼气凝水器和冷干机等。

a. 沼气集水器。户用沼气池脱水通常采用沼气集水器，同沼气工程输送管路上的沼气凝水器结构类似，但是更加简易，分为人工排水集水器和自动排水集水器。人工排水集水器可用磨口玻璃瓶和橡胶塞制成，在橡胶塞上打两个孔，孔内插入两根内径为6～8mm的玻璃弯管，将橡胶塞塞入玻璃瓶瓶口，拧紧不漏气。两弯管水平端分别与输气管连接。当冷凝水高度接近弯管下口时，揭开瓶塞，将水倒出。自动排水集水器的主要部件与人工排水集水器相同，只是瓶塞上一根管上端接上三通，其两水平端接入输气管道，另一根直管上端与大气相通，作为溢流水孔，该溢流水孔应低于三通管，否则在产气量较低时，冷凝水也会堵塞管道（图11-1）。

b. 气水分离器。气水分离器是在装置内安装水平及竖直滤网，最好再填充填料，滤网或填料可选用不锈钢丝网、紫铜丝网、聚乙烯丝网、聚四氟丝网或陶瓷拉西环等。当沼气以一定的压力从装置下部以切线方式进入后，沼气在离心力作用下进行旋转，然后依次经过竖

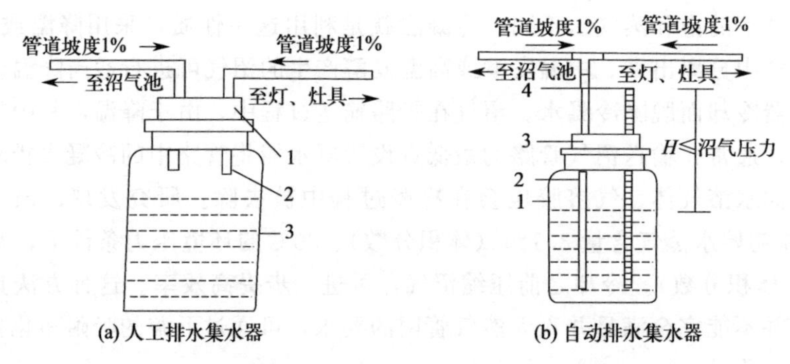

图 11-1 沼气集水器示意图

1—橡皮塞；2—玻璃管；3—玻璃瓶；4—溢流口

直滤网及水平滤网，沼气中的水蒸气与沼气得以分离，水蒸气冷凝后在气水分离器内形成水滴，沿内壁向下流动，积存于装置底部并定期排除（图 11-2）。

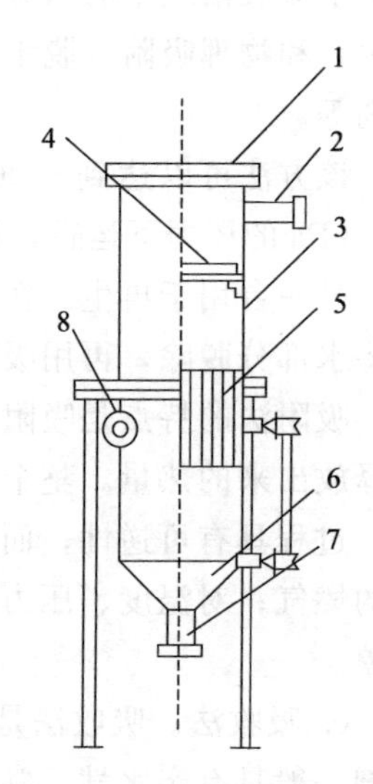

图 11-2 气水分离器示意图

1—堵板；2—出气管；3—筒体；4—平置滤网；5—竖置滤网；6—封头；7—排水管；8—进气管

设计沼气气水分离器时，应遵循以下设计原则：进入分离器的沼气量应按平均日产气量计算，气水分离器内的沼气压力应大于 2000Pa，分离器的压力损失应小于 100Pa，气水分离器空塔流速宜为 0.21～0.23m/s。沼气进口管应设置在气水分离器筒体的切线方向，气水分离器下部应设有积液包和排污管。气水分离器的入口管内流速宜为 15m/s，出口管内流速宜为 10m/s。

c. 沼气凝水器。沼气凝水器类似于城市管道煤气的凝水器。沼气管道的最低点必须设置沼气凝水器，定期或自动排放管道中的冷凝水，否则可能增大沼气管路的阻力，影响沼气输配系统工作的稳定性。其操作必须方便，同时凝水器必须安装于防冻区域。沼气凝水器直径宜为进气管的 3～5 倍，高度宜为直径的 1.5～2.0 倍。根据不同的沼气量，沼气凝水器规格型号如表 11-1 所示。凝水器需要定期排水。凝水器按排水方式可分为人工手动排水和自动排水两种（图 11-3）。

表 11-1 沼气凝水器规格型号

序号	凝水器外径	进出口管径/mm	适用情况
1	ϕ600	DN150～200	沼气量≥1000m^3/d
2	ϕ500	DN100～150	沼气量=500～1000m^3/d
3	ϕ400	DN50～100	沼气量≤500m^3/d

d. 冷干机。冷干机是冷冻式干燥机的简称。沼气冷干机是采用降温结露的工作原理，对压缩沼气进行干燥的一种设备，通过冷干机制冷、压缩机冷却，析出沼气中的水分，达到干燥沼气的目的。它主要由热交换系统、制冷系统和电气控制系统三部分组成。从空压机出来的热而潮湿的压缩沼气，首先经过热交换器预冷却，预冷却的沼气在冷干机的冷冻剂循环回路中再次冷却，再与蒸发器排出的冷沼气进行热交换，使压缩沼气的温度进一步降低。之后压缩沼气进入蒸发器，与制冷剂进行热交换，压缩沼气的温度降至 0～8℃，沼气中的水

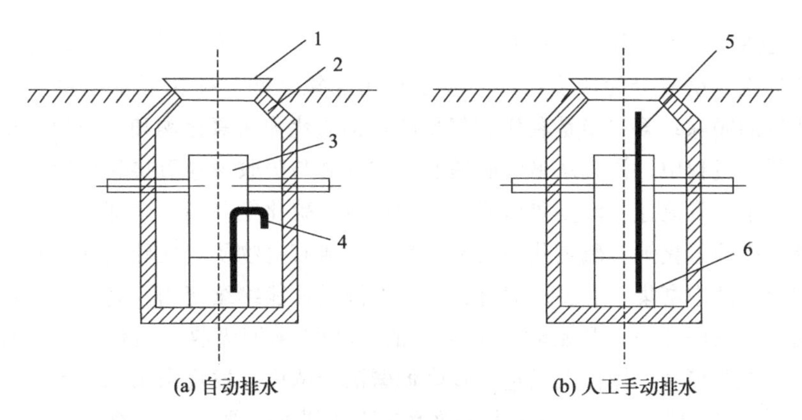

图 11-3　沼气凝水器示意图

1—井盖；2—集水井；3—凝水器；4—自动排水管；5—排水管；6—排水阀

分在此温度下析出，通过冷凝器将压缩沼气中冷凝水分离，通过自动排水器将其排出机外。而干燥的低温沼气则进入热交换器进行热交换，温度升高后输出。冷干机主要用于特大型沼气工程的脱水单元。常用冷干机按凝水器的冷却方式分为风冷型和水冷型两种；按进气温度高低分为高温进气型（80℃以下）和常温进气型（40℃左右）；按工作压力分为普通型（0.3～1.0MPa）和中、高压型（1.2MPa 以上）。由于冷凝法脱水相对经济，在冷干机前，一般需要设置气水分离器或凝水器将水部分脱除。

② 沼气脱硫　沼气脱硫方法一般可分为直接脱硫和间接脱硫两大类，直接脱硫就是将沼气中 H_2S 气体直接分离除去，而间接脱硫是指采用具体方法从源头减少或抑制沼气生产中 H_2S 气体的产生。根据脱硫原理不同，沼气直接脱硫可分为湿法脱硫、干法脱硫以及生物脱硫等。

a. 湿法脱硫。当采用液体吸收脱硫剂进行 H_2S 去除时，即所谓的湿法脱硫。其工艺过程大致为“吸收—脱吸”。影响脱硫效果的因素包括气液相的组分性质、温度和压力。湿法脱硫主要有水洗法、碱性盐液法等。

ⅰ. 水洗法。水洗法是利用水对沼气进行喷淋水洗，去除 H_2S。在温度为 20℃、压力为 1.013×10^5Pa（1atm）时，$1m^3$ 水能溶解 $2.3m^3$ H_2S。当沼气中 H_2S 含量高，而且气量较大时，适宜采用水洗法脱硫，同时还可以去除部分 CO_2，提高沼气中甲烷的含量。

ⅱ. Na_2CO_3 吸收法。Na_2CO_3 吸收法是常用的湿法脱硫工艺，由于碳酸钠溶液在吸收酸性气体时，pH 值不会很快发生变化，保证了系统的操作稳定性。此外，碳酸钠溶液吸收 H_2S 比吸收 CO_2 快，可以部分地选择吸收 H_2S。该法通常用于脱除气体中大量 CO_2，也可以用来脱除含 CO_2 和 H_2S 的天然气及沼气中的酸性气体。含 H_2S 的气体与 Na_2CO_3 溶液在吸收塔内逆流接触，一般用 2%～6%的 Na_2CO_3 溶液从塔顶喷淋而下，与从塔底上升的 H_2S 反应，生成 $NaHCO_3$ 和 NaHS。吸收 H_2S 后的溶液送回再生塔，在减压的条件下用蒸气加热再生，即放出 H_2S 气体，同时 Na_2CO_3 得到再生。脱硫反应与再生反应互为逆反应。

$$Na_2CO_3+H_2S \longrightarrow NaHS+NaHCO_3 \tag{11-1}$$

从再生塔流出的溶液回到吸收塔循环使用，从再生塔顶放出的气体中 H_2S 的浓度可达 80%以上，可用于制造硫黄或硫酸。碳酸钠吸收法流程简单，药剂便宜，适用于处理 H_2S 含量高的气体。缺点是脱硫效率不高，一般为 80%～90%，而且由于再生困难，蒸汽及动力消耗较大。

ⅲ. 氢氧化钠吸收法。氢氧化钠吸收法是另一种常用的湿法脱硫工艺。以氢氧化钠水溶液作为吸收介质的主要反应分为两步：第一步是利用氢氧化钠与硫化氢发生反应生成硫化钠和水，实现硫化氢的脱除；第二步是利用氧气将硫化钠氧化为氢氧化钠和单质硫，从而完成氢氧化钠的再生。脱硫过程中，沼气从碱吸收塔底部进入并与吸收液逆流接触反应，净化后的沼气从塔顶排出。由于受到流速、流量等传质条件的影响，硫化氢并不能全部溶解于碱液中，而且溶解过程中易生成硫氢化钠，硫氢化钠与氧气反应生成有害物质硫代硫酸盐以及硫酸盐，该类有害成分会在吸收液中富集，需要及时补充新鲜碱液后才能继续使用。高碑店污水处理厂二期工程产生的沼气曾采用此法，开始时采用35%的NaOH碱液吸收。运行发现，碱液在循环过程中很快结晶，把泵堵塞。操作人员进一步降低碱液的浓度，发现采用16%～20%的碱液可以避免NaOH晶体析出问题，但是H_2S去除效率也不能满足需要。由于有害物质的生成而需要不断地补充和更换吸收液，增加了处理成本和二次污染的可能性。同时对设备防腐性能要求较高，因此该法现在很少在沼气脱硫中采用。

ⅳ. 氨水法。硫化氢是酸性气体，当用碱性的氨水吸收硫化氢时，便发生中和反应：

$$NH_3 \cdot H_2O + H_2S \longrightarrow NH_4SH + H_2O \tag{11-2}$$

第一步是气体中硫化氢溶解于氨水，是一个物理溶解过程。第二步是溶解的硫化氢和氨起中和反应生成硫氢化铵，是一个化学吸收过程。再生方法是往含硫氢化铵的溶液中吹入空气，以产生吸收反应的逆过程，使硫化氢气体解吸出来。解吸后的氨溶液经补充新鲜氨水后，继续用于吸收。再生时产生的硫化氢，必须二次处理，以避免造成环境污染。

ⅴ. 醇胺吸收法。醇胺吸收法简称胺法。胺法脱硫早在1930年就已工业化，是气体净化工业应用最广的方法。该法过程简单，性能可靠，溶剂价廉易得，净化效率高。主要使用的胺类有六种：一乙醇胺、二乙醇胺、三乙醇胺（TEA）、甲基二乙醇胺（MDEA）、二甘醇胺、二异丙醇胺。主要反应式(以一乙醇胺为例）见式(11-3)、式(11-4)：

$$2RNH_2 + H_2S \rightleftharpoons (RNH_3)_2S \tag{11-3}$$

$$(RNH_3)_2S + H_2S \rightleftharpoons 2RNH_3HS \tag{11-4}$$

以上是可逆反应，在较低温度（20～40℃）下向右进行（吸收）；在较高温度（105℃以上）下则向左进行（解吸）。经典醇胺溶液是吸收硫化氢的良好溶剂，其优点是价格低，反应能力强，稳定性好，而且易回收。缺点是易起泡、腐蚀、对硫化氢与二氧化碳无选择性、在有机硫存在下会发生降解、蒸气压高、溶液损失大。醇胺法脱硫工艺的基本流程主要由4步组成：第一步为酸气吸收。混合气体先经进气口的分离器除去液相、固相杂质，含硫化氢和二氧化碳组分的混合气体进入吸收塔底部，吸收液从顶部往下喷淋。混合气由下而上与醇胺溶液进行两相接触，其中的H_2S和CO_2被吸收到液相中，其余气相组分达到净化要求从吸收塔顶部排出，液相由吸收塔底部排出。第二步为闪蒸。醇胺溶液吸收了硫化氢和二氧化碳，通常称为富液。富液由吸收塔底部流出后降压进入闪蒸罐，闪蒸出富液中溶解、夹带的可燃性烃类，闪蒸罐内产生的闪蒸气可用作装置的燃料气。第三步为热交换。富液经过闪蒸后，通过一个过滤器进入贫/富液换热器，与已完成再生的热醇胺（简称贫液）进行热交换，然后被加热的富液从顶部进入低压操作的再生塔。第四步为吸收液再生。富液进入再生塔之后，部分酸性组分首先在塔顶被闪蒸出来，然后自上而下流动，在流动过程中与在重沸器中加热气化的水蒸气进行两相接触，利用热蒸汽将溶液中其余的酸性组分汽提出来。由再生塔留出的溶液为只含有少量未汽提出的残余酸性气体，称之为贫液。热贫液经贫/富液换热器将热量传递给未进入再生塔的富液，回收一部分热量，然后由溶液循环泵把进一步冷却至适当温度的贫液送至吸收塔顶部，完成吸收液再生和循环。

胺法脱硫是大型天然气脱硫工程的主流工艺之一。胺法可同时去除硫化氢和二氧化碳，适用于特大型沼气工程脱硫脱碳。

ⅵ. 液相催化氧化法。这类方法的研究始于20世纪20年代，至今已发展到百余种，其中有工业应用价值的就有20多种。液相催化氧化法具有如下特点：脱硫效率高，可使净化后的气体含硫量低于10mg/L，甚至可低于1～2mg/L；可将硫化氢进一步转化为单质硫，无二次污染；既可在常温下操作，也可在加压下操作；大多数脱硫剂可以再生，运行成本低。但当原料气中含量过高时，会由于溶液pH值下降而使液相中H_2S/HS^-反应迅速减慢，从而影响吸收的传质速率和装置的经济性。液相催化氧化法脱硫技术包括ADA法脱硫、栲胶法脱硫、砷碱法脱硫、PDS法脱硫和Clause法脱硫。

b. 干法脱硫。当采用固体作为脱硫剂去除硫化氢时，即所谓的干法脱硫。影响脱硫效果的因素包括气固相的组分性质、压力和接触时间。干法脱硫是一种气-固传质的工艺过程，为了达到良好的脱硫效果，需要对沼气及空气的塔内流速进行合理的设计。在脱硫过程中，含有硫化氢的沼气从一端进入塔器，从另一端排出塔器，若进气端的填料层负荷高，出气端负荷低，不能使塔内填料得到均匀充分的利用，会导致填料的使用率低。同时，负荷不均也会使单质硫在填料内的分布不均，甚至集中积累，压降升高，进一步影响了气体的流速和脱硫效率。加之不断更换填料，增加了生产成本，因此在沼气生产量较大的工程中，干法脱硫具有很大的局限性。另外，气-固传质的特点决定了干法脱硫一般适用于沼气流量小、硫化氢浓度低的场合。由于反应过程简单，因此相对于湿法脱硫而言，干法脱硫是一种简易、低成本的脱硫方式。常见的干法脱硫工艺主要有分子筛法、活性炭法、氧化铁法、氧化锌法等。

ⅰ. 分子筛法。分子筛是由硅氧、铝氧四面体组成骨架结构，并在晶格中存在着Na^+、K^+、Ca^{2+}、Li^+等金属阳离子的一种硅铝酸盐多微孔晶体。分子筛具有微孔结构，是利用微孔结构和巨大的比表面积进行吸附。由于分子筛孔径内部具有很强的极性，对极性分子和不饱和分子具有优先吸附能力。极性程度不同、饱和程度不同、分子大小不同以及沸点不同的分子都可以利用分子筛进行分离。由于分子筛特殊的结构，分子筛与其他吸附剂相比吸附能力更高，热稳定性更强，应用范围也比较广泛。

分子筛有天然沸石和合成沸石两种。天然沸石大部分在海相或湖相环境中由火山凝灰岩和凝灰质沉积岩转变而来。常见的有斜发沸石、丝光沸石、毛沸石和菱沸石等。合成沸石依照其晶体结构等的不同，有3A分子筛、4A分子筛、5A分子筛、10X分子筛、13X分子筛、13XAPG分子筛等不同的分子筛类型，不同的合成分子筛适用于不同的领域。分子筛吸附法脱硫主要用于处理H_2S浓度较低的气体，对分子筛进行改性可以提高其脱硫效果。分子筛处理后气体硫含量可降至0.4×10^{-6}以下，在200～300℃的蒸汽下可以对吸附饱和的分子筛脱硫剂进行再生。高温蒸气再生分子筛脱硫剂存在资金投入大的问题，限制了分子筛脱硫剂的应用。

ⅱ. 活性炭法。活性炭是一种疏水性吸附剂，本质上是多孔含碳介质，可由许多种含碳物质如煤及椰子壳等经高温炭化和活化制备而成。碳元素不是活性炭的唯一组分，在元素组成方面，80%～90%以上由碳组成，这也是活性炭为疏水性吸附剂的原因。活性炭作为常用的固体脱硫剂，其特点是吸附容量大、抗酸耐碱、化学稳定性好。其解吸容易，在较高温度下解吸再生时，晶体结构没有什么变化。其热稳定性高，经多次吸附和解吸操作，仍保持原有的吸附性能。用于分离无机硫化物（H_2S）的活性炭，其微孔和大孔数量是大致相同的，平均孔径为8～20nm。用活性炭吸附脱除硫化物时，活性炭中含有一定的水分可提高吸附效果，因此，可用蒸汽活化活性炭。为了提高活性炭的脱硫能力，必须将普通活性炭改性，常用的改性剂为金属氧化物及其盐，如ZnO、CuO、$CuSO_4$、Na_2CO_3、Fe_2O_3等。根据脱硫机理，可将活性炭法分为吸附法、氧化法和催化法三种。由于脱硫反应，活性炭表面上逐渐地沉积单质硫，积累至一定的硫容量后就需要对活性炭进行再生。

ⅲ. 氧化铁法。氧化铁法脱除气体中的硫化氢是比较古老的方法，在19世纪40年代随着城市煤气工业的诞生而发展起来。当时采用的常温氧化铁脱硫法至今仍被大量采用。近代开发的中温氧化铁脱硫法已在一些工业装置上使用，高温氧化铁脱硫法也有研究报道。

氧化铁脱硫过程反应式如下。

脱硫：

$$Fe_2O_3+H_2O+3H_2S \longrightarrow Fe_2S_3 \cdot H_2O+3H_2O \quad (11\text{-}5)$$

$$Fe_2O_3 \cdot H_2O+3H_2S \longrightarrow 2FeS+S+4H_2O \quad (11\text{-}6)$$

再生：

$$2Fe_2S_3 \cdot H_2O+3O_2 \longrightarrow 2Fe_2O_3 \cdot H_2O+6S \quad (11\text{-}7)$$

$$4FeS+3O_2+2H_2O \longrightarrow 2Fe_2O_3 \cdot H_2O+4S \quad (11\text{-}8)$$

氧化铁脱硫法是常用的干法脱硫工艺，沼气中的硫化氢在固体氧化铁的表面进行化学反应而得以去除，沼气在脱硫器内的流速越小，接触时间越长，反应进行得越充分，脱硫效果也就越好。一般情况下，最佳反应温度为25～50℃。当脱硫剂中硫化铁的质量分数达到30%以上时，脱硫效果明显变差，这是由于在氧化铁的表面形成并覆盖一层单质硫。脱硫剂失效而不能继续使用时，就需要将失去活性的脱硫剂与空气接触，将Fe_2S_3氧化，使失效的脱硫剂再生。在经过很多次重复使用后，就需要更换氧化铁或氢氧化铁。如果将氧化铁覆盖在一层木片上，则相同质量的氧化铁有更大的比表面积和较低的密度，能提高单位质量脱硫剂对H_2S的吸收率，大约100g的氧化铁木片可以吸收20g的H_2S。氧化铁资源丰富，价廉易得，是目前使用最多的沼气脱硫剂。该法的优点是去除效率高（大于99%）、投资低、操作简单。缺点是对水敏感，脱硫成本较高，再生放热，床层有燃烧风险，反应表面随再生次数而减少，释放的粉尘有毒。

ⅳ. 氧化锌法。将上述脱硫剂中氧化铁改用氧化锌时，就是氧化锌沼气脱硫法。硫化氢与氧化锌的反应见式(11-9)。氧化锌法脱除硫化氢的反应机理和反应行为已得到了公认。氧化锌还有部分转化吸收的功能，能将COS、CS_2等有机硫部分转化成硫化氢而吸收脱除。由于生成的ZnS难离解，而且脱硫精度高，脱硫后的气体含硫量在$0.1\times10^{-6}mg/m^3$以下，所以一直应用于精脱硫过程。氧化锌法与氧化铁法相比，其脱硫效率高，吸附H_2S的速度快。氧化锌的脱硫能力随温度的升高而增加，但脱除H_2S在较低温度（200℃）下即可进行。该方法适用于处理浓度较低的气体，脱硫效率高，据其在工业煤气脱硫净化中的试验研究表明，其脱硫率可达99%。但氧化锌法脱硫后一般不能用简单的办法来恢复脱硫能力，而且目前氧化锌价格也不如氧化铁便宜。

$$H_2S+ZnO \longrightarrow ZnS+H_2O \quad (11\text{-}9)$$

c. 生物脱硫。生物脱硫包括有氧生物脱硫和无氧生物脱硫。有氧生物脱硫法是向沼气发酵反应器或单独的脱硫塔内注入空气，在微生物作用下，硫化氢与空气中的氧反应生成单质硫或硫酸盐，反应式如式(11-10)、式(11-11) 所示。

$$2H_2S+O_2 \longrightarrow 2H_2O+2S \tag{11-10}$$

$$2H_2S+3O_2 \longrightarrow 2H_2SO_3 \tag{11-11}$$

能将硫化氢转化为单质硫的微生物有光合细菌和无色硫细菌。光合细菌在转化过程中需要大量的辐射能，在经济技术上难以实现。因为废水中生成硫的微颗粒后，废水将变得浑浊，透光率将大大降低，从而影响脱硫效率。在无色硫细菌的微生物类群中，并非所有的硫细菌都能氧化硫化氢。由于有些硫细菌将产生的硫积累于细胞内部，此外杂菌生长还会造成反应器中的污泥膨胀，给单质硫的分离带来麻烦，如果不能及时得到分离就会存在进一步氧化的问题，从而影响脱硫效率。所以在脱硫单元运行的过程中，必须严格控制反应条件以控制这类微生物的优势生长。

如果直接向沼气发酵罐上部通入空气，脱硫反应在沼气发酵罐上部和壁面泡沫层发生，这种脱硫称为罐内生物脱硫，脱硫反应由硫杆菌催化，通常在沼气发酵罐顶部安装一些机械结构有利于菌种繁殖。由于产物呈酸性，易腐蚀，而且反应依赖稳定泡沫层，因此脱硫反应最好在一个独立的反应器中进行。

罐外生物脱硫是向单独设置的脱硫塔内通入空气（或曝气后的营养液），沼气与空气（或营养液）通过具有大比表面积的填料，经过填料附着微生物的作用，硫化氢被转化成单质硫或硫酸盐，沼气得以净化。生成的单质硫或硫酸盐仍然存在于脱硫装置的液相之中。如图 11-4 所示，罐外生物脱硫反应器在某种程度上类似于洗涤器，反应器内设置填料，微生物生长在填料上。需要配备污水槽、泵和罗茨鼓风机等附属设施。污水槽盛装含有碱和营养物质的喷淋液，沼液可作为喷淋液。定时向填料喷液，喷淋液具有洗出酸性产物并为微生物提供营养的功能。在空气足够的条件下，能获得较高的脱硫效率，工程上 H_2S 去除率高达 99%。清洗时，采用空气/水混合脉冲、间歇冲洗。在停止喷淋时，应避免单质硫的沉积。

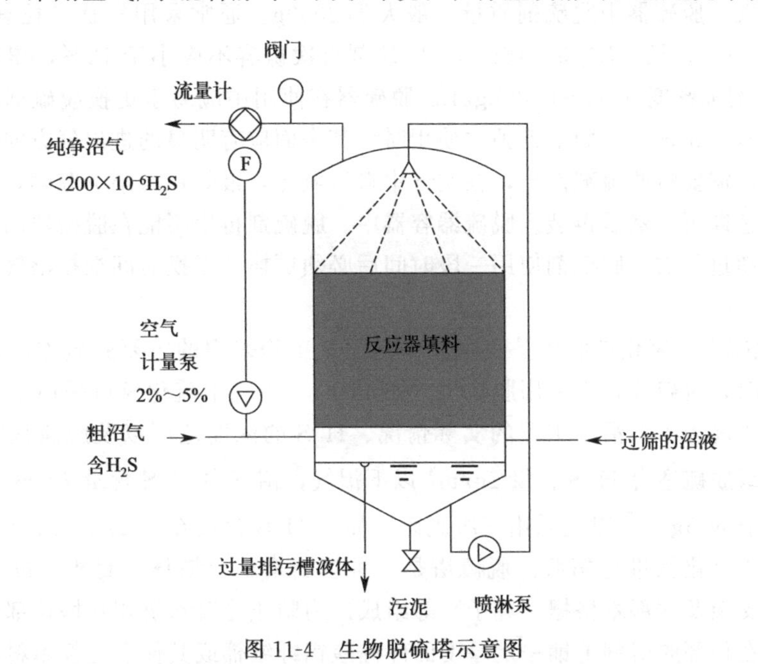

图 11-4　生物脱硫塔示意图

有氧生物脱硫技术的优点是不需要催化剂，不需要处理化学污泥，产生很少的生物污泥，耗能低，可回收单质硫，去处效率高。缺点是沼气中氧气过多，存在爆炸风险。

无氧生物脱硫是农业农村部沼气科学研究所开发的新型生物脱硫工艺，该工艺以沼液好氧后处理出水中硝酸盐和亚硝酸盐为电子受体，以沼气中硫化氢为电子供体，通过微生物作用实现同步脱氮脱硫，主要反应如下。

$$5S^{2-}+2NO_3^-+12H^+\longrightarrow 5S^0+N_2+6H_2O \tag{11-12}$$

$$5S^0+6NO_3^-+2H_2O\longrightarrow 5SO_4^{2-}+3N_2+4H^+ \tag{11-13}$$

$$5S^{2-}+8NO_3^-+8H^+\longrightarrow 5SO_4^{2-}+4N_2+4H_2O \tag{11-14}$$

在进水 NO_x-N（NO_2^--N、NO_3^--N 之和）浓度 270～350mg/L、沼气中硫化氢含量 1273～1697mg/m³、水力停留时间 0.985～3.72d、空塔停留时间 3.94～15.76min 的条件下，NO_x-N 去除率 96.4%～99.9%，出水 NO_x-N 浓度 0.114～110.6mg/L，硫化氢去除率 96.4%～99.0%，出气硫化氢浓度 100mg/m³ 左右。该工艺具有以下优点：废水中的氮与沼气中的硫同时脱除；沼液脱氮不需要外加碳源；沼气脱硫不需加氧，也不需要脱硫剂；产生很少的生物污泥；运行费用低。

脱硫装置主要有脱硫器、干法脱硫塔和罐外生物脱硫系统等。

a. 脱硫器。户用沼气池或小型沼气工程产生的沼气，气量小，硫化氢浓度比较低，通常采用装有氧化铁的脱硫器直接脱出硫化氢。脱硫器由脱硫剂和脱硫瓶组成（图 11-5）。脱硫器容积一般不小于 2.5L，高径比(高度与直径的比)(2∶1)～(3∶1)。脱硫器容器应采用耐压不小于 10kPa 并且耐腐蚀、耐高温（大于 110℃）的材料制造，一般采用耐高温 ABS（丙烯腈-丁二烯-苯乙烯）塑料。脱硫器容器任何部位壁厚应大于 2mm，不得有气孔、裂纹等缺陷，其盖子应有密封垫，密封垫应选用耐磨并具有弹性的垫片。脱硫器首次使用产生的压力降应小于 200Pa。脱硫器进出口采用与沼气输送管相匹配的 PVC（聚氯乙烯）软管或 PE（聚乙烯）管材，长度应不小于 20mm，并带 3 个密封节或丝口，软管连接时应用卡扣卡紧，不得漏气。脱硫器中脱硫剂质量一般大于 2000g。通常采用柱状颗粒氧化铁脱硫剂，直径（ϕ）4～6mm，长（L）5～15mm。脱硫剂首次硫容不应小于 12%，累计硫容不应小于 30%，脱硫剂堆密度 0.60～0.80kg/L。脱硫器在使用中应易于更换脱硫剂，沼气在脱硫器内流动不应有短路现象。脱硫器独立使用时，其表面应有明显的进出气方向标识。脱硫容量达到饱和后，需要将脱硫剂倒出，在空气中自行氧化，最好在太阳下晾晒，待黑色变成橙色—黄色—褐色即可，然后再装入脱硫器容器中。脱硫剂再生不能在脱硫器内进行。脱硫剂再生次数不宜超过 3 次，脱硫剂使用一段时间后必须更换，更换时间根据沼气中硫化氢含量多少确定。

b. 干法脱硫塔。氧化铁脱硫是我国大中型沼气工程采用的主要脱硫方法，由氧化铁制成成型脱硫剂时，脱硫装置常采用脱硫塔（图 11-6）。沼气中硫化氢可采用单级或多级装置脱除，应根据当前大中型沼气工程的实际情况、H_2S 的浓度范围以及脱硫程度采用合适的脱硫级数。一级脱硫适合 H_2S 含量 2g/m³ 以下沼气，沼气中 H_2S 含量 2～5g/m³ 宜采用二级脱硫，H_2S 含量 5g/m³ 以上采用三级脱硫。如果 H_2S 含量在 10g/m³ 以上，最好先采用湿法粗脱，再用氧化铁进行精脱。脱硫塔是一种填料塔，由塔体、封头、进出气管、检查孔、排污孔、支架及内部木格栅（箅子）等组成。为防止冷凝水沉积在塔顶部从而使脱硫剂受湿，通常可在顶部脱硫剂上铺一定厚度的碎硅酸铝纤维棉或其他多孔性填料，将冷凝水阻隔。根据处理沼气量的不同，在塔内可分为单层床或双层床。一般床层高度为 1m 左右时，取单层床；若高度大于 1.5m，则取双层床。

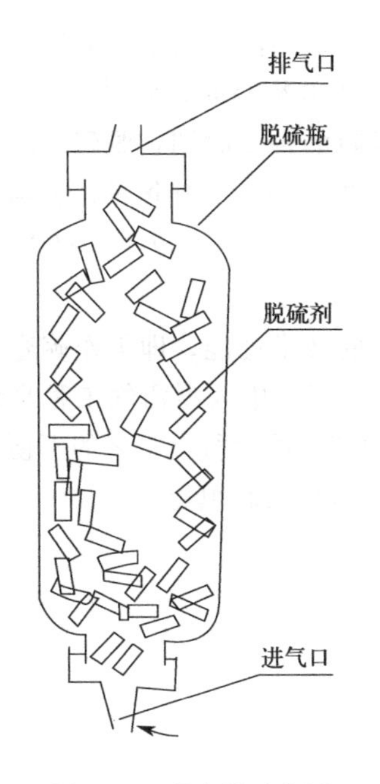

图 11-5　脱硫器示意图

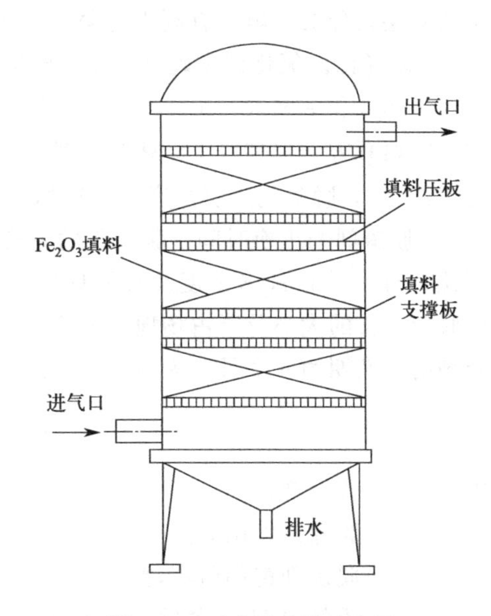

图 11-6　干法脱硫塔示意图

干法脱硫塔设计主要考虑以下参数。

ⅰ. 空速。空速是指单位体积脱硫剂每小时能处理沼气量的大小，单位为 h^{-1}。其表达式为：

$$V_{sp}=V_m/V_t \tag{11-15}$$

式中　V_{sp}——沼气空速，h^{-1}；

V_m——沼气小时流量，m^3/h；

V_t——脱硫剂体积，m^3。

从上式不难看出，空速是表征脱硫剂性能的重要参数之一。不同的脱硫剂因其活性不同，在选择空速时应根据沼气中 H_2S 的浓度、操作温度、脱硫工作区高度等因素综合考虑。

空速值选得越高，则沼气与脱硫剂的接触时间越短，即接触时间 t_j 为空速的倒数。

$$t_j=1/V_{sp} \tag{11-16}$$

式中　t_j——接触时间，s。

在常温、常压下，沼气中的 H_2S 浓度小于 $3g/m^3$ 时，取 t_j 为 100s，相当于空速 $36h^{-1}$；若 H_2S 含量在 $4\sim8g/m^3$，则需 t_j 为 450s，相当于空速为 $8h^{-1}$。若沼气中含少量氧气时，空速可适当提高。

ⅱ. 线速度。线速度是指沼气通过脱硫剂床层时的速度，其值为床高与接触时间之比。

$$U_s=H_{ch}/t_j \tag{11-17}$$

式中　U_s——线速度，mm/s；

H_{ch}——床高，mm；

t_j——接触时间，s。

沼气通过脱硫塔的线速度是设计该装置尺寸的一个关键性参数。线速度取得太低，沼气呈滞留状态。随着线速度的增加，气流进入湍流区，能在更大程度上减小气膜厚度，从而增加了脱硫剂的活性。选择颗粒状脱硫剂时的线速度宜为 0.020～0.025m/s。

ⅲ. 床层高度。每层颗粒状脱硫剂装填高度1.0～1.4m，床层高度超过1.5m以上时，可采用双层，分层装填，有利于克服偏流或局部短路，改善并提高脱硫效果。

ⅳ. 塔径比。氧化铁脱硫是一个化学吸附过程，在吸附的各个时期，脱硫床层可分为备用区、工作区和饱和区。工作区是指床层内执行脱硫功能的部位。工作区的高低与脱硫剂的活性、空速有关。根据TTL型脱硫剂的试验结果，在空速为$50h^{-1}$以下，H_2S的浓度为$1\sim3g/m^3$时，脱硫剂床层高度为塔径的3～4倍。

ⅴ. 脱硫剂的更换时间。脱硫剂的更换时间与脱硫剂的技术性能，即工作硫容及填料量成正比，与沼气中H_2S浓度及日处理气量成反比。对于小型、中大型沼气工程来说，既要考虑脱硫设备的大小及所占场地，又要考虑到频繁更换脱硫剂给运行上带来的不便，一般取脱硫剂的更换期为6个月较为适宜。通过下式可计算出脱硫剂的装填量。

$$G=\frac{tcV}{s\times1000} \tag{11-18}$$

式中　G——脱硫剂装填量，kg；

t——脱硫剂使用时间，d；

s——脱硫剂饱和硫容，%；

c——沼气中H_2S含量，g/m^3；

V——日处理沼气量，m^3/d。

ⅵ. 干法脱硫塔的结构与材质。脱硫塔一般采用Q235A或Q235AF钢板焊接制造。塔内表面应涂两道防锈漆或环氧树脂；外表面涂1～2道防锈漆。封头密封采用石棉橡胶或氯丁橡胶。温度监视采用WNC-12型直角式金属保护管玻璃温度计，其位置设在距床层底部100mm处。液位显示在脱硫塔下部低于进气口的位置，用有机玻璃显示液位，作用在于防止冷凝水积聚在底部，从而影响脱硫剂正常工作。观察镜可设在床层上部50mm处，采用有机玻璃以便观察床层变化，掌握脱硫剂的再生时间。

c. 罐外生物脱硫系统。沼气罐外生物脱硫系统有2种类型：一种是直接往生物脱硫塔通入空气；另一种是塔外再生池曝气。不让氧气混入沼气或生物天然气中时，一般采用塔外再生池曝气，无氧生物脱硫也采用这种形式。

罐外生物脱硫主要设计参数：

ⅰ. 生物脱硫负荷$8\sim10m^3$沼气/($h\cdot m^3$填料)；

ⅱ. 气水比(沼气：喷淋液)=(5～10)：1；

ⅲ. 空气加入量为所处理沼气量的2%～5%，或喷淋液溶解氧为1～1.5mg/L；

ⅳ. 工艺温度25～35℃；

ⅴ. 喷淋液pH值大于6.0。

以下主要介绍塔外再生池曝气生物脱硫系统，该系统中不仅仅有生物脱硫塔，而且还必须配备富液池、再生池、沉淀池、贫液池等设施，以及循环水泵、曝气泵、计量泵、加热系统、自动加药系统、补水系统等设备，具体介绍如下（图11-7）。

ⅰ. 生物脱硫塔。生物脱硫塔高径比为（8～10）：1，可分为3～5段，下段收集吸收液并溢流至富液槽。中段为填料层，由于H_2S具有腐蚀性，故选用的填料需要耐腐蚀并分层设置，保证循环水与沼气均匀接触以及承受足够强度，提高气液接触效率。吸收液通过上段的布水器均匀喷淋在填料上。上段设置除沫器，阻止生成的单质硫进入沼气管从而堵塞管道。在吸收塔内设置布水器可对除沫器进行反冲洗，定期把除沫器中积存的单质硫冲洗下来。

ⅱ. 富液池。通过吸收 H_2S 而富含 HS^- 的吸收液进入富液池，该池对系统起到缓冲和排气的作用，以保证循环泵把富液池的溶液泵入再生池的运行安全。无色硫细菌所需要的硫酸镁、磷酸氢二钾、尿素等营养盐以及补充的碱都通过富液池加入。富液池的水力停留时间为0.5～1.0h。

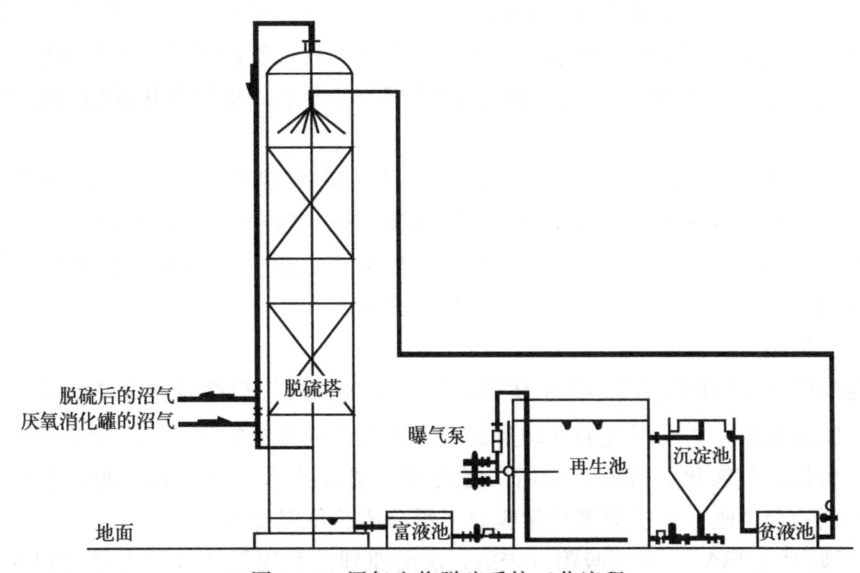

图 11-7 沼气生物脱硫系统工艺流程

ⅲ. 再生池。再生池内有曝气系统、加热系统、自动加药系统、补水系统，提供循环水中微生物需要的溶解氧、生长温度、适应的pH值及营养。富含 HS^- 的吸收液进入再生池，HS^- 在微生物作用下被转化为单质硫（S）和 OH^-。再生池采用罗茨风机曝气，为微生物生长代谢提供所需的氧气。由于再生反应会产生硫沫，反应器的顶部需要设置硫沫槽，环绕生物反应器一圈。再生池上部设置管径为100～200mm的排液管，收集混合液排入沉淀池。由于再生池会产生污泥，底部需设置管径为200mm的排泥管。再生池的水力停留时间为0.5～2.0h。

ⅳ. 沉淀池。沉淀池的作用主要是对再生池排出的富含单质（S）的混合液进行沉淀，使泥水分离，硫泥被排出系统，沉淀池的水力停留时间为0.5～2h。内部可设置斜管，强化沉淀效果，防止污泥进入吸收塔从而堵塞填料。沉淀池下部为锥体，作为储泥斗，并设置直径200mm的排泥管。需要定期从沉淀池排泥，并补充自来水。

ⅴ. 贫液池。从沉淀池出来的上清液回到贫液池。贫液池对系统起到缓冲和排气的作用。贫液池的水力停留时间为0.5～1.0h。

ⅵ. 循环水系统和废水处理。富液再生后获得的贫液再次通过循环泵送至脱硫塔顶部，以形成循环水。循环水将生物脱硫塔、再生池、沉淀池、循环水泵、加药装置、加热装置等连贯起来。喷淋系统可以让沼气和循环水充分接触，以促进 H_2S 从气相到液相的转化。从沉淀池底部排出的泥经提升排入沼液池中。

ⅶ. 自动加药系统。微生物生长需要一定的营养元素，采用营养液自动投加形式。营养液加到循环水管路，加药量由计量泵进行精确控制。由于部分 HS^- 转化为硫酸根，循环水的pH值逐渐下降，因此，需要不断投加碱来中和硫酸根离子，碱的投加形式与营养液投加形式相同。

ⅷ. 生物脱硫塔的结构与材质。脱硫塔可采用Q235A或Q235AF钢板焊接制造。塔内表面应涂环氧树脂；外表面涂1～2道防锈漆。最好采用耐酸蚀玻璃钢，所有填料、附属装置均为塑料、不锈钢S316等防腐材料。沼气管道采用PE管。空气管道可以采用镀锌钢管。

③ 除氧、氮　通过活性炭、分子筛或者膜可以去除氧气和氮气。在一些脱硫过程或沼气提纯过程中，氧和氮也会得到部分去除。然而，从沼气中分离氧气和氮气还是比较困难，若沼气利用对氧气和氮气有较高要求（比如沼气并入天然气管网或者用于车用燃气）时，应尽量避免氧气、氮气混入沼气中。目前已有的最好方法是利用钯铂催化剂的催化去除和铜的化学吸附。

④ 去除其他微量气体　沼气中的微量气体有氨、硅氧烷和苯类气体。这些气体很少出现在农业沼气工程，这些微量气体经常在上述脱硫、脱水的净化过程中被去除。如氨易溶于水，通常在沼气脱水阶段被去除。硅氧烷和苯类气体可通过有机溶剂、强酸或者强碱吸收，也可通过硅胶或活性炭吸附，以及在低温条件下去除。

（2）沼气提纯

沼气提纯的主要目的是去除CO_2获得高纯度甲烷。沼气提纯技术多源于天然气、合成氨变换气的脱碳技术。由于沼气的处理量远小于天然气或合成氨变换气，在脱碳技术选择上应更注重小型化、节能化。目前，应用广泛的沼气提纯技术主要包括六种：变压吸附、水洗、有机溶剂物理吸收、有机溶剂化学吸收、膜分离、低温提纯。

① 变压吸附（PSA）　变压吸附（PSA）法的原理是利用气体分子直径和物理性质的不同，以及吸附剂对不同气体组分的吸附量、吸附速度、吸附力等方面的差异，将混合气体分离，实现沼气提纯。在加压条件下完成混合气体的选择性吸附，在降压条件下完成吸附剂的再生。组分的吸附量受压力及温度的影响，压力升高时吸附量增加，压力降低时吸附量减少。当温度升高时吸附量减小，温度降低时吸附量增加。常用吸附材料有活性炭、沸石和分子筛（多为碳分子筛）。变压吸附（PSA）作为商业应用开始于20世纪60年代。

除了CO_2外，其他气体分子如H_2S、NH_3和H_2O也能被吸附。实际工程中，H_2S和H_2O应在沼气进入吸附塔之前去除。部分N_2和O_2也能同CO_2一同被吸附。从大型提纯站提供的数据来看，大约50%的N_2会随废气排出。变压吸附获得的生物甲烷的纯度大于96%。

沼气提纯站一般将4～6个吸附塔并联，完成吸附（吸附水蒸气和二氧化碳）、减压、脱附（即通过大量原料气体或产品气体解吸），以及增压这四个环节。变压吸附的操作压力范围是1×10^5～1×10^6Pa，大多数变压吸附系统将沼气加压到4×10^5～7×10^5Pa，压力损失大约为1×10^5Pa。沼气经过脱硫、脱水后，通入装有分子筛的填料吸附塔。操作温度范围为5～35℃。大部分CO_2会吸附于分子筛表面，而大部分CH_4则通过分子筛，仅有少量CH_4被吸附。产品气离开填料吸附塔后，吸附填料通过泄压释放完成解吸。通过增加原料气或产品气的冲洗解吸循环次数，以及循环上游压缩机产生的废气，可进一步提高甲烷浓度，相应也会增加提纯成本。根据制造商和工厂操作员提供的数据，实际运行负荷为额定负荷的40%～100%。图11-8为一个四塔PSA过程的工艺流程。

在国外以前的系统中，甲烷回收率一般为94%（甲烷损失率为6%）。而在新的系统中，甲烷回收率一般为97.5%～98.5%（甲烷损失率为1.5%～2.5%）。一方面，更有效地利用了废气；另一方面，可获得更高的甲烷浓度。如果再回收废气中有17%～18%的甲烷，提

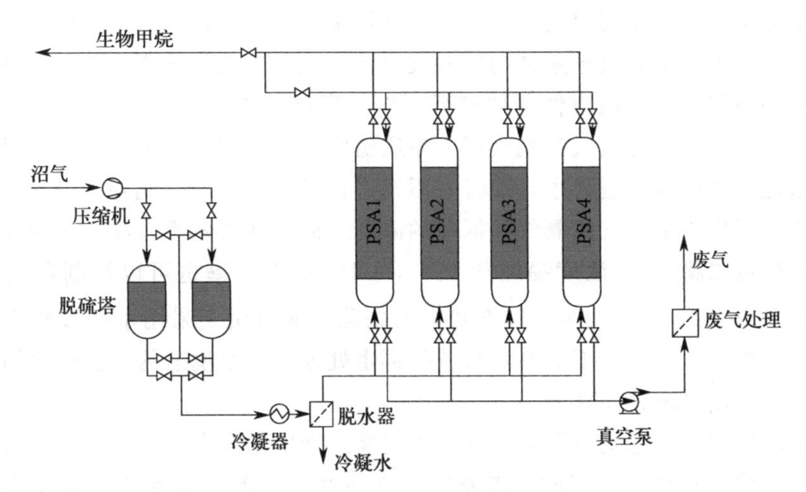

图 11-8　四塔变压吸附工艺流程

纯后的沼气中甲烷浓度可达 99%以上。

由于废气中含有相当数量的 CH_4，必须对其进行氧化处理。废气中硫含量不大，因此大型工程中常采用“催化氧化”和“无焰氧化”作为废气处理技术。如果废气中甲烷浓度足够低，也可以采用蓄热式热氧化（RTO）。

② 水洗　水洗是利用甲烷和二氧化碳在水中的不同溶解度而对沼气进行分离的方法（见图 11-9）。二氧化碳、硫化氢在水中的溶解度均比甲烷大，故沼气通过水洗都可脱去二氧化碳、硫化氢。水洗工艺通常有两种类型，即单程吸收和再生吸收，后者的洗涤用水循环使用，前者则不循环。水洗是一种基于范德华力的可逆吸收过程，属于物理吸收，低温和高压可以增加吸收率。

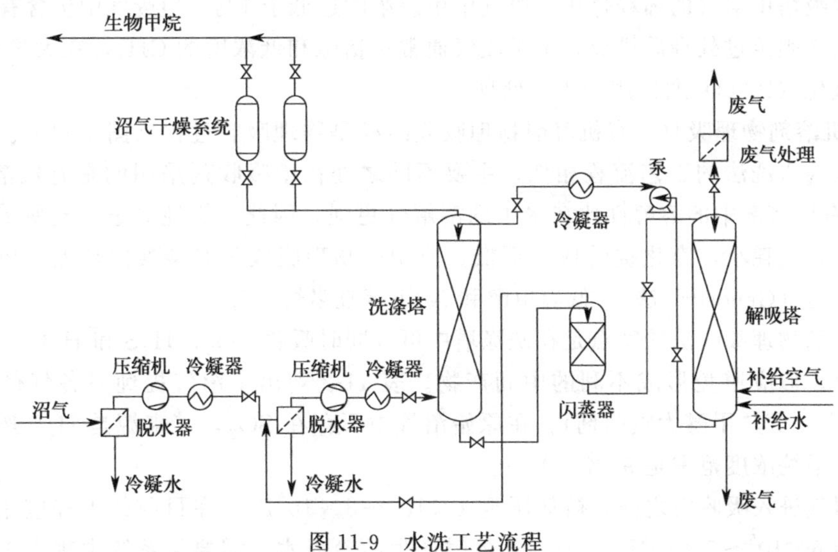

图 11-9　水洗工艺流程

在水洗过程中，首先需要将沼气加压到 $4\times10^5\sim8\times10^5$ Pa，然后送入洗涤塔，在洗涤塔内沼气自下而上与水流逆向接触，CO_2 和 H_2S 溶于水中，从而与 CH_4 分离，CH_4 从洗涤塔的上端排出，进一步干燥后得到生物甲烷。在加压条件下，一部分 CH_4 也溶入了水中，所以从洗涤塔底部排出的水需要进入闪蒸塔，通过降压将溶解在水中的 CH_4 和部分 CO_2 从水中释放出来，这部分混合气体重新与原料气混合再次参与洗涤分离。从闪蒸塔排出的水进入解吸塔，利用空气、蒸汽或惰性气体进行再生。当沼气中 H_2S 含量高时，不宜采用空气吹脱法对水进行再生，因为空气吹脱会产生单质硫污染以及堵塞管道。这种情况下，可以采用蒸汽或者惰性气体进行吹脱再生，或者对沼气进行脱硫预处理。此外，空气吹脱产生的另一个问题是增加了生物甲烷气中氧气和氮气的浓度。而水洗法效率较高，不用复杂的操作管理，单个洗涤塔可以将 CH_4 浓度提纯到 95%，CH_4 的损失率也可以控制在比较低的水平（<2%），当 $H_2S<300\times10^{-6}$ 时，H_2S 可同时去除，而且由于采用水作吸收剂，所以也是一种相对廉价的提纯方法。在不需要对水进行再生处理时，水洗法的经济性更加突出，而且通过改变压力和温度可调整处理能力。

加压水洗法的主要问题是投资大，操作费用高，微生物会在洗涤塔内填料表面生长形成生物膜，从而造成填料堵塞，因此，需要安装自动冲洗装置，或者通过加氯杀菌的方式解决。虽然水洗过程可以同时脱除 H_2S，但是为了避免其对脱碳阶段所使用压缩设备的腐蚀，应在脱 CO_2 之前将其脱除。此外，由于提纯后的沼气处于水分饱和状态，所以需要进行干燥处理。

水洗法的电力消耗为 0.20～0.30kW·h/m^3 原始沼气。在 5×10^5Pa 压力（绝对压力）下，目前该技术供应商提供的电耗参数值为 0.22kW·h/m^3（大型提纯站）和 0.25kW·h/m^3（小型提纯站）。而工厂操作员记录的平均电耗为 0.26kW·h/m^3。

根据提纯站的规模不同，对水的消耗约为 1～3m^3/d，即每天提纯 1m^3 原始沼气对应耗水 2.1～3.3L。另外，有技术供应商报告的耗水量小于 1～2m^3/d。

甲烷回收率为 98.0%～99.5%（甲烷损失 0.5%～2%）。一个技术供应商提供的甲烷损失参数值为 1%，甚至降低到 0.5%。工厂操作员实际记录甲烷回收率范围在 98.8%～99.4%。

由于解吸塔中空气的稀释作用，废气中甲烷浓度远低于 1%，但废气中仍含有 CH_4，因此要求废气必须经过处理后排放。由于废气通常包括硫和低浓度的 CH_4，在大规模水洗中，蓄热式热氧化（RTO）通常用于废气处理。

③ 有机溶剂物理吸收　有机溶剂物理吸收纯粹是物理吸收过程（图 11-10）。有机溶剂物理吸收法与水洗法的工艺流程相似，主要不同之处在于吸收剂采用的是有机溶剂，CO_2 和 H_2S 在有机溶剂中的溶解性比在水中的溶解性更强，因此，提纯等量沼气所采用的液相循环量更小，电耗小，净化提纯成本更低。典型的物理吸收剂有碳酸丙烯酯（PC 法）、聚乙二醇二甲醚（Genosorb 法）、低温甲醇和 *N*-甲基吡咯烷酮等。

有机溶剂物理吸收法的特点是在洗涤塔中可以同时吸收 CO_2、H_2S 和 H_2O，另外 NH_3 也能被吸收，但应避免形成不利的中间产物。表 11-2 列出了沼气提纯时各气体的溶解度(25℃，四乙二醇二甲醚为吸附剂)。在原始沼气中不存在 SO_2，其来源是 H_2S 燃烧。提纯后的沼气中甲烷浓度范围是 93%～98%。

原始沼气进入吸收塔之前，被加压至 4×10^5～8×10^5Pa。在目前的工程应用中，操作压力一般为 6×10^5～7×10^5Pa。加压气体时产生的冷凝水，需要从系统中排出。在洗涤塔中的操作温度为 10～20℃。有机溶剂洗涤塔与水洗涤塔在设计和操作方面有所不同。对于水洗吸收塔而言，一般不需要精脱硫。有机溶剂吸收需要通过吸附进行精细脱硫和干燥。经过脱水脱硫，产物气体从塔顶部排除。为减少甲烷损失，通常采用两个闪蒸塔。解吸在解吸塔中可以通过加热（40～80℃）气体实现，也可以通过热解偶联实现（换热器/冷却压缩/废

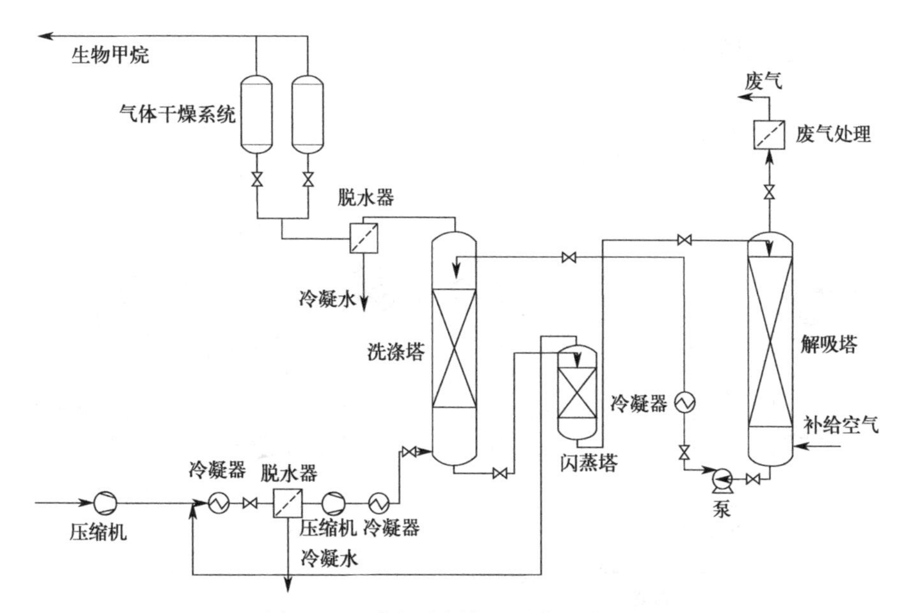

图 11-10　有机溶剂物理吸收工艺流程

气处理），无须任何外部热源。实际运行负荷为额定负荷的 50%～100%。

表 11-2　各气体的溶解度（25℃，四乙二醇二甲醚为吸附剂）　　单位：cm^3/g

CH_4	CO_2	H_2S	NH_3	O_2	H_2	SO_2
0.2	3.1	21	14.6	0.2	0.03	280

有机溶剂物理吸收电耗为 0.23～0.33kW·h/m^3 原始沼气。在新建提纯站，预期电耗为 0.23～0.27kW·h/m^3 原始沼气。热量需求 0.10～0.15kW·h/m^3 原始沼气，可以通过提高装置的热回收率来减少热量需求（Wellinger 等，2013）。

由于废气含 1%～4%的 CH_4（CH_4 回收率 96%～99%），必须进行废气净化。因为废气中通常含有 H_2S，典型的废气处理技术是蓄热式热氧化，这是大型提纯站的废气处理通用方法。

④ 有机溶剂化学吸收　化学溶剂吸收法常用于脱除沼气中的 CO_2。目前使用较为广泛的化学溶剂有各种醇胺类和碱溶液等。在吸收塔里吸收液与 CO_2 发生化学反应，从而对 CO_2 进行分离。吸收 CO_2 的富液进入脱吸塔中，通过加热分解出 CO_2，使吸收剂完成再生，最终实现对 CO_2 的分离。有机溶剂化学吸收通常被称为“胺洗”，是利用胺溶液将 CO_2 和 CH_4 分离的方法。不同链烷醇胺溶液可用于化学吸收过程对 CO_2 的分离，不同的设备制造商使用不同的乙醇胺-水混合物作为吸收剂。常用的胺溶液有乙醇胺（MEA）、二乙醇胺（DEA）、甲基二乙醇胺（MDEA），其中 *N*-甲基二乙醇胺（MDEA）具有化学性质稳定、腐蚀性小、选择性好等特点。醇胺与 CO_2 的反应式为：

$$2RNH_2+CO_2 \longrightarrow RNHCOONH_3R \tag{11-19}$$

$$2RNH_2+CO_2+H_2O \longrightarrow (RNH_3)_2CO_3 \tag{11-20}$$

$$(RNH_3)_2CO_3+CO_2+H_2O \longrightarrow 2RNH_3HCO_3 \tag{11-21}$$

自从 20 世纪 70 年代开始，胺溶液化学吸收就用于酸性气体中 CO_2 和 H_2S 的分离。图 11-11 是有机溶剂化学吸收工艺流程。

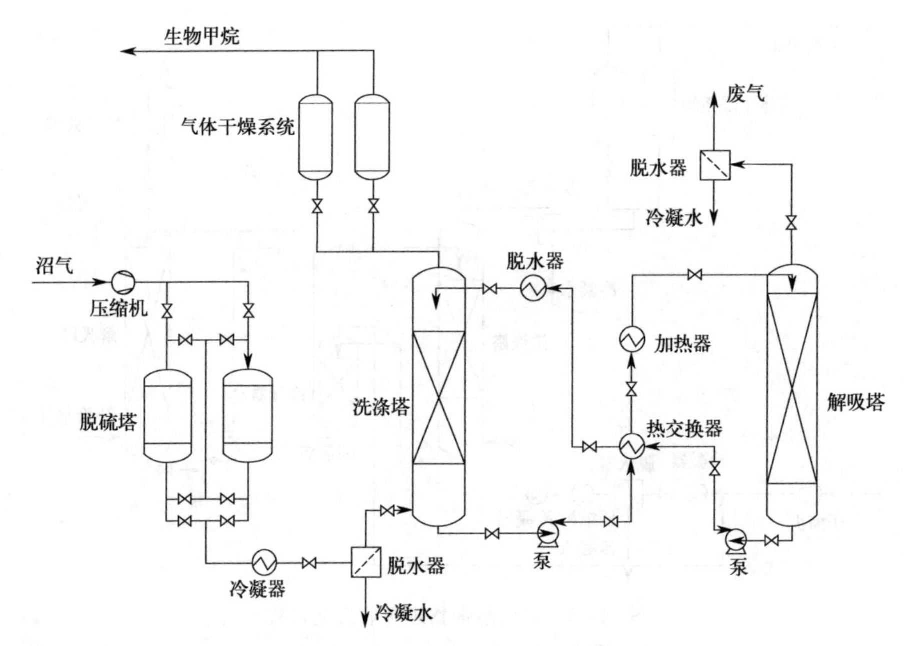

图 11-11 有机溶剂化学吸收工艺流程

除了 CO_2 外，H_2S 也可以在胺洗过程中被吸收。但是，在大多数实际应用中，在进入吸收塔前会有一个精脱硫步骤，以减少再生过程的能量需求。获得的产品气体中，甲烷浓度达 99%以上。由于 N_2 不能被吸收，原始沼气中的 N_2 会降低产品气体品质，但是，其他提纯方法也存在这样的问题。此外，应当避免氧气的进入，因为氧可能造成不良反应，并使胺降解。

由于 CO_2 被吸收后与胺溶液发生了化学反应，因此，吸收过程可以在较低的压力下进行，一般情况下只需要在沼气已有压力的基础上稍微提高压力即可。胺溶液的再生过程比较困难，需要 160℃的温度条件，因此，运行过程需要消耗大量的热量，存在运行能耗高的弊端。此外，由于存在蒸发损失，运行过程需要经常补充胺溶液。如果沼气含有高浓度的 H_2S，需要提前进行脱硫处理，否则会导致化学吸收剂中毒。

胺洗的电耗为 0.06～0.17kW·h/m^3（标）原始沼气。有一个厂商提供的电耗指标为 0.09kW·h/m^3（原始沼气中甲烷浓度为 65%）和 0.11kW·h/m^3（原始沼气中甲烷浓度为 55%），两个电耗参数对应的产品气体压力为 5×10^3～1.5×10^4Pa，解吸温度为 135～145℃。另一个厂商报告的电耗为 0.17kW·h/m^3，对应的产品气体压力为 2.5×10^5Pa，解吸温度为 120～130℃。解吸过程热量需求为 0.4～0.8kW·h/m^3 原始沼气。

相对于其他提纯方法，胺洗法吸收能力大，甲烷回收率高达 99.9%，甲烷损失小（<0.1%），废气通常不需要进一步处理，溶剂可再生，操作成本低。但缺点是投资大，再生温度高，能耗大；O_2 或其他物质存在时易引起分解和中毒；易有盐类沉淀，易发泡，有腐蚀性。

⑤ 膜分离　膜分离，也称为气体渗透，其原理是利用气体中各组分在一定压力下通过高分子膜的渗透速率差异而进行气体分离。膜法的主要特点是无相变，设备简单，装置规模可大可小。在膜系统中，存在三种不同的流体，分别为进入气体（原始沼气）、渗透气体（富含 CO_2 气体）和滞留气体（富含 CH_4 气体）。在渗透膜两侧的不同分压称为系统的驱动

力。增加进入侧压力和降低渗透侧压力可以获得高的通过率。图 11-12 是膜分离工艺流程。目前所用的分离膜大多数是高分子膜，主要包括纤维素衍生物膜、聚砜类膜、聚酰胺类膜、聚酯类膜、聚烯烃膜和含硅分子膜等。

膜组件通常是由膜元件和外壳组成。在一个膜组件中，有的只装一个元件，但大部分装多个元件。气体膜组件形式主要有板框式、螺旋卷式和中空纤维式多种类型。

a. 板框式　板框式膜组件也称平板式膜组件，主要是因为它是由许多板和框堆积组装在一起的。其构造简单，而且可单独更换膜片，可降低设备投资和运行成本。

b. 螺旋卷式　螺旋卷式膜组件是由平板膜制成。用多孔管卷绕多层膜叶，形成膜卷；将膜卷装入外壳中，便制成螺旋卷式分离器。具有结构紧凑、价格低廉的优点。

c. 中空纤维式　中空纤维式膜是一种极细的空心膜管。把大量的中空纤维膜弯成 U 形装入圆筒形耐压容器内，便制成了中空纤维膜组件。具有膜堆积密度大、不需要外加支撑的优点。

为了延长膜的使用寿命并获得最佳分离效率，原始沼气应干燥和精脱硫，在气体进入膜之前，还需分离粉尘和气溶胶。沼气被加压到 $7\times10^5\sim2\times10^6$ Pa（20 世纪八九十年代的系统压力大于 2×10^6 Pa），加压之前或之后进行精脱硫，然后进入膜组件。在系统中的压力损失约为 1×10^5 Pa。内部的膜组件中，CO_2 通过膜，而大部分 CH_4 不通过。大多数实际工程应用中，至少是两级膜分离系统（见图 11-12）。透过的气体中仍含部分甲烷，因此，废气应进行再循环（如第二级膜分离）或附加一级膜分离。

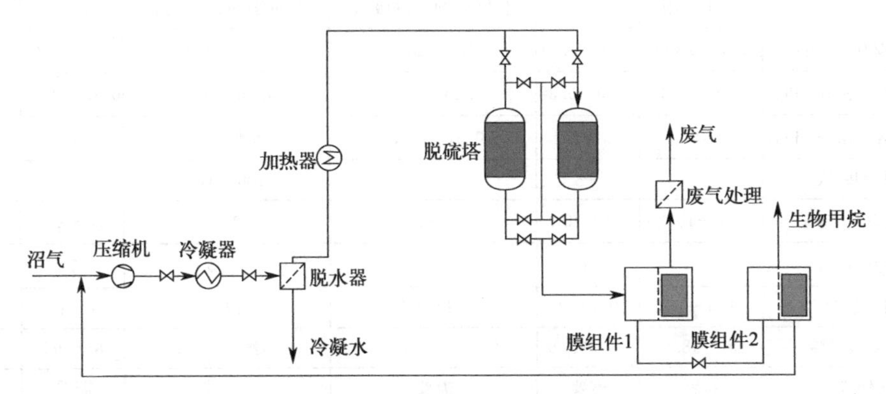

图 11-12　膜分离工艺流程

由于采用的操作压力、循环流量和膜材质不同，电耗为 0.18～0.35kW·h/m^3 原始沼气。在新系统中，电耗显著低于 0.35kW·h/m^3 原始沼气。一家膜供应商声称，电耗<0.2kW·h/m^3 原始沼气（操作压力 $1\times10^6\sim2\times10^6$ Pa）。也有厂商标识的电耗为 0.29～0.35kW·h/m^3 原始沼气，主要取决于原料气组成及甲烷回收率（提纯后生物甲烷为 97%）。在德国一家大型提纯站，沼气提纯电耗为 0.20kW·h/m^3（标）原始沼气。

有文献报道，膜分离的甲烷回收率为 85%～99%（甲烷 1%～15%的损失率）。以前，经济的甲烷回收率范围是 95%～96%，可以提高纯度，但会增加再循环率以及电量。因为废气中包含较多的 CH_4，废气必须进行氧化处理。

总的来说，膜分离技术相对可靠，操作简单，同时去除 H_2S 和水，可得到副产品纯 CO_2。但是可选择的膜有限，需平衡 CH_4 纯度和处理量，需要多步处理，CH_4 损失大。

⑥ 低温提纯　低温分离法是利用制冷系统将混合气降温，由于二氧化碳的凝固点比甲

烷要高，先被冷凝下来，从而得以分离。低温分离一般步骤如下。

a. 首先将温度下降至 6℃，在此温度下，部分 H_2S 和硅氧烷可以通过催化吸附去除。

b. 预处理后，原料气体被加压到 $18\times10^5\sim25\times10^5$Pa。

c. 然后再将温度降低至－25℃，在此温度下，气体被干燥，剩余硅氧烷也可以被冷凝。

d. 脱硫。

e. 温度下降至－59～－50℃，二氧化碳液化，进而将其去除。

甲烷的预期损失为 0.1%～1%，甲烷实际损失被限制在 2%以内。电耗 0.18～0.25 kW·h/m^3 原始沼气。CH_4 的存在会影响 CO_2 的升华温度，为了使 CO_2 凝结成液体或干冰需要更高的压力或更低的温度。

除了上述六种主流方法外，还有最新出现的水合物分离工艺，水合物是指 N_2、O_2、CO_2、H_2S 和 CH_4 等小分子气体与水在一定温度和压力下形成的非化学计量性笼状晶体物质，故又称笼型水合物。不同气体形成水合物的温度和压力不同，不易水合的气体组分和易水合的组分分别在气相中和水合物相中富集，从而实现分离。

⑦ 沼气提纯技术关键参数与经济性比较　在瑞典，加压水洗法用得最多；在德国，变压吸附法的应用更为广泛；而在荷兰，加压水洗法、变压吸附法和膜分离技术的应用都比较普遍。沼气提纯技术的比较如表 11-3 所示。

表 11-3　沼气提纯技术的比较

项目	变压吸附	水洗	有机溶剂物理吸收	有机溶剂化学吸收	膜分离	低温提纯
处理范围/(m^3/h)	350～2800	300～1400	250～2800	250～2000	250～750	—
耗电量/(kW·h/m^3 BG)	0.16～0.35	0.20～0.30	0.23～0.33	0.06～0.17	0.18～0.35	0.18～0.25
耗热量/(kW·h/m^3 BG)	0	0	0.10～0.15	0.4～0.8	0	0
反应器温度/℃	—	—	40～80	106～160	—	—
操作压力/10^5Pa	1～10	4～10	4～8	0.05～4	7～20	10～25
产品压力/10^5Pa	2	5	6.5	1.15	7	—
甲烷损失/%	1.5～10	0.5～2	1～4	约 0.1	1～15	0.1～2.0
甲烷回收率/%	90～98.5	98～99.5	96～99	约 99.9	85～99	98～99.9
废气处理	需要	需要	需要	不需要	需要	需要
精脱硫要求	是	否	否	是(取决于制造商)	推荐	是
用水	不需要	1～3m^3/d	不需要	需要	不需要	不需要
化学试剂	不需要	不需要	需要	需要	不需要	不需要

注：BG 指沼气。耗电成本为 12～18 欧分/(kW·h)，耗热成本为 3～5 欧分/(kW·h)，水费为 5 欧元/m^3(含污水处理费)。所有均是基于满负荷运转情况。

沼气提纯成本与原料气体甲烷含量以及产品气体甲烷含量有关。高甲烷含量的原始沼气提纯成本更低。这主要是由于能量输出的增加，而总成本与高能级有关。可以通过提高效率(降低单位输出能耗)，使用高热值的原始沼气降低实际能耗，从而降低成本。

停机时间短，设备运行良好，在额定负荷和足够原料气的条件下设备能正常连续运行，是一个沼气提纯站高效可用的标准。快速响应时间非常必要，因此由技术供应商提供良好的网络服务至关重要。此外，还可以采用远程监控，当操作被中断时，技术人员可以直接发现故障，根据故障类型立即采取必要的补救措施，避免了时间延误，不需要服务技术人员长途跋涉到达现场解决问题。

上述几种 CO_2/CH_4 分离方法已经在其他行业应用了几十年，是目前最先进的沼气提纯方法。沼气提纯的发展趋势是降低能耗、提高回收率和减少甲烷排放。主要措施包括：降低产品气体压力以减少电耗；降低解吸过程的温度水平（胺洗）；开发具有较高选择性的 CO_2/CH_4 膜；几种技术联合使用，如膜和低温分离组合。

第四节　沼气的储存

沼气发酵装置全天都在产生沼气，在进料均衡及发酵温度稳定条件下，每小时产气量基本相同。但是，沼气的使用常常不均衡，用气量与产气量很难完全匹配，因此，需要设置储气柜或储气箱储存没有利用完的沼气。储气柜或储气箱实际上就是缓冲装置，起调峰的作用，解决整个沼气生产利用系统中沼气均衡生产与沼气不均衡使用之间的矛盾，也就是，储存某段时间未用完的沼气，用以补充沼气大量使用时气量不足的部分。

沼气工程常用的储气方式有水压式储气、低压湿式储气、低压干式储气，少数情况会用到中压或次高压储气作为中间缓冲。储气方式的选择需根据工程规模、工程所在区域气候条件、沼气使用情况和造价等综合考虑。户用沼气池、中小规模地下式沼气工程，可采用水压式储气。在冬季不结冰地区，沼气工程宜采用湿式储气柜，压力稳定，调压方便；在冬季结冰的地区，沼气工程宜采用干式储气柜，可避免湿式储气柜因天气寒冷水封池结冰而无法使用的问题。远距离集中供气、沼气提纯后生物天然气储存，可增设中间缓冲用中压或次高压储气罐。

储气柜是沼气生产利用系统的主要危险源，与周边建（构）筑物的安全间距必须达到相关规范的要求，并应远离居民稠密区、大型公共建筑、重要物资仓库以及通信和交通枢纽等重要设施。同时，储气柜必须具备防止过量充气和排气的安全保护装置。

（1）沼气储存压力与储气柜容积

沼气的用途不同，储气装置的容积大小和储存压力也不同。沼气用于发电、烧锅炉或作为生活燃料时，通常采用低压储气，即储气压力小于 10kPa（表压），可满足用气设备对进气压力的要求；沼气用于提纯制取生物天然气时，由于提纯后的生物天然气压力较大，通常采用中压或次高压储气罐进行储存，便于管道输送和提高储存能力，中压储气压力不大于 0.4MPa（表压），次高压不大于 1.6MPa（表压）。

沼气用于民用炊事时，储气容积可按日平均供气量的 50%～60%确定；沼气用于发电，发电机组连续运行时，储气容积按发电机日用气量的 10%～30%确定；发电机组间断运行时，储气容积宜大于间断发电时间的用气总量；用于提纯压缩时，储气容量宜按日用气量的 10%～30%确定。

（2）水压式储气

户用沼气池、中小规模地下式沼气工程通常不需要建设单独的储气柜进行沼气储存，沼气池顶部气箱部分就是沼气储存空间。气箱内沼气最大压力由发酵间液面与水压间沼液溢流口液面高差控制，高差越大，压力越大，但通常不超过 12kPa（表压）；气箱内沼气储存量由水压间的容积控制，水压间容积越大，沼气储存量越大（图 11-13）。

在沼气输出管阀门关闭时，随着发酵间沼气的产生，气箱内沼气压力增加，发酵间内的

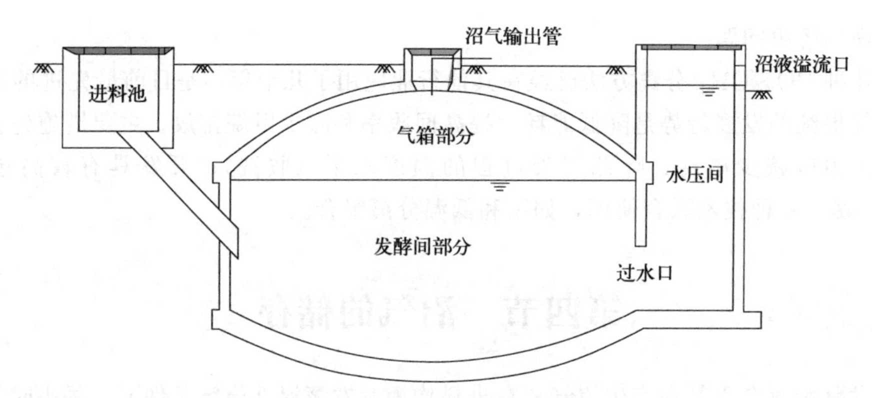

图 11-13 水压式储气示意图

液面随之下降，料液通过过水口进入水压间，当水压间的料液装满后，由沼液溢流口流出。随着沼气产量不断增加，沼气池内的液面不断下降，当液面下降到过水口上端面后，再产生的沼气将从过水口进入水压间，并从水压间上液面逸出。

当沼气使用时，气箱内沼气量减少，压力下降，水压间中料液通过过水孔回补到发酵间，回流料液量与使用的沼气体积相等，发酵间内液面上升，当水压间料液液面和发酵间内液面达到同一平面时，气箱内沼气压力为 0（表压）。

（3）湿式储气柜

湿式储气柜系统由水封池和钟罩两部分构成，钟罩置于水封池内部。水封池内注满清水作为沼气密封介质，钟罩作为沼气储存空间，通过导向装置在水封池内上升或下降，达到储气或供气目的。当沼气输入储气柜时，位于水封池内的钟罩上升；当沼气从储气柜导出时，钟罩降落。湿式储气柜属于低压储气，储气压力一般为 2000～5000Pa，当有特殊要求时，也可设置为 6000～8000Pa，压力大小由配重块调整。湿式储气柜的容积可按式(11-22) 计算，压力可按式(11-23) 计算。

$$V=\frac{\pi d^2}{4}(H-h) \tag{11-22}$$

式中 V——储气柜有效容积，m^3；

d——钟罩直径，m；

H——钟罩高度，m；

h——沼气不泄漏的水封高度，m。

$$P=\frac{4}{9.81\pi d^2}\left(G+G_1-\frac{\gamma G_2}{7.85}\right) \tag{11-23}$$

式中 P——储气柜压力，Pa；

d——钟罩直径，m；

G——配重质量，kg；

G_1——气柜钟罩（含钟罩上所有附属物）的质量，kg。

G_2——钟罩浸没于水中部分的质量，kg；

γ——水的密度，kg/m^3。

湿式储气柜结构简单，施工容易，不需要动力，运行可靠，但是，北方地区需要保温。水封池、钟罩以及导轨常年与水接触，容易腐蚀；气柜的负重大、占地面积大；总体建造费用比较高。

①湿式储气柜的形式　湿式储气柜按导轨形式可分为无外导架直升湿式储气柜、外导架直升湿式储气柜和螺旋上升湿式储气柜，如图11-14～图11-16所示。

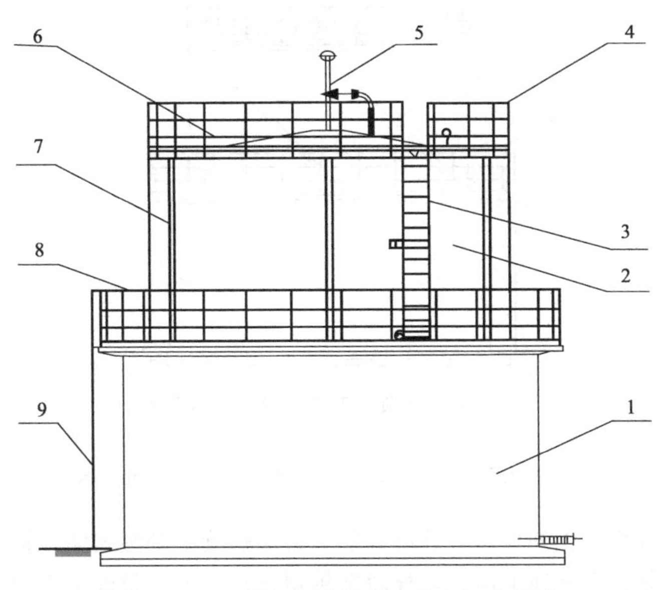

图11-14　无外导架直升湿式储气柜示意图

1—水封池；2—钟罩；3—钟罩爬梯；4—钟罩栏杆；5—放空管；6—检修人孔；7—导轨；8—水封池栏杆；9—水封池爬梯

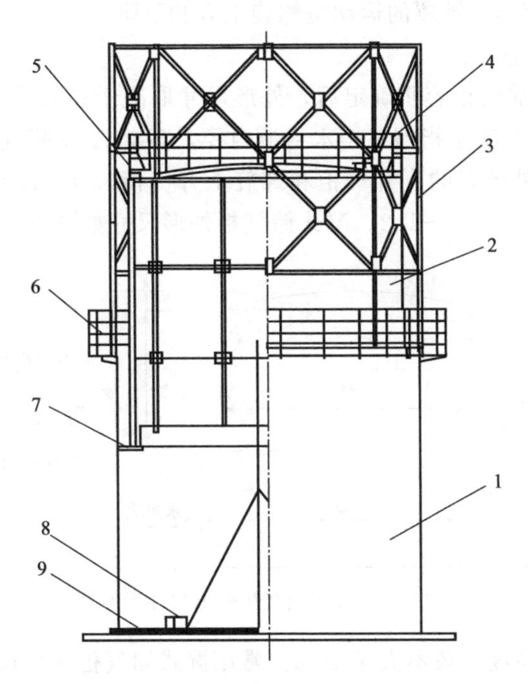

图11-15　外导架直升湿式储气柜示意图

1—水封池；2—钟罩；3—外导架；4—钟罩栏杆；5—上导轮；6—水封池栏杆；7—下导轮；8—钟罩支墩；9—进气管

三种类型湿式储气柜的原理和附属设施基本相同，主要区别在导轨、上导轮的安装以及

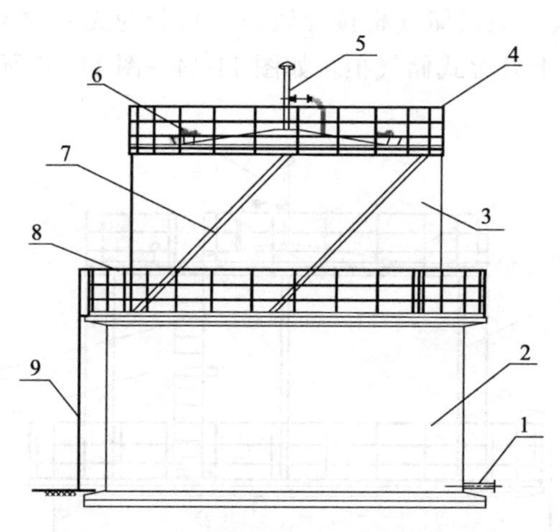

图 11-16　螺旋上升湿式储气柜示意图

1—进气管；2—水封池；3—钟罩；4—钟罩栏杆；5—放空管；
6—检修人孔；7—导轨；8—水封池栏杆；9—水封池爬梯

钟罩的运动方式等方面。无外导架直升湿式储气柜和螺旋上升湿式储气柜的导轨直接焊接在钟罩上，上导轮安装在水封池上沿口，导轨随钟罩运动，上导轮固定不动。外导架直升湿式储气柜的导轨制作成网状结构固定在水封池上沿口，上导轮焊接在钟罩上，导轨固定不动，上导轮随钟罩运动。直升储气柜的导轨为直线形，钟罩的运动是直线上升和下降，螺旋上升储气柜的导轨为45°螺旋形，钟罩的运动呈螺旋上升和下降。

② 湿式储气柜的构造

a. 外形尺寸。湿式储气柜容积确定后，外形尺寸取决于径高比（$D:H$）。径高比是指直径和高度的比值，直径 D 是指储气柜水封池内径，高度 H 是指气柜钟罩升到最高位时储气柜的总高度。对于无外导架的直升气柜和螺旋上升气柜，$D:H=1.0\sim1.65$；对于有外导架的直升气柜，$D:H=0.8\sim1.2$。湿式储气柜外形尺寸如图 11-17 所示。

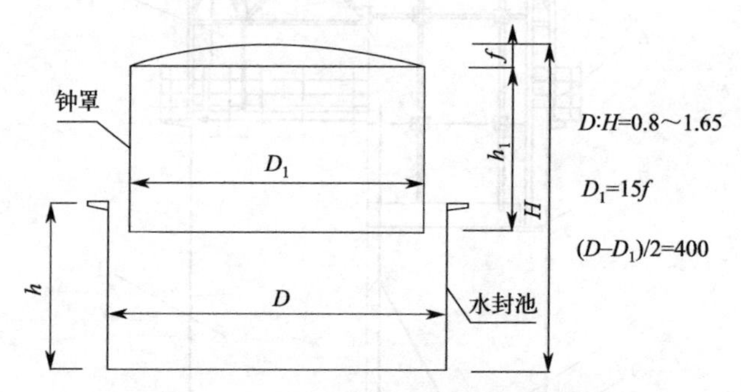

图 11-17　湿式储气柜外形尺寸示意图

湿式储气柜水封池高度一般不大于 10m。常用湿式储气柜几何尺寸可参见表 11-4。

表 11-4　常用湿式储气柜几何尺寸

序号	公称容积	水封池			钟罩			
	V_0/m^3	D/mm	H/mm	V/m^3	D_1/mm	h_1/mm	f/mm	V_1/m^3
1	25	4400	2800	42.5	3600	2500	260	27
2	50	5400	3300	75.5	4600	3000	300	52.4

续表

序号	公称容积	水封池			钟罩			
	V_0/m^3	D/mm	H/mm	V/m^3	D_1/mm	h_1/mm	f/mm	V_1/m^3
3	100	6700	4050	142.7	5900	3750	400	107.7
4	150	8000	4050	203.5	7200	3750	480	162.4
5	200	8800	4300	261.4	8000	4000	540	214.7
6	250	9500	4550	322.4	8700	4250	580	268.1
7	300	10000	4800	376.8	9200	4500	620	317.8
8	400	11000	5300	503.4	10200	5000	660	429.7
9	500	11800	5800	640	11000	5500	720	548.8

b. 水封池。水封池主要起支撑钟罩和密封沼气的作用。湿式储气柜水封池结构形式多采用钢筋混凝土结构或钢板焊接结构。采用钢筋混凝土结构形式的水封池设计按照钢筋混凝土结构水封池相关公式计算；采用钢板焊接结构形式的水封池设计按照钢板焊接结构沼气发酵罐罐壁强度公式计算。钢结构水封池壁板最小厚度必须符合表 11-5 的要求。

表 11-5 钢结构水封池壁板最小厚度

池体直径 D/m	池壁最小公称厚度/mm
$D<12$	4
$12\leqslant D<16$	4.5
$D>16$	6

湿式储气柜水封池最好采用地上式，方便气管的接入和管道排水。当水封池设置在地下时，应充分考虑管道和水封池排水放空的操作安全和方便。水封池内部底面需要设置支墩，保证钟罩降到支墩上时不会压到沼气进气管，支墩需要均匀布置，一般为 4～8 个，其上端面应保持在同一水平面上。

c. 钟罩。钟罩是湿式储气柜的储气主体。钟罩上装有导向装置，包括导轨和导向轮，用以保持钟罩的平稳运动。水封池内壁设置下导轨，下导轨通常用槽钢制作，水封池顶部平台设置上导轮；钟罩下部设置下导轮，外壁设置上导轨，导轨通常采用轻轨。储气柜钟罩最大升降速度 $V_{max}\leqslant 0.9\sim1.2m/min$。

湿式储气柜的最大气体压力由钟罩的质量决定，当钟罩材料的质量小于钟罩内沼气对其产生的向上的顶升力时，通过在钟罩上添加配重来达到储气柜压力的要求。配重通常采用 C10 混凝土，整体均匀现浇在钟罩底部的配重槽内，同时，制作一定数量 20kg 左右的混凝土块，放置于钟罩顶部的配重盘内，用于调节钟罩的平衡。式(11-23) 变换可得配重计算公式(11-24)。

$$G=\frac{9.81\pi d^2}{4}P+\frac{\gamma G_2}{7.85}-G_1 \tag{11-24}$$

式中 P——储气柜压力，Pa；

d——钟罩直径，m；

G——配重质量，kg；

G_1——气柜钟罩（含钟罩上所有附属物）的质量，kg；

G_2——钟罩浸没于水中部分的质量，kg；

γ——水的密度，kg/m^3。

d. 基础。湿式储气柜对不均匀沉降敏感，过大的沉降量会导致导轮卡轨，影响钟罩升降的灵活性以及水池的密封效果。因此，湿式储气柜需要牢固的基础，在软地基上建造湿式储气柜时一般采用桩基。

③ 湿式储气柜材料　水封池材料可以采用钢板或钢筋混凝土，钟罩通常采用钢结构，对容积小于 $300m^3$ 的低压湿式储气柜钟罩，也可采用钢筋混凝土结构。湿式储气柜制作使用的钢材不应采用酸性转炉钢。

④ 附属结构和设施　湿式储气柜的附属结构和设施一般包括：沼气进气管、放空管、爬梯、钟罩支墩、上水管、溢流管、栏杆、钟罩检修人孔及检查井等。

湿式储气柜水封池外沼气进气管必须安装阀门，在管道最低处设置排水口。水封池内沼气进气管管口高度必须高于溢流管管口高度 150mm 以上，进气管安装位置不得影响钟罩的运动，也不因为钟罩的运动而遭到损坏。

湿式储气柜应同时设置手动放空管和自动放空管，放空管直径通常不小于 50mm。手动放空管上装设有球阀，平时关闭，检修时打开，用于排出钟罩内的沼气；自动放空管上不得安装阀门，管口下端一般高于钟罩底部 350mm 以上，当钟罩上升到自动放空管管口下端，脱离水封池水面时，沼气从自动放空管排出，防止钟罩被顶出水封池。

湿式储气柜中水封池和钟罩都需设置爬梯和栏杆，水封池顶部须有通行平台。

（4）干式储气柜

本节的干式储气柜指低压干式储气柜，可以分为刚性结构干式储气柜和柔性结构干式储气柜。刚性结构储气柜外部有一层刚性外壳，在其内部设有能够上下移动的活塞或可折叠的柔性气囊用于储存沼气。柔性结构干式储气柜使用双层膜材料，外膜起保护和稳定的作用，用于抵抗外界风压、雪压以及稳定内膜压力，内膜用于储存沼气，称为双膜储气柜。干式储气柜的主要优点是无水封结构，运行不受气候影响；主要缺点是密封油和柔性膜有老化现象。

① 刚性结构干式储气柜　刚性结构干式储气柜根据内部组成，通常分为活塞式干式储气柜和气囊式干式储气柜。

a. 活塞式干式储气柜。活塞式干式储气柜的刚性外壳和活塞之间通过油或者橡胶膜进行密封，其主要部件有刚性外壳、活塞系统、密封系统、压力平衡装置等，附属设施主要有供气柜操作维护用的平台、楼梯、顶部换气装置、活塞限位装置、栏杆、检修人孔等。

采用油密封的活塞式干式储气柜的活塞形状有圆柱形和正多边形，其外形尺寸略小于刚性外壳内部尺寸，活塞随储气量的增减上下移动，升降速度约为 1.5m/min，储气压力为 2.5～8.0kPa，压力大小通过活塞上设置的配重块进行调整。密封油充满活塞上的油槽和刚性外壳之间的间隙，使其油压与活塞下部的沼气压力平衡而进行密封。在活塞运动过程中，密封油沿活塞和刚性外壳内壁间隙下渗，与沼气中的冷凝水一起存积在气柜底部油槽中，通过油水分离装置去除积水后循环利用（图 11-18）。

采用橡胶膜密封的活塞式干式储气柜又称为卷帘式干式气柜，活塞随储气量的增减上下移动，活塞升降速度约为 5m/min，储气压力可达到 10.0kPa。刚性外壳和活塞之间通过橡胶膜进行密封，橡胶膜耐腐蚀，具有很强的柔韧性，可反复折叠，密封性能好。刚性外壳作为橡胶膜的保护层（图 11-19）。

b. 气囊式干式储气柜。气囊式干式储气柜的主要部件有刚性外壳、柔性气囊、压力平衡装置等，附属设施主要有气囊高度显示标尺、供气柜操作维护用平台、楼梯、气囊限位装置、栏杆、检修人孔等（图 11-20）。

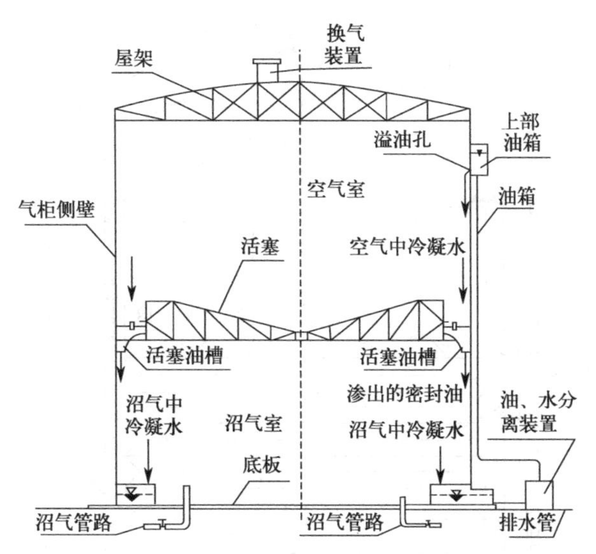

图 11-18　采用油密封的活塞式干式储气柜示意图

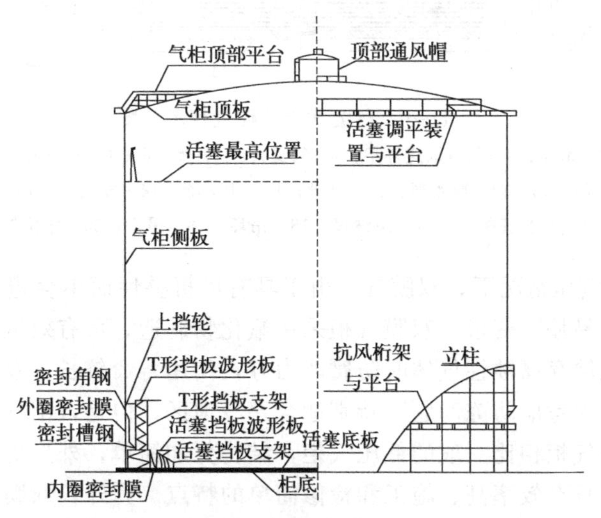

图 11-19　采用橡胶膜密封的活塞式干式储气柜示意图

沼气储存在柔性气囊中，压力平衡装置用于设定沼气储存压力，沼气的储存全部由柔性气囊完成，故储气压力不高。气囊由特种聚酯纤维塑料薄膜热压成蛇腹管形式，该形式能使气囊收缩时侧壁折叠规整，提高气囊上下运动的稳定性。刚性外壳不参与形成沼气储存空间，其主要作用是保护内部柔性气囊不受外界的干扰与损坏，同时作为附属设施的安装支架。刚性外壳通常为圆柱形，可用钢板、利浦罐、搪瓷拼装罐或玻璃钢等制成，固定在储气柜基础上，顶部设通气帽。

② 柔性结构干式储气柜　在沼气工程中，最常用的柔性结构干式储气柜是独立式双膜储气柜（俗称落地式双膜储气柜）和沼气发酵罐顶部双膜储气柜，后者用于产气储气一体化装置（俗称罐顶式双膜储气柜）。与传统刚性储气柜相比，双膜气柜由高分子聚合物制成，可在厂制造加工，能确保制作质量。生产材料柔软，可折叠性好，因而可以进行折叠运输。普通湿式气柜和干式气柜的容积利用率只有 60%～70%，而双膜气柜内的容积利用率几乎

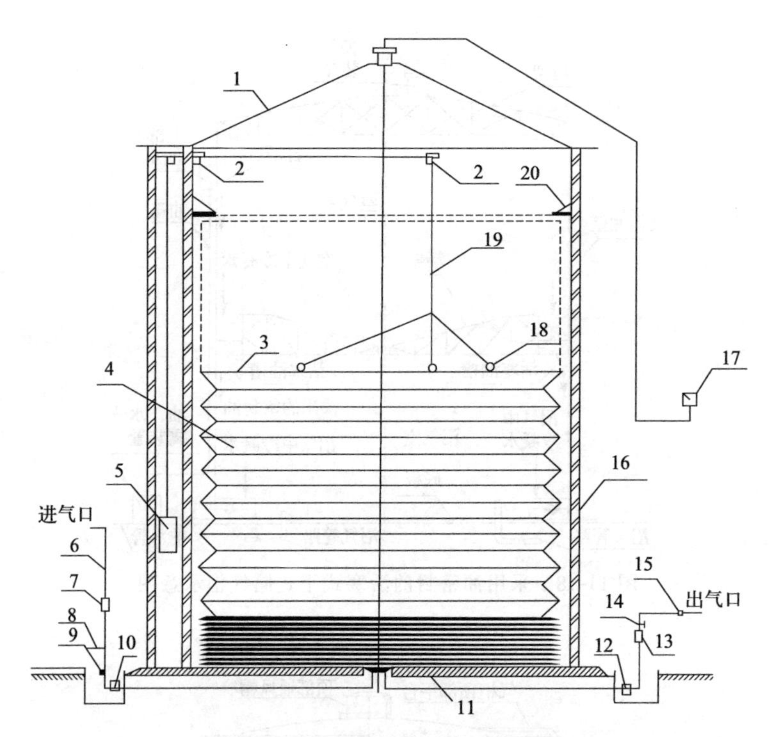

图 11-20　气囊式干式储气柜示意图

1—顶盖；2—滑轮；3—气囊固定环架；4—气囊；5—平衡配重；6—进气管；7—减压阀；8，9—阀门；10，12—凝水器；11—基础；13—阻火器；14—安全阀；15—加压泵；16—保护壳侧壁；17—声纳仪；18—吊环；19—吊索；20—限位架

可以达到 100%。在负压情况下，双膜气柜由于具有可折叠性而不会遭到破坏，而钢制气柜在负压的情况下很容易塌陷变形。双膜气柜采用氟化物制造，可有效抵抗紫外线、微生物和风化等自然老化，在储存腐蚀性气体时防腐能力好，使用寿命较长。双膜气柜由于无须水密封，因而气柜不需单独考虑防冻问题，特别适合寒冷地区，但是，沼气进出管以及冷凝水排放管需要防冻。双膜气柜相比一般的低压气柜，结构更加简单，外形更加美观，在工厂中可以进行工业化生产，具有效率高、施工和检修简单的特点。另外，双膜储气柜还有一个重要优势，即造价比湿式储气柜低，在容积大时，优势更明显。和湿式气柜相比，双膜储气柜的缺点是，必须对沼气进行增压才能满足后端对沼气压力的要求，并且在停电的时候无法正常使用。

(5) 独立式双膜储气柜

双膜储气柜由膜体及附属设备组成。膜体由底膜、内膜和外膜共同形成两个空间：底膜和内膜形成的空间用于储存沼气；内膜和外膜形成的空间充入空气，用于调节内膜中沼气的压力，同时支撑外膜抵挡外部风、雪压力。当内膜空间储存的沼气增多时内膜上升，将内外膜之间的空气挤压出去，为内膜腾出有效空间，使沼气能顺利进入气柜。当内膜上升至极限位置时，多余的沼气将通过内膜的安全保护器释放，不至于使内膜受到过高压力而损坏；当内膜储存的沼气减少时内膜下降，内外膜空间内则充入空气，调节内膜中沼气压力，同时稳定外膜刚度，使储存的气体能顺利排出气柜。独立式双膜储气柜系统主要组成如图 11-21 所示。

沼气工程采用的独立式双膜储气柜外形通常为 3/4 球体（图 11-22），常用外形尺寸见

表 11-6。

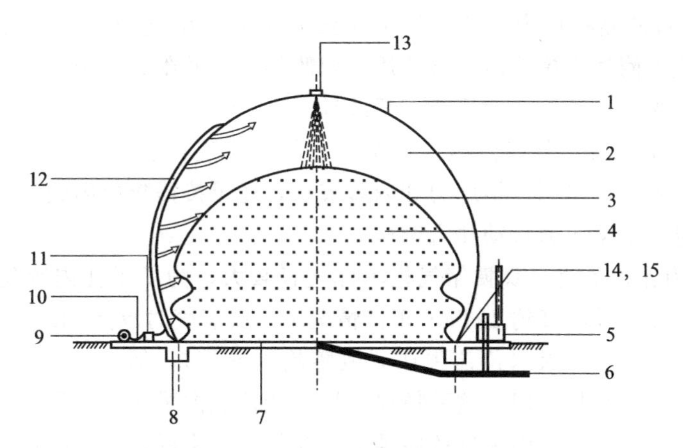

图 11-21　双膜储气柜组成示意图

1—外膜；2—空气室；3—内膜；4—沼气储存室；5—压力保护器；6—排水管；7—基础；8—预埋件；9—鼓风机；10—空气管；11—单向阀；12—空气供气通道；13—超声波探头；14—上压板；15—压紧螺栓

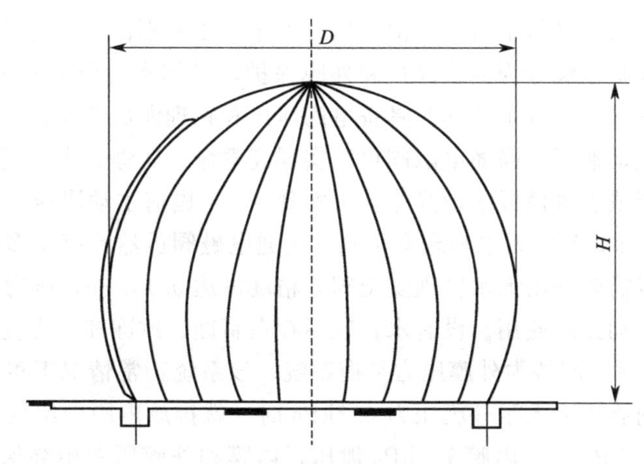

图 11-22　双膜储气柜尺寸示意图

表 11-6　独立式双膜储气柜常用外形尺寸

序号	容积/m^3	球体直径 D/m	基础直径/m	高 H/m
1	100	6.58	5.4	4.45
2	200	7.79	6.95	5.65
3	300	9.11	8.49	6.21
4	500	10.83	9	7.8
5	800	12.48	10.66	9.1
6	1000	13.55	11.91	9.61
7	1500	15	13	11.28
8	2000	17	15.02	12.1
9	3000	19.8	18.69	13.16
10	5000	22.8	19.5	16.82
11	10000	28.29	24.5	21.22
12	20000	37.7	35.31	24.7

① 双模储气柜附属设施 双膜储气柜由于受材料力学特性的限制，为延长使用寿命，通常采用1kPa左右的储存压力，这个压力无法满足后端沼气使用设备的入口端压力。因此，必须安装相应的附属设施才能正常使用。双膜储气柜的附属设施通常包含外膜恒压控制系统、内外膜压力保护系统、后增压稳压系统等。

a. 外膜恒压控制系统。外膜恒压控制系统有的在排气口设置恒压压块，有的配备多种传感器和中央控制器，可检测气柜压力和内膜容积，还可按需集成内膜容积、泄漏浓度、系统流量等众多信息，根据压力自动注入调压空气。

b. 内外膜压力保护系统。双膜储气柜单体直径较大，为了不让内膜先于外膜排气，一般情况下内膜压力要比外膜高约1kPa，正常情况下内膜满气时承受1kPa的压力，但是如果外膜压力丧失（如停电、水封水位流失或者故障均可导致），那么内膜可能承受4kPa的压力，虽然可采用高抗拉膜材，但在这种情况下极可能造成内膜变形，发生渗透。外膜承受着自然老化、强紫外线，再加上内膜气体腐蚀，寿命将大大降低，美观度也将大打折扣，而内膜和外膜之间空气层甲烷达到爆炸极限就可能造成大的事故，因此，双膜气柜需要精度较高、运行可靠的压力保护系统。

比较简单的保护就是采用安全水封，水封的原理是将一根管道向下放置于水中，依靠水的压力抵抗沼气压力从而进行密封，当沼气压力大于水压时则沼气从管道排出，排放至大气中。双膜气柜压力保护系统分为内膜保护和外膜保护，采用水封作为安全保护的气柜内膜、外膜只能分开单独保护。也可采用同时具备电磁泄压和物理泄压的保护装置，具体做法：采用高通电磁阀进行主动泄压。高通电磁阀可以实现高寿命、防爆、大流量、低压、低能量启动，通过中央控制器或者触摸屏手动操作，可实现：ⅰ. 提前主动泄压，使气柜的压力始终控制在安全范围内。ⅱ. 备用无水物理安全阀。高通电磁阀虽然具有很多优点，但是只要停电就无法工作，所以需要备用无水物理安全阀，精度可达0.15kPa，压力可调，可以在电磁阀不工作时完美地自动投入使用。没有水，就不存在腐蚀、冰冻和压力变化的情况，可以减少保护系统的维护。ⅲ. 配备内外膜压力平衡系统。该系统正常情况下可保持内膜和外膜的压力基本相当，当内膜压力大于外膜压力0.3kPa时，就排放内膜中沼气（此时内膜已经饱和），也就是说外膜1kPa时，内膜1.3kPa泄压，内膜和外膜压差始终保证不大于0.3kPa，内膜受压就不会超过0.3kPa，从而实现内膜的保护。

c. 后增压稳压系统。后增压稳压系统通常包括增压风机和稳压罐，当双膜气柜内沼气压力无法满足需求时，需要安装该系统。

② 双膜储气柜的安装 双膜储气柜通常在厂内制作，现场安装。安装时，可参照图11-23进行，需要注意以下几点。

a. 首先检查基础中双膜气柜下压板预埋位置和表面是否正确、牢固、平整，以及进排气管和排水管预埋位置是否正确，达到安装要求方可进行安装。

b. 将上压板摆放在与下压板对应的位置。

c. 将底膜铺设在基础上，将内膜放置于已经铺好的底膜上，将外膜放置于已经铺好的内膜上，在内膜外膜的边沿均匀地铺放下压板（需要人工对位），检查尺寸偏差，进行相应的调整（安装膜时安装人员不得佩戴尖锐物品，需要脱鞋或者穿胶底鞋进入）。

d. 将橡胶密封条铺设在下压板上，密封条接口用柔性专用胶水粘牢。

e. 用打孔器一次性将底膜、内膜、外膜打孔。打孔时先打上压板的两头，将膜固定后再将所有的孔打完，然后用螺栓固定好。

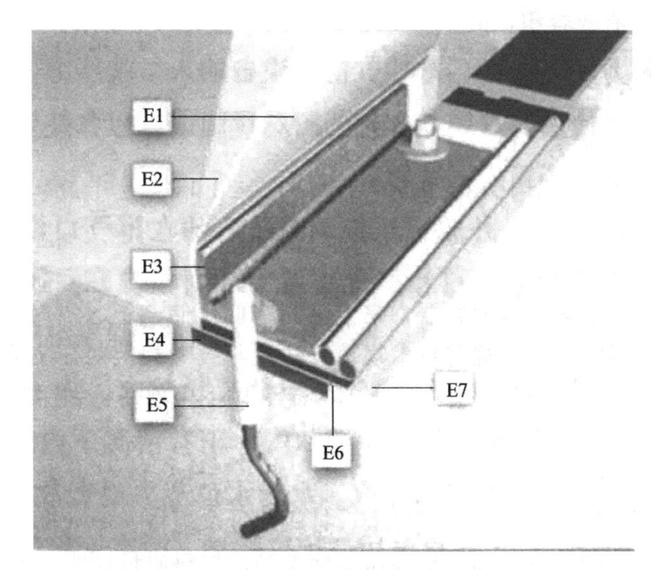

图 11-23 双膜储气柜底部安装固定示意图

E1—外膜；E2—内膜；E3—上压板；E4—底压板；E5—锚定螺栓；E6—密封胶；E7—底膜

f. 进行附属设施的安装。

g. 系统启动，内膜充空气，检查连接缝处是否漏气，附属设施是否正常运行。

(6) 中压或次高压储气罐

中压或次高压储气罐通常用于较远距离集中供气、沼气提纯制取的生物天然气的储存，常见形式为固定容积球型罐（图 11-24），中压储气压力不大于 0.4MPa（表压），次高压不大于 1.6MPa（表压）。

球罐由本体、支柱和附件组成。其特点是：表面积小，在相同容积下球罐所需钢材面积最小，占地面积小，基础简单，受风面小；在相同直径、相同压力、采用相同的钢材条件下，球罐的板厚只需圆筒形容器板厚的 1/2，并且外形美观。

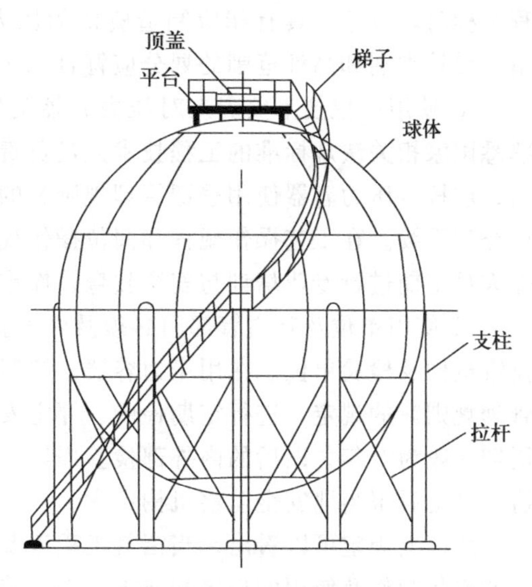

图 11-24 球形罐示意图

球罐本体是球罐结构的主体，由钢板制成，是承受压力的构件。球罐支柱是承受球罐本体重量和储存物料重量的结构件，支柱在满足操作和检修的条件下宜尽量矮小，以降低球罐的重心。沼气工程中的球罐附件通常有梯子平台、压力表、顶部安全阀、底部排水阀、检修人孔和沼气接管。

中压或次高压储气罐有效容积取决于罐本身的几何尺寸、压力及沼气管网供气压力，计算公式见式(11-25)：

$$V_n = V(P - P_e)\frac{T_B}{P_B T} \tag{11-25}$$

式中　V_n——储气罐有效容积，m^3；

V——储气罐几何容积，m^3；

P——储气罐最高压力，Pa；

P_e——沼气管网压力，Pa；

P_B——标准状态压力，101325Pa；

T——使用温度,℃；

T_B——标准状态温度,℃。

中压或次高压储气罐属于压力容器，完全不同于低压储气柜、沼气发酵罐等常压容器，需要严格遵守压力容器的相关法规与技术规范，法规与技术规范对压力容器的材料、设计、制造、安装、使用管理、安全附件都作了严格规定。以下事项需特别注意。

① 压力容器材料的生产经国家安全监察机构认可批准。材料生产单位应按相应标准的规定向用户提供质量证明书（原件），并在材料上的明显部位作有清晰、牢固的钢印标志或其他标志，标志至少包括材料制造标准代号、材料牌号及规格、炉（批）号、国家安全监察机构认可标志、材料生产单位名称及检验印鉴标志等。材料质量证明书的内容必须齐全、清晰，并加盖材料生产单位质量检验章。选材除应考虑力学性能和弯曲性能外，还应考虑与介质的相容性。

② 固定式压力容器制造单位应取得 AR 级或 BR 级的压力容器制造许可证。

③ 从事安装的单位必须是已取得相应的制造资格的单位或者是经安装单位所在地的省级安全监察机构批准的安装单位。从事安装监理的监理工程师应具备压力容器专业知识，并通过国家安全监察机构认可的培训和考核，持证上岗。

安装单位或使用单位应向压力容器使用登记所在地的安全监察机构申报压力容器名称、数量、制造单位、使用单位、安装单位及安装地点，办理报装手续。使用单位购买或进行工程招标时，应选择具有相应制造资格的压力容器设计、制造（或组焊）单位。设计单位资格、设计类别和品种范围的划分应符合《压力容器设计单位资格管理与监督规则》的规定。

④ 使用单位技术负责人对压力容器的安全管理负责，并指定具有压力容器专业知识、熟悉国家相关法规标准的工程技术人员负责压力容器的安全管理工作。在压力容器投入使用前，应按《压力容器使用登记管理规则》的要求，到安全监察机构或授权的部门逐台办理使用登记手续。在工艺操作规程和岗位操作规程中，应明确提出压力容器安全操作要求，对操作人员定期进行专业培训与安全教育，操作人员应持证上岗。

⑤ 使用单位及其主管部门必须及时安排定期检验工作，并将年度检验计划报当地安全监察机构及检验单位。在用压力容器，按照《在用压力容器检验规程》《压力容器使用登记管理规则》的规定，进行定期检验、评定安全状况和办理注册登记。投用后首次内外部检验周期一般为 3 年，以后的内外部检验周期，由检验单位根据前次内外部检验情况与使用单位协商确定后报当地安全监察机构备案。

从以上规定可以看出，当沼气工程涉及中压或次高压储气装置时，完全不同于低压储气柜的安装制作及使用的程序和要求，需要特别注意。

第五节　沼气的用途

目前，世界上的许多国家都在大力推广沼气应用，沼气主要用作民用燃料，以及用于燃烧发电等，沼气还可以用作原料制取化工产品。

① 作为民用燃料。在农村地区，沼气可以作为燃料燃烧，具有清洁卫生、使用方便，而且热效率高的优势。例如，修建一个平均每人 1～1.5m^2 的发酵池，人畜粪便以及各种作物秸秆、杂草等通过发酵后，就可以基本解决一年四季的燃料问题。基于以上优势，沼气正在各国农村应用。

② 利用沼气发电。沼气燃烧发电是有效利用沼气的一种重要方式。图 11-25 给出了利用沼气发电供热的示意图。沼气经过预处理或提纯，去除其中的水分、硫化氢等杂质之后可作为高热值或者低热值燃料用于发电，作为内燃发动机的燃料直接发动各种内燃机，如汽油机、柴油机、煤气机等，通过燃烧膨胀做功产生原动力使发动机带动发电机进行发电。有些工厂的电力供应不足，或供应不稳定，此时还可用沼气作为备用能源，以补充电力的不足。沼气发电的形式有两种：一种是单独用沼气燃烧；二是与汽油或柴油混合燃烧。前者的稳定性较差，但成本较低；后者则相反。目前沼气发电机大多是由柴油或汽油发电机改装而成。沼气发电比油料发电便宜，如果考虑到环境因素，它将是一种很好的能源利用方式。利用沼气发电一方面可以缓解当前能源短缺的紧张局面，另一方面可以消耗有机垃圾自行发酵产生的甲烷，减轻温室效应。

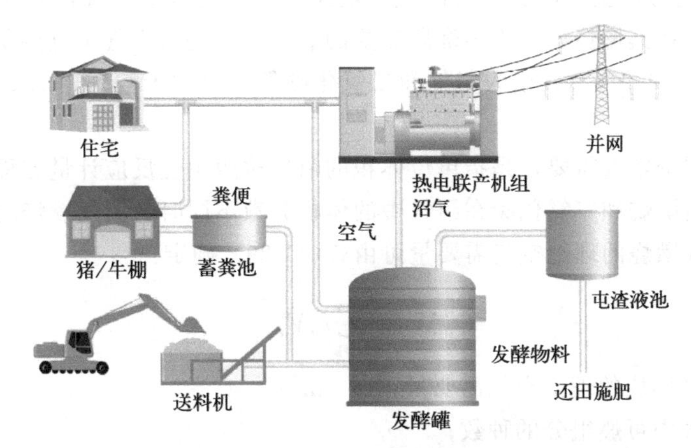

图 11-25　利用沼气发电供热示意图

③ 用沼气作动力燃料。燃烧 1m^3 沼气产生的热量相当于 0.5kg 汽油或 0.6kg 柴油燃烧产生的热量。沼气可以通过高压条件冲入气瓶中作为汽车的燃料，为汽车提供动力。由于沼气的燃烧热值较低，故汽车启动速度较慢，但是燃烧排放的尾气无黑烟，对空气的污染小。采用沼气与柴油混合燃烧，可以节省 17%的柴油用量。

④ 用沼气作化工原料。沼气经过净化，可得到很纯净的甲烷，作为化工产品，其在工业上具有多种应用场景。

⑤ 用沼气孵化禽类。用沼气孵化禽类可避免传统的炭孵、炕孵工艺造成的温度不稳定和一氧化碳中毒现象。沼气孵化技术可靠，操作方便，孵化率高，不污染环境。

⑥ 沼气用于蔬菜种植。把沼气通入种植蔬菜的大棚或温室内燃烧，利用沼气燃烧产生的二氧化碳进行气体施肥，不仅具有明显的增产效果，而且生产出的是无公害蔬菜。

⑦ 利用沼气储粮防虫。沼气中含氧量极低，当向储粮装置内输入适量的沼气并密闭停留一定时间内，即可排出空气，形成缺氧窒息的环境，使害虫因缺氧而窒息死亡。此法可保持粮食品质，对粮食无污染，对人体和种子发芽均无影响。此项技术可节约储存成本 60%

以上，减少粮食损失10%左右。

第六节 沼气的燃烧特性

随着化石能源日趋紧缺、生态环境逐渐恶化，沼气作为能源加以利用越来越成为人们的共识。沼气利用经历了从传统生活燃料到交通能源、发电、并网、工业原料的转变，利用方式逐渐多样，利用领域不断拓宽。

(1) 沼气燃烧

沼气中的甲烷、氢气、硫化氢等成分都是可燃物质，在有适量氧气的条件下，遇明火即燃烧，散发出光和热。当沼气完全燃烧时，火焰呈蓝白色。沼气的理论燃烧温度约为1807.2～1943.5℃。沼气完全燃烧的化学反应方程式如下：

$$CH_4+2O_2 \longrightarrow CO_2+2H_2O+35.91MJ \tag{11-26}$$

$$H_2+0.5O_2 \longrightarrow H_2O+10.8MJ \tag{11-27}$$

$$H_2S+1.5O_2 \longrightarrow SO_2+H_2O+23.38MJ \tag{11-28}$$

① 沼气燃烧的理论空气需要量 沼气燃烧需要供给适量的氧气，氧气过多或过少都对其燃烧不利。沼气在其燃烧设备中燃烧所需要的氧气一般是从空气中直接获取。由于空气中氧气的体积分数为20.9%，其余为氮气和二氧化碳等，因此干空气中的氮气与氧气的体积比约为3.76。

沼气燃烧的理论空气需要量是指单位体积的沼气按照燃烧反应计量方程式完全燃烧所需要的空气体积。当甲烷和二氧化碳在沼气中的体积分数不同时，沼气燃烧的理论空气需要量会有所不同。沼气燃烧的理论空气需要量可由式(11-29) 确定：

$$V^0=\sum_{i=1}^{n} r_i V_i^0 \tag{11-29}$$

式中 V^0——沼气燃烧的理论空气需要量，m^3/m^3；

n——沼气中可燃组分的种数；

r_i——沼气中第i种可燃组分的体积分数，%；

V_i^0——沼气中第i种可燃组分的理论空气需要量，m^3/m^3。

② 沼气燃烧的过剩空气系数 沼气燃烧的理论空气需要量是沼气燃烧所需要空气体积的最小值。在实际工况中，由于沼气和空气的混合存在不均匀性，如果只供给沼气燃烧设备理论空气需要量，则无法实现沼气的完全燃烧。因此，沼气燃烧的实际空气需要量大于沼气燃烧的理论空气需要量，二者的比值称为沼气燃烧的过剩空气系数。沼气燃烧的过剩空气系数可由式(11-30) 确定：

$$\alpha=V/V^0 \tag{11-30}$$

式中 α——沼气燃烧的过剩空气系数；

V——沼气燃烧的实际空气需要量，m^3/m^3；

V^0——沼气燃烧的理论空气需要量，m^3/m^3。

在实际工况中，α的数值取决于沼气的燃烧产物和沼气燃烧设备的运行情况。对于民用及公用燃烧设备来说，α一般为1.30～1.80；对于工业燃烧设备来说，α一般为1.05～1.20。α过小，则导致不完全燃烧；α过大，则增加烟气量，降低燃烧温度，增加排烟热损失，从而使热效率降低。

由于燃烧所需的空气量和由此产生的烟气量是设计与改造各种燃烧装置所必需的基本参数，同时也是设计空气供给装置、烟囱、烟道等设施以及计算烟气温度、用气设施热效率和热平衡的基本数据，因此合理选择并计算 a 值显得尤为重要。

(2) 沼气燃烧产物和热值

① *沼气燃烧产物*　沼气经燃烧后所生成的烟气统称为沼气燃烧产物。由于沼气燃烧产物中携带的灰粒和未燃尽的固体颗粒所占的比例极小，因此一般不考虑烟气中的固体成分。当供给沼气燃烧的理论空气需要量时，沼气完全燃烧产生的烟气量称为沼气燃烧的理论烟气量。理论烟气的组分为二氧化碳、二氧化硫、氮气和水，包含水在内的烟气称为湿烟气，不包含水在内的烟气称为干烟气。当甲烷和二氧化碳在沼气中的体积分数不同时，沼气燃烧的理论烟气量会有所不同（表 11-7）。

沼气燃烧的理论烟气量可由式(11-31) 确定：

$$V_f^0 = V_{CO_2} + V_{SO_2} + V_{N_2} + V_{H_2O} \tag{11-31}$$

式中　V_f^0——沼气燃烧的理论烟气量，m^3/kg；

V_{CO_2}——单位质量沼气完全燃烧后烟气中的二氧化碳气体体积，m^3/kg；

V_{SO_2}——单位质量沼气完全燃烧后烟气中的二氧化硫气体体积，m^3/kg；

V_{N_2}——单位质量沼气完全燃烧后烟气中的氮气体积，m^3/kg；

V_{H_2O}——单位质量沼气完全燃烧后烟气中的水蒸气体积，m^3/kg。

当供给沼气燃烧的实际空气需要量时，沼气完全燃烧或者不完全燃烧产生的烟气量称为沼气燃烧的实际烟气量。完全燃烧工况下，实际烟气的组分为二氧化碳、二氧化硫、氮气、氧气和水等；不完全燃烧工况下，实际烟气的组分除了二氧化碳、二氧化硫、氮气、氧气和水外，还可能会出现一氧化碳、甲烷、硫化氢和氢气等可燃气体。沼气燃烧的实际烟气量可由式(11-32) 确定：

$$V_f = V_f^0 + (\alpha - 1)V^0 + 0.00161d(\alpha - 1)V^0 \tag{11-32}$$

式中　V_f——沼气燃烧的实际烟气量，m^3/kg；

V_f^0——沼气燃烧的理论烟气量，m^3/kg；

α——沼气燃烧的过剩空气系数；

V^0——沼气燃烧的理论空气需要量，m^3/m^3；

d——空气含湿量，g/kg。

对于沼气燃烧而言，理论烟气量与理论空气需要量相对应，实际烟气量与实际空气需要量相对应。因此，理论烟气量和实际烟气量同样也是设计与改造各种燃烧设施所必需的基本数据，在沼气利用中发挥着重要的作用。

② *沼气的热值*　沼气的热值是沼气的理化特性之一，取决于沼气中可燃组分的多少，是指单位质量或单位体积的沼气完全燃烧时所能释放出的最大热量，是衡量沼气作为能源利用的一个重要指标。

沼气的热值分为高热值和低热值。高热值是沼气的实际最大可发热量，其中包含元素氢燃烧后形成的水及沼气中本身含有的水分的汽化潜热。由于实际燃烧过程中，沼气燃烧后产生的水分以水蒸气的形式随烟气一起排放了，因此这部分能量无法使用，沼气的实际发热量其实是低热值，即从高热值中扣除了这部分汽化潜热后所净得的发热量。当甲烷和二氧化碳在沼气中的体积分数不同时，沼气的低热值会有所不同（表 11-7）。

沼气的低热值可由沼气中各单一可燃气体的低热值计算得到，计算方法见式(11-33)：

$$Q_{net}=\sum_{i=1}^{n} r_i Q_{neti} \tag{11-33}$$

式中 Q_{net}——沼气的低热值，为 22154～24244kJ/m³；

n——沼气中可燃组分的种数；

r_i——沼气中第 i 种可燃组分的体积分数，%；

Q_{neti}——沼气中第 i 种可燃组分的低热值，kJ/m³。

（3）沼气的着火温度、着火浓度极限和燃烧速度

① 沼气的着火温度 任何可燃气体混合物的燃烧都必须经过着火阶段才能进行燃烧。着火阶段是燃烧阶段的准备过程，是由温度的不断升高而引起的。当燃气中可燃气体由于温度急剧升高，由稳定的氧化反应转变为不稳定的氧化反应而引起燃烧的一瞬间，称为着火。这一转变发生所在临界点的最低温度称为着火温度。

着火温度不是一个固定数值，它取决于可燃气体在空气中的浓度及其混合程度、压力以及燃烧室的形状与大小。甲烷的着火温度为 538℃左右，因为沼气中含有大量的二氧化碳等惰性气体，所以沼气的着火温度高于甲烷的着火温度，为 650～750℃，也就是说沼气不如甲烷那样容易点燃。

② 沼气的着火浓度极限 沼气与空气的混合气体能发生着火以致引起爆炸的浓度范围称作沼气的着火浓度极限或沼气的爆炸极限，分为上限和下限。沼气与空气混合，形成可燃混合气体，其中，沼气过多或过少均达不到着火条件。若可燃混合气体中沼气过多，则氧气含量就过少，只能使一部分沼气发生氧化反应，因而生成的热量较少，这些少量的热量不能使该可燃混合气体达到着火温度，因此就不能燃烧；反之，若可燃混合气体中沼气过少，生成的热量同样较少，这些少量的热量也不能使该可燃混合气体达到着火温度，因此也就不能燃烧。达到沼气的着火温度时，可燃混合气体中沼气所占的最大体积分数称为沼气的着火浓度上限，可燃混合气体中沼气所占的最小体积分数称为沼气的着火浓度下限。

可见，沼气的着火浓度极限极大地影响着沼气的燃烧特性。而沼气的着火浓度极限则受到可燃混合气体的温度、可燃混合气体的压力和可燃混合气体中惰性气体的含量等因素的影响。

a. 可燃混合气体的温度。当提高可燃混合气体的初始温度时，可使沼气的着火浓度极限范围变宽。试验表明，温度对沼气的着火浓度极限的影响主要反映在其上限，而对其下限影响微弱。

b. 可燃混合气体的压力。当可燃混合气体的压力较高时，其对沼气的着火浓度极限的影响微弱，但当可燃混合气体的压力逐渐下降时，其对沼气的着火浓度极限的影响才会显现出来。

c. 可燃混合气体中惰性气体的含量。一般来说，可燃混合气体中惰性气体的含量增加时，沼气的着火浓度上限和下限均会提高。当甲烷和二氧化碳在沼气中的体积分数不同时，沼气的着火浓度极限会有所不同（表 11-7）。

③ 沼气的燃烧速度 沼气的燃烧速度又称沼气的火焰传播速度，它是沼气燃烧最重要的理化特性之一。当点燃一部分沼气与空气的混合气体后，在着火处形成一层极薄的燃烧焰面，这层高温燃烧焰面加热了相邻的沼气与空气的混合气体，使其温度升高，当达到着火温

度时，开始着火并形成新的燃烧焰面。未燃气体与燃烧产物的分界面称为燃烧焰面。燃烧焰面不断地向未燃气体方向移动，使每层气体都相继经历加热、着火和燃烧的过程，这个现象称为火焰传播。

燃烧焰面向前移动的速度称为燃烧速度或火焰传播速度，单位为m/s。燃烧速度的高低与可燃气体的成分、温度、混合速度、混合气体压力、可燃气体与空气的混合比例等因素有关。沼气的燃烧速度很低，这是由沼气的成分决定的。当甲烷和二氧化碳在沼气中的体积分数不同时，沼气的燃烧速度会有所不同（表11-7）。

表11-7　沼气的主要参数

项目	CH_4(50%)+CO_2(50%)	CH_4(60%)+CO_2(40%)	CH_4(70%)+CO_2(30%)
相对密度	1.042	0.944	0.847
理论空气需要量/(m^3/m^3)	4.76	5.71	6.67
理论烟气量/(m^3/m^3)	6.763	7.914	9.067
低热值/(kJ/m^3)	17.937	21.524	25.111
着火浓度极限(上限/下限)/%	26.10/9.52	24.44/8.80	20.13/7.00
燃烧速度/(m/s)	0.152	0.198	0.243

沼气中大量存在的甲烷，其火焰传播速度在诸多的单一可燃气体中是最低的，而二氧化碳的存在又进一步限制了沼气燃烧时的火焰传播速度，其最大燃烧速度只能达到0.2m/s左右，不到液化石油气燃烧速度的1/4，仅为炼焦气燃烧速度的1/8左右。因为沼气的燃烧速度较低，当从燃烧设备火孔出来的未燃气体的流动速度大于其燃烧速度时，容易将没来得及燃烧的沼气吹走，从而造成脱火。因此，沼气燃烧的稳定性较差。

第七节　沼气发电的发展现状

沼气的利用途径有多种，可以用来加热、照明、供暖、发电，用作化工原料以及制汽车燃料等，但现行最有效的利用途径还是发电。

沼气发电始于20世纪70年代初期，石油危机让人们逐渐意识到，传统的化石能源终有一天会耗尽，人类要维持生产、生活的可持续发展，必须摆脱对传统化石能源的依赖，探索和开发出新的可替代能源，特别是可再生能源，其中沼气发电是对新能源的一种应用。

(1) 国外沼气发电的发展状况

在国外，德国、瑞典、波兰等是较早使用沼气发电的欧洲国家，也是目前应用沼气发电水平最高的国家。他们通常采用往复式沼气发电机组进行沼气发电，所使用的沼气发电机属于火花点火式气体燃料发动机，并对发动机产生的排气余热和冷却水余热加以充分利用，可使发电工程的综合热效率高达80%以上。目前，以沼气等生物质气发电并网在西欧如德国、丹麦、奥地利、波兰、法国、瑞典等一些国家的能源总量中所占的比例约为10%，并且还在继续上升之中。

下面主要以欧洲为例来介绍国外沼气发电的发展现状。

欧洲沼气行业2020年报认为，以目前发展来看，如保持当前增速，欧洲沼气和生物甲烷行业总产量到2030年将翻一番，2050年将增至四倍以上。预计到2030年产气潜力为340

亿～420亿 m^3（相当于370～467TW·h），到2050年产气潜力为950亿 m^3（即1008～1020TW·h）。随着近年来沼气行业的发展，欧洲沼气电厂的数量逐年增加，其中尤其是生物甲烷厂数量增长迅速，2019年一年就新增95家。2019年，德国沼气电厂数量达到9527家，其中并网发电的沼气系统增加至227家，绝大多数为生物甲烷系统，高达206家。沼气厂装机电量达到5000MW，沼气发电供应了952万个家庭，德国沼气销售额高达88亿欧元，提供了4.6万个工作岗位。根据欧洲沼气行业2020年报的数据，欧洲现有18943家沼气电厂，其中生物甲烷厂数量由2018年的483家增至2020年的729家，增速达51%。2023年4月，欧洲共有1322个生物甲烷生产设施。新增299个项目，比2021年的数量增加了近30%。2018年为483家，2020年为729家，2021年为1023家。

欧洲在沼气发电领域能取得出色成绩的主要原因有以下几点：

① 欧盟强有力的政策支持　2019年12月，欧盟委员会发布了《欧洲绿色新政》，旨在到2050年使欧洲成为全球首个“气候中和”大陆，率先实现碳中和。“下一代欧盟”复兴计划将从1.8万亿欧元投资中拿出1/3为“欧洲绿色新政”供资，欧盟7年财政预算（2021～2027）也将提供资金。“2050年实现碳中和”是欧洲绿色新政的核心目标。欧盟将温室气体减排目标由40%提升至55%，承诺到2030年实现温室气体排放减少55%，2050年实现温室气体净零排放。为实现这一目标，欧盟将致力于建设清洁、可负担、安全的能源体系。能源活动占欧盟温室气体排放总量的75%以上，能源系统进一步脱碳对于实现2030年和2050年低碳目标至关重要。为此，欧盟提出将优先考虑能源效率，发展以可再生能源为基础的电力系统。而在无法实现全面电气化的领域，如某些工业和运输领域，可再生天然气将需要发挥作用。除了欧盟《欧洲绿色新政》之外，排放交易体系改革、对能源税收指令的修改等措施都会对欧盟生物燃料部门产生重大影响。

② 先进的技术与设备　以德国为例，在发酵工艺的选择上，德国沼气工程的厌氧消化工艺是根据处理规模、发酵原料的性质和浓度以及发酵温度等因素选择的。发酵料液干物质浓度为8%～10%。所建的沼气工程采用完全混合式中温厌氧消化工艺（CSTR）的居多。另外，德国制定了热电联产激励政策，鼓励企业利用发电余热给沼气工程厌氧消化装置增温、保温，即使在冬季，环境气温低至零下20℃，沼气工程依然运行良好。

德国沼气产业经过长期的实践和发展，沼气工程的进料设备、搅拌设备、脱硫设备、沼气存储设备、热电联产成套设备等，形成了标准化、规模化生产，性能处于世界沼气行业领先地位，沼气发电机、固液分离机、专用泵、搅拌机等一批核心配套产品形成了国际品牌，为沼气工程的正常运行提供了技术保障。沼气工程自动化程度较高，原料收集、分类、进料、高温消毒、发酵、产气、脱硫提纯、发电上网、出料、沼渣沼液贮存、运输等全过程均实现机械化和自动化。

(2) 我国沼气发电的发展状况

20世纪20年代后期，第一位应用沼气的中国人是罗国瑞，他在广东汕头建成了我国第一个有实际使用价值的混凝土沼气池，并成立了“中国国瑞瓦斯总行”，专门建造沼气池以及生产沼气灯具等，推广沼气实用技术。到了20世纪30年代，我国许当地方都建造了这种类型的沼气池。新中国成立后，党和国家历届领导都对沼气建设与发展给予了高度关注与支持，并作出了一系列重要讲话和批示。特别是进入21世纪以来，中央加大了对沼气建设与发展的支持力度，累计安排中央预算内投资超过700亿元，专项用于户用沼气池和各种类型沼气工程建设补助，支持村级沼气服务网点建设，并开展了农村沼气转型升级试点项目。截止到2024年，当前国内规模化生物天然气及沼气工程项目已超过200个。其中，规模化生物天然气项目约132个，生物天然气产能约11亿立方米；规模化沼气工程项目约73个，沼气产能约8亿立方米。这些项目绝大部分运营状况良好，为我国的能源结构调整和环境保护作出了积极贡献。

在农业农村领域，我国是世界上沼气开发利用最早的国家之一。从20世纪50年代末期农村沼气建设开始发展，1979年国务院成立了全国沼气建设领导小组，农业部成立了沼气科学研究所，1980年成立中国沼气学会，并由此在全国形成了从中央到省、地、县较为完整的沼气行业行政管理及技术推广体系。近20年，中央政府为了推动农村沼气行业的发展，先后通过中央预算内资金和国债资金投入总计超过480亿元，农村沼气行业成功实现由户用沼气到各种类型的沼气工程及规模化生物天然气工程的转型升级，基本建立健全了沼气的标准化体系，沼气技术也实现了突破，积累了一批有价值、可推广、可复制的成熟技术模式。在城市领域，我国厌氧技术的发展得益于发展改革委率先在全国启动五批100多个餐厨废弃物试点工作。自2017年3月，为切实推动生活垃圾分类，提高新型城镇化质量和生态文明建设水平，国家发展改革委、住建部颁布《生活垃圾分类制度实施方案》，要求在全国46个城市先行实施生活垃圾强制分类。2021年5月，国家发改委、住建部印发《“十四五”城镇生活垃圾分类和处理设施发展规划》，规划提出到2025年底全国城市生活垃圾资源化利用率要达到60%左右，在2035年前要全面建立城市生活垃圾分类制度，垃圾分类达到国际先进水平。

我国开展沼气发电领域的研究始于20世纪80年代初，特别是“九五”“十五”期间，有一批科研单位、院校和企业先后从事了沼气发电技术的研究及沼气发电设备的开发。在这一领域中，逐渐建立起一支科研能力强、水平高的骨干队伍，并建立了相应的科研、生产基地，积累了较多的成功经验，为沼气发电技术的应用研究及沼气发电设备的质量再上新台阶奠定了基础。我国早期用于沼气发电的发动机多是由柴油机改装而成的双燃料发动机，20世纪80年代中期上海内燃机研究所、广州能源所、四川省农机院、武进柴油机厂、泰安电机厂等十几家科研院所、厂家对此进行了研究和试验，并取得了很好的成绩。改装后的机组，操作极其简单方便，其节油率在75%以上，发电机组的主要性能指标达到我国GB 2819—1981《交流工频移动电站通用技术条件》所规定的指标范围。但这种发动机有一些缺点，即它采用手动调节，工作可靠性差，操作困难，而且操作人员不能离开机组，工作强度大，因此它只适用于小型的沼气发电项目，而且相对纯甲烷燃气发动机运行费用偏高。鉴于这种情况，我国的一些研究机构和机械厂家展开了对纯沼气燃气发动机的研制，新研制的发电机组在性能方面已缩小了与国外先进机组技术指标的差距。

为促进可再生能源项目的发展，2006年1月1日，我国的《可再生能源法》正式实施，相关的价格、税收、强制性市场配额和并网接入等鼓励扶持政策也相继出台。新公布的《可再生能源发电价格和费用分摊管理试行办法》规定，生物质发电项目上网电价实行政府定价，电价标准由各省（自治区、直辖市）2005年脱硫燃煤机组标杆上网电价加0.25元/(kW·h)补贴电价组成。同时，公布的《可再生能源发电有关管理规定》（以下简称《管理规定》）则明确，可再生能源发电项目实行中央和地方分级管理，可再生能源发电规划应纳入同级电力规划。《管理规定》还要求，发电企业应当积极投资建设可再生能源发电项目，并承担国家规定的可再生能源发电配额义务；大型发电企业应当优先投资可再生能源发电项目。《可再生能源法》配套法规的出台提高了生物质发电的上网价格，有利于沼气发电的发展。

虽然近年来我国的沼气发电项目获得了较大的发展，但相对国外一些发达国家来讲还是有差距，因此有些方面还有待提高。

① 需要进一步完善各项激励政策。经济激励政策是推动沼气利用的最有效手段。目前，沼气工程或沼气发电工程的终极产物（沼气或电力、热能、有机肥料）还没有形成实际产品进入市场，不能完全体现出它的经济价值，投资者无法靠这些终极产品获得应有的收益。2006年出台的可再生能源发电上网的电价补贴政策，对大型沼气发电上网工程有一定的调节作用，但对中、小规模的沼气工程或沼气发电不能上网的工程是没有实际作用的（主要是中、小规模工程的沼气或其电力产品目前无法进入市政燃气供气系统和地方公共电网）。对于小型沼气发电项目，应参考中国的分布式光伏发电补贴政策，给予十年期以上的长期稳定的阶梯电价补贴政策，吸引投资者对沼气发电项目的投资，逐步增加沼气发电在中国可再生能源领域中的份额。同时，我们应关注对生产沼气的原料运输补贴以及沼液、沼渣等副产物的补贴，降低企业生产沼气的成本。此外，中国还可借鉴欧盟经验，将沼气发电等利用方式所减少的温室气体减排额度经过认证后，纳入中国的碳市场进行交易，激励更多的市场主体参与到沼气综合利用领域。

② 联合攻关，解决生产实际需求的一些关键技术问题。我国虽然在沼气工程的工艺技术研究上比较全面深入，但一些关键装备技术如高固体料液高效传质技术及设备、沼气生物净化与提纯技术、沼气发电及其余热利用的高效转化设备、远程在线路测与自动调控技术等还有缺陷，不能从各个环节保证工艺参数的实现，导致工程运行稳定性和经济效益低下。目前，从实验室得到的能源转化效率远远高于工程应用的转化效率，应加大这方面的研发力度，努力把这种潜力转化为现实生产力。

③ 要实行工程装备与设备的专业化、规模化生产，逐步形成产业链，以保证建造质量，降低工程成本。中国处理农业有机废弃物的沼气工程建造目前仍处于低效率、高成本和非标准化阶段，严重制约着沼气工程产业化的发展。解决问题的有效途径是，参照德国的做法，不但要认真研究沼气工程中每种专用设备和装备的制造技术，还要研发出各种设备的工厂化生产技术，以及工程组装技术，并实行专业化、规模化生产。只有这样，才能推动沼气工程技术的进步，带动相关产业的发展，逐步实现沼气工程标准化建造和降低工程造价，减少项目实施企业的投资风险和不确定性，提高沼气及其发电工程的综合竞争力，最终达到全面提升中国沼气工程整体技术水平和经济效益的目的。

第八节　沼气发电的特点

沼气发电作为一种新型的发电方式与其他发电方式相比有许多不同之处。下面将从几个方面对沼气发电的特点进行分析。

(1) 原料来源广泛

沼气的主要燃烧成分是甲烷，由产甲烷菌厌氧消化有机物产生，所以只要有机物存在的地方，再配以适合的环境条件，就会有甲烷的生成。例如人畜的粪便、有机工业废水、垃圾填埋场、农作物秸秆等都可用作沼气产生的原材料。全国工业企业每年排放的（可转化为沼气）有机废水和废渣约65.36亿立方米，可生产沼气约200亿立方米。今后随着畜禽养殖业和工业企业的发展，沼气的生产量还会增加。2024 年我国超过 300 个地级以上城市实施生活垃圾分类，居民小区平均覆盖率达到 85%，城市生活垃圾清运量等数据也相应发生变化，以浙江为例，2023 年全省共清运易腐垃圾 690 万吨，无害化处理率达到了 100%，这些易腐垃圾也是沼气生产的潜在原料。

（2）可再生能源

用沼气进行发电，不用担心会有枯竭的一天。随着时间推移和能源开采使用，化石能源储量越发紧张，据以往数据及趋势推算，石油、天然气等传统化石能源可使用年限逐渐减少，而以沼气为代表的可再生生物质能源的寿命几乎是无限的，只要太阳存在，绿色生命存在，沼气也将存在。

（3）对发电机组的要求更高

用燃料直接燃烧做功发电的发电机组有两种：一种是燃油发电机组；另一种是燃气发电机组。燃油发电机组又包括柴油发电机组和汽油发电机组。由于柴油和汽油都是标准的燃料，因此就不会存在燃料在汽缸内燃烧不同步的问题，也不会有爆震的产生，控制系统也就简单许多。燃气发电机组根据燃烧成分也分为两种；一种是燃烧天然气的发电机组；另一种是燃烧生物质气的发电机组。沼气发电机组就属于第二种，由于沼气温度、压强和成分的不稳定性，一般大于 300kW 的机组都要加装防爆震系统，而天然气气质很稳定，只是在功率很大时才加装防爆震系统。一般来讲，纯沼气发电机组比天然气发电机组的要求高，它的控制系统要更好。沼气发电机组需要经常调整空燃比，天然气发电机组则不用。所以，能用沼气作燃料的发电机组都可以用作天然气的发电机组，而用天然气作燃料的发电机组则不一定能用作沼气的发电机组。

（4）对气质的要求高

利用沼气发电，首先要满足沼气发电机组对沼气质量的要求，《中大功率沼气发电机组》（GB/T 29488—2013）、《沼气电站技术规范》（NY/T 1704—2009）对沼气质量的要求如下。

① 沼气低位发热值≥14MJ/m^3（标），相当于沼气中甲烷体积分数不小于 30%。沼气中甲烷在 30s 内的体积分数变化率不应超过 2%，机组连续运行期间沼气中甲烷体积分数变化率不超过 5%。

② 沼气温度不高于 50℃。

③ 沼气发电机组对沼气成分的具体要求如表 11-8 所示。

表 11-8　沼气发电机组对沼气成分的具体要求

甲烷/%	硫化氢	氟氯化物	氨	粉尘	水
	mg/m^3(标)				
30～50	≤200	≤100	≤20	粒度≤5μm；含量≤30mg/m^3(标)	无液体成分；湿度≤80%
50～60	≤250	≤125	≤25		
≥60	≤300	≤150	≤30		

第九节　沼气发电的原理

沼气发电是一个系统工程，沼气发电热电联产项目的热效率因发电设备的不同而不同，使用余热锅炉并补燃能使热效率维持在 90%以上，使用燃气内燃机的热效率维持在 70%左右，沼气发电机是利用大量垃圾堆体垂直植入的几根抽气井将沼气不停地抽出来，通过收集管网将其送往发电机机组，然后经由冷却、脱硫脱水及过滤净化等产生纯沼气，这些沼气在发电机组里面燃烧以后发电并入电网。沼气发电的工艺流程如图 11-26 所示。

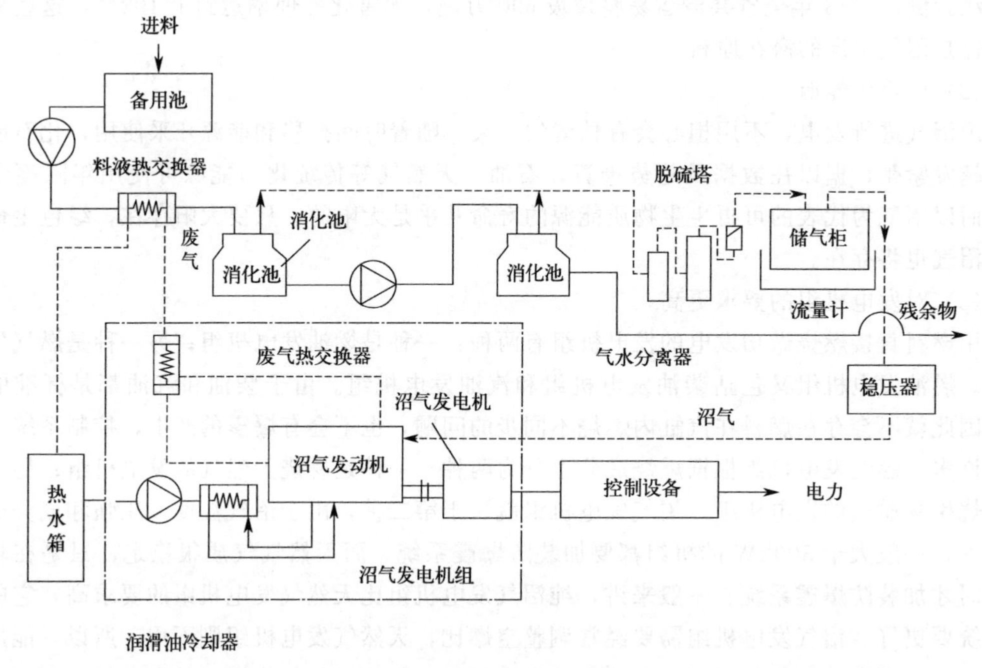

图 11-26　沼气发电工艺流程

一个完整的大、中型沼气发电工程，一般来说，包括原料收集系统、原料预处理系统、厌氧消化系统、出料的后处理系统、沼气发电系统等。

(1) 原料收集系统

沼气发电需要有充足稳定的原料供应，这也是厌氧消化工艺的基础。用不同的方式收集原料，原料的质量也会存在差异。为了方便就近进行沼气发酵处理，在养殖场或工厂设计时应当根据当地条件合理建设备用池，用来收集和储存畜禽粪污。

(2) 原料预处理系统

要对原料进行预处理是因为原料中常混杂有生产作业中的各种杂物，这样做可以减少原料中的悬浮固体含量，便于用泵输送，以及防止发酵过程中出现故障，而且预处理还可以根据需要做好原料进入消化池前进行的升温或降温工作。

(3) 厌氧消化系统

厌氧消化是一个复杂的过程，可概括为以下三个阶段。

第一阶段：在水解与细菌发酵的作用下，粪污中的碳水化合物、蛋白质与脂肪转化为单糖、氨基酸、脂肪酸、甘油、二氧化碳和氢等。

第二阶段：第一阶段的产物在菌的作用下转化成氢、二氧化碳和乙酸。

第三阶段：通过两组生理物性上不同的产甲烷菌的作用，将氢和二氧化碳转化为甲烷或对乙酸脱羧产生甲烷发酵阶段，脂肪酸在甲烷菌的作用下转化为 CH_4 和 CO_2。

(4) 出料的后处理系统

处理出料的方式多种多样，最简便的方法就是直接施入农田土壤或排入鱼塘当作肥料使用，考虑到施肥的季节性和单位面积的施肥限制等因素，这类工程需要养殖场周边有足够的农田、鱼塘、植物塘等，以便能完全消纳厌氧发酵后的沼渣、沼液，使沼气利用工程成为生态农业园区的纽带。

(5) 沼气发电系统

养殖场粪污厌氧消化过程中会产生大量的沼气（主要成分是 CH_4 和 CO_2），将沼气进行收集、净化后送入沼气发电机组，在收集、净化、输送系统上布置有温度、气体浓度、流量等测量元件，并布置有安全阀、阻火器等安全设施。进入发电机组的沼气经防爆电磁阀和调压阀进入机组气缸，由火花塞点火，混合气体燃烧做功，带动发电机发电。经变压器升压后并入城市电网，做功后的废气经机组排气口排出。

从能量利用的角度看，碳氢燃料可被多种动力设备使用，如内燃机、燃气轮机、锅炉等。图 11-27 是采用不同发电机进行发电的结构示意图。图 11-28 是不同动力设备的能量利用率的效果图。由图 11-27 和图 11-28 可知，采用沼气发动机发电机组是目前利用沼气发电最经济、最高效的途径。

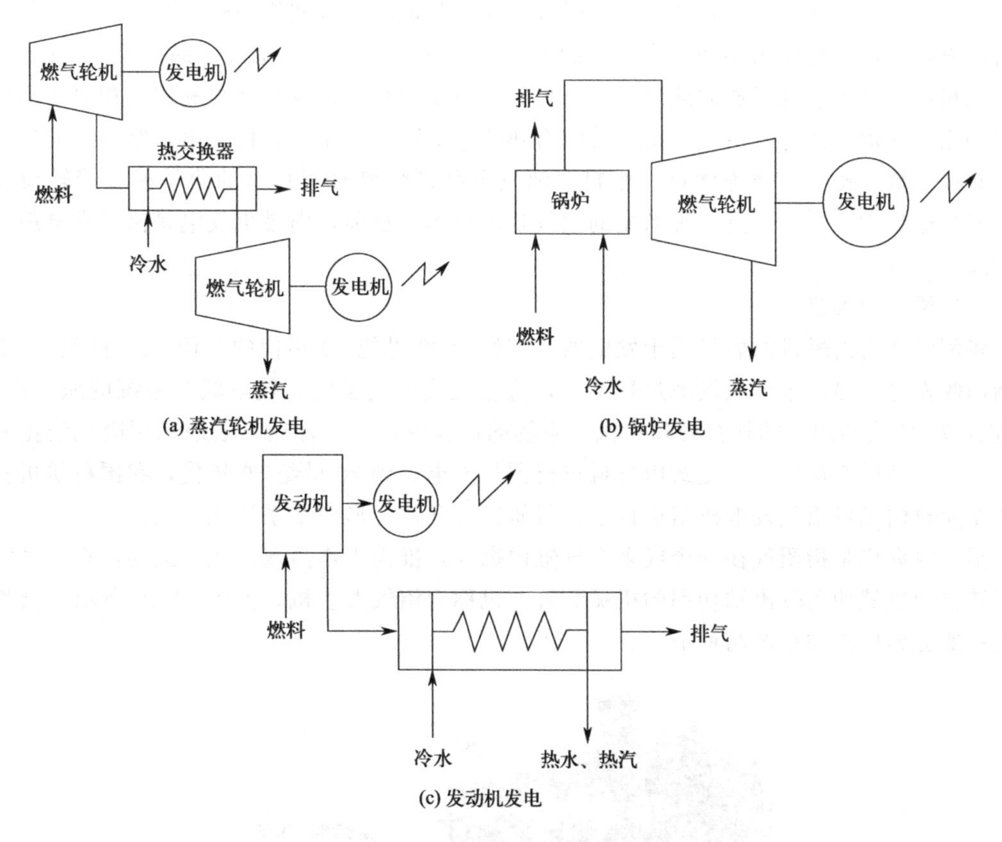

图 11-27 不同发电机发电的结构示意图

综上所述，沼气发电就是以沼气为燃料实现的热动力发电。消化池产生的沼气经气水分离器、脱硫塔（除去硫化氢及二氧化碳等）净化后，进入储气柜；再经稳压器（调节气流和气压）进入沼气发动机，驱动沼气发电机发电。发电机所排出的废气和冷却水所携带的废热经热交换器回收，作为消化池料液加温热源或其他热源再加以利用。发电机发出的电能经控制设备送出。

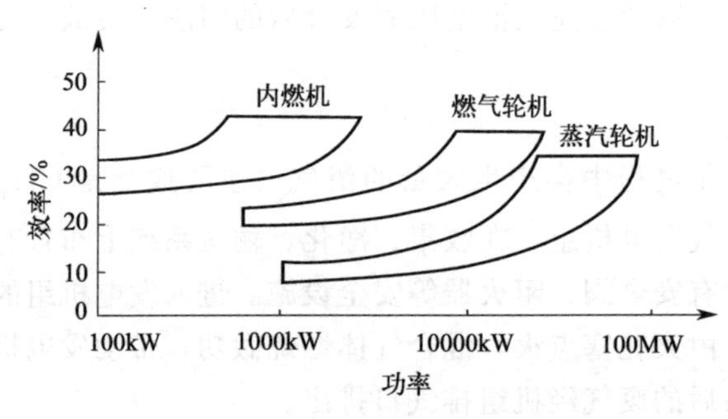

图 11-28　不同动力设备的能量利用率

第十节　沼气发电的设备

沼气以燃烧方式发电，是利用沼气燃烧产生的热能直接或间接地转化为机械能并带动发电机而发电。沼气可作为多种动力设备的燃料，如内燃机、燃气轮机、锅炉等。在内燃机、燃气轮机中，燃料燃烧释放的热量通过动力发电机组和热交换器转换再利用，相对于不进行余热利用的锅炉（蒸汽轮机）机组，其综合热效率更高。采用内燃机发电，结构最简单，而且具有成本低、操作简便等优点。燃料电池发电则是将燃料所具有的化学能直接转换成电能，又称电化学发电器，是一种新型的沼气发电技术。目前，内燃机发电是沼气发电最常用的方式。

（1）沼气内燃机

将沼气作为内燃机的燃料用于发电的尝试始于 20 世纪 20 年代的英国。20 世纪 30 年代开始回收发电余热用于沼气发酵过程增温，这是现代沼气发电、热电联产系统的原始形态。20 世纪 70 年代初期，国外在处理有机污染物的过程中，为了合理高效地利用厌氧消化所产生的沼气，开始普遍使用往复式内燃机进行沼气发电。到 20 世纪 80 年代，我国科研机构和生产企业对内燃机沼气发电机组进行了大量研究和开发，形成了系列化产品。

沼气内燃机是指沼气在一个或多个气缸内燃烧，推动工作活塞做往复运动，将沼气的化学能转化为机械功而输出轴功率的机械装置，也称为沼气发动机，如图 11-29 所示。沼气发动机一般分为压燃和点燃两种形式。

图 11-29　沼气内燃机

压燃式发动机采用柴油和沼气双燃料，通过压燃少量的柴油以点燃沼气进行燃烧做功。这种发动机的特点是可调节柴油与沼气的燃料比，当沼气供应正常时，发动机引燃油量可保持基本不变，只改变沼气供应量来适应外界负荷变化；当沼气不足甚至停气时，发动机能自动转为燃烧柴油的工作方式。这种方式一般用在小型沼气发电项目中，对供电负荷可靠性、连续性要求较高的场合一般不会并网运行。缺点是系统复杂，所以大型沼气发电并网工程往往不采用这种发动机，而采用点燃式沼气发动机。点燃式沼气发动机采用单一沼气燃料，特点是结构简单，操作方便，用火花塞使沼气和空气混合气点火燃烧，而且无需辅助燃料，适合中、大型沼气工程。沼气通过内燃机燃烧，产生的废气可以采用热交换器或者余热锅炉回收利用，该系统稍微复杂，但具有较好的经济效益、环保效益和社会效益。

沼气内燃机发电系统主要由以下几部分组成。

① 沼气净化及稳压防爆装置　供发动机使用的沼气需要先经过脱硫装置，以减少硫化氢对发动机的腐蚀。沼气进气管路上安装稳压装置，便于对沼气流量进行调节，达到最佳的空燃比。另外，为防止进气管回火，应在沼气总管上安置防回火与防爆的装置。

② 沼气内燃机（发动机）　与通用的内燃机一样，沼气内燃机也具有进气、压缩、燃烧膨胀做功及排气四个基本过程。由于沼气的热值及燃烧特点与汽油、柴油不同，沼气内燃机必须适应甲烷的燃烧特性，一般具有较高的压缩比，点火期比汽油机、柴油机提前，必须采用耐腐蚀缸体和管道等。

③ 交流发电机　与通用交流发电机一样，没有特殊之处，只需与沼气内燃发动机功率和其他要求匹配即可。

④ 废热回收装置　采用水-废气热交换器、冷却水-空气热交换器及余热锅炉等废热回收装置回收由发动机排出的尾气废热，提高机组总能量利用率。回收的废热可用于沼气发酵料液的升温保温。

内燃机发电具有以下特点。

① 发电效率较高　内燃机的电能转换效率明显高于普通燃气轮机和蒸汽轮机，燃气内燃机的发电效率通常在30%～45%。

② 可燃用低热值气体　现代燃气内燃机组采用了先进的电子控制技术和空气燃料混合比控制装置，燃料利用范围和种类扩大，可以燃用沼气和生物质煤气等较低热值的气体燃料。

③ 可直接利用低压气源　燃气内燃机可以利用自身的增压涡轮对燃气进行加压，因此可以利用低压气源。沼气储气和输配气系统多采用低压系统，与这一特点能实现较好的匹配。

④ 使用功率范围宽、适应性好　目前，燃气内燃机单机最小功率不到1kW，最大功率已达4MW，同一型号的燃气内燃机可以适应各种不同用途的需要，可以实现全负荷及部分负荷运转，开、停机迅速，调峰能力强，机械效率高，运行可靠，维修简便。

(2) 微型燃气轮机

微型燃气轮机是一类新近发展起来的小型热力发动机，其单机功率范围为25～300kW，基本技术特征是采用径流式叶轮机械（向心式透平和离心式压气机）以及回热循环，与小型航空发动机的结构类似。为了提高效率，普遍采用了回热循环技术。

除了分布式发电外，微型燃气轮机还可用于备用电站、热电联产、并网发电、尖峰负荷发电等，是提供清洁、可靠、高质量、多用途、小型分布式发电及热电联供的最佳方式，无论是中心城市还是远郊农村甚至边远地区均能适用。

微型燃气轮机发电具有以下特点：

① 结构简单紧凑　微型燃气轮机使高速交流发电机与内燃机同轴，组成一个紧凑的高转速透平交流发电机。

② 操作维护简便、运行成本低、使用寿命长　采用空气轴承和空气冷却，无需更换润滑油和冷却介质，每年的计划检修仅是在全年满负荷连续运行后，进行更换空气过滤网、检查燃料喷射器和传感器探头等工作。机组首次维修时间大于8000h，降低了维护费用。微型燃气轮机的寿命都在40000h以上。

③ 噪声小且排放低　微型燃气轮机振动小，因此噪声小，比如Turbec的T100在1m处的噪声值为70dB(A)，Capstone的C200在10m处的噪声值为65dB(A)。同时，微型燃气轮机的废气排放少。

④ 发电效率低于内燃机　目前，微型燃气轮机的发电效率仍低于燃气内燃机的发电效率。有回热的微型燃气轮机的发电效率能达到20%～33%。但是，由微型燃气轮机组成的冷热电联产系统的效率可以超过80%。

(3) 沼气燃料电池

燃料电池（fuel cell），是一种使用燃料进行化学反应产生电力的装置，最早于1839年由英国的Grove所发明。最常见的是以氢、氧为燃料的质子交换膜燃料电池，由于燃料容易获得，加上对人体无化学危险、对环境无害，发电后产生纯水和热，20世纪60年代应用在美国军方，后于1965年应用于美国双子星座计划双子星座5号飞船。现在也有一些笔记本电脑开始研究使用燃料电池。但由于产生的电量太小，而且无法瞬间提供大量电能，只能用于平稳供电上。

燃料电池是由电池本体与燃料箱组合而成的动力机制。燃料的选择性非常多，包括氢气、甲醇、乙醇、天然气、沼气，甚至于现在运用最广泛的汽油，都可以作为燃料电池的燃料。燃料电池以特殊催化剂使燃料与氧发生反应产生二氧化碳和水，因不需推动内燃机、涡轮等发动机，也不需将水加热成水蒸气再经散热转变成水，所以能量转换效率高达70%左右，足足比一般发电方式高出了约40%；另外，二氧化碳排放量比一般发电方式低很多，产生的水无毒无害。

沼气燃料电池是一种备受关注的沼气发电新技术，该技术是在一定条件下，对经过严格净化后的沼气进行烃裂解反应，产生以氢气为主的混合气体，然后对此混合气体以电化学方式进行能量转换，实现沼气发电。沼气燃料电池系统一般由3个单元组成：燃料处理单元、发电单元和逆变器单元。燃料处理单元的主要部件是改质器，它以镍为催化剂，将甲烷转化为氢气；发电单元就是燃料电池，基本部件由两个电极和电解液组成，氢气和氧气在两个电极上进行电化学反应，电解液则构成电池的内回路；逆变器单元的功能是把直流电转换为交流电。燃料电池的工作原理如图11-30所示。

沼气用作燃料的情况下，在前段的改质器中由甲烷制取氢气。在保持高温的改质器中，水变为水蒸气，水蒸气和甲烷反应后生成氢气和二氧化碳或氢气和一氧化碳，然后一氧化碳再次与水蒸气反应生成氢气和二氧化碳。总体来说，1mol甲烷可以生成4mol氢气和1mol二氧化碳，在此过程中必须有外部能量供给。沼气燃料电池改质器中的化学反应方程式如下：

$$CH_4 + 2H_2O \longrightarrow 4H_2 + CO_2 \quad (11\text{-}34)$$

$$CH_4 + H_2O \longrightarrow 3H_2 + CO \quad (11\text{-}35)$$

$$CO + H_2O \longrightarrow H_2 + CO_2 \quad (11\text{-}36)$$

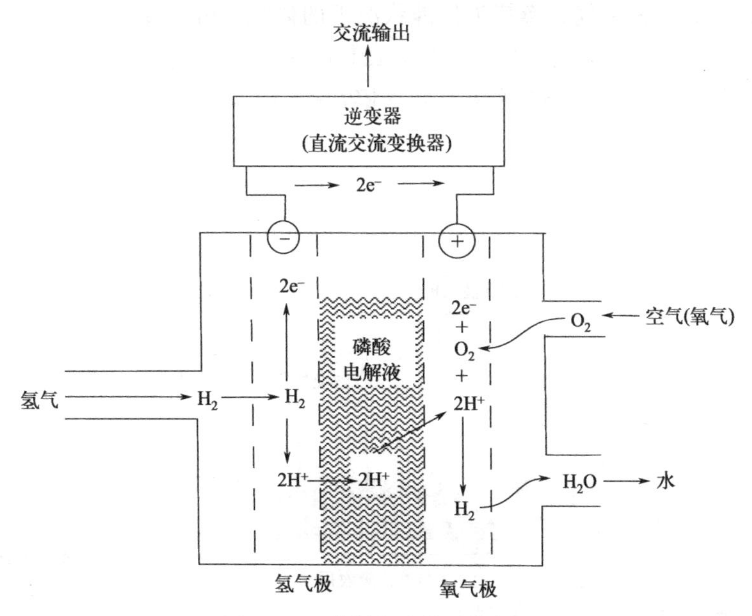

图 11-30　燃料电池的工作原理

沼气燃料电池技术与其他沼气发电技术相比，具有以下优点：首先，能量转化效率高，实际的能量转化效率可达 40%以上，有废热回收的系统总的能量利用率达 70%以上；其次，生态环境友好，沼气燃料电池没有或极少有污染物排放，而且运行时基本没有噪声。然而，沼气燃料电池对沼气的品质要求较高，甲烷含量需要达到 85%以上，硫化氢浓度需要达到 5.5mL/m^3 以下，沼气的提质要求比其他沼气发电技术更加严格。

第十一节　内燃机沼气发电站系统

(1) 沼气电站系统组成

内燃机沼气发电仍然是目前最普遍采用的沼气发电方式。内燃机沼气发电站系统由以下几部分组成：供气系统、沼气发电机组、冷却系统、输配电系统、设备管控系统和余热利用系统等。由沼气发酵装置产出的沼气，经过脱水、脱硫后储存在沼气储气装置中。在沼气储气装置自身压力作用下或经过沼气输送设备将沼气再从储气装置导出，经脱水、稳压后供给沼气发动机，驱动与沼气发动机相连接的发电机产生电能。沼气发动机排出的冷却水和烟气中的热量，通过余热回收装置回收，作为沼气发酵装置或其他用热设施的热源（图 11-31）。根据运行方式不同，内燃机沼气发电站可以分为孤岛运行沼气发电站和并网运行沼气发电站。

(2) 沼气发电机组选型

沼气发电机组的设备选型是沼气发电工程设计的重要环节，而沼气发电机组的装机容量是设备选型的主要内容，应根据沼气量及其低热值由式（11-37）确定：

$$P = k(VQ_{net}/g_h) \quad (11\text{-}37)$$

式中 P——沼气发电机组的装机容量，kW；

k——装机余量与发电机组效率的综合比例系数，为1.08～1.20；

V——每小时最大沼气量换算为标准状况下的体积，m^3/h；

Q_{net}——沼气的低热值，为22154～24244kJ/m^3；

g_h——沼气发电机组的热耗率，kJ/(kW·h)，$g_h=3600/\eta_e$，η_e为发电机组热效率,%。

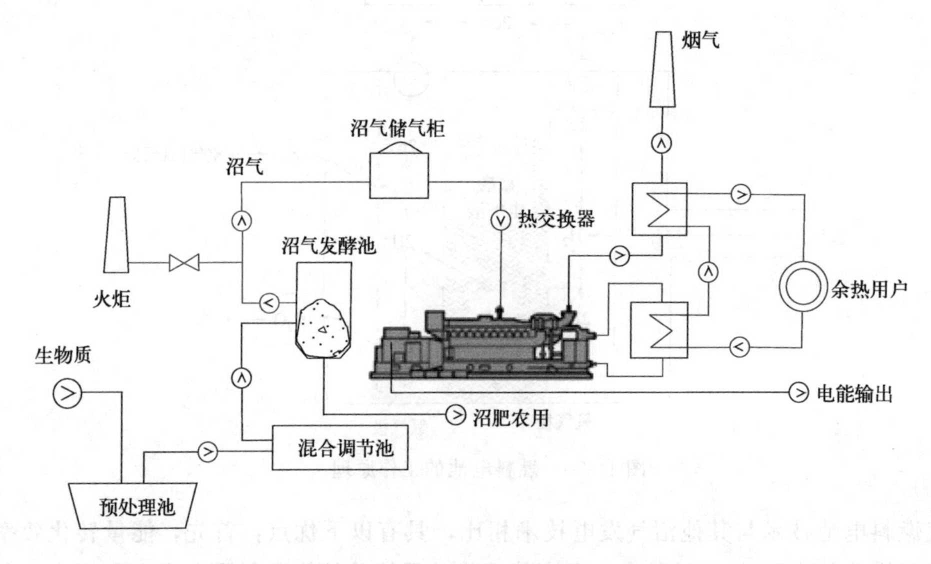

图11-31 沼气发电站系统组成

另外，还需要注意以下事项。

① 并联运行的沼气发电机组，应考虑有功功率及无功功率的分配差度对沼气发电机组功率的影响。

② 启动最大容量的电动机时，总母线电压不宜低于额定值的80%。

③ 总装机容量大于或等于200kW且发电不允许间断的电站，应设置备用机组，备用机组的数量宜为3用1备。

④ 当沼气发电机组的实际工作条件比产品技术条件规定恶劣时，其输出功率应按有关规定换算出试验条件下的发动机功率后再折算成电功率，此电功率不应超过发电机组的额定功率。

(3) 沼气发电机组余热回用

沼气发电机在发电的同时，产生大量的热量，烟气温度一般在550℃左右。通过余热回收技术，可将燃气内燃机中的润滑油、中冷器、缸套水和尾气排放中的热量充分回收，用于冬季采暖以及提供生活热水。夏季可与溴化锂吸收式制冷机连接，用于空调制冷。一般从内燃机热回收系统中吸收的热量以90℃的热水形式供给热交换器使用。内燃机正常回水温度为70℃。在沼气工程中，还可利用这一热量给沼气发酵装置加热。

沼气发动机的冷却与一般的汽油发动机和柴油发动机一样，一般用水冷却。为防止产生水垢，冷却水要用软水。为此，通常把调制的水作为一次冷却水，在发动机内部循环；采用热交换器把热传到二次冷却水的间接冷却方法回收缸套水中余热。此外，润滑油吸收的热也可以通过润滑油冷却器传至冷却水中。

由于沼气中含有微量杂质和腐蚀性物质，若燃烧后的烟气经换热后温度过低，会产生一些杂质，因此，要求沼气发动机的尾气排放温度要比其他燃气发动机的尾气排放温度高几十摄氏度，回水温度相应就要略高一些。

目前，一些国外发电设备将余热利用设备与发电机组集成于一体，即换热装置在机组内部，而不用单独配置，出来的直接是热水。设备只需三个接口：进、回水接口和沼气接口。设备可与热水锅炉并联连接。一体化集成既简化了系统，减少了设备及占地面积，利于运行维护，同时也减少了系统及工程总投资。国外进口的燃气内燃机机组还配有全自动电脑控制系统，并可实现远程控制冷却系统、润滑油自动补给系统、尾气消声器等。

(4) 沼气发电并网

沼气电站属于分布式电源。分布式电源是指位于用户附近，所发电能就地利用，以10kV及以下电压等级接入电网，而且单个并网点总装机容量不超过6MW的发电项目。

分布式电源接入配电网系统的示意图如图11-32所示。图中接点包括并网点、接入点和公共连接点。

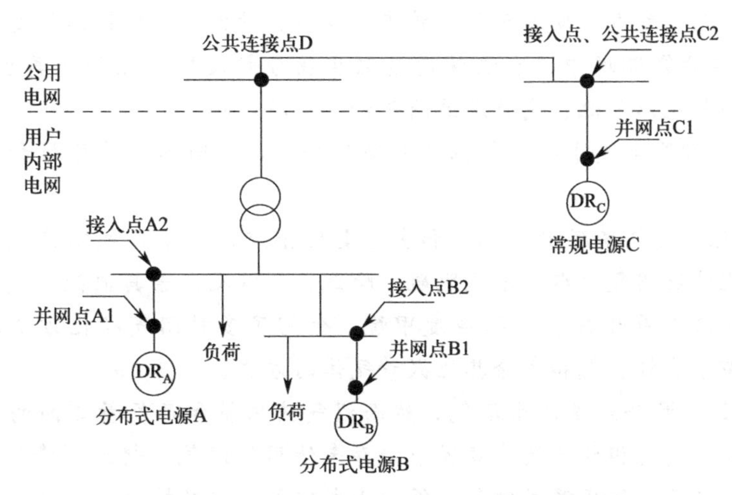

图11-32　分布式电源接入配电网系统示意图

① 并网点　对于有升压站的分布式电源，并网点为分布式电源升压站高压侧母线或节点；对于无升压站的分布式电源，并网点为分布式电源的输出汇总点。如图11-32所示，A1、B1分别为分布式电源A、B的并网点，C1为常规电源C的并网点。

② 接入点　接入点是指电源接入电网的连接处，该电网既可能是公共电网，也可能是用户电网。如图11-32所示，A2、B2分别为分布式电源A、B的接入点，C2为常规电源C的接入点。

③ 公共连接点　公共连接点是指用户系统（发电或用电）接入公共电网的连接处。如图11-32所示，C2、D是公共连接点，A2、B2不是公共连接点。沼气发电并网设计应满足《分布式电源接入配电网设计规范》(Q/GDW 11147)。对于单个并网点，分布式电源接入的电压等级应按照安全性、灵活性、经济性的原则，根据分布式电源发电容量、导线载流量、上级变压器及线路可接纳能力、地区配电网情况综合比选后确定。分布式电源并网电压等级根据装机容量进行初步选择的参考标准为：8kW以下可接入单相220V；8～400kW可接入三相380V；0.4～6MW可接入10kV。最终并网电压等级应综合参考有关标准和电网实际条件，通过技术经济比选论证后确定。

沼气发电机组并网应满足3个条件：一是待并网发电机组的电压与电网系统的电压相等；二是待并网发电机组的频率与电网系统的频率相等；三是待并网发电机组的相位角与电网系统的相位角一致。

并网操作时，首先要调整相序，使待并网发电机组与电网相序一致，然后再启动发电机组。调整发电机组的励磁，使发电机组电压尽量接近电网电压，调节发动机速度，以便使发电频率与电网趋同，为并网创造条件。当相序达到允许的范围后，即可合闸并网。以上操作，必须由熟练的工程技术人员在专用的并网装置的指示下手动完成，或者由专用的自动装置完成合闸并网。

本章小结

本章重点介绍了沼气发电技术，包括沼气的来源、性质、净化提纯、储存、用途、燃烧特性，以及沼气发电的发展现状、特点、原理、设备和内燃机沼气发电站系统。

① 沼气是在缺氧环境中，有机物通过微生物分解缓慢产生的可再生生物质能源。沼气的来源分为传统沼气池、高效厌氧消化和垃圾填埋场。

② 沼气是一种混合气体，无色但带有臭鸡蛋味，不同的发酵原料和条件会导致沼气成分的差异。

③ 沼气净化一般包括脱水、脱硫和去除其他杂质，脱除二氧化碳通常被称为沼气提纯。沼气净化涉及沼气脱水，沼气脱硫，除氧、氮以及去除其他微量气体等。沼气提纯主要是通过去除二氧化碳获得高纯度甲烷。介绍了多种沼气净化方法以及相应的设备，也简要介绍了除氧、氮和去除其他微量气体的方法。

④ 沼气发酵装置全天候产生沼气，然而沼气使用量和产气量之间的不平衡问题难以完全匹配。使用储气柜作为缓冲装置来储存未使用的沼气，起到调峰作用。常用的储气方式有水压式储气、低压湿式储气、低压干式储气，少数情况下会使用中压或次高压储气作为中间缓冲。要根据工程规模、气候条件、沼气使用情况和造价等综合考虑，选择合适的储气方式。

⑤ 目前沼气主要用于民用燃料、燃烧发电、动力燃料、化工原料、孵化禽类、蔬菜种植以及储粮防虫等领域。

⑥ 沼气富含可燃物质，在适量的氧气存在下遇明火即可燃烧。完全燃烧时，沼气火焰呈蓝白色，烟气成分主要为二氧化碳、二氧化硫、氮气和水。沼气的热值取决于可燃成分的含量，是评估沼气作为能源利用的重要指标。沼气的着火温度高于甲烷，但由于含有大量二氧化碳，点燃的难度较大。沼气的着火浓度极限受到温度、压力和惰性气体含量等因素的影响。

⑦ 德国、瑞典、波兰等国家是沼气发电应用较早且水平较高的国家。我国在农业农村领域是沼气开发利用最早的国家之一。尽管我国的沼气发电项目近年来取得了较大发展，但与一些发达国家相比还存在差距，仍有提升空间。

⑧ 沼气发电作为一种新型的发电方式，与其他发电方式相比具备原料来源广泛、可再生、对发电机组要求更高、对气质要求高等特点。

⑨ 完整的大中型沼气发电工程包括原料收集系统、原料预处理系统、厌氧消化系统、出料后处理系统和沼气发电系统。沼气发电流程包括原料收集、预处理、厌氧消化和出料后处理。沼气被收集、净化后输送到发电机组，作为燃料进行热动力发电。

⑩ 沼气发电主要通过沼气燃烧产生的热能转化为机械能，驱动发电机发电。沼气可作为多种动力设备的原料，包括内燃机、微型燃气轮机和沼气燃料电池等。

⑪ 内燃机沼气电站系统由供气系统、沼气发电机组、冷却系统、输配电系统、设备管控系统和余热利用系统等组成。沼气发电机组的选型是工程设计的重要环节。沼气发电产生大量热能，通过余热回收技术可以充分回收润滑油、中冷器、缸套水和尾气中的热量。

思考题

1. 沼气的来源有哪些?
2. 沼气的性质有哪些?
3. 沼气的用途有哪些?
4. 简述沼气发电的工艺流程。
5. 简述沼气发电的设备。
6. 简述沼气发电内燃机的工作过程。
7. 沼气发电的现状如何?
8. 沼气发电的前景如何?

第十二章
生物质氢能发电技术

电能是高品位能源，将生物质能转化为电能，可提高生物质能的利用效率，拓宽应用领域。生物质能转化为电力的技术即常说的生物质发电技术，是指将生物质经各种技术转化利用后的产物进一步转化为电能的技术。换句话说，生物质氢能发电也就是利用现有的技术，对氢能源加以利用实现发电的过程。

第一节　氢能发电现状

氢气是最清洁的燃烧燃料之一，因为它不含碳并且具有最高的燃烧效率。氢可以用作热机的能源，以及蒸汽发电厂锅炉中的添加剂燃料。氢气可以使用不同的技术从各种来源生产，具有高能量含量，被认为是替代燃料和有前途的能源载体。多项研究表明，生物质资源具有显著的制氢潜力。并且，生物质制氢更有利于将生物质能向更高级的能源（电能）转变，能在保护环境的同时，提高能量密度。

欧洲和美国正在大力发展氢能动力产业。除氢燃料电池外，欧洲几乎所有主流商用车厂正在关注或已开始氢气发动机的可行性研究。荷兰于 2018 年开始将煤气火力发电站改造成 440MW 的氢发电设备，2023 年开始运行。法国 2020 年启动了 12MW 氢燃气轮机发电项目，2022 年实现混氢发电，2023 年实现纯氢发电。美国爱依斯全球电力公司（IPP）于 2020 年启动纯氢燃气轮机发电项目。美国 Magnum Development 公司也和犹他州政府合作开发 840MW 氢燃气轮机发电项目，计划 2025 年实现 30%氢气混合气体发电，2045 年实现纯氢发电。日本三菱 Power 株式会社、川崎重工业和大林组等公司在积极开发混氢以及纯氢燃气轮机发电技术。三菱 Power 株式会社的燃气轮机的发电效率高达 64%，计划在该 14GW 的燃气轮机发电中混入 30%的氢气燃烧发电，对应的氢消耗量 30 万吨，最终实现纯氢燃气轮机发电，将来对应目标氢消耗量 1000 万吨，这样既可实现大规模氢-电转换，又能大幅度扩大氢能的应用规模。自 2020 年 5 月起，韩国斗山重工公司加快在氢气和燃气轮机领域的技术开发，参与了为 300MW 高效氢气涡轮机开发 50%氢气环保型燃烧器的国家项目。目前，该公司还着手开发以氨为燃料的氨气涡轮机。中国起步较晚，《中国 2030 年能源电力发展规划研究及 2060 年展望》报告显示，2060 年我国电力预计总装机容量约 8.0TW，其中风电及光伏发电合计约 6.3TW，将成为电网中的绝对主力电源；氢燃料发电预计装机达到 0.25TW，在电网中主要起调峰作用。

第二节　生物质氢能发电优势

生物质是由光合作用产生的各种有机体，资源数量庞大，形式繁多。从资源本身的属性来说，生物质是能量和氢的双重载体，生物质自身的能量足以将其含有的氢分解出来，合理的工艺还可利用多余能量额外分解水，得到更多的氢。生物质能是低硫和二氧化碳零排放的洁净能源，可避免化石能源制氢过程对环境的污染，从源头上控制二氧化碳排放，基于可再生能源的氢能路线是真正意义上的环境友好的洁净能源技术。

生物质氢能发电是一种将生物质资源转化为氢气并用于发电的创新技术。相比传统的化石燃料发电方式，它具有多重优势。

① 可再生能源　生物质氢能发电利用可再生的生物质资源，如农作物残渣、木材废料和城市生活垃圾等，通过热解、气化或发酵等方式产生氢气。相比于化石燃料，生物质氢气是可再生的能源，能减少对有限矿产资源的依赖，有利于能源的可持续发展。

② 低碳排放　生物质氢能发电过程中产生的氢气燃烧后只释放水蒸气，几乎不产生二氧化碳等温室气体和污染物。相比于传统的燃煤或燃油发电，生物质氢能发电能显著减少碳排放，对应对气候变化和改善空气质量都有积极的影响。

③ 资源丰富　生物质是一种广泛存在的能源资源，包括植物、农作物废弃物、林业废料和城市生活垃圾等。相较于化石燃料，生物质资源更加丰富，为农民和农业部门提供了额外的收入来源，并创造了更多的就业机会，促进经济发展。

④ 灵活性好　生物质氢能发电系统具有灵活性，可以根据能源需求进行调整和运营，可缓解目前很多地区存在的电力供应紧张的情况。

⑤ 储存能力强　此外，氢气具有较高的能量密度和储存能力，可以在需要时进行储存，以满足不同时间段的能源需求。

虽然氢能发电具有上述优势，但该技术在实际应用中还面临一些挑战，如生物质供应链的可持续性、氢气生产和储存技术的成本等问题，需要进一步的研究和发展。然而，随着技术的不断进步和全球对清洁能源需求的增加，氢能发电有望成为能源转型的重要组成部分。

第三节　生物质制氢发电系统构成

生物质制氢和燃料电池或燃气轮机构成一体化发电系统，具有高效、超低污染排放和 CO_2 接近零排放的优点。系统构成主要包括生物质预处理系统、生物质制氢系统、净化系统、燃气重整系统、燃料电池或燃气轮机发电系统和余热回收系统等。以燃料电池为例，生物质制氢发电一体化系统如图 12-1 所示。

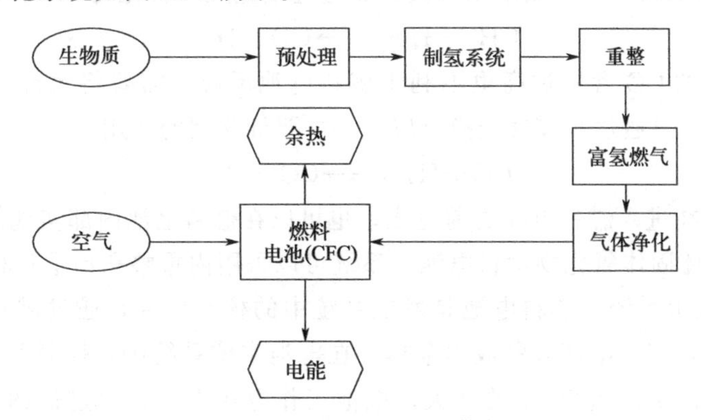

图 12-1　生物质制氢发电一体化系统

生物质经过预处理以后进入制氢系统，可以通过气化、裂解、超临界和发酵等方式得到以 H_2、CO_2、CO 和甲烷为主的气体混合物，经过重整后混合气中 H_2 含量大大提高，然后富氢燃气经过净化处理进入燃料电池产生电能，发电过程中产生的余热可以回收利用，提高系统整体的能量利用率。

① 生物质预处理系统　生物质预处理是将原始生物质进行物理或化学处理，以便更好地适应后续的气化或发酵过程。预处理可以包括切碎、研磨、干燥和去除杂质等步骤，以提高生物质的可处理性和氢气产率。

② 生物质制氢系统　生物质制氢主要有热化学转化制氢和生物法制氢两大类，生物质热化学转化制氢的主要技术路线有气化、热解、超临界转换、热解油重整等，生物法包括光合生物产氢、发酵细菌产氢以及二者混合培养产氢等。气化或发酵系统的设计和操作会影响氢气产率和质量。每种方法具有不同的技术路线，相应的系统配置也不一样，第四节将详述。

③ 净化系统　从气化或发酵过程中产生的气体混合物，需要对氢气进行净化和纯化，以去除杂质和有害物质，确保氢气的质量和纯度。净化后的氢气可以被储存，以便在需要时供应给发电设备。燃料电池对燃料的要求较高，如表 12-1 所示。燃料气中的固体颗粒可通过旋风分离器和其他过滤装置除去；碱金属蒸气在低于 500℃时凝结，可在过滤除颗粒的过程中一并除去。

表 12-1　部分燃料电池系统对燃气杂质含量的要求　　单位：mL/m^3

项目	NH_3	H_2S	HCl	焦油	碱金属蒸气
熔融碳酸盐燃料电池	＜10000	＜0.5	＜10	＜2000	1～10
固体氧化物燃料电池	＜5000	＜1	＜1	＜2000	—

焦油易在电池阳极积炭，导致催化剂失活，而且对除硫设备造成不良影响，必须除去。高温催化裂解是目前最有效的除焦方法，而水洗除焦虽然方法简单成熟，但易造成水污染，须有配套的废水处理系统。

硫严重危害电极、催化剂的性能寿命，需要深度脱除。除硫技术一般可采用固体吸收剂方式，用金属氧化物将 H_2S 吸收除去，例如 ZnO 固定吸收床能有效地将 H_2S 的含量降至 10^{-6} 级，其操作温度应低于 600℃。也可用 Claus 反应在常温、常压下将 H_2S 转化为 S，由固定碳床将 S 吸收。

④ 燃气重整系统　气体净化后除含 H_2 和 CO 外，还含有一定量的 CH_4 等碳氢化合物，CH_4 等易在燃料电池反应中形成阳极积炭，需通过重整反应转化为 H_2 和 CO_2。

$$CH_4 + H_2O \longrightarrow CO + 3H_2 \quad (12\text{-}1)$$

同时，燃气中的 CO 含量过高也不利于燃料电池反应，需要将大部分 CO 转化为 H_2，提高 H_2 含量，这主要通过水煤气变换反应，并需要催化剂的作用。

$$CO + H_2O \longrightarrow CO_2 + H_2 \quad (12\text{-}2)$$

燃气的重整应在进入燃料电池之前完成，也可以在燃料电池内部实现部分重整过程，例如高温 SOFC（单体固体氧化物燃料电池）系统可以采用内重整和预重整相结合的方法。

⑤ 燃料电池发电系统　燃料电池是发电系统中的核心部件，通过燃料电池，燃料和氧气发生电化学反应，产生电能并释放出余热。在电池本体系统中，燃料利用率 U_f 是一个重要参数，恒电流密度下，随着 U_f 的增大，电池工作电压下降，但过低的 U_f 会增加电池的内耗，也易导致燃料不能充分利用，从而降低总的能量转化率。因此，U_f 存在一个最佳值，

对于独立运行的电池系统，其值控制在75%～85%。

⑥ 余热回收系统　针对有余热利用的燃料电池系统，根据电池的操作压力和容量，余热回收系统可以选择以下方案。

a. 常压运行的燃料电池，多采用余热锅炉产生蒸汽。小容量的发电系统，蒸汽一般作供热用；容量较大时，可配备余热锅炉、蒸汽轮机和发电机组构成底部蒸汽循环发电系统。

b. 加压运行的燃料电池，可直接以燃气轮机回收动力。小容量时，可采用燃气轮机压缩机将排气的能量用来压缩电池的入口气体，甚至还能产生一部分电力；容量较大的发电系统，可组成燃气-蒸汽联合循环发电系统来回收排气能量。

第四节　生物质制氢技术

大多数生物质，如木片和农业/城市废物，都含有大量的氢气。与化石燃料相比，生物质资源储量丰富且具有可再生性，对环境的影响相对较小。生物质能和氢能是当前清洁能源的标志。但是，氢能和电能都没有直接的资源蕴藏，需要由一次能源转化而得，所以氢能属于二次能源范畴。能源系统经过数千年的发展，基本形成了这样一个系统链：由一次能源生产、转化形成二次能源，再从二次能源转化为可消费的有用功供给终端消费。在这个链条中，二次能源充当着一个承上启下的中间纽带的重要角色。所以，本节将介绍作为重要纽带的氢能是怎么从生物质原料中获取的。

生物质原料可以通过一系列生物或热化学过程转化为生物中间体，然后转化为纯氢。按照生物质制氢的途径主要可分为两类，即热化学法和生物法。生物质热化学法制氢技术是指通过热化学处理，将生物质转化成富氢可燃气后通过分离得到纯氢的方法。该方法可由生物质原料直接制氢，也可由生物质解聚的中间产物（如甲醇、乙醇）制氢。根据具体制氢过程的不同可将该方法进一步划分为蒸汽气化制氢技术、超临界水气化制氢技术和生物质热解重整法制氢技术。生物法是指包括微藻蓝细菌（蓝藻和绿藻）、紫色非硫细菌和暗发酵细菌在内的微生物可以利用代谢过程产生氢气。这些生物过程可以利用水、阳光和生物质等多种原料，并可根据光照强度、pH值和温度涉及各种环境操作条件。利用这些生物过程产生的氢气需要相对较少的能源，不会产生有害的排放，并且使用廉价和丰富的原料。下文以图12-2（书后附彩图）所示技术路线简要描述生物质制氢的主要方法。

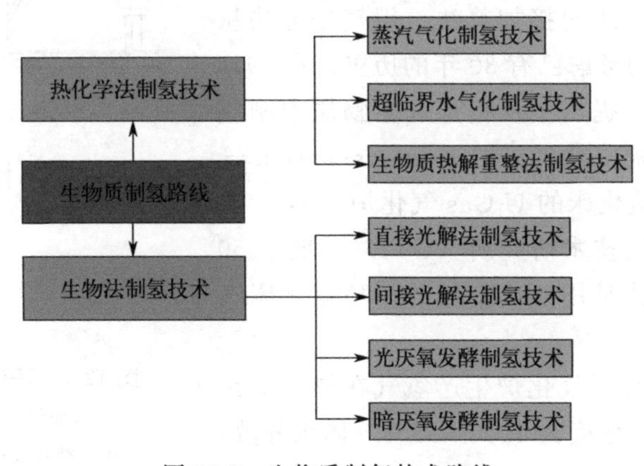

图12-2　生物质制氢技术路线

(1) 热化学法制氢

① 蒸汽气化制氢　生物质蒸汽气化制氢原理是指利用气化剂对生物质原料进行气化，最终转化为富氢燃料的过程。在气化过程中，生物质原料先经过干燥、热解、氧化和还原这四个阶段，随后生成气体产物（H_2、CO、CO_2、CH_4、C_2～C_4 烃类）。一般来说，生物质气化技术的产品组成主要取决于气化剂（空气、O_2、CO_2 和蒸汽）和气化反应器。特别是气化剂，它可以有利地增强某些反应。例如，使用蒸汽作为气化剂可增强水煤气变换反应，从而在生物质气化过程中产生更多的 H_2 和 CO。蒸汽气化制氢技术（图 12-3）就是选择了蒸汽作为气化剂。图 12-3 中的 S/B 为蒸汽与生物质比值。

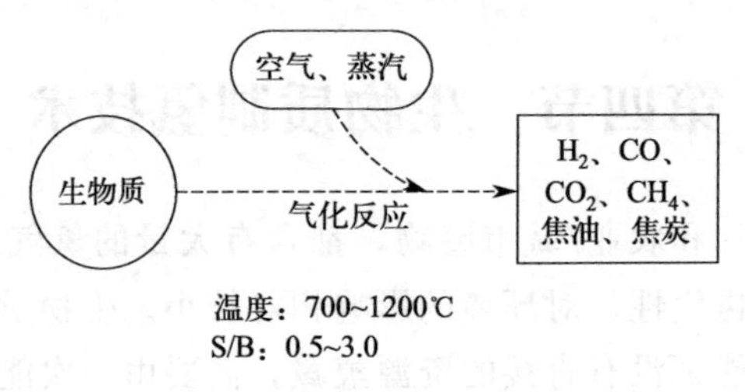

图 12-3　生物质蒸汽气化制氢示意图

由于生物质气化产生较多焦油，在气化器后采用催化裂解的方法以降低焦油并提高燃气中氢含量，催化剂为镍基催化剂或较便宜的白云石、石灰石等。气化过程可采用空气或富氧空气与水蒸气一起作为气化剂，产品气主要是氢、CO 和少量 CO_2。

在诸多气化介质中，空气、O_2 和水蒸气是最常用的。气化介质不同，燃料气组成及焦油含量也不同。使用空气时由于氮的加入，使气化后燃气体积增大，增加了氢气分离难度；使用富氧空气时需增加富氧空气制备设备。

气化所采用设备可以分为固定床、移动床、鼓泡流化床、循环流化床、喷动床、转炉或者这几种形式的组合，其中流化床气化制氢是研究最多的，可采用直接加热法（大多数）或间接加热法。用气化方法从含碳材料中制取氢气的考虑已有 30 年的历史，在 1976 年第一次世界能大上，提出了从褐煤和生物质中制氢的气化装置，一种是常压携带流的 Koppers-Totzek 气化炉，另一种是循环流化床的 U-Gas 气化炉。其中 U-Gas 气化炉是美国煤气技术研究所（GTI）发展了 50 年的气化工艺，其主体是用氧或空气的循环流化床气化炉，如图 12-4 所示。

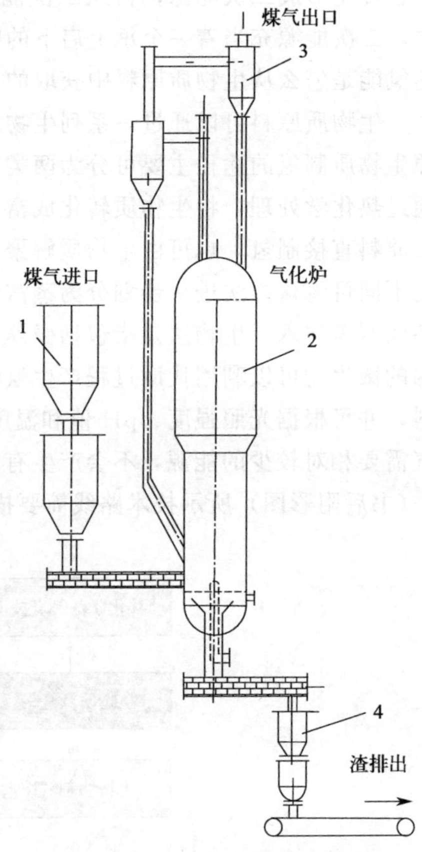

图 12-4　U-Gas 气化炉结构图

1—加料部分；2—气化炉；3—煤粉捕集及返料管；4—排渣部分

实验证明，用 U-Gas 气化炉生产氢气在技术上是可行的，可以制得氢气浓度为 40%～55%（体积分数）的富氢气体。

研究者改进了传统的生物质气化工艺以增加氢产率。美国能源环境研究中心研究生物质催化气化制氢和甲烷的过程，描述了中试规模催化气化制氢的实验结果。结果表明，只要改进进料和排灰装置，以煤为基础发展的气化技术完全可以转移到木材上。Timpe 继续了实验室和中试规模的研究，催化剂评价表明富钾矿物和木材灰加快了反应速率，在 700～800℃和 1atm 下生成的气体中有 50%（摩尔分数）的氢，白云石和沸石对下游气溶胶和焦油裂解是有效的，催化作用为增加了 10 个百分点的气化率。

日本生物质技术研究实验室、国家先进工业化科技研究所（日本）、日本煤炭利用中心联合开发了一种利用 CO_2 吸收剂从生物质材料中气化制氢的方法，如图 12-5 所示。这种方法被应用到各种各样的含碳材料如煤、石油、生物质、塑料等中。在这种方法中以 CaO 作为 CO_2 吸收剂，将蒸汽气化产生的 CO_2 分离，使水煤气转化反应的平衡向有利于产氢的方向移动，同时，CO_2 吸收反应过程是放热反应，释放出的能量可用于维持生物质气化反应的进行，有利于反应系统的能量平衡。当 Ca/C 的摩尔比为 2、反应压力为 0.6MPa 时，可得到最大氢产量。但是该工艺方法亟待解决的难题是 CO_2 吸收剂的再生稳定性问题。

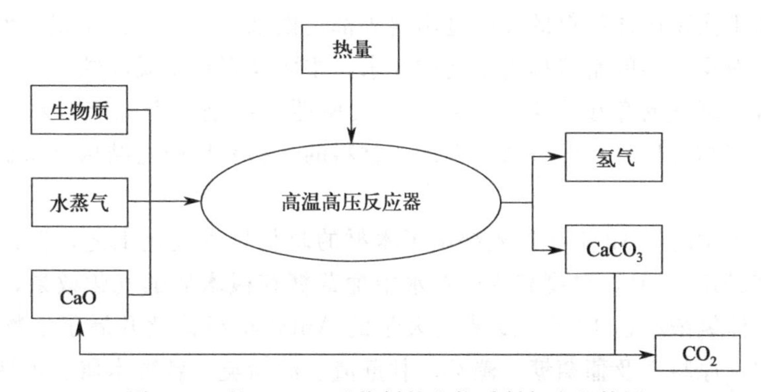

图 12-5 基于 CO_2 吸收剂的生物质制氢流程简图

德国的斯图加特太阳能和氢能研究中心提出了 ARE 气化生物质制取富氢气体的方法，采用了煅烧白云石作 CO_2 吸收剂来吸收蒸汽气化产生的 CO_2。在内循环流化床和固定床中的实验结果表明，产品气中氢气含量最高可达 67.5%，而 CO_2 和 CO 含量分别降低为 3.3%和 0.3%。

我国在生物质气化方面开展了大量的研发工作，特别是以流化床为反应器，对生物质空气-水蒸气气化制取富氢燃气的特性进行了实验研究，探讨了一些主要参数如反应器温度、水蒸气与生物质的比例（S/B）、空气当量比（ER）以及生物质粒度对气体成分和氢产率的影响。结果表明，较高的反应器温度、适当的 ER 和 S/B，以及较小的生物质颗粒有利于氢的产出。在反应器温度为 900℃、ER 为 0.22、S/B 为 2.70 的条件下，单位生物质的最高氢产率为 71g/kg。稍后的研究在流化床气化炉中加入白云石，在下游的固定床反应器中加入镍基催化剂，燃气中氢含量可超过 50%（体积分数）。

② 超临界水气化制氢　超临界水气化制氢是一种利用超临界水条件（$T \geqslant 374.1$℃，$p \geqslant 22.1$MPa）强大的溶解能力，将生物质中的各种有机物溶解，并在高温、高压反应条件下快速气化，生成富氢燃料气的新技术。由于超临界状态下水具有介电常数较低、黏度小和扩散系数高的特点，因而具有很好的扩散传递性能，可降低传质阻力，并溶解大部分有机成分和气体，使反应成为均相，加速了反应进程。超临界转换可以使用未经干燥的湿生物质，

而且可以将生物质几乎完全转换为气体。超临界水气化制氢的反应过程包括蒸汽重整反应、水-汽转化反应和甲烷化反应。超临界水气化制氢的途径如图12-6所示。

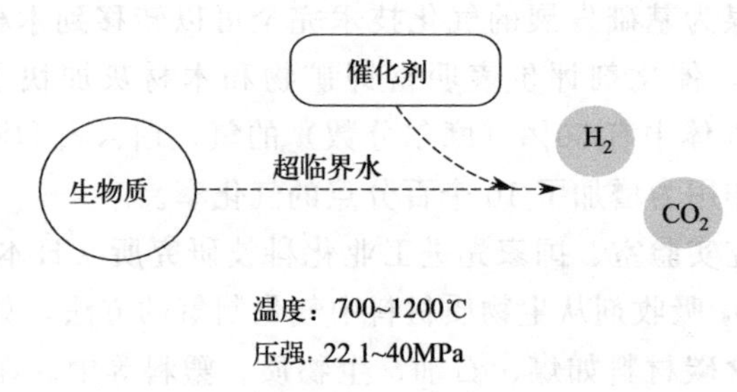

图12-6 超临界水气化制氢示意图

目前主要的超临界制氢反应器系统有间歇式和连续式两种。间歇式操作稳定，易于控制。但反应周期长，不易实现规模化和大型化生产。连续式更适合规模化生产以提高生产效率，但对于连续化装置而言，如何精确地控制反应温度、焦油和焦炭的清除、设计和制造成本的提高、高压下实现固体物料的连续进出料等都是面临的难题。由于超临界水相对苛刻的操作条件，因此对反应器的制造提出很高的要求，主要体现在高温腐蚀性、高压密封、耐高压、氢致失效等。氢气的存在会影响到材料的机械性质也是一个关键因素，加上高压的作用，会导致反应器和管件材料的失效。因此，材料的选择和反应器结构是超临界水反应器设计面临的最大挑战。

美国麻省理工学院于1977年首先提出了木材的超临界水气化工艺，报告了在接近临界状态（374℃、22MPa）时，温度和浓度对水中葡萄糖和枫木屑的气化效果，没有产生固体残渣或木炭，气体氢浓度达18%。夏威夷大学的Antal小组持续开展了生物质超临界转换制氢的深入研究，原料涉及葡萄糖、藻类、甘蔗渣、淀粉类、各种木屑、各种秸秆、废水污泥和甘油废弃物等，实验温度范围为550～650℃，压力范围为22～34.5MPa，并发展了新的碳基催化剂来提高气化效率。日本国立资源环境研究所Mi-nowa小组进行了纤维素和木质纤维素材料高压蒸汽气化的研究，使用还原性金属催化剂，温度200～374℃，压力17MPa，揭示了不同原料及反应条件对气化过程的影响规律。西安交通大学动力工程多相流国家重点实验室对超临界水催化气化制氢进行了持续的理论与实验研究，分析了超临界水环境中生物质催化气化制取富氢气体的主要影响因素，获得了产气量与混合物中纤维素、半纤维素和木质素质量分数之间关系的关联式，并在连续流管式反应器上，以羧甲基纤维素钠为添加剂进行实验，获得了气体产物中CO约1%、CH_4超过10%、H_2达41.28%的结果。

③ 生物质热解重整法制氢　生物质热解重整法制氢技术是将生物质热解法与生物质衍生物重整法结合起来。热解是一种在惰性气氛中进行的热分解过程。重整法是指将热解后的生物质在催化剂的作用下进行二次高温处理，质量较大的重烃裂解为H_2、CO、CO_2和CH_4等气体。对二次裂解的气体催化后CO和CH_4转化为H_2，提取后可获得较高纯度的氢气。生物质热解重整法制氢的途径如图12-7所示。

经过常规热解，生物质热解产品气体中氢气含量适中，约为30%（体积分数）。然后热解气体在第一级反应器内被直接快速释放后，再进入第二级反应器发生焦油裂化和蒸汽重整反应，生成富氢气体。与一级制氢相比，二级焦油裂解和蒸汽重整可保证焦油、大分子烷烃等长链烃的分解，增加产品气氢气的体积份额。获得的富氢气体中H_2的体积份额可达55%以上。

生物质热解工艺简单，在不使用氧和水蒸气等介质的情况下产生品质较高的气体产物，

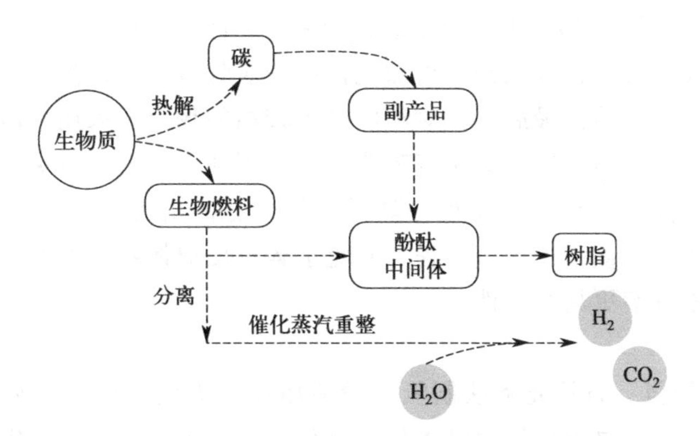

图 12-7　生物质热解重整法制氢示意图

因此被许多研究单位所重视。美国 Brookhaven 国家实验室对煤和生物质的高温热解过程进行了研究，目标是制取氢、甲醇和轻烃，提出了名为 Hydrocarb 工艺的二步反应过程，第一步是煤和生物质等碳质材料的热解，第二步是高温热裂解，得到氢气和纯净的炭黑。他们认为 Hydrocarb 工艺适用于所有凝聚相碳质材料，包括煤、生物质和城市垃圾，并进行了经济性分析。

山东省科学院能源研究所开发了生物质二次裂解制取富氢气体的路线，对固相生物质原料和中间气相产物进行温度不同的两次热裂解，在充分利用生物质中载氢化合物的同时，避免碳元素对气态重烃裂解的阻滞，并利用自体能量平衡实现高效制氢，简要的工艺流程如图 12-8 所示。在 650℃隔绝空气条件下的生物质一次热解，氢气含量达到 30%～40%；二次裂

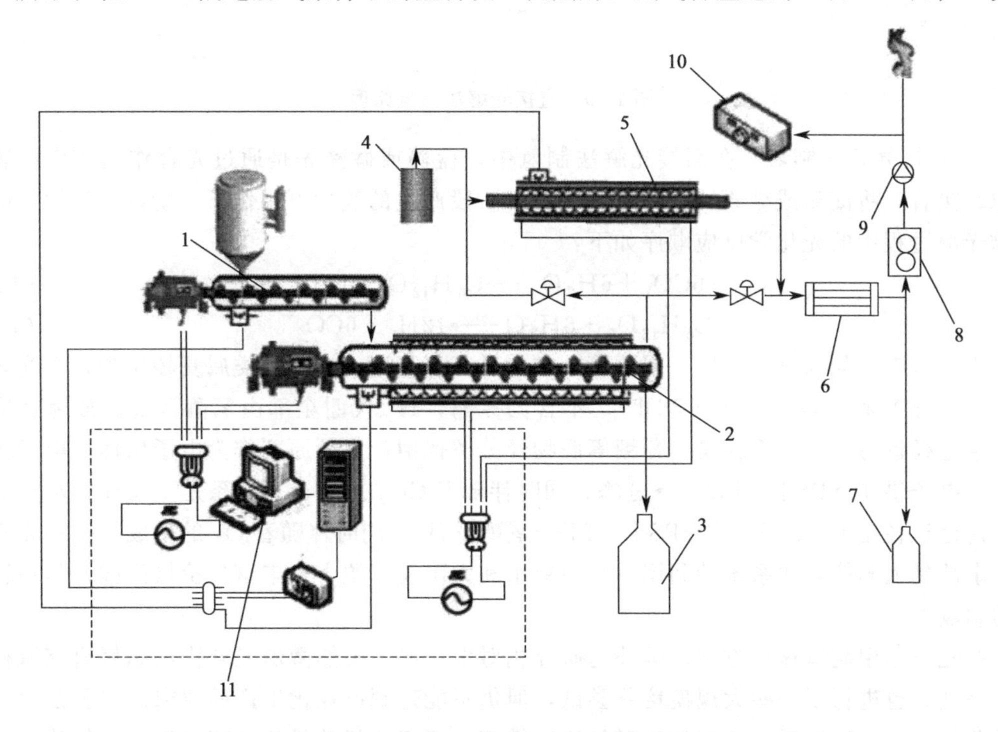

图 12-8　生物质二次裂解制氢工艺流程

1—定量加料装置；2—移动床热解器；3—灰箱；4—水蒸发器；5—二次裂解装置；6—冷却器；
7—焦油收集器；8—气体流量计；9—真空泵；10—分析仪；11—系统控制及数据采集

解阶段，在800℃下实现裂解产物的蒸汽重整，将分子量较大的重烃类组分（焦油）裂解为氢、甲烷和其他轻质烃类，消除焦油，增加气体中的氢气含量，产品气中氢气含量可以达到60%～70%，产生富氢气体。最后，针对纯度要求较高的场合，采用变压吸附或膜分离技术进行高效气体分离，得到纯氢气。该制氢工艺流程中不加入空气，避免了气化制氢过程中氮气对气体的稀释，提高了气体能流密度，降低了气体分离的难度，也减少了设备体积和造价。生物质热解产生的碳被移出制氢过程，避免了碳对反应体系的影响，提高了反应体系中氢的浓度，并使技术方案更具经济性。

(2) 生物法制氢

① 直接光解法制氢　直接光解法制氢一般使用在藻类生物质上，例如绿藻和蓝藻。光自养生物在厌氧条件下通过光合作用将水分子转化为氢离子和氧气，产生的氢离子通过氢化酶转化为氢气。直接光解法制氢的途径如图12-9所示。在这个过程中，从光能捕获的光子通过光系统Ⅱ将水分子分解为氢离子和氧气，从而产生电子。然后，电子通过光系统Ⅰ转移到铁氧化还原蛋白（FD）上。还原的FD可以给氢化酶提供电子，催化绿藻产氢。

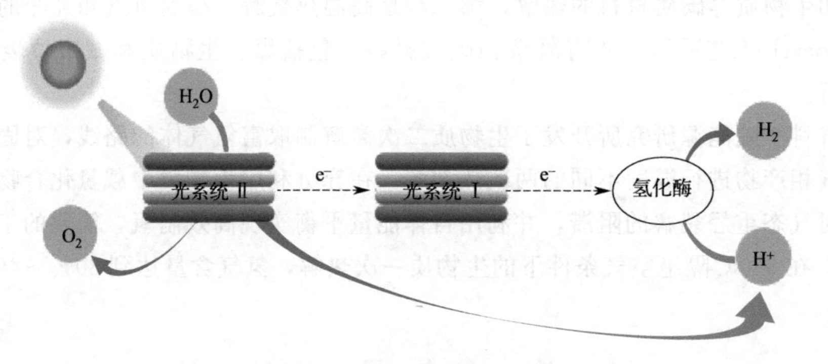

图12-9　直接光解法制氢原理

② 间接光解法制氢　在间接光解法制氢中，蓝藻或微藻先是通过光合作用产生淀粉或糖原。接着，将淀粉或糖原转化为氢气。第一阶段产生的底物可用作下一阶段的碳源。间接生物光解过程中的光化学反应顺序如下：

$$6CO_2 + 6H_2O \longrightarrow C_6H_{12}O_6 + 6O_2 \tag{12-3}$$

$$C_6H_{12}O_6 + 6H_2O \longrightarrow 12H_2 + 6CO_2 \tag{12-4}$$

许多藻类（如绿藻、红藻、褐藻等）都能进行氢代谢，这些藻类属真核生物，含光合系统Ⅰ（PSⅠ）和光合系统Ⅱ（PSⅡ），不含固氮酶，H_2代谢全部由氢酶调节。放氢反应可由两条途径进行：一条途径是葡萄糖等底物经分解代谢产生还原剂作为电子供体，电子传递途径是电子供体→PSⅠ→FD⟶氢酶，同时伴随着CO_2放出；另一条是生物光解水产H_2，电子传递途径是H_2O→PSⅡ→PSⅠ→FD→氢酶→H_2，同时伴随着O_2的生成。生物光水解产氢牵涉到太阳能转化系统的利用，其原料水和太阳能来源十分丰富且价格低廉，是一种理想的制氢方法。

在光合作用制氢这一方面，国外的研究相对多一些。虽然微藻光合作用制氢研究取得了一定进展，也进行了一些大规模培养尝试，但仍不能达到产业化生产的要求。主要是由于存在微藻的产氢率比较低，产氢的酶对氧比较敏感，而氧和氢总是相伴随产生，吸氢酶会回收放出的氢，太阳能的转化效率也比较低等限制因素。目前主要的研究工作集中于微藻的产氢机理阐明、氢酶的结构与功能、太阳能转化效率的提高、高产氢藻株的筛选与构建或光照下生物体持续稳定产氢和生物反应器的优化等方面。此外，能产氢的光合生物还包括光合细菌。光合细菌是光合成原核生物的一种，细胞含有光合色素——细菌叶绿素，在厌氧、光照条件下能进行光合生长、固氮代谢，并通过该重要的生化反应产生氢气而不产生氧气。一般而言，光合细菌产氢需要充足的光照和严格的厌氧条件。

③ 光厌氧发酵制氢　光厌氧发酵制氢技术指的是光合微生物（PNS 细菌）在光发酵过程中可以利用光能和固氮酶分解有机酸从而获得氢气。具体原理如图 12-10 所示，生物质被氧化成 CO_2、H^+ 和电子。能发酵有机物产氢的细菌包括专性厌氧菌和兼性厌氧菌，如丁酸梭状芽孢杆菌、大肠埃希杆菌、产气肠杆菌、褐球固氮菌、白色瘤胃球菌、根瘤菌等。与光合细菌一样，发酵型细菌也能利用多种底物在固氮酶或氢酶的作用下将底物分解制取氢气，这些底物包括甲酸、乳酸、丙酮酸及各种短链脂肪酸、葡萄糖、淀粉、纤维素二糖、硫化物等。一般认为发酵细菌的发酵类型是丁酸型和丙酸型，如葡萄糖经丙酮丁醇梭菌（Clostridium acetobutylicm）和丁酸梭菌（Clostridium butylicm）进行的丁酸-丙酮发酵，可伴随生成 H_2。产甲烷菌也可被用来制氢。这类菌在利用有机物产甲烷的过程中，首先生成中间物 H_2、CO_2 和乙酸，最终被产甲烷菌利用生成甲烷。有些产甲烷菌可利用这一反应的逆反应在氢酶的催化下生成 H_2。目前国内在这一方面有比较领先的研究，主要是利用糖类物质发酵后可产生氢气的特点来实现的，国外则较多地在走纯菌培养和酶固定的技术路线，主要处于试验阶段。

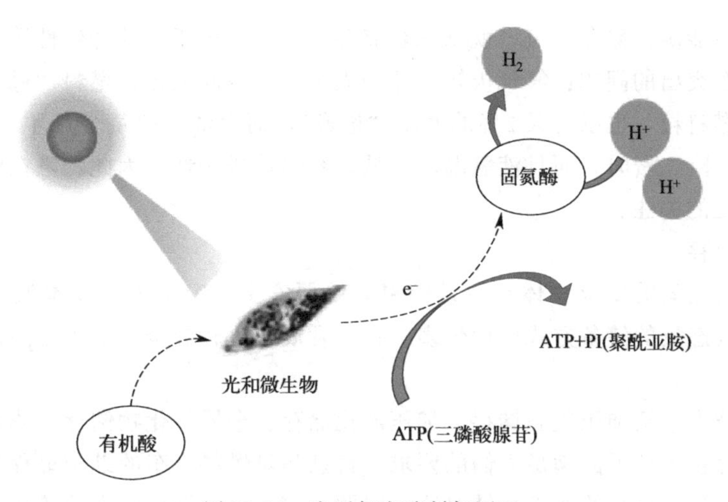

图 12-10　光厌氧发酵制氢原理

④ 暗厌氧发酵制氢　暗厌氧发酵制氢是一种利用厌氧微生物在氮化酶或氢化酶的作用下进行代谢，从而将有机物生物降解获得氢气的技术。首先，生物质进行水解，目的是将蛋白质、碳水化合物等高分子量的复杂化合物转化为糖、氨基酸这些简单的可溶分子。随后，厌氧微生物利用这些可溶性分子产生氢、二氧化碳和有机酸。有机酸在固氮酶分解和质子的作用下生成氢，具体原理如图 12-11 所示。此过程不需要光能供应。厌氧微生物包括梭菌属、类芽孢菌属和肠杆菌属等。

Tao 等人通过暗-光发酵细菌两步法试验，每摩尔蔗糖氢气产量最大达 6.63mol。Chen 等人通过使用暗发酵细菌，利用蔗糖作为底物时，每摩尔蔗糖可以产生氢气 3.8mol。通过 Rhodop-seudomonas palustris WP3-5 对上述发酵液进一步处理，每摩尔蔗糖产氢 10.02mol，COD（化学需氧量）去除率达 72%。两步法产氢过程中，需要 2 个反应器，增

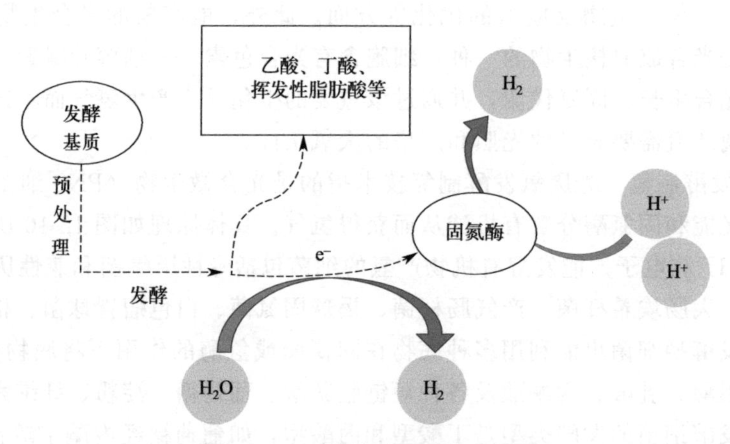

图 12-11　暗厌氧发酵制氢原理

加了占地面积和处理步骤，而且光发酵过程氢生产速率和细菌生长速率同暗发酵相比较低，是规模化生产的限制因素。

第五节　氢的储存与运输

氢是含能体能源，储存了氢，就意味着储存了能量。由于氢的特殊性质，其在储运过程中存在以下三个突出的问题：氢气极轻，体积太大，占空间太多；燃料“逃逸”率高，即使是用真空密封燃料箱，也以每天 2%的速度“逃逸”，而汽油一般每个月才“逃逸”1%；加注氢燃料比较危险、费时，而且液氢温度很低，容易造成冻伤。因此，氢在储运过程中的安全性引起了广泛的关注。

（1）氢的储存

氢能工业对储氢的要求总体来说是储氢系统要安全、容量大、成本低、使用方便。目前，液态氢、气态氢的储备方式应用较多，技术发展也比较健全；而固态的储备正在积极研究中。

工业储氢技术包括加压气态储存、加压液化储存、金属氢化物储存、非金属氢化物储存等。目前的储氢技术还不能满足人们的要求，特别是氢燃料汽车的继驶里程与其携氢量成正比，故对其储氢量有很高的要求。针对这一问题，储氢研究受到很大的关注，研究热点在高压储氢技术、新型储氢合金、有机化合物储氢、炭凝胶储氢、玻璃微球储氢、氢浆储氢、冰笼储氢层状化合物储氢等方向。

储氢技术是氢能利用走向实用化、规模化的关键。根据技术发展趋势，今后储氢研究的重点是在新型高性能规模储氢材料上。国内的储氢合金材料已有小批量生产，但较低的储氢质量比和高价格仍阻碍其大规模应用。镁系合金虽有很高的储氢密度，但放氢温度高，吸放氢速度慢，研究镁系合金在储氢过程中的吸放等关键问题，将是解决氢能规模储运的重要途径。近年来，纳米碳在储氢方面已表现出优异的性能，有关的研究尚处于初始阶段。

（2）氢的运输

按照输送氢时所处状态的不同，可以分为：气氢（GH_2）输送、液（LH_2）输送和固氢（SH_2）输送。其中，前两者是目前正在大规模使用的方式。根据氢的输送距离、用氢要求及用户的分布情况，气氢可以用管网，或通过储存容器装在车、船等运输工具上进行输送。管网输送一般适用于用量大的场合，而车、船运输则适用于用户比较分散的场合。液氢输运方式一般是采用车、船输送。表 12-2 给出常用的氢储运方式及优缺点。

表 12-2　常用氢储运方式及优缺点

氢储运方式	优点	缺点
高压容器	运输和使用方便、可靠、压力高	有危险；钢瓶的体积和质量大，运费较高
液氢	储氢能力大	液化氢气，储氢过程能耗大，使用不方便
金属氢化物	能可逆吸放大量氢气	单位质量的储氢量小，金属氢化物易破裂
低温吸附	低温储氢能力大	运输和保存需低温
氢气管网输送	实现氢气的规模生产和广泛应用	投资大、配件开发及安全规范须进一步研究

第六节　生物质氢能主要发电技术

只有打通从发电到制氢到再发电的所有技术环节，才能实现真正的绿色能源。氢能如何转化为电能则成为氢能被广泛利用的一个核心问题。目前氢-电转换的主要方法是利用内燃机、燃气轮机以及氢燃料电池，包括质子交换膜燃料电池和固体氧化物燃料电池。

（1）内燃机和燃气轮机

自 20 世纪八九十年代起，多个国家开始关注氢内燃机和氢燃料燃气轮机发电，探索氢能转换的新途径。氢内燃机与传统的汽油或柴油发动机类似，都是将化学能转换为机械能，不同之处在于氢内燃机使用氢气作为燃料，而不是化石燃料。氢燃气轮机主要分为氢/空气燃气轮机（使用空气作为氧化剂）和氢/氧燃气轮机（使用纯氧作为氧化剂）。这些技术可以广泛应用于发电厂，用于产生电力和热量。氢能发电不仅清洁环保，而且相比于其他能源，其能量转换效率要高得多。

氢内燃机的工作原理是活塞在做往复运动时供给氢气和氧气，将两者燃烧产生的热能转化为机械能以提供动力。当氢内燃机用作汽车发动机时，按氢和空气混合的方式分为在吸气管内预混合的吸气管喷射方式（外部混合）和向发动机气缸内喷射氢的缸内喷射方式（内部混合）。根据氢燃料物态的不同，氢内燃机可以分成液态喷射式和气态喷射式。

氢燃料内燃机基于传统的内燃机技术和生产、维修体系，具有良好的生产、使用基础，技术上也具有一定的成熟性。通常，氢气以各种形式用于内燃机，例如纯氢、氢气补充或双重燃料等。氢的燃烧性能增强，即更高的扩散率、更大的火焰速度和更宽的可燃极限，鼓励使用氢燃料。但是，由于其较低的单位体积能量密度，将氢作为单一燃料利用会导致一些问题。并且，在较高负荷下的预燃、回火和爆震倾向也限制了氢在汽油机中的使用。目前，在汽油机中掺烧氢燃料、在天然气内燃机中掺烧氢燃料以及使用氢-汽油两用燃料是促进氢燃料在汽车内燃机上推广使用的方法。经过多年研发努力，已经克服了氢燃料内燃机存在的一些问题，如热效率已突破 42%。从长远来看，氢燃料内燃机由于具有高效环保的突出优势，必将得到快速发展。

利用化石燃料作为燃气轮机的燃料进行工作，是比较成熟、经济的发电供能方式，但是这会产生造成温室效应的二氧化碳以及污染环境的有害气体。氢的燃烧热值很高，每千克约为汽油的 2.8 倍、甲烷的 2.4 倍或煤炭的 4 倍。因此，利用氢气作为燃气轮机的燃料是一种比较清洁的发电方式。

燃气轮机，是以连续流动的气体为工质，通过气体燃烧，将燃料的能量转变为有用功，进而带动叶轮高速旋转的动力机械。由燃烧器、压缩机、涡轮（或透平）、轴承、进气和排气系统组成（图 12-12）。它的工作流程是先吸入空气并将其压缩升压，压缩后的空气进入燃烧室，与喷入的燃料混合燃烧；成为高温燃气后流入涡轮中膨胀做功；做功后的燃气压力降至大气压力而排入大气中。氢燃料燃气轮机具有输出功率大、范围宽的特点，从 40MW 到 1000MW，大型燃气轮机单体的标准输出功率约为 500MW。如果以体积比例为 30%的氢混烧时，由氢燃烧产生的能量约相当于发电能量的 10%。因此，使用氢混合燃料燃气轮机可大幅减少 CO_2 排放，同时大幅增加氢气的需求量，并促进氢气的广泛应用以及基础设施的建设。

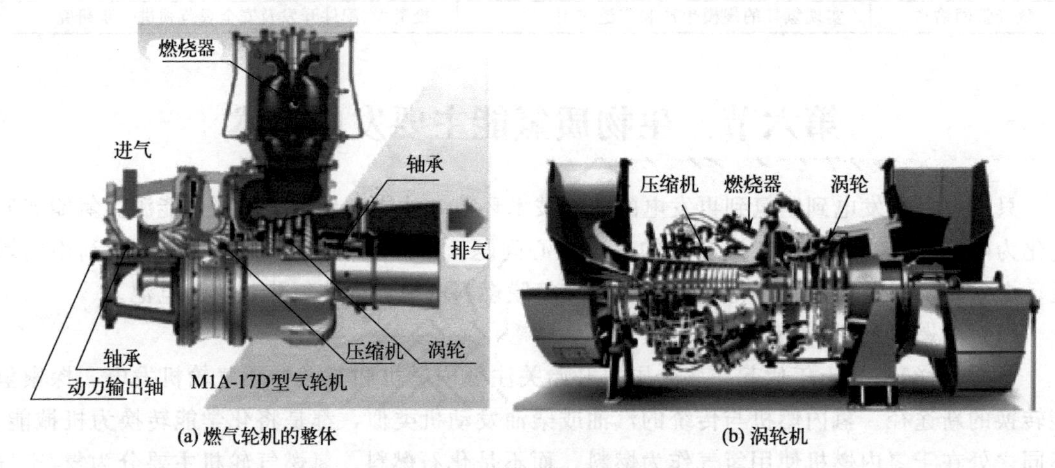

(a) 燃气轮机的整体　　(b) 涡轮机

图 12-12　燃气轮机示意图

按照发电的规模可以将发电分为民用发电、产业用发电和发电厂发电 3 种类型。产业用发电中，氢内燃机为主流，其应用领域广泛，特别是作为应对大规模停电的备用电源；发电厂发电功率往往需要在 100MW 以上，氢燃料燃气轮机是很好的选择。2018 年三菱重工业株式会社在 700MW 输出功率的 J 系列重型燃气轮机上使用含氢 30%的混合燃料测试成功，测试结果证实该公司最新研发的新型预混燃烧器可实现 30%氢气和天然气混合气体的稳定燃烧，当前该公司正在开发氢气比例更高的燃烧技术。发电的能源效率随发电机规模的增大而提高，通过燃气轮机直接发电和尾气的蒸汽机辅助发电可以获得 60%以上的能源效率，比传统的火力发电效率高很多。

（2）燃料电池

1839 年英国科学家 Grove 发明了燃料电池，1889 年另外两位英国化学家 Mood 和 Langer 首先采用了“燃料电池”这一名称。燃料电池是一种能量转换装置，通过它可以将燃料中储存的化学能转换为电能输出。它与传统电池类似，都是基于电化学手段进行工作，但两者在具体的工作方式上有所区别：传统电池中，电活性物质通常作为电极材料的一部分储存在电池中，并随着电池的放电逐渐被消耗，因此传统电池在一次放电过程中只能输出有限的电量；而燃料电池中的电极并非储能物质，它只提供电化学反应所需的场所，实际上发生反应的物质是从外部输送进燃料电池中的燃料与氧化剂，因此，从原理上来讲，只要能源源不断地提供反应物质，燃料电池就可以持续地提供电能，当供料中断时，发电过程就会结束。当然实际工作中，由于电池组成部分的老化失效，燃料电池的使用寿命也有一定限制。

燃料电池按电解质的不同，可以分成五类：碱性燃料电池（AFC）、磷酸型燃料电池

(PAFC)、固体氧化物燃料电池（SOFC)、熔融碳酸盐燃料电池（MCFC）和质子交换膜燃料电池（PEMFC)。

① 碱性燃料电池（AFC）　碱性燃料电池（AFC）是以 KOH 或 NaOH 水溶液为电解质的燃料电池，电解质渗透于多孔而惰性的基质隔膜材料中，工作温度小于 100℃。在碱性电解质中，氧化还原比在酸性电解质中容易。AFC 的催化剂主要用贵金属铂、钯、金、银和过渡金属镍、钴、锰等。AFC 系统具有较高的放电效率（60%～90%），可以在室温下快速启动并迅速达到额定负荷，而且电池的本体材料选择广泛，电池造价较低。因此，AFC 作为高效且价格低廉的成熟技术，若应用于便携式电源和交通工具用动力电源，具有一定的发展和应用前景。

目前，AFC 的发展已非常成熟，并已在航天飞行及潜艇中成功应用，但 AFC 的进一步发展必须解决贵金属催化剂及 CO_2 毒化的问题。近年的研究表明，CO_2 毒化问题可通过电化学方法消除 CO_2，使用循环电解质、液态氢，以及开发先进的电极制备技术等解决。在替代贵金属的催化剂方面，近年的研究集中于如何在非贵金属催化剂的稳定性和电极性能方面取得突破，开发与贵金属复合的多元催化剂，以及提高贵金属利用率、降低贵金属负载量等。

② 磷酸型燃料电池（PAFC）　磷酸型燃料电池（PAFC）是以浓磷酸为电解质，以贵金属催化的气体扩散电极为正、负电极的中温型燃料电池。PAFC 的主要构件有电极、含磷酸的基质、隔板、冷却板和管路等。基本的燃料电池结构是含有磷酸电解质的基质材料置于阴阳两极之间，基质材料的作用一是作为电池结构的主体承载磷酸，二是防止反应气体进入相对的电极中。

PAFC 的突出优点是贵金属催化剂用量比碱性氢氧化物燃料电池大大减少，还原剂的纯度要求有较大降低，CO 含量可允许达 5%；可以在低温下发电，而且稳定性好；余热利用中获得的水可以直接作为人们日常生活用水。其缺点主要表现在：电催化剂必须用贵金属；若燃料气体中 CO 含量过高，电催化剂将会被毒化而失去催化活性；磷酸浓度较高，具有很强的腐蚀性，影响使用寿命。

PAFC 较其他燃料电池制作成本低，已接近可供民用的程度。在发电厂应用，PAFC 可用于分散型发电厂和中心电站型发电厂，国际上功率较大的实用燃料电池电力站均采用 PAFC。

③ 熔融碳酸盐燃料电池（MCFC）　熔融碳酸盐燃料电池（MCFC）的工作过程为阳极上燃料气失去电子被氧化，阴极上氧化剂（氧气或空气）得到电子被还原，电子经外电路从阳极传到阴极，同时阴极生成 CO_3^{2-} 通过电解质向阳极扩散，从而构成一完整的电回路，如图 12-13 所示。

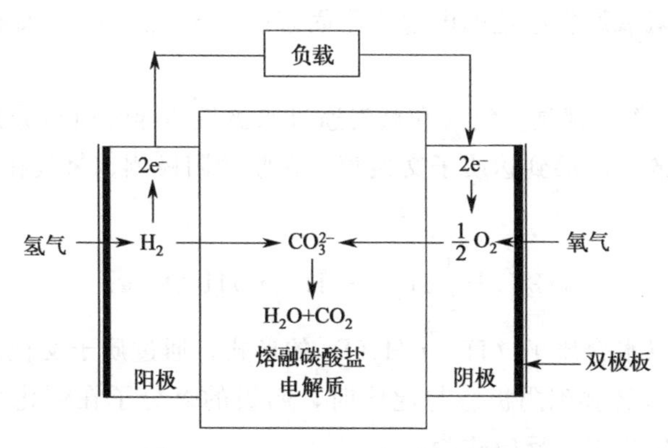

图 12-13　MCFC 反应原理示意图

MCFC用两种或多种碳酸盐的低融混合物作电解质，如用碱-碳酸盐低温共融体渗透进多孔性基质，电极为镍粉烧制而成，阴极粉末中含多种过渡金属元素作稳定剂。单体MCFC结构上是一多层平板型长方体，其中间为碳酸盐制成的电解质基块，基块两侧分别是阳极板和阴极板，其外侧为燃料气与氧化剂通道。气体通道外的隔板在组成电池堆时，隔离各电池单体。单体可以组装成更大功率的电池堆。

MCFC工作温度高，电极反应活化能小，不论是氢的氧化还是氧的还原，都不需要高效催化剂，节省了贵金属的使用。MCFC可使用CO含量高的燃料气体，气源得以拓宽。电池排放的余热温度高达400℃，可回收利用，总效率可达90%以上。但是，MCFC的工作高温及电解质的强腐蚀性对电池材料的长期耐腐蚀性具有非常严格的要求，电池寿命受到一定限制。单体电池边缘的高温湿密封技术难度大，尤其是在遭受腐蚀严重的阳极区。

20世纪50年代，MCFC由于其可作为大规模民用发电装置的前景而引起了世界范围的重视。MCFC主要是在美国、日本和西欧研究及利用较多，美国ERC（埃尔克）建成了世界上功率最大的2MW天然气MCFC电站，设计单电池堆出力达到250kW并进入商业化。日本日立公司2000年开发出1MW MCFC发电装置。在电池材料、工艺、结构等方面都得到了很大的改进，目前正处于从千瓦级向兆瓦级过渡的阶段。MCFC中阴极、阳极、电解质隔膜和双极板四大部件的集成以及对电解质的治理是MCFC电池组及电站模块的安装和运转的技术核心。

④ 质子交换膜燃料电池（PEMFC） 质子交换膜燃料电池也称为聚合物电解质燃料电池。它是以固体电解质膜为电解质。电解质不传导电子，是氢离子的良导体。PEMFC可采用氢气作为燃料，采用氧或空气作为氧化剂。它最大的优越性体现在它的工作温度低，其最佳工作温度为80℃左右，在室温下也能正常工作。它起动快，功率密度高，是汽车动力的最优选电源之一。

图12-14是氢氧燃料电池单元的示意图。一个燃料电池单元由四个基本部分组成，它们是阳极、阴极、电解质和外电路。氢氧燃料电池的阳极为氢电极，氢气连续吹入电极。阴极为氧电极，氧气作为氧化剂，连续吹入阴极。为了加速电极上的电化学反应，燃料电池的电极上都包含了一定的催化剂。催化剂一般做成多孔材料，以增大燃料、电解质和电极之间的接触面。这种包含催化剂的多孔电极也称为气体扩散电极，是燃料电池的关键部件。在两电极之间是电解质，氢氧燃料电池的电解质是固态的质子传导膜。

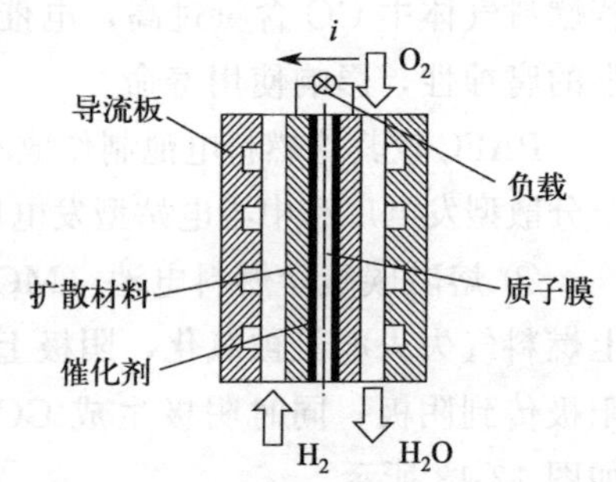

图12-14 氢氧燃料电池单元示意图

PEMFC电池的工作原理是：氢气和氧气通过双极板的导气通道分别到达电池的阳极和阴极，再通过电极上的扩散层到达质子交换膜。在膜的阳极侧，氢气在催化剂的作用下发生阳极反应：

$$nH_2O+\frac{1}{2}H_2 \longrightarrow H^+ \cdot nH_2O+e^- \tag{12-5}$$

离解后的氢离子以水合质子（$H^+ \cdot H_2O$）的形式，通过质子交换膜中的一个又一个磺酸基（$—SO_3H$），逐步转移到阴极。与此同时，阴极的氧分子在催化剂的作用下与氢离子和电子发生阳极反应生成水。反应式为：

$$\frac{1}{2}O_2+2H^+\cdot nH_2O+2e^-\longrightarrow(n+1)H_2O \tag{12-6}$$

整个电池的反应式为：

$$H_2+\frac{1}{2}O_2\longrightarrow H_2O \tag{12-7}$$

PEMFC的理论发电效率是83%，但实际效率约为50%～70%。总的来说，质子交换膜燃料电池是一种适应性广的燃料电池，它在固定式电源和移动式电源两个领域都有广泛的应用前景，特别是电动汽车领域。

⑤ 固体氧化物燃料电池（SOFC）　固体氧化物燃料电池（SOFC）是一种在中高温下直接将储存在燃料和氧化剂中的化学能高效、环境友好地转化成电能的全固态化学发电装置。在所有的燃料电池中，它的工作温度最高，属于高温燃料电池。近些年来，分布式电站由于其成本低、可维护性高等优点已经渐渐成为世界能源供应的重要组成部分。由于其发电的排气有很高的温度，具有较高的利用价值，可以提供天然气重整所需的热量，也可以用来生产蒸汽，更可以和燃气轮机组成联合循环，非常适用于分布式发电。燃料电池和燃气轮机、蒸汽轮机等组成的联合发电系统不但具有较高的发电效率，同时也具有低污染的环境效益。

固体氧化物燃料电池的示意图如图12-15所示。在阳极一侧持续通入氢气燃料，具有催化作用的阳极表面吸附燃料气体，并通过阳极的多孔结构扩散到阳极与电解质的界面。在阴极一侧持续通入O_2或空气，具有多孔结构的阴极表面吸附氧，由于阴极本身的催化作用，O_2得到电子变为O^{2-}，在化学势的作用下，O^{2-}进入起电解质作用的固体氧离子导体，由浓度梯度引起扩散，最终到达固体电解质与阳极的界面，与燃料气体发生反应，失去的电子通过外电路回到阴极。其电池反应如下：

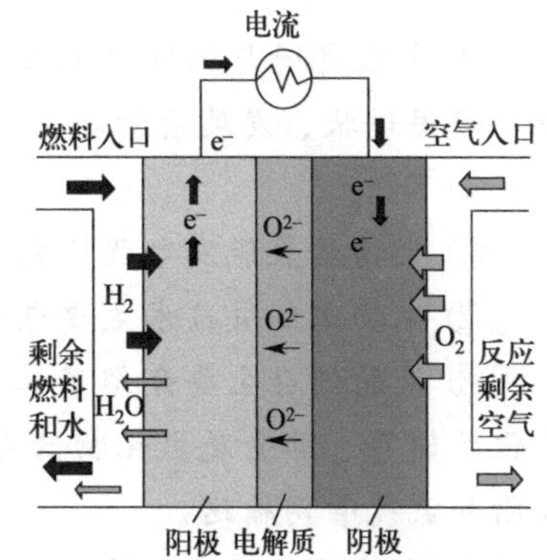

图12-15　固体氧化物燃料电池示意图

阳极：

$$2H_2+2O^{2-}\longrightarrow 2H_2O+4e^- \tag{12-8}$$

阴极：

$$O_2+4e^-\longrightarrow 2O^{2-} \tag{12-9}$$

电池总反应：

$$2H_2+O_2\longrightarrow 2H_2O \tag{12-10}$$

早期开发的SOFC的工作温度较高，一般在800～1000℃之间。目前已成功研发中温固体氧化物燃料电池（MT-SOFC），工作温度一般在600～800℃之间。低温SOFC的工作温度则可以在300～600℃之间。SOFC单体燃料电池只能产生1V左右的电压，功率有限，将若干个单电池以各种方式（串联、并联、混联）组装成电池组，可大大提高SOFC的功率。

SOFC组的结构主要为管状、平板型和整体型，其中平板型因功率密度高和制作成本低而成为SOFC的发展热点。管状结构SOFC发展最早，也是目前较为成熟的形式。单电池由一端封闭、一端开口的管子构成，最内层是多孔支撑管，由里向外依次是阴极、电解质和阳极薄膜。氧气从管芯输入，燃料气通过管子外壁供给。平板型固体氧化物燃料电池的几何形状简单，其设计形状使得制作工艺大为简化。阳极、电解质、阴极薄膜组成单体电池，两边带槽的连接体连接相邻阴极和阳极，并在两侧提供气体通道，同时隔开两种气体。

SOFC 采用陶瓷材料作电解质、阴极和阳极，具有全固态结构。具有较高的电流密度和功率密度，可直接使用氢气、烃类（甲烷）、甲醇等作燃料，而不必使用贵金属作催化剂，同时避免了酸碱电解质或熔融盐电解质的腐蚀及封接问题。同时，SOFC 能提供高质量余热，实现热电联产，燃料利用率高，其缺点主要是对陶瓷材料的要求高，电介质易裂缝，组装相对困难，成本高，预热和冷却系统复杂。

在固定电站领域，SOFC 具有明显的优势，因为它很少需要对燃料进行处理，而沼气等生物质燃气含硫量很低，具有用作 SOFC 燃料的潜力。SOFC 可以设计成一定大小功率的基本标准模块，如数千瓦或兆瓦级，可根据用电需求，灵活地增加或减小电站的供电能力，既可用作中小容量的分布式电源（500kW～50MW），也可用作大容量的中心电站（100MW）。

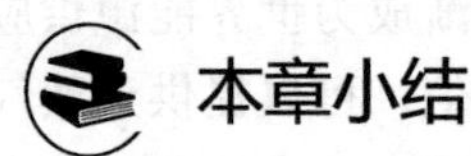

本章小结

本章从我国与国际氢能发电现状出发，详细介绍了生物质氢能发电技术的反应原理、应用现状、发展前景等，以加深对生物质氢能发电技术的系统性认知与理解。主要内容如下：

① 生物质氢能发电优势包含：可再生性、碳排放率低、生物质资源丰富等。

② 生物质制氢技术主要包含：热化学法制氢和生物化学法制氢。

③ 氢的储存主要介绍了工业储氢技术，包括加压气态储存、加压液化储存、金属氢化物储存、非金属氢化物储存。氢的储运方式包含压容器、液氢、金属氢化物、低温吸附和氢气管网输送。

④ 生物质氢能发电技术，主要利用内燃机、燃气轮机以及氢燃料电池进行发电。

⑤ 氢燃料电池又可细分为碱性燃料电池（AFC）、磷酸型燃料电池（PAFC）、熔融碳酸盐燃料电池（MCFC）、质子交换膜燃料电池（PEMFC）、固体氧化物燃料电池（SOFC）五类。

思考题

1. 氢能的来源有哪些？
2. 氢能的特点有哪些？
3. 分析氢能的利用现状。
4. 生物质制氢技术有哪些？
5. 分析生物质氢能发电的优势。
6. 简述生物质氢能发电技术的工艺流程。
7. 简述氢燃料电池技术分类及其工作原理。
8. 生物质氢能发电的前景如何？

第十三章
生物质发电技术展望

随着我国国民经济的迅速发展，现代社会对能源供应的需求日益上升，电力行业随之发展迅猛。有统计数据指出，截至2023年12月底，全国累计发电装机总量约为29.2亿千瓦。与此同时，能源结构也在进行改革优化，水电、光电和核电等新能源比例增加，煤炭消费比重稳步下降。2023年，非化石能源占能源消费总量比重提高到18.3%左右，非化石能源发电装机占比提高到51.9%左右，风电、光伏发电量占全社会用电量的比重达到15.3%。巩固风电光伏产业发展优势，持续扩大清洁低碳能源供应，积极推动生产生活用能低碳化清洁化，供需两侧协同发力巩固拓展绿色低碳转型强劲势头。

三大化石能源（煤炭、石油和天然气）的燃烧是CO_2排放的主要来源。作为仅次于三大能源储量的生物质能源，资源丰富，能占到世界能源消费的10%左右。《中国可再生能源发展战略研究报告》的统计数据显示，我国每年生物质能源开采量相当于11.7亿吨标准煤，占清洁能源总量的54.5%，分别是水电的2.0倍和风电的3.5倍，可以说是最具发展潜力的可再生能源。另外，生物质作为可再生清洁能源，有害物质含量很低，挥发成分含量高，易燃烧，其转化过程本质上就是植物的光合作用将吸收CO_2产出生物质，生物质燃烧排放CO_2的循环过程，因此CO_2的净排放量为零，而且NO_x排放量仅为煤的1/5，SO_2排放量仅为煤的1/10。生物质的高效利用是有效减少二氧化碳的净排放量，实现《巴黎协定》，缓解温室效应，解决能源与环境之间的矛盾的措施之一。

总的来说，生物质发电有效缓解了我国现有的能源紧缺问题，而且还低碳环保，减少了环境污染，是实现多赢的一种发电技术。

第一节　生物质发电的局限性

生物质发电受燃料成本和规模的限制，很难成为主要的清洁能源。与爆炸性发展的风能和光伏产业相比，生物质发电一直不温不火。以下是生物质发电待解决的难题。

（1）生物质发电厂的成本较高

对于农林业生物质和沼气发电，最大的问题是原材料成本高。秸秆等原料的种植面积分散，收集较困难。秸秆出售虽然能给农民增收带来利益，但农民出售秸秆费时费力。因此，原材料成本占生物质发电总成本的60%。除了人工、运营和折旧成本外，即使有财政补贴，也是微薄的利润，一旦市场波动，就会导致亏损。

（2）生物质发电技术与传统发电技术相比较为复杂

生物质发电能量存储问题和燃料燃烧稳定性差等问题亟待解决。生物质富含钾，长时间会在炉膛内形成积灰或结焦，增大锅炉的传热热阻，降低锅炉传热效率；而生物质中的氯，会在燃烧后产生污染环境的氯化物。为避免影响设备的使用寿命，同时减少灰渣和烟气，燃烧前需要先将原料晒干，而晾晒则需要消耗大量的时间成本。另外，生物质的发热量和燃料密度都比较低，为避免燃料消耗带来的燃烧不稳定问题，需要保证燃料供应充足；同时，对上料系统的稳定性要求也比较高。

（3）生物质发电行业缺少标准的技术规范以及政策补贴

虽然国家出台了一系列与生物质能源产业相关的文件，颁布了相关的补贴政策，但国内尚未制定一套科学完备的标准和技术规范，未建立统一完备的生物质能发电计量标准，难以明确定位。生物质能各领域仍缺乏权威标准引导行业规范化发展。尽管生物质能各领域的标准体系框架已形成，但在标准实施和监管方面存在较大难度。现有标准多数为非强制标准，仅作为行业指导参考的推荐标准。生物质能产品类别多样，除国家级标准外，不同地区的不同产品也有各自的规定和标准，标准体系缺乏规范，使标准执行难度加大。在监管方面，行业信息数据缺乏有效统计，未形成有效的监管标准体系，在融入化石能源体系过程中，受到标准和监管制约的影响较大。例如，在秸秆收购过程中的秸秆打捆收集机械补助机制、秸秆综合利用补贴政策落实问题等。为了提高农民正确处置秸秆的积极性，国家出台了相关政策，但这些政策的落实还需要加强和监督。

第二节　生物质发电发展前景分析

虽然我国生物质发电存在着生物质发电设备较贵、生物质发电与传统发电手段相比较为复杂、我国生物质发电缺少统一的计划制定等问题的掣肘，但这些依旧不能阻挡生物质发电的光明前景。

据统计，我国煤炭资源的总存储量目前约为1.43197亿吨，世界排名第四；石油总存储量约为38.5亿吨，世界排名第13；天然气总存储量为6.68347万亿立方米，世界排名第6，煤炭、石油和天然气均未达到世界人均水平，我国的能源结构大体为“富煤、贫油、少气”。然而，我们的一次能源燃料有限。此外，石油的成本也大大增加。使用各种常规能源会导致温室气体排放和其他一些有毒物质，从而损害环境。国内环境治理越来越严，我国生物质能源储量丰富，其中农作物秸秆、生物粪便、植物及环卫垃圾等都可作为生物质原料的主要来源。作物秸秆约年产6亿吨，可用作能源使用的比例为2/3左右，林木总生物量约200亿吨，年获取量约9亿吨，可作为能源利用的占比约为35%。目前，国内可转换为能源利用的生物质资源可折合为9亿吨标准煤左右。

生物质能作为一种新型可再生资源，利用好生物质发电技术是解决能源结构问题、改善生态环境的重要手段。与传统能源的稀缺性和污染相比，生物质发电技术的应用必然是可持续能源开发的重要组成部分，对满足能源需求和加速生态经济的建设起着重要作用。我国生物质能发展已从数量扩张向质量提升转变。据统计，2023年全年可再生能源发电量达3万亿千瓦时，约占全社会用电量的三分之一。其中生物质发电年发电量约1980亿千瓦时，较上年增加156亿千瓦时。在国家政策的鼓励下，利用生物质能发电的新建电厂数量、规模和所占的发电能源份额均呈现逐年上升的趋势，具有广阔的发展前景。

合理利用生物质能发电技术，不仅可以为电力生产企业提供燃料供应，而且可以有效避免填埋焚烧农业废弃物所带来的环境污染问题，同时也可以切实帮扶农民、增收入和促就业。加快生物质能源发电技术的发展，实施煤改气清洁供暖，可显著降低 SO_2、CO_2、NO_x 排放，具有较好的经济效益和环境效益。

“十四五”时期是我国推进“碳达峰、碳中和”，加大城乡环境治理以及构建现代能源体系的关键期，生物质发电产业将迎来新的发展机遇。生物质发电总体保持平稳增长。城乡有机废弃物的增长和刚性处理需求，将推动生物质发电产业持续增长，但不同类型发电项目的增长分化特征也更趋明显。其中，生活垃圾焚烧发电仍将快速增长，继续充当生物质发电行业主要增长引擎，农林生物质发电、沼气发电将保持小幅增长。生物质发电将持续降本增效。2021 年起，全国风电、光伏发电项目已基本实现平价上网，生物质发电行业的稳步发展以及国家相关政策机制的有效推动，将助力生物质发电行业继续降本增效，促进行业健康高质量发展。

因此，通过促进生物质转化技术发展来降低生物质燃料成本投资、促进生物质利用，既是全球能源体系发展的重要趋势，也是我国实现“双碳”目标、实现能源结构转型的必然途径，“十四五”期间，生物质发电产业也将在此背景下迎来重大的发展机遇。

此外，生物质制氢与燃料电池一体化发电技术具有比常规发电技术更高的效率和环境优势，发展前景非常好。从经济上来说，在将燃料电池发电与常规的火电投资进行比较时，不但要考虑电源投资，还应将长距离输电、配电投资与厂用电、输电能耗和两种能源转换装置的效率考虑在内。在实际发电工程中还应考虑传统的热机发电占地面积大、环境污染重的问题。随着燃料电池发电技术的不断完善，造价将会进一步降低，特别是在规模化生产后，其造价将大幅度下降，这种发电方式必将对传统热机发电构成挑战。大电网有其优越性的同时，也存在着缺点，如高电压长距离输电将有 6%～8%的损失。分散的中小型生物质制氢燃料电池电站可以在许多地点建立，可以减少送电损失；中小型分散式电源将灵活地适应季节性和地域性的电力需求变化，同时能为电网调峰做出贡献。对气体能源供应来说，根据专家计算，一条直径 0.91m 的输氢管道用于 950～1600km 输气，其所输能量约相当于 500kV 高压输电线路输送能量的 10 倍以上，而输氢管道所需的建设费用仅为建设高压输电线路的 25%～50%，日常运行维护也比输电线路低得多。因此，未来的电网系统将出现大电厂和中小燃料电池电站共存的状态。

生物质制氢燃料电池一体化发电技术路线适合于建立分散式独立电站，其商业化仍需克服技术、经济等方面的诸多障碍。这些问题的解决需要进行学科的交叉研究，只有在技术、工艺、材料、制造和系统优化上不断发展，整体的效率才能得到提高，从而使生物质氢能发电技术真正具有竞争力。

第三节　发展措施

我国生物质发电行业存在财政补贴渠道少、技术水平低、产业链不成熟、政策不具体、市场竞争不足等问题。针对我国生物质发电行业存在的具体问题，本节提出了相应的解决方案和建议。

首先，确保稳定的原材料供应是解决原材料成本高这个问题的关键步骤。大量焚烧秸秆，不仅造成环境污染，而且消耗了生物质发电的原料。政府可以为农民提供秸秆处置补贴。它不仅增加了农民收集秸秆的积极性，而且降低了生物质发电企业的原材料采购成本。由于原料种植面积分散，生物质原料的运输成本很高。免征生物质原料运输高速公路通行费是降低运输成本的有效途径。另外，生物质资源在我国的分布不均匀，带来了原料供应的恶性竞争与发电厂之间的分配矛盾等一系列问题，因此应合理布局，杜绝在同一区域存在多个生物质发电厂的现象。

其次，针对生物质发电技术不成熟的问题，可增设原料预处理成型设备，增强燃料的燃烧效率；可加装可监控的称重装置，便于准确计量；可优化气化技术，研发新型技术，增大生物质的发电效率。生物质发电技术中加入耦合发电或热电联产技术，可以提高技术经济性和系统效率。例如，利用现役大容量煤电机组规模化处理生物质，可提升生物质能源发电量。相较于生物质直燃发电，燃煤直接耦合生物质发电，供电效率可提高约10%。同时，生物质中的成灰元素K、Na、Cl得到稀释，有效解决了积灰结渣问题，提高了锅炉可用率。我国目前的生物质发电项目大多以纯发电为主，能源转换效率不足30%，低效、低附加值的状态早已无法满足生物质发电发展需要。从国际生物质利用经验来看，生物质热电联产的能源转化效率将达到60%～80%，比单纯发电提高1倍以上。因此，在技术层面应加大科研投入，提高自主研发能力，掌握核心技术水平，缩小与先进国家的差距，促进其走向成熟。

最后，应完善生物质能产业政策，并执行到位。对生物质发电行业进行统一的规范和约定，使其得到长久有效的发展。相关政府部门应对生物质能发电产业进行重新定位，不仅要将其作为清洁可再生能源产业，更需要从治理区域环境污染的功能出发，将其视为处理农林废弃物的社会公益产业，从多个角度去理解生物质能发电产业发展的意义，相应地完善生物质能产业政策。政府在规划审批生物质能项目时，应因地制宜，注重与分散式光伏、传统化石能源等其他能源产业相结合，多能互补，协调发展，形成农业废弃物从田间到企业的收、储、运完整产业链。在此基础上再配合以税收优惠、电价补贴、信贷支持、秸秆禁烧与回收补贴、精准扶贫、生物质发电示范工程等政策激励，加大政策引导扶持力度，建立生物质能应用的优先保障和公平准入机制，为生物质能产业健康和可持续发展提供有利的政策和市场环境。

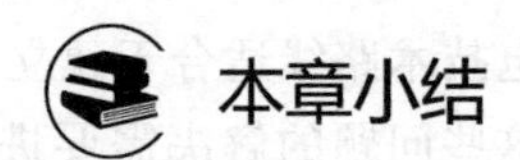

本章小结

本章主要介绍了生物质发电技术的局限性、发展前景分析和发展措施建议。主要内容如下：

① 生物质发电技术的局限性主要有生物质发电厂的成本较高，生物质发电技术与传统发电技术相比较为复杂，生物质发电行业标准的技术规范有待完善，以及政策补贴还需要加强监督和执行等。

② 生物质发电发展前景分析主要介绍了生物质发电技术因其环保、可持续的特点，成为我国能源结构转型的重要途径。此外，生物质资源丰富，利用生物质转化技术可降低能源成本、改善环境，助力实现“双碳”目标。未来，生物质制氢燃料电池一体化发电技术有望成为主流，其商业化仍需克服技术和经济障碍。跨学科研究将推动技术、工

艺、材料等方面的不断发展，提高整体效率，促进生物质能发电技术的竞争力和可持续发展。

③ 生物质发电技术发展措施主要有确保原材料稳定供应、提升技术水平、完善产业政策；加大投入科研力度，提高自主研发能力，推动生物质能发电技术不断创新；政府出台明确政策，规范产业发展，促进生物质能产业健康、可持续发展，以实现我国能源结构的转型目标。

思考题

1. 生物质发电的局限性有哪些？
2. 生物质发电的前景如何？
3. 生物质发电的发展措施有哪些？
4. 生物质发电的建议有哪些？

参考文献

[1] 周彦名，王娇月，王诗云，等．我国生物质资源能源开发利用潜力评估 [J/OL]．生态学杂志：1-18 [2023-07-23]．

[2] 马隆龙，唐志华，汪丛伟，等．生物质能研究现状及未来发展策略 [J]．中国科学院院刊，2019，34 (4)：434-442.

[3] 陈玉华，田富洋，闫银发，等．农作物秸秆综合利用的现状、存在问题及发展建议 [J]．中国农机化学报，2018，39 (2)：67-73.

[4] 解云翔．中国生物质能发展现状及应用探究 [J]．化学研究，2022，33 (6)：555-560.

[5] 汪洋．潜力无穷的生物质能 [M]．兰州：甘肃科学技术出版社，2014.

[6] 陈勇．生物质能技术发展战略研究 [M]．北京：机械工业出版社，2021.

[7] 单明．生物质能开发利用现状及挑战 [J]．可持续发展经济导刊，2022 (4)：48-49.

[8] 袁惊柱，朱彤．生物质能利用技术与政策研究综述 [J]．中国能源，2018，40 (6)：9，16-20.

[9] 袁振宏，雷廷宙，庄新姝，等．我国生物质能研究现状及未来发展趋势分析 [J]．太阳能，2017 (2)：12-19，28.

[10] 张丽丽．生物燃料乙醇技术现状及产业化发展前景 [J]．炼油与化工，2016，27 (4)：4-6.

[11] 童晶晶，刘蕊，张明顺．关于生物质能利用现状及政策启示 [J]．环境与可持续发展，2015，40 (4)：127-129.

[12] 任东明，窦克军．我国生物燃料乙醇产业发展前景与挑战 [J]．高科技与产业化，2018 (6)：38-41.

[13] 郭艳东．生物柴油生产技术的发展现状及前景 [J]．当代化工研究，2016 (12)：80-81.

[14] 林海龙，林鑫，岳国君．我国生物燃料乙醇产业新进展 [J]．新能源进展，2020，8 (3)：165-171.

[15] 童家麟，孙洁，韩平．美国和中国典型生物质能利用现状 [J]．精细与专用化学品，2020，28 (5)：1-5.

[16] 李顶杰，张丁南，李红杰，等．中国生物柴油产业发展现状及建议 [J]．国际石油经济，2021，29 (8)：91-98.

[17] 张伟，韩立峰．国内外生物柴油研究现状及发展趋势 [J]．化工管理，2021 (12)：72-73.

[18] 曾凡娇，刘文福．生物柴油的研究与应用现状及发展建议 [J]．绿色科技，2021，23 (4)：182-184.

[19] 刘鹏，李勇，闫树军．浅谈生物质资源利用现状及对策 [J]．新疆农机化，2016 (5)：42-45.

[20] 刘锐宇．生物柴油的研究现状及展望 [J]．石化技术，2022，29 (1)：186-187.

[21] 雪晶，侯丹，王旻烜，等．世界生物质能产业与技术发展现状及趋势研究 [J]．石油科技论坛，2020，39 (3)：25-35.

[22] 林海龙，林鑫，岳国君．我国生物燃料乙醇产业新进展 [J]．新能源进展，2020，8 (3)：165-171.

[23] 王梦，田晓俊，陈必强，等．生物燃料乙醇产业未来发展的新模式 [J]．中国工程科学，2020，22 (2)：47-54.

[24] 别如山，兰祯．生物质能应用技术现状及发展趋势 [J]．工业锅炉，2023 (5)：1-6.

[25] 方毅，尹保红．中国生态文明的 SST 理论研究 [M]．北京：中国致公出版社，2011.

[26] 闫亚龙，刘欣玮．生物质与煤混合燃烧发电技术研究进展 [J]．新能源科技，2023，4 (1)：32-38.

[27] 王芳，刘晓风，陈伦刚，等．生物质资源能源化与高值利用研究现状及发展前景 [J]．农业工程学报，2021，37 (18)：219-231.

[28] 张建安，刘德华．生物质能源利用技术 [M]．北京：化学工业出版社，2009.

[29] 闵凡飞，张明旭．生物质与不同变质程度煤混合燃烧特性的研究 [J]．中国矿业大学学报，2005 (2)：107-112.

[30] 曹辉．生物质催化转化为燃料油工艺研究 [D]．西安：西安石油大学，2017.

[31] 田宜水，赵立欣，孟海波，等．生物质-煤混合燃烧技术的进展研究 [J]．水利电力机械，2006 (12)：87-91.

[32] 穆献中，余漱石，徐鹏．农村生物质能源化利用研究综述 [J]．现代化工，2018，38 (3)：9-13，15.

[33] 余珂，胡兆吉，刘秀英．国内外生物质能利用技术研究进展 [J]．江西化工，2006 (4)：30-33.

[34] 关海滨，张卫杰，范晓旭，等．生物质气化技术研究进展 [J]．山东科学，2017，30 (4)：58-66.

[35] 刘浪，曾靖淞，焦庆瑞，等．生物质与烟煤混合燃烧特性及动力学分析研究 [J]．煤化工，2022，50 (1)：40-48.

[36] 肖陆飞，哈云，孟飞，等．生物质气化技术研究与应用进展 [J]．现代化工，2020，40 (12)：68-72，76.

[37] 张晓东．生物质发电技术 [M]．北京：化学工业出版社，2020.

[38] 王革华．新能源概论 [M]．北京：化学工业出版社，2012.

[39] 袁振宏．生物质能高效利用技术 [M]．北京：化学工业出版社，2015.

[40] 杜海凤，闫超．生物质转化利用技术的研究进展 [J]．能源化工，2016，37 (2)：41-46.

[41] 陈汉平，李斌，杨海平，等．生物质燃烧技术现状与展望［J］．工业锅炉，2009（5）：1-7.

[42] 马文超，陈冠益，颜蓓蓓，等．生物质燃烧技术综述［J］．生物质化学工程，2007（1）：43-48.

[43] Ud Din Z，Zainal Z A. Biomass integrated gasification-SOFC systems：Technology overview［J］. Renewable and Sustainable Energy Reviews，2016，53：1356-1376.

[44] 汤颖，曹辉．生物质气化技术研究进展［J］．生物加工过程，2017，15（1）：57-62.

[45] 王雪芬．生物质能源转化技术的应用探讨［J］．新能源科技，2022（12）：19-20.

[46] 解云翔．中国生物质能发展现状及应用探究［J］．化学研究，2022，33（6）：555-560.

[47] 田宜水，赵立欣，孟海波，等．生物质-煤混合燃烧技术的进展研究［J］．水利电力机械，2006（12）：87-91.

[48] 马志刚，吴树志，白云峰．生物质与煤混合燃烧的技术评述［J］．电站系统工程，2009，25（6）：1-4.

[49] 王华山，房瑀人，张歆悦，等．煤与生物质掺混燃烧特性［J］．科学技术与工程，2020，20（8）：3053-3061.

[50] 廖启军，李绍元，马文会，等．废弃塑料微波热解回收研究进展［J］．现代化工，2023，43（5）：25-30.

[51] 方书起，王毓谦，李攀，等．生物质热解利用中主要催化剂的研究进展［J］．化工进展，2021，40（9）：5195-5203.

[52] 杜少枫，江建波，董海娜，等．油页岩与玉米秸秆共热解特性研究［J］．广州化工，2022，50（18）：47-50.

[53] 王娜娜，张玉春，李永军，等．生物质快速热裂解反应器研究进展［J］．山东理工大学学报（自然科学版），2022，36（3）：27-32.

[54] 申瑞霞，赵立欣，冯晶，等．生物质水热液化产物特性与利用研究进展［J］．农业工程学报，2020，36（2）：266-274.

[55] 丁文冉，李欢，赵保峰，等．农林废弃物生物质水热液化研究探讨［J］．现代化工，2021，41（10）：23-27.

[56] 胡见波，杜泽学，闵恩泽．生物质高压液化制生物油的影响因素［J］．石油化工，2012，41（3）：347-353.

[57] 杨素文，羊亿，陈建山，等．棉杆生物质真空热解液化制备生物油的研究［J］．中南林业科技大学学报，2012，32（1）：189-193.

[58] Chen Chunxiang，Fan Dianzhao，Ling Hongjian，et al. Microwave catalytic co-pyrolysis of Chlorella vulgaris and high density polyethylene over activated carbon supported monometallic：Characteristics and bio-oil analysis［J］. Bioresource Technology，2022，363：127881.

[59] Chen Chunxiang，Zhao Jian，Wei Yixue，et al. Influence of graphite/alumina on co-pyrolysis of Chlorella vulgaris and polypropylene for producing bio-oil［J］. Energy，2023，265：126362.

[60] Chen Chunxiang，Wei Dening，Zhao Jian，et al. Study on co-pyrolysis and products of Chlorella vulgaris and rice straw catalyzed by activated carbon［J］. HZSM-5 additives，Bioresource Technology，2022，360：127594.

[61] Chen Chunxiang，Ling Hongjian，Qiu Song，et al. Microwave catalytic co-pyrolysis of chlorella vulgaris and oily sludge：Characteristics and bio-oil analysis［J］. Bioresource Technology，2022，360：127550.

[62] Chen Chunxiang，Fan Dianzhao，Zhao Jian，et al. Study on microwave-assisted co-pyrolysis and bio-oil of Chlorella vulgaris with high-density polyethylene under activated carbon［J］. Energy，2022，247：123508.

[63] Chen Chunxiang，Zhou Shuai，Wei Dening，et al. Microwave catalytic co-pyrolysis of Chlorella vulgaris and Rice straw under Fe/X（X = activated carbon，HZSM-5）：Characterization and bio-oil analysis［J］. Journal of Analytical and Applied Pyrolysis，2024，177：106368.

[64] Chen Chunxiang，He Shiyuan，Qiu Song，et al. Characterization and product analysis of Chlorella vulgaris microalgae and oil seed biomass waste by microwave co-pyrolysis［J］. Journal of the Energy Institute，2023，111：101434.

[65] Qiu Song，Chen Chunxiang，Wan Shouqiang，et al. Microwave catalytic co-pyrolysis of sugarcane bagasse and Chlorella vulgaris over metal modified bio-chars：Characteristics and bio-oil analysis［J］. Journal of Environmental Chemical Engineering，2023，11（5）：110917.

[66] Chen Chunxiang，Wei Yixue，Wei Guangsheng，et al. Microwave Co-pyrolysis of mulberry branches and Chlorella vulgaris under carbon material additives［J］. Energy，2023，284：128757.

[67] Chen Chunxiang，Ling Hongjian，Wei Dening，et al. Microwave catalytic co-pyrolysis of chlorella vulgaris and oily sludge by nickel-X（X = Cu，Fe）supported on activated carbon：Characteristic and bio-oil analysis［J］. Journal of the Energy Institute，2023，111：101401.

[68] Chen Chunxiang，Qiu Song，Ling Hongjian，et al. Effect of transition metal oxide on microwave co-pyrolysis of sugarcane bagasse and Chlorella vulgaris for producing bio-oil [J]. Industrial Crops & Products，2023，199：116756.

[69] Wei Dening，Chen Chunxiang，Huang Xiaodong，et al. Products and pathway analysis of rice straw and chlorella vulgaris by microwave-assisted co-pyrolysis [J]. Journal of the Energy Institute，2023，107：101182.

[70] 吕波，马明明，苏小平，等．生物质共热解研究进展［J］．化工科技，2021，29（6）：54-58.

[71] 黄鑫，解海卫，邓尚洵．热解条件对生物质热解产物产率影响分析［J］．能源与节能，2023（5）：11-15.

[72] 贺升，戴欣，何曦．有机固废热解反应器研究进展［J］．再生资源与循环经济，2020，13（1）：39-44.

[73] 樊晨昕，周檀，张鑫，等．猪体水热液化工艺参数优化及生物油特性分析［J］．太阳能学报，2022，43（11）：337-344.

[74] 丁世磊，罗第梅，江宗蔚，等．高压液化粉防己药渣制备生物油的工艺条件［J］．精细石油化工，2022，39（6）：59-63.

[75] 肖钢，常乐．低碳经济与氢能开发［M］．武汉：武汉理工大学出版社，2011.

[76] 刘建国，王刚，吴聪萍，等．普通高等教育“十三五”规划教材　高等学校新能源科学与工程专业教材　可再生能源导论［M］．北京：中国轻工业出版社，2017.

[77] 冯晶，荆勇，赵立欣，等．生物炭强化有机废弃物厌氧发酵技术研究［J］．农业工程学报，2019，35（12）：256-264.

[78] 宋波，包海军，詹偶如，等．规模化秸秆厌氧发酵预处理技术研究及工程实践［J］．环境工程，2023，41（S1）：415-419.

[79] 董福品，王丽萍，田德，等．可再生能源概论［M］．北京：中国环境科学出版社，2013.

[80] 邱辰，赵增海，郭雁珩，等．2021年中国生物质发电现状与展望［J］．水力发电，2022，48（11）：1-3.

[81] 杜欣．生物质发电在我国的发展现状及前景分析［J］．暖通空调，2021（S1）：363-366.

[82] 黄清鲁，赵丽丽．新能源制氢及氢能应用的发展前景［J］．中国石油和化工标准与质量，2022（17）：98-100.

[83] 李俊峰．我国生物质能发展现状与展望［J］．中国电力企业管理，2021（1）：70-73.

[84] 李星国．氢燃料燃气轮机与大规模氢能发电［J］．自然杂志，2023，45（2）：113-118.

[85] 刘福水，郝利君，Berg Heitz Peter. 氢燃料内燃机技术现状与发展展望［J］．汽车工程，2006（7）：621-625.

[86] 苏鑫，刘静，陈冠益，等．煤耦合生物质气化发电技术研究进展［J］．煤炭学报，2023，48（6）：2261-2278.

[87] 周义，张守玉，郎森，等．煤粉炉掺烧生物质发电技术研究进展［J］．洁净煤技术，2022，28（6）：26-34.

[88] 王一坤，贾兆鹏，魏星，等．燃煤电站耦合生活垃圾发电技术研究［J］．热力发电，2021，50（11）：83-92.

[89] 王丽敏，王庆丰．河南生物质能发电产业发展困境及解决对策研究［J］．能源技术与管理，2021（2）：1-3.

[90] 尹正宇，等．生物质制氢技术研究综述［J］．热力发电，2022（11）：37-48.

[91] 张东旺，等．碳定价背景下生物质发电前景分析［J］．洁净煤技术，2022（3）：23-31.

[92] 邱辰，等．2021年中国生物质发电现状与展望［J］．水力发电，2022（11）：1-3.

[93] Akhlaghi N，Najafpour-Darzi G. A comprehensive review on biological hydrogen production [J]. International Journal of Hydrogen Energy，2020，45（43）：22492-22512.

[94] Al-Mufachi N A，Shah N. The role of hydrogen and fuel cell technology in providing security for the uk energy system [J]. Energy Policy，2022，171：113286.

[95] Pal D B，Singh A，Bhatnagar A. A review on biomass based hydrogen production technologies [J]. International Journal of Hydrogen Energy，2022，47（3）：1461-1480.

[96] Valizadeh S，Hakimian H，Farooq A，et al. Valorization of biomass through gasification for green hydrogen generation：A comprehensive review [J]. Bioresource Technology，2022，365：128143.

[97] 沈剑山，等．生物质能源沼气发电［M］．北京：中国轻工业出版社，2009.

[98] 张建安，刘德华，等．生物质能源利用技术［M］．北京：化学工业出版社，2009.

[99] Bayındır H，Işık M Z，Argunhan Z，et al. Combustion，performance and emissions of a diesel power generator fueled with biodiesel-kerosene and biodiesel-kerosene-diesel blends [J]. Energy，2017，123：241-251.

[100] Freitas F F，De Souza S S，Ferreira L R A，et al. The Brazilian market of distributed biogas generation：Overview，technological development and case study [J]. Renewable and Sustainable Energy Reviews，2019，101：146-157.

［101］ 刘晓，李永玲，赵茹男，等．生物质发电技术［M］．北京：中国电力出版社，2015.
［102］ 钱显毅，钱显忠，董良威，等．新能源与发电技术［M］．西安：西安电子科技大学出版社，2015.
［103］ 李文哲，等．生物质能源工程［M］．北京：中国农业出版社，2013.
［104］ 袁振宏．生物质能高效利用技术［M］．北京：化学工业出版社，2015.
［105］ 张建安，刘德华，等．生物质能源利用技术［M］．北京：化学工业出版社，2009.
［106］ 肖波，马隆龙，李建芬，等．生物质热化学转化技术［M］．北京：冶金工业出版社，2016.
［107］ 于国强，等．新能源发电技术［M］．北京：中国电力出版社，2009.
［108］ 李大中．生物质发电技术与系统［M］．北京：中国电力出版社，2014.
［109］ 张建安，刘德华，等．生物质能源利用技术［M］．北京：化学工业出版社，2009.
［110］ 杨勇平，董长青，张俊姣．生物质发电技术［M］．北京：中国水利水电出版社，2007.
［111］ 杜伟娜．可再生的碳源生物质能［M］．北京：北京工业大学出版社，2015.
［112］ 马紫峰，贺益君，陈建峰．新能源化工技术［J］．化工进展，2021，40（9）：4687-4695.